누구나
천문학

The Handy Astronomy Answer Book
Copyright ⓒ 2011 by Visible Ink Press
All rights reserved.

No part of this book may be used or reproduced in any manner whatever without written permission, except in the case of brief quotations embodied in critical articles or reviews.

Korean Translation Copyright ⓒ 2012 by Jakeunchaekbang
Published by arrangement with Independent Publishers Group through BC Agency, Seoul.

이 책의 한국어판 저작권은 BC 에이전시를 통한 저작권자와의 독점 계약으로 작은책방에 있습니다.
신 저작권법에 의해 한국 내에서 보호를 받는 저작물이므로 무단 전재와 무단 복제를 금합니다.

누구나 천문학

ⓒ 찰스 리우, 2012

초판 1쇄 발행일 2012년 9월 5일
초판 2쇄 발행일 2013년 5월 14일

지은이 찰스 리우
옮긴이 김충섭 · 김도형 **감수** 김충섭
펴낸이 김지영 **펴낸곳** Gbrain
편집 김현주 · 백상열

출판등록 2001년 7월 3일 제2005-000022호
주소 121-895 서울시 마포구 서교동 400-16 3층
전화 (02)2648-7224 팩스 (02)2654-7696

ISBN 978-89-5979-231-3 (13440)

· 책값은 뒤표지에 있습니다.
· 잘못된 책은 교환해 드립니다.
· Gbrain은 작은책방의 교양 전문 브랜드입니다.

생활 속에서 재미있게 배우는 천문학 백과사전

누구나 천문학

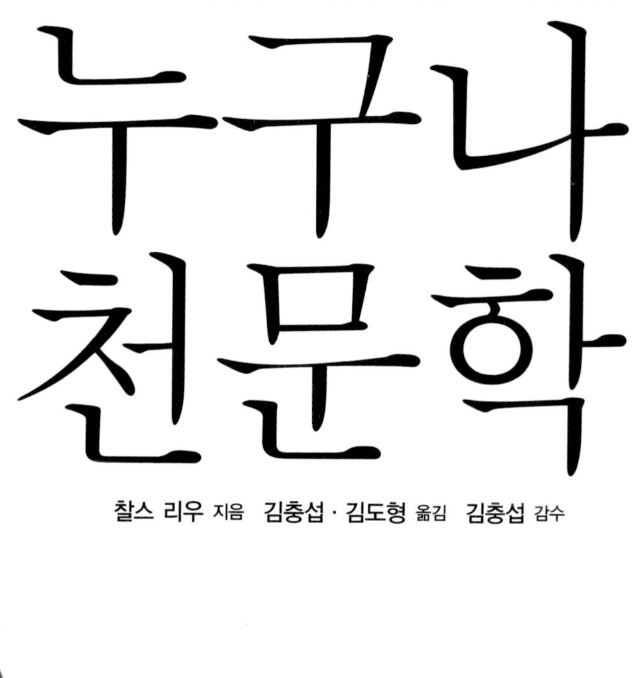

찰스 리우 지음 김충섭 · 김도형 옮김 김충섭 감수

Gbrain

들어가는 말 2
감사의 글 3

천문학의 기초 1

천문학의 기초 11
천문학의 주요 분야 12
천문학의 역사 14
중세와 르네상스 시대의 천문학 22
18세기와 19세기의 발전 31
물질과 에너지 37
시간과 파동 그리고 입자 43
양자역학 50

우주 2

우주 55
우주의 특성 56
우주의 기원 59
빅뱅의 증거 65
우주의 진화 67
블랙홀 71
웜홀과 우주 끈 79
암흑 물질과 암흑 에너지 80
다차원 이론 84
우주의 끝 89

은하 3

은하 91
은하의 기초 92
은하수 101
우리은하의 이웃 은하 105
은하의 운동 111
은하의 나이 114
은하 먼지와 성운 116
성운, 퀘이사 그리고 블라자 120
은하 안의 블랙홀 125
활동 은하 126
보다 활동적인 은하와 퀘이사 129

별 4

별	133
별의 기초	134
별자리	136
별의 측정과 기술	140
별의 원리	143
흑점, 플레어, 태양풍	148
별의 진화	152
태양	160
왜성과 거성	163
중성자별과 펄서	168
복사성	170
연성계	173
성단	177

태양계	183
행성계	184
행성의 기초	187
내부 태양계	192
거대 가스 행성들	200
위성들	211
카이퍼 대와 그 너머	219
소행성들	224
혜성들	227

6 지구와 달

지구와 달	235
지구	236
궤도와 자전	238
대기	240
자기장	242
밴앨런대	247
중성미자	248
우주선	251
유성과 운석	253
달	259
조석	265
시계와 달력	268
계절	271
식	274

7 우주계획

우주 계획	281
로켓의 역사	282
인공위성과 우주선	290
스푸트니크 시대	293
통신위성	295
우주로 간 최초의 인간	297
소련의 초기 우주 계획	303
미국의 초기 우주 계획	307
아폴로 미션	310
초기 우주 정거장들	317
우주 왕복선	322

8 오늘날 천문학

오늘의 천문학 325
측정 단위 326
망원경의 기초 331
사진과 측광 336
분광학 339
간섭 측정 342
전파 망원경 344
마이크로파 망원경 347
태양 망원경 350
특수 망원경 351
지상 천문대 353
공중 천문대와 적외선 천문대 359
우주 망원경 362
적외선 우주 망원경 366
엑스선 우주 망원경 369
자외선 우주 망원경 372
감마선 우주 망원경 374

태양계 탐 379
탐사의 기초 380
태양 탐사 382
수성과 금성 탐사 385
화성 탐사 390
실패한 화성 미션들 396
21세기의 화성 탐사 299
외계 행성 탐사 403
소행성과 혜성 탐사 419

우주 안의 생명 427
우주 안의 거주 428
지구 위와 달 위의 생명 435
우리 태양계 안의 생명 439
지적 생명체 탐색 443
외계 행성 448
외계 행성의 생명 452

찾아보기 459

들어가는 말

별은 왜 빛나는가? 블랙홀에 빠지면 무슨 일이 생길까? 달은 무엇으로 만들어졌을까? 명왕성Pluto은 행성인가 아닌가? 외계 생명체는 존재할까? 지구의 나이는 얼마나 되었을까? 우주에서도 인간이 살 수 있을까? 준성quasar이란 무엇일까? 우주는 어떻게 시작되었나? 우주는 어떻게 종말을 맞을까? 이처럼 우주에 대해 얘기를 하면 사람들의 물음은 끝이 없다.

그런 점에서 여러분은 행운아다. 이 책에는 1000 가지의 답이 있기 때문이다.

각 페이지에는 단순한 사실과 그림 말고도 훨씬 많은 것이 담겨 있다. 이러한 질문과 답은 천문학 이야기, 다시 말해 우주와 우주 안에 있는 모든 것 그리고 그 비밀과 수수께끼를 풀어온 역사 전반에 걸친 인간의 노력에 대해 들려준다.

문명의 동이 튼 이후로 사람들은 천체에 대해 알고자 노력해왔다. 그것이 무엇인지, 어떻게 움직이는지, 그리고 왜 그런지를 이해하려고 했다. 처음에는 수수께끼 같아 고대 우리 조상들은 신화와 전설을 생각해내고 별과 행성에 초자연적 특성을 부여했다. 하지만 서서히 하늘과 그 안에 있는 것들이 초자연적인 것이 아니라 자연적인 것이라는 사실을 알게 되었다. 또 이러한 사실을 소수의 특권층만 아니라 누구나 이해할 수 있게 되면서 서서히 천문학이라는 과학이 탄생한 것이다.

과학이란 무엇인가? 이것은 실험복을 입은 과거의 사람들을 기억하고, 별생각 없이 반복하고, 그리고 잊어버리면 되는 두꺼운 책에 담긴 교과 과정이 아니다. 과학은 질문을 던지고 답을 찾는 과정이다. 답을 얻기 위해 사실을 따져보고 논리적 추론을 하고, 이 추론을 예측과 실험 그리고 관측을 통해 시험한다. 이것이 바로 이 책이 담고 있는 것 — 질문하고 답을 찾고자 하는 채울 수 없는 충동 — 이다. 여러분은 역사적으로 제기되었던 질문과 질문을 던진 사람들에 대해, 그리고 그들이 답을 찾기 위해 어떻게 노력했고 그 과정에서 무엇을 발견했는지를 배울 것이다. 우리는 이러한 끊임없는 질문자들, 즉 천문학의 기반을 닦고 지식의 최전선에 앞장섰던 선구자들에게 우주에 대해 우리가 아는 사실을 빚지고 있다.

그리고 이러한 탐구는 계속될 것이다. 현대에 이르러 우리 인간은 지상 망원경과 우주 망원경으로 가시적인 우주의 가장자리를 보게 되었다. 또한 먼 거리의 세계를 로봇 우주선을 통해 탐사했으며 우주로의 첫걸음을 내딛는 역사적 경험도 이루었다. 아직도 우리는 더 많은 것을 배우고 경험할수록 우리가 얼마나 모르고 있는지를 깨닫게 된다. 이 책은 1000가지의 질문과 1000가지의 대답을 포함하고 있다. 그리고 이것은 시작에 불과하다. 이러한 대답들은 여러분을 또 다른 1000가지의 질문으로 이끌어 우리보다도 앞선 과학 탐험가들과 마찬가지로, 해답을 찾는 과정을 통해 발견의 즐거움을 경험할 수 있을지도 모른다!

감사의 글

뛰어난 편집자였던 케빈 힐Kevin Hile과 훌륭한 출판을 해준 로저 제네키Roger Jänecke에게 감사드린다. 두 사람 덕분에 이 책을 행복하게 끝마칠 수 있었다. 당신들과 당신들을 도와준 모든 사람들에게도 감사의 뜻을 전한다.

필리스 엥겔버트Philis Engelbert 와 다이앤 두피스Diane Dupuis 그리고 20세기 말에 《유용한 우주 문답 책 *Handy Space Answer Book*》이 나오도록 도움을 준 모든 사람들에게도 감사의 뜻을 표하는 바이다. 이들의 노고가 결국 이 책이 세상에 나올 수 있도록 씨앗을 뿌렸다. 훌륭한 작업에 감사드린다.

마지막으로 에이미Amy, 해나Hannah, 앨런Allen, 그리고 아이작Isaac에게 감사한다. 고맙고, 고맙고, 또 고맙다! 너희들은 기쁨이고, 내 우주 안의 딸들이다.

제 1 장
천문학의 기초

천 문 학 의 주 요 분 야

천문학이란 무엇인가?

천문학astronomy은 우주와 우주 안에 있는 모든 것을 과학적으로 연구하는 학문이다. 운동과 물질 그리고 에너지 및 행성, 위성, 소행성, 혜성, 별, 은하 그리고 그 사이에 있는 가스와 먼지들에 대한 연구를 포함하며 우주의 기원과 진화, 종말에 대한 연구도 한다.

천체물리학이란 무엇인가?

천체물리학astrophysics은 물리학을 우주와 우주 안에 있는 모든 것에 적용한 학문이다. 천문학자가 우주에 대한 정보를 얻는 가장 중요한 방법은 우주(우주의 일부 혹은 우주 자체)에서 오는 빛을 모으고 분석하는 것이다. 물리학은 공간과 시간, 빛 그리고 빛을 방출하거나 빛과 상호작용하는 물체의 연구와 가장 밀접한 학문이기 때문에, 오늘날 천문학 연구는 대부분 물리학을 기반으로 한다.

역학이란 무엇인가?

역학mechanics은 물리학의 한 분야로 하나의 계system 안에서 일어나는 물체들의 운동을 기술한다. 움직이는 물체들로 이루어진 계는 지구와 달 계와 같이 간단할 수도 있고, 태양과 행성 그리고 태양계 내의 모든 천체들을 포함하는 계와 같이 복잡할 수도 있다. 고등 역학을 연구하려면 복잡하고 상세한 수학적 기법이 필요하다.

우주화학이란 무엇인가?

우주화학astrochemistry은 화학을 우주와 모든 것에 적용한 학문이라고 할 수 있다. 현대 화학은 분자와 분자 사이의 상호작용을 연구하는데, 거의 전적으로 지표, 지표 근처의 온도와 중력 및 압력 조건에서 연구되어왔다. 이를 나머지 우주 전체에 적용하는 것은 물리학처럼 직접적이거나 보편적이지 않다. 그러나 우주화학은 우주의 연구에 있어 매우 중요하다. 이를테면 행성의 대기와 표면의 화학 물질의 상호작용은 행성과 태양계의 다른 물질들을 이해하는 데 중요한 역할을 한다. 많은 화학 물질이 은하수와 다른 은하계에 걸친 성간 가스 구름에서 발견되었으며 물, 일산화탄소, 메탄, 암모니아, 포름알데히드, 아세톤(손톱의 매니큐어를 지우는 데 사용하는), 에틸렌글리콜(부동액으로 사용하는), 그리고 1, 3-인산염(태닝 로션에 들어 있는)까지 발견되었다.

우주생물학이란 무엇인가?

천문학에서는 매우 새로운 분야인 우주생물학astrobiology은 생물학을 우주와 모든 것에 적용한 학문이라고 할 수 있다. 우주 연구에 생물학이 진지하게 적용되기 시작한 것은 최근의 일이며, 전체적으로 매우 중요한 분야가 되었다. 현대의 천문학적 방법과 기술의 도움으로 외계 생명의 존재를 과학적으로 찾는 것이 가능해졌다. 우주생물학은 그런 생명이 존재할 수 있는 환경을 찾고, 어떻게 그 생명들이 성장할 수 있는지에 대해 연구한다.

우주론이란 무엇인가?

우주론cosmology은 우주의 기원에 대해 중점적으로 연구하는 천문학의 한 분야로, 현대 천문학이 도래하기전까지는 추상적인 철학이나 종교의 영역으로 여겼다. 하지만 오늘날 우주론은 과학의 활력소이며 우주에 대한 시각에만 국한되지 않는다. 현재의 과학 이론들은 우주가 한때는 원자핵보다 작았음을 보여주고 있다. 이는 지구에서 연구 가능한 현대 입자물리학과 고에너지물리학은 초기 우주 그리고 모든 것의 근원에 대한 미스터리를 해독하는 데 절대적으로 필요하다는 것을 뜻한다.

천문학과 가장 밀접한 과학 분야는 무엇인가?

물리학은 단연코 우주와 우주 안의 모든 것을 연구하는 데 가장 중요하고 가장 밀접한 과학 분야다. 사실 오늘날 '천문학'과 '천체물리학'은 뒤바뀌어 쓰이곤 한다. 그렇긴 하지만 모든 과학이 천문학에서 중요하다. 현재로서는 별 관련이 없다고 생각되는 학문조차 언젠가는 매우 중요해질 수도 있다. 예를 들어 천문학자가 외계의 지적 생명체를 찾아내면, 심리학과 사회학도 우주를 전체적으로 연구하는 데 중요해지게 된다.

천 문 학 의　역 사

천문학이 처음 연구되기 시작한 때는 언제인가?

천문학은 아마도 가장 오래된 자연과학일 것이다. 선사 시대 이래로 사람들은 하늘을 보고 태양과 달, 행성 그리고 별들을 관측해왔다. 농업이나 건축과 같은 실용과학을 발전시키기 전부터 인간은 머리 위에서 빛나는 천체를 잘 알고 있었다. 고대인들은 시간을 정하고 농작물 생산을 최대화하기 위해 천문학을 이용했다. 천문학은 또한 고대의 신화와 종교를 발전시키는 데도 중요한 역할을 했을 것이다.

망원경이 발명되기 전의 천문학자들은 무엇으로 우주를 관측했나?

히파르코스Hipparchos(B.C. 2세기경)와 프톨레마이오스Claudios Ptolemaeos(2세기경)와 같은 고대의 천문학자들은 해시계, 삼각 골(일종의 삼각자), 그리고 주추(각도가 새겨진 돌)와 같은 도구들을 사용하여 행성과 천체의 움직임 및 위치를 기록했다. 16세기에 이르러서는 더욱 복잡한 관측 도구들이 발명되었다. 예를 들어 유명한 덴마크의 천문학자 튀코 브라헤Tycho Brahe(1546~1601)는 관측 도구들을 많이 고안해서 사용했는데, 육분의를 비롯하여 반경이 거의 2m나 되는 사분의, 아스트롤라베, 다양한 고리 모양의 혼천의 등을 제작했다.

아스트롤라베란 무엇이며 어떻게 작동하나?

아스트롤라베astrolabe는 천문학자들이 별들의 상대적인 위치를 관측하기 위해 사용한 장비다. 아스트롤라베는 시간을 기록하거나 항해와 측량에도 사용되었다. 천문 관측에 가장 흔히 쓰인 아스트롤라베는 평면 천체도 아스트롤라베라 불리는 것으로 금속판 둘레에 별자리 지도를 새기고 원 주위에는 시간과 분을 표시해놓았다. 금속 시트에는 지도 위를 지나가는 내부 링이 있는데 이는 수평선을 의미하며, 바깥쪽 링은 하늘의 움직임에 맞춰 조정할 수 있다.

아스트롤라베를 사용하려면 관측자는 원형의 성도 꼭대기에 붙어 있는 금속 고리를 매달아야 한다. 그다음에는 특정한 별에 맞추어 아딜레이드adilade라고 불리는 아스트롤라베 뒤쪽의 관측 장치를 통해 관측할 수 있다. 아딜레이드를 별 쪽으로 움직임으로써 바깥쪽 고리가 원주를 중심으로 움직이면서 낮과 밤의 시간을 가리키게 된다. 아딜레이드는 관측자의 지구 상의 위도와 경도를 측정하는 데 쓰이기도 한다.

오늘날에도 천문학 연구에 아스트롤라베가 사용되는가?

프리즘형의 아스트롤라베는 오늘날에도 시간이나 별의 위치를 결정하거나 정확한 측량을 위해 사용된다. 그렇지만 보다 새로운 장비인 육분의나 위성 위치 확인 시스템GPS, Global Positioning System 그리고 간섭측성학Interferometric astrometry이 훨씬 더 일반적으로 사용된다.

아스트롤라베는 누가 발명했는가?

아스트롤라베는 별들의 위치를 측정함으로써 선원들이 바다를 항해하는 것을 수백 년 동안 도왔다.(iStock)

알렉산드리아에서 활동한 고대 그리스의 수학자 히파티아Hypatia (?370~414)는 서구 문명권에서 처음으로 고등수학을 가르치고 연구한 여성으로 추정된다. 그녀가 활동할 당시 알렉산드리아 박물관은 수많은 교실과 대강당 그리고 세계 최대의 도서관을 갖춘 뛰어난 교육 기관이었다. 히파티아의 아버지인 테온Theon(350~400년경)은 박물관에 기록된 마지막 회원이었다.

히파티아는 박물관에 소속된 신플라톤주의 철학학교의 교사였고, 400년에는 학교 책임자가 되었다. 그녀는 열정적인 강의와 수학, 철학, 그 외에 다른 주제들에 대한 많은 책과 논문들로 유명해졌다. 비록 이들 중 극히 일부의 기록만 남아 있고, 그녀의 일생에 대한 대부분의 기록들이 소실되었지만, 남아 있는 기록들로 미루어 히파티아가 아스트롤라베를 발명했거나 아스트롤라베를 발명하는 데 도움을 준 것으로 추정된다.

점성술이란 무엇인가?

점성술astrology은 천문학이라는 과학의 고대의 전신이다. 고대인들은 태양이나 달, 행성 그리고 별들을 우주의 주요 부분으로 이해했지만, 이들이 어떠한 중요성을 갖는지 또 인간의 삶에 어떠한 영향을 미치는지 추측만 할 수 있을 뿐이었다. 그들의 추측은 미래를 점치는 것으로 이어졌다. 이런 점성술은 세계의 고대 문명권에서 중요한 역할을 했지만, 과학이라고 볼 수는 없었다.

고대 중동 문명이 알고 있던 천문학의 범위는?

메소포타미아 문명(수메르, 바빌로니아, 아시리아, 칼데아)은 태양과 달, 행성 그리고 별의 움직임에 대해 많은 것을 알고 있었다. 지구라트Ziggurat라 불리는 높이 솟은 사원은 천문 관측에 사용되었을 것으로 추정된다. 아랍 천문학자들은 1000년 전 이슬람 제국 시대에 거대한 천문대들을 건축했다. 그들은 황도대의 12별자리를 만들었으며 오늘날 우리는 하늘에서 가장 잘 알려진 많은 별들의 이름에 아라비아식 이름을 사용하고 있다.

고대 아메리카 문명이 알고 있던 천문학의 범위는?

고대 아메리카 문화권도 천문학에 대해 많은 지식을 갖고 있었다. 달의 위상이나 식 그리고 행성들의 운동에 관한 것 등 잉카나 마야, 다른 중남미 아메리카 문화권의 수많은 사원들 혹은 피라미드가 행성이나 천체의 운동에 맞춰 놓여 있거나 장식되어 있다.

남부 멕시코의 마야 유적지인 치첸이트사Chichén Itza에서는 춘분과 추분 때 태양에 의해 드리워진 그림자가 쿠쿨칸Kukulcán 피라미드의 측면에 커다란 뱀 형상의 신을 만들도록 설계되었다. 이 피라미드는 1000년도 전에 건설된 것이다. 이보다 더 북쪽인 뉴멕시코 주에 있는 차코 캐니언Chaco Canyon의 아나사지Anasazi 폐허에는 고대 아메리카 원주민 '천문학자들의' 작품인 유명한 암면 조각 '태양 단검sun dagger'이 남아 있는데, 이것은 지점(solstices, 동지와 하지)과 분점(equinoxes, 춘분과 추분) 그리고 18.67년의 태음 주기(연중 같은 날에 초승달과 보름달이 뜨게 되는 주기)를 표시하기 위한 것으로 보인다.

드레스덴 고문서는 무엇이며 마야 천문학에 대해 무엇을 말해주는가?

1000년 전 마야 문명의 전성기 때 광대한 마야 도서관이 존재했음을 보여주는 세 가지 문헌이 전해 내려온다. 이 문헌들 중 하나가 드레스덴 고문서Dresden Codex로, 1800년대 후반 독일 드레스덴 도서관의 기록 보관소에서 발견되었다. 여기에는 달과 금성의 운동에 대한 관측과 월식이 일어나는 때가 예측되어 있다.

아나사지 천문학자들이 하늘을 관측하고 달의 주기, 춘분과 추분, 하지와 동지를 정확하게 계산했던 멕시코의 치첸이트사 폐허.(istock)

스톤헨지란 무엇인가?

스톤헨지Stonehenge는 유명한 고대 천문학 유적의 하나다. 스톤헨지는 반석과 구덩이 그리고 배수로로 이루어진 구조물로 영국 서남부 솔즈베리Salisbury에서 13km 정도 떨어진 거리에 있다. 이 구조물은 기원전 3100~1100년경에 드루이드Druid라고 불리는, 자연을 숭배하는 웨일스와 영국의 성직자들에 의해 세워졌고 다시 재건되었다. 고고학자들은 스톤헨지를 천문학적 구조물로 보고 있다. 스톤헨지는 천문 현상을 염두에 두고 건설되었음이 틀림없다. 힐 스톤Heel Stone이라 불리는 기둥은 하지에 태양광이 처음 닿는 곳에 위치한다. 따라서 스톤헨지는 달력과 같은 역할을 했을 수도 있다. 또 다른 증거는 스톤헨지가 월식을 예측하는 데 사용되었을 가능성을 시사한다.

고대 동아시아 문명이 알고 있던 천문학의 범위는?

초기의 천문학 관측 중 일부는 고대 중국인들에 의해 이루어졌다. 기원전 1500년경 중국 천문학자들은 우주에 관한 도표를 만들었고 기원전 613년에는 혜성의 관측을 기록했으며 몇 세기 후에는 하늘을 관측하여 모든 식과 흑점, 신성, 유성 등을 기록했다.

또 천문학 분야에 많은 기여를 했는데 지구의 움직임에 의구심을 가지고 연구하여 최초의 달력 중 하나를 내놓았다. 기원전 4세기경에 이르러서는 성좌도를 만들고, 하늘을 반구로 표현했다. 우리가 하늘의 절반만 관측할 수 있다는 점에서 당시에는 완벽한 논리적 사고였다고 할 수 있다. 3세기 이후 중국 천문학자들은 우주가 둥글다고 생각하기 시작했는데, 이는 지구가 구의 형태를 지녔음을 인지하고 있음을 나타내며 지구가 양극을 중심으로 회전한다는 사실도 알고 있었음을 뜻한다. 이들은 천체 구 형상을 만들었으며 북극성과 태양에 대한 다른 별들의 위치를 표기하기도 했다.

중국 천문학자들은 태양을 최초로 관측하기도 했다. 그들은 색을 넣은 수정이나 옥을 통해 관측함으로써 눈을 보호했다. 960년경에 시작된 송나라는 천문 연구와 발견이

영국의 스톤헨지는 드루이드들에 의해 천문학적 달력의 일종으로 사용된 것으로 보인다.(iStock)

활발하게 이루어진 시기다. 이때 첫 번째 천문 시계가 만들어졌으며 수학이 중국 천문학에 도입되었다.

고대 아프리카 문명이 알고 있던 천문학의 범위는?

고대 이집트인들은 천체가 뜨고 지는 주기에 대한 명확한 이해를 바탕으로 피라미드와 다른 거대 기념물들을 세웠다. 이집트인들은 기원전 3000년경에 365일을 1년으로 하는 태양력을 만들었다. 이들은 데칸 별decan stars이라 불리는 36개의 별들을 관측하여 하루를 24시간으로 지정했다. 한여름에 12개의 데칸이 보일 때 하늘은 12개의 동등한 부분으로 나뉘게 된다. 이것은 오늘날 시계의 시간과 동일하다. 밤하늘에 가장 밝게 빛나는 별인 시리우스Sirius는 이집트의 한여름에 태양과 같은 시간에 떠오른다. 이것이 서양에서 '여름 복날dog days of summer'이라 부르는 용어의 기원이 되었다.

세계의 각 고대 지역이 알고 있던 천문학의 범위는?

밤하늘에 대한 지식은 고대 사회나 문명권에서 하나의 공통분모였던 것으로 보인다. 예를 들어 폴리네시아 문명에서는 플레이아데스(7자매별로도 알려진 성단)를 이용하여 태평양을 항해했다. 오스트레일리아 원주민 문명, 남아시아 문명, 에스키모 문명 그리고 북유럽 문명은 모두 태양과 달의 운동에 대한 그들만의 전설과 신화를 가지고 있었으며, 별과 별자리에 대한 그들만의 지도를 가지고 있었다.

로마 제국 몰락 이후 천문학에 어떤 일이 발생했는가?

유럽에서는 중세 시대의 천문학 연구가 더디게 진보한 반면 서아시아의 아랍 문명권은 수 세기 동안 천문학과 수학에서 뚜렷한 진보를 이루었다. 이러한 불균형은 르네상스 시대까지 계속되었다. 한편 중국과 일본의 천문학자들은 유럽 세계에서 일어난 사건에 전혀 영향을 받지 않고 천문 연구를 계속했다.

고대 그리스의 천문학자들은 천문학에 어떤 기여를 했는가?

고대 그리스 천문학자들의 공헌은 많은 부분을 차지한다. 그들 중 많은 사람들이 수학과 과학적 탐구의 기원에서 선구적인 역할을 했다. 예를 들면, 에라토스테네스 Eratosthenes(B.C. ?276~?194)는 처음으로 지구의 크기를 수학적으로 측정했다. 아리스타르코스 Aristarchos(B.C. 310~230)는 지구가 태양 주위를 돈다는 가설을 처음으로 주장했다. 히파르코스는 정확한 별자리표를 만들고 하늘의 기하학을 계산해냈다. 그리고 프톨레마이오스의 태양계 모델은 유럽 문명의 사고를 1000년 넘게 지배했다.

프톨레마이오스 모형이란 무엇인가?

140년경 이집트의 알렉산드리아에 거주하면서 활동했던 고대 그리스 천문학자 클라우디오스 프톨레마이오스는 13권으로 이루어진 수학과 천문학에 관한 책《수학 대편찬 *Megales mathmatike syntaxis*》을 출간했다. 오늘날 이 책은 알마게스트Almagest로 더 잘 알려져 있다. 프톨레마이오스는 유클리드, 아리스토텔레스, 히파르코스 등 많은 선구자들의 업적을 기반으로 이 책을 썼다. 그는 태양계를 포함한 우주 모형을 기술했는데, 이 우주 모형은 유럽 역사에서 1000년 이상 천문학의 정설로 받아들여졌다.

프톨레마이오스 모형Ptolemaic model(지구 중심설)에 따르면, 지구는 우주의 중심에 있고 그 주위를 달과 태양, 수성, 화성, 금성, 목성, 토성이 돌고 있었다. 하늘의 별들은 이 모든 천체들을 둘러싸는 천구에 고정되어 있었는데, 이 천구는 지구로부터 일정한 거리에 있었다. 행성은, 원 궤도를 따라 움직이는 주전원이라 부르는 또 다른 부가적인 원궤도를 따라 움직였다. 주전원은 행성들이 하늘에서 때때로 거꾸로 진행하는 현상을 설명하기 위해 도입되었다. 프톨레마이오스의 우주 모형은 갈릴레이, 케플러, 뉴턴 그리고 다른 17세기의 뛰어난 과학자들에 의해 틀렸음이 입증되었지만, 현대 과학으로서의 천문학 발전에 크게 기여했다.

가톨릭교회가 중세 유럽의 천문학에 끼친 영향은 무엇인가?

대부분의 역사학자들이 중세 가톨릭교회의 강력한 힘이 그 시기 유럽의 천문학 연구를 질식시켰다는 데 동의한다. 가톨릭교회는 교리의 하나로 우주는 영원불변하다고 정의한다. 한 예가 1054년에 초신성이 나타났을 때 그 출현 기록이 세계의 다른 곳에서는 남아 있으나 유럽에는 없는 것이다. 교회 정설의 잘못된 또 다른 부분은 태양, 달 그리고 행성이 지구 주위를 돈다고 정의한 것이다. 로마 제국이 몰락한 지 1000년이 지난 1500년대 후에야 가톨릭교회는 정확한 달력의 개발을 통해 다시 천문학에 기여하기 시작했다.

지구 중심설geocentric model에 처음 이의를 제기한 사람은 누구인가?

니콜라우스 코페르니쿠스.(Libray of congress)

폴란드의 수학자이자 천문학자인 니콜라우스 코페르니쿠스Nicolaus Copernicus(1473~1543)는 1507년에 지구가 아니라 태양이 태양계의 중심이라고 주장했다. 코페르니쿠스의 태양 중심설은 고대 그리스 천문학자 아리스타르코스에 의해 기원전 260년경에 주장되었으나 곧 사그라져, 코페르니쿠스는 로마 시대 이후 처음으로 지구 중심 모형에 도전한 최초의 유럽인이 되었다.

코페르니쿠스는 태양 중심설을 어떻게 소개했나?

코페르니쿠스는 자신의 생각을 죽기 직전인 1543년에 출판된 《천구의 회전에 관하여 *De Revolutionibus Orbium Coelestium*》를 통해 정리했다. 이 저서에서 코페르니쿠스는 태양 중심설을 주장하며 수성, 금성, 지구, 화성, 목성, 토성이 차례로 동심원을 그리며 태양 주위를 돈다고 강조했다.

코페르니쿠스 사후에 태양 중심설은 어떻게 발전했나?

불행하게도 《천구의 회전에 관하여》는 1616년 가톨릭교회의 금서 목록에 올랐고, 1835년까지만 남아 있었다. 그럼에도 이 책이 금지되기 전에 태양 중심설은 이미 천문학자들 사이에 퍼져나갔다. 그리고 갈릴레오 갈릴레이Galileo Galilei(1564~1642)는 천체 관측을 통해 태양 중심 모형이 태양계에 대한 올바른 모형임을 증명했다. 또 요하네스 케플러Johannes Kepler(1571~1630)도 행성 운동의 법칙을 통해 태양 중심 모형에서의 행성의 움직임을 설명했다. 아이작 뉴턴Sir Isaac Newton(1642~1727) 역시 운동의 법칙과 중력의 법칙을 통해 태양 중심 모형이 올바른 이유를 설명했다.

갈릴레오 갈릴레이는 누구인가?

많은 역사학자들이 갈릴레오 갈릴레이를 최초의 근대 과학자로 간주하고 있다. 이탈리아 르네상스의 마지막 인물인 갈릴레이는 이탈리아의 피렌체에서 태어나 가까운 도시인 파도바에서 지내며 많은 업적을 쌓았다. 그는 자연 세계를 관측과 실험을 통해 탐험했으며, 과학과 다른 철학 주제에 대한 논문을 남겼다. 자신의 발견을 인정하지 않으려는 권위적 조직에 대항했던 갈릴레이는 자연의 법칙과 과학의 이론을 발견하고 연구하는 방법에 대한 기초를 놓았다.

갈릴레오 갈릴레이.(Library of congress)

갈릴레이는 오늘날 우주에 대한 인식에 어떻게 기여했는가?

갈릴레이는 망원경으로 우주를 연구한 최초의 인물이었다. 비록 그의 망원경은 현대의 기준에서 보면 성능이 현저히 떨어지지만, 우주의 놀라운 사건들을 이 망원경으로 관측하며 금성의 위상 변화와 달의 산맥, 은하수의 별들 그리고 목성의 4위성들을 발견했다. 1609년에는 자신이 발견한 사실을《별의 사자*The Starry Messenger*》라는 책으로 출판했는데 엄청난 반향과 논란을 불러일으켰다.

지상 현상에 대한 갈릴레이의 관측과 실험도 우주의 물리 법칙에 대한 사람들의 인식을 바꾸는 데 중요한 역할을 했다. 유명한 일화로는 한쪽으로 기울어진 피사의 사탑에서 질량이 다른 두 개의 금속 공을 떨어뜨린 실험을 들 수 있다. 실험 결과, 두 금속 공은 땅에 동시에 떨어져 물체의 질량은 자유낙하 속도에 영향을 끼치지 않는다는 것을 보여주었다.《두 가지 주요 세계관에 관한 대화*A Dialogue Concerning the Two Chief World Systems*》와《두 가지 새로운 과학에 대한 토론*Discourse on Two New Sciences*》에서 갈릴레이는 물체들이 지구와 하늘에서 어떻게 움직이는지에 대해서도 기술하고 있다. 이런 일련의 연구는 물리학의 기원으로 이어졌고, 아이작 뉴턴과 그의 추종자들에 의해 더욱 심화되었다.

갈릴레이와 가톨릭교회 사이에 무슨 일이 있었는가?

갈릴레이는 당시 이탈리아에서는 이설로 받아들여졌던 지동설을 지지했다. 가톨릭교회는 갈릴레이에게 종교 재판에서 그 주장을 철회하지 않는다면 고문하고 죽이겠다고 협박했다. 결국, 갈릴레이는 자신의 주장을 철회하고 남은 생을 가택 연금 상태에서 보냈다. 전해지는 바로는 공개적으로 자신의 주장을 철회했을 때에도 그는 발을 구르면서 "그래도 지구는 움직인다 Eppe Si Muove"라고 말했다고 한다.

튀코 브라헤는 누구인가?

튀코 브라헤Tycho Brahe(1546~1601)는 덴마크의 귀족이었지만 정치보다는 천문학으로 진로를 바꾼 사람이다. 1576년에 덴마크 국왕인 프레데리크 2세로부터 벤 Hven 섬을 수여받자 그는 그곳에 크고 정교한 관측 장비를 갖춘 천문대인 우라니보르그 Uraniborg를 세웠다. 우라니보르그는 이전에 건설된 천문대 중에서 기술적으로 가장 뛰어난 천문대였다. 이 때문에 행성 운동에 관한 브라헤의 측정은 이전의 어떤 기록보다 훨씬 정확했다. 이러한 장비와 측정은 브라헤의 조수인 요하네스 케플러로 하여금 행성들이 타원 궤도를 그리며 태양을 회전한다는 사실을 알아내는 데도 큰 도움을 주었다.

요하네스 케플러는 누구인가?

독일의 천문학자 요하네스 케플러 Johannes Kepler(1571~1630)는 태양계 천체와 기하학적 형태(예를 들어 구 또는 정육면체) 사이의 수학적이고 신비한 관계에 관심이 많았다. 그는 천문학자의 길을 걷기 전인 1596년에 출판한 《천체의 신비 *Mysterium Cosmographicum*》에서 이러한 자신의 생각을 서술해놓았다. 나중에 케플러는 브라헤와 함께 그의 관측 자료를 연구하여 태양주위를 공전하는 천체들의 운동을 기술하는 기본 법칙을 발견했다.

289 DE MOTIB. STELLÆ MARTIS

Cap. LIX.

PROTHEOREMATA.

I.

SI intra circulum describatur ellipsis, tangens verticibus circulum, in punctis oppositis; & per centrum & puncta contactuum ducatur diameter; deinde a punctis aliis circumferentiæ circuli ducantur perpendiculares in hanc diametrum: eæ omnes a circumferentia ellipseos secabuntur in eandem proportionem.

Ex l. 1. Apollonii Conicorum pag. XXI. demonstrat COMMANDINUS *in commentario super V. Sphæroideon* ARCHIMEDIS.

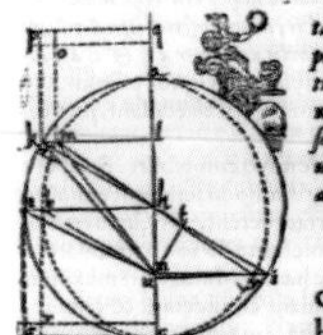

Sit enim circulus AEC. *in eo ellipsis* ABC *tangens circulum in* AC. *& ducatur diameter per* A.C. *puncta contactuum, & per* H *centrum. Deinde ex punctis circumferentiæ* K.E. *descendant perpendiculares* KL, EH, *secta in* M.B. *a circumferentia ellipseos. Erit ut* BH *ad* HE, *sic* ML *ad* LK. *& sic omnes aliæ perpendiculares.*

II.

Area ellipsis sic inscriptæ circulo, ad aream circuli, habet proportionem eandem, quam dictæ lineæ.

Ut enim BH *ad* HE, *sic area ellipseos* ABC *ad aream circuli* AEC. *Est quinta Sphæroideon* ARCHIMEDIS.

III.

Si a certo puncto diametri educantur lineæ in sectiones ejusdem perpendicularis, cum circuli & ellipseos circumferentia; spacia ab iis rescissa rursum erunt in proportione sectæ perpendicularis.

Sit N *punctum diametri, &* KML *perpendicularis. connectantur signa* K.M. *cum* N. *Dico, ut* ML *ad* LK, *seu per.* I. *ut* BH, *ad* HE *diameter brevior ad longiorem, sic esse aream* AMN *ad* AKN. *Est enim* AML, *area ad* AKL *aream, ut* ML *ad* LK *per assumpta* ARCHIMEDIS *ad pr. V. Sphæroideon, quæ* COMMANDINUS *in commentariis ad hanc propositionem literis* C.D. *demonstrat. Triangulorum vero rectangulorum* NLM, NLK, *altitudo* NL *est eadem*

1609년에 발간된 케플러의 《신천문학 *Astronomia nova*》에 나오는 도표. 그의 행성 운동 법칙 중 두 가지를 사용하여 화성이 태양 주위를 공전한다는 것을 그림으로 묘사했다.(Libray of congress)

케플러는 우리가 우주를 이해하는 데 어떻게 기여했는가?

케플러는 튀코 브라헤가 세상을 떠난 1601년까지 연구를 같이했다. 그는 신성 로마 제국의 공식 제국 수학자로서 브라헤를 계승했다. 이러한 지위는 화성 관측 자료를 포함해 브라헤의 모든 자료에 접근할 수 있도록 했다. 그는 화성의 궤도를 원 대신 타원으로 가정함으로써 관측 자료를 화성의 궤도 경로와 일치시킬 수 있었다. 1604년에 초성을 발견한 그는 그것을 새로운 별이라고 생각했다. 초신성은 가장 밝게 빛날 때는 거의 금성만큼 밝았다. 오늘날 이 별은 케플러의 초신성으로 알려져 있다. 직접만든 망원경을 통해 그는 갈릴레이의 목성의 소행성에 대한 발견을 증명해내고, 이를 위성이라 불렀다. 이후 케플러는 혜성과 그 세기 동안 다른 과학자들에 의해 널리 쓰인 '루돌프 표Rudolphine Tables'라고 불리는 행성 일지를 출간했다. 케플러는 행성 운동의 세 가지 법칙으로 가장 유명하다.

케플러의 행성 운동 제1법칙이란 무엇인가?

케플러의 제1법칙에 따르면, 행성과 혜성 그리고 태양계의 다른 천체들은 태양을 하나의 초점으로 타원형 궤도를 돈다. 그 효과는 감지하기 힘들 수도 있고 분명할 수도 있다. 예를 들어 지구의 궤도는 거의 원에 가까운 반면, 명왕성은 뚜렷하게 길쭉하고 대부분의 혜성의 궤도는 크게 늘어나 있다.

케플러의 행성 운동 제2법칙이란 무엇인가?

케플러의 제2법칙에 따르면, 행성의 궤도는 같은 시간에 같은 면적을 휩쓸고 간다. 즉 행성은 태양에 가까이 갈 때 빠르게 움직이고, 멀리 있을 때 천천히 움직인다는 의미다. 후대의 과학자인 뉴턴은 이 법칙이 옳다는 것을 각운동량 보존의 법칙을 통해 증명했다.

케플러의 행성 운동 제3법칙이란 무엇인가?

케플러의 제3법칙에 따르면, 행성과 태양 사이의 거리의 세제곱은 행성 궤도 주기의 제곱에 비례한다는 것이다. 케플러는 행성의 운동에 대한 처음 두 법칙을 발표하고 10년 뒤인 1619년에 이 법칙을 발견했다. 이 제3법칙을 사용하면 천체의 궤도 주기만 측정하여 태양과 태양계의 행성, 혜성 또는 소행성들 사이의 거리를 알아낼 수 있다.

크리스티안 하위헌스는 누구인가?

네덜란드의 천문학자이자 물리학자이며 수학자인 크리스티안 하위헌스Christiaan Huygens(1629~1695)는 과학사에서 가장 중요한 인물 중 하나다. 갈릴레이에서 뉴턴으로 옮겨가는 시기에 중요한 역할을 한 과학자로서 역학, 물리학, 천문학 등 현대 과학의 발전에 큰 기여를 했다. 하위헌스는 운동량 보존의 법칙을 발전시켰고, 추시계를 발명했으며 빛의 파동설을 처음으로 주장한 사람이었다. 그는 당시로서는 가장 선명한 렌즈를 고안하여 성능 좋은 망원경을 만들어 토성의 고리를 확인하고, 토성의 가장 큰 위성인 타이탄을 발견했다.

크리스티안 하위헌스.(Libray of congress)

아이작 뉴턴은 누구인가?

영국의 수학자이자 물리학자, 천문학자였던 아이작 뉴턴Isaac Newton (1642~1727)은 역사상 뛰어난 천재들 중 한 사람으로 꼽힌다. 그는 1665년 페스트로 학교가 문을 닫자 케임브리지 대학을 떠나 자기 집 농장에서 일을 했다. 이후 2년간 수학과 과학에 있어 괄목할 만한 성과를 이루었는데 여기에는 미적분학과 운동법칙 그리고 만유인력의 법칙이 포함된다. 1667년에 케임브리지 대학으로 돌아간 뉴턴은 마침내 루카스 교수직을 받았다. 그곳에서 그는 광학의 기초를 세우고 새로운 종류의 망원경을 고안했다.

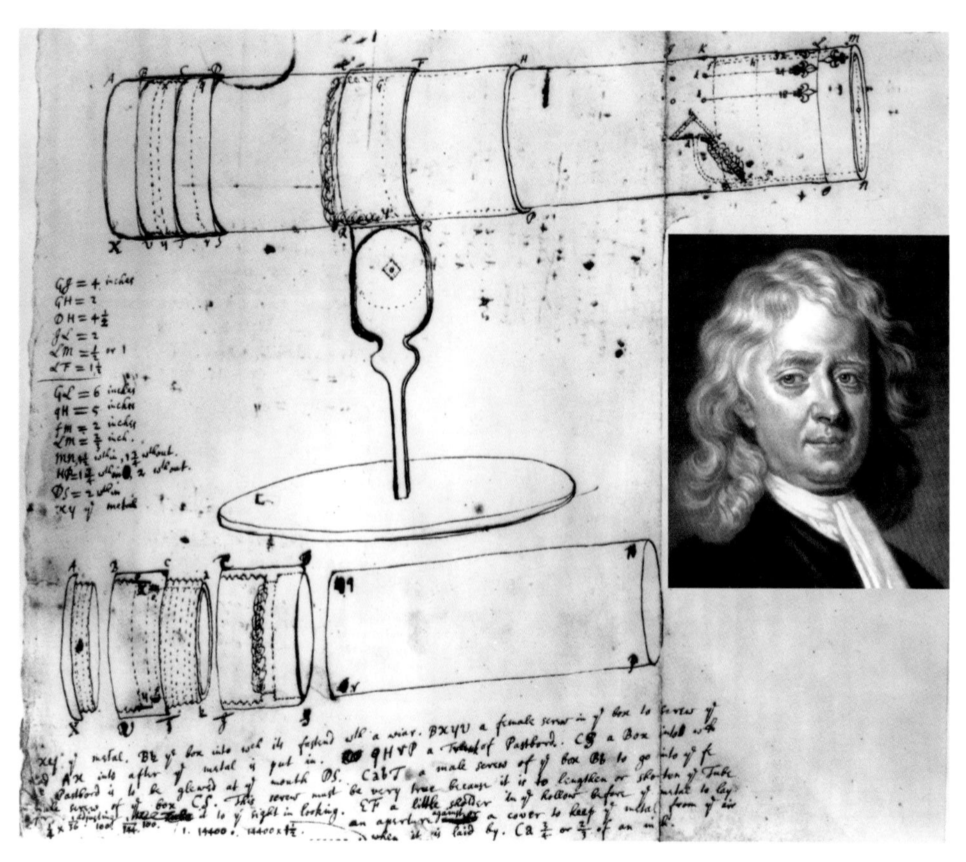

아이작 뉴턴과 그가 고안한 망원경을 그린 삽화.(Libray of congress)

1687년에는 지인인 에드먼드 핼리Edmund Halley(1656~1742)의 격려와 재정적 도움을 받아 《프린키피아*Principia*》를 출간한다.

그 후 영국 의회에 자리를 얻은 그는 조폐국의 책임자로 있으면서 동전 가장자리에 톱니 모양을 새겨 넣는 방법을 고안하여 사람들이 동전을 깎아내지 못하도록 막았다. 1705년에는 기사 작위를 받았는데, 이는 과학자로서는 처음 누리는 영예였다. 그는 당시 학술적 권위가 세계에서 가장 높은 영국 왕립협회장에 선출되기도 했다.

아이작 뉴턴 경은 1727년 3월 31일, 영국 런던에서 사망했다.

뉴턴의 운동 법칙은 왜 중요한가?

뉴턴은 《프린키피아》를 통해, 우주에 대한 이해와 우주 구성원들 사이의 상호 연결성에 대한 인간의 이해를 근본적으로 바꾸어놓았다. 뉴턴의 운동 법칙이 받아들여진 이후 우주 안 천체의 운동은 지구에서의 물체의 운동과 똑같은 자연법칙을 따른다는 것이 명확해졌다. 이러한 인식은 인간이 하늘과 우주에 대해 느끼는 근본적인 관계를 바꾸어놓았다. 우주 안에 있는 것들은 오늘날 미지의 신이나 혹은 초자연적 존재가 아닌 '천체'로서 연구되고 해석된다. 이러한 인식이 오늘날 전체 과학 연구를 이끄는 데 도움을 주고 있다.

뉴턴은 우리가 우주를 이해하는 데 어떤 기여를 했는가?

뉴턴은 《자연 철학의 수학적 원리 *Philosophiae Naturalis Principia Mathematica*》, 즉 《프린키피아》에서 만유인력의 법칙과 운동에 대한 세 가지 법칙을 발표했으며 다른 저서들을 통해 서도 지식의 여러 부분에서 진보를 이루었다. 그는 광학 분야에선 태양빛이 여러 가지 색깔의 조합이라는 사실을 밝혀냈다. 수학에선 수학의 근대적 기반을 형성하는 새로운 방법들을 고안해냈는데, 여기에는 독일의 철학자이자 수학자인 고트프리트 빌헬름 라이프니츠Gottfried Wilhelm Leibniz(1646~1716)에 의해 고안된 대수학도 포함된다. 우주론에서는 오늘날 천문학자들이 팽창하는 우주의 밀도를 계산할 수 있는 이론적 토대를 마련했다. 또한 천문학에선 렌즈 대신 거울을 사용한 망원경을 고안하기도 했다. 이는 오늘날 만들어지는 모든 주요한 천문 연구용 망원경의 기반이다.

뉴턴의 운동 제1법칙이란 무엇인가?

뉴턴의 운동 제1법칙Newton's First Law of Motion에 의하면, "모든 물체는 그것에 힘이 가해져서 현재의 상태를 변화시키려 하지 않는 한, 정지 상태 또는 직선상의 등속운동 상태를 유지하려 한다". '관성의 법칙'으로도 알려져 있는 이 법칙은 쉽게 말해 물체를 밀거나 당기지 않는 한, 물체는 계속 정지 상태로 머물러 있거나 직선상의 운동을 계속 하려는 경향이 있다는 의미다. 이 법칙은 선운동량의 보존이라 불리는 운동의 기본 성질을 말로 표현한 것이다. 수학적으로 표현하면 물체의 운동량은 물체의 속도와 질량의 곱으로 정의된다.

뉴턴의 운동 제2법칙이란 무엇인가?

뉴턴의 운동 제2법칙Newton's Second Law of Motion에 의하면, "운동의 변화는 가해진 힘에 비례하고, 가해진 힘의 방향을 따른다". 이 법칙은 또한 '힘의 법칙law of force'으로도 알려져 있는데, 물체에 작용한 힘을 물체의 운동량momentum의 변화량으로 정의한다. 수학적으로 표현하면 물체에 작용한 힘은 물체의 질량에 가속도를 곱한 값이 된다.

뉴턴의 운동 제3법칙이란 무엇인가?

뉴턴의 운동 제3법칙Newton's Third Law of Motion에 의하면, "모든 작용에는 항상 반대로 작용하는 같은 크기의 반작용이 있다". 다시 말해 "물체의 서로에 대한 상호작용은 크기가 같고 서로 반대 방향을 향한다". 이는 물체에 힘을 가하면 같은 강도의 힘을 반대 방향으로 받는다는 뜻이다. 이 법칙은 예를 들어, 왜 빙판 위에서 한 사람이 다른 사람을 밀면 민 사람도 반대쪽으로 밀리게 되는지를 설명해준다.

뉴턴의 중력의 법칙Newton's Law of Gravity이란 무엇인가?

뉴턴의 만유인력의 법칙에 의하면, 우주의 모든 물체는 다른 물체에 끌어당기는 힘이 작용한다. 임의의 두 물체 사이에 작용하는 이 힘은 두 물체의 질량의 곱에 비례하고 두 물체 사이의 거리의 제곱에 반비례한다. 다른 말로 하면, 중력은 '역제곱의 법칙Inverse square law'을 따른다는 것이다. 역제곱의 법칙은 우주에서의 중력의 크기와 빛의 공간에서의 빛의 전파를 지배하는 수학적 관계식이다.

뉴턴의 중력 법칙이 천문학에 중요한 이유는 무엇인가?

뉴턴의 만유인력의 법칙은 태양계 안의 천체들이 수학적으로 예측 가능한 규칙에 따라움직인다는 것을 보여준다. 이것은 케플러의 세 가지 행성 운동의 법칙이 왜 옳은지를 과학적으로 입증하고, 천문학자들로 하여금 천체의 위치와 움직임을 예측할 수 있게 해준다. 예를 들어 에드먼드 핼리는 이 법칙을 이용하여 잘 알려진 혜성의 궤도 주기를 76년으로 예측했다(이 예측은 핼리의 사후에 확인되었다). 이로써 뉴턴의 법칙은 천문학의 새로운 이정표가 되었고, 미신과 무지에서 과학과 지식으로 마지막 탈바꿈을 하게 했다.

18세기와 19세기의 발전

1700년대에 이룩된 천문학 분야의 가장 중요한 과학적 진전은 무엇인가?

1700년대의 수학 연구는 라이프니츠와 뉴턴에 의해 확립된 미적분학을 넘어서 물리학의 한 분야인 역학을 탄생시켰다. 과학자들은 실험실에서의 실험과 하늘의 번개를 통해 전기의 성질을 이해하기 시작했다. 안경사들은 망원경을 개발하여 천문학자들이 맨눈으로는 보이지 않는 천체를 관측할 수 있도록 했다. 이런 망원경들을 이용해 천문학자들은 하늘에 대한 체계적인 조사를 시작하여 상세한 하늘의 목록을 만들었다.

피에르 시몽 드 라플라스 후작은 누구이며, 역학에 어떤 기여를 했는가?

프랑스의 수학자이자 천문학자인 피에르 시몽 드 라플라스Pierre Simon de Laplace(1749~1827)는 수학과 천문학 그리고 다른 여러 과학 분야에 걸쳐 많은 중요한 기여를 했다. 화학자 앙투안 라부아지에Antoine Lavoisier(1743~1794)와 함께 화학 반응과 열 사이의 상호 관계를 파헤쳤으며, 물리학에서도 뉴턴과 라이프니츠에 의해 고안된 미적분학을 이용하여 물질 입자, 열, 빛 그리고 전기 사이의 힘을 계산했다. 또한 라플라스와 그

피에르 시몽 드 라플라스 (Library of congress)

의 동료들은 빛의 굴절과 열전도, 고체의 유연성, 전도체의 전기 분포 등을 설명하는 방정식 체계를 만들어냈다.

천문학 분야에서 라플라스는 태양계 안의 천체들의 운동과 그들 사이의 복잡한 중력상호작용에 관심을 가져 몇 해에 걸쳐 여러 권으로 이루어진 《천체역학》을 엮어냈다(1799년에 제1권 출간). 라플라스는 또한 태양과 태양계 형성을 설명하는 성운설을 발전시켰으며 동료인 존 미첼과 함께 '암흑성'이라는 개념을 만들어냈다. 그는 명석한 두뇌와 뉴턴의 만유인력 법칙을 심화시킨 업적으로 '프랑스의 뉴턴'이라 불리기도 했다.

조제프 루이 라그랑주는 누구이며, 역학에 어떤 기여를 했는가?

조제프 루이 라그랑주 Joseph Louis Lagrange(1736~1813)는 이탈리아 태생의 수학자로, 우주와 지구에 관한 중요한 역학 이론 하나를 발전시켰다. 그는 일반적으로 프랑스의 과학자로 인식되는데, 그 이유는 여생의 마지막을 프랑스에서 보내며 달의 회전축에 대한 흔들림 현상을 분석하여 1764년에 파리의 과학기술관에서 상을 받았기 때문이다. 라그랑주는 갈릴레이와 뉴턴이 오래전에 시작한 움직이는 물체와 정지된 물체 사이의 힘을 전체적으로 설명하는 연구에 힘을 기울였다. 그리고 결국 이런 힘을 분석하는 일반적인 수학적 방법을 알아냈다. 그의 업적은 《해석역학 *mechanigue Analytigue*》이라는 이름으로 1788년에 출간되었다. 라그랑주는 또한 태양계 안의 물체들 사이의 상호작용을 물체의 복합 시스템 관점에서 연구했다. 이 발견을 '라그랑주 점'이라 한다. 라그랑주 점은 중력적으로 구속된 두 천체 사이나 그 주위에 제3의 천체가 상대적으로 안정되게 머무를 수 있는 지점이다. 이는 오늘날 우주 공간에 위성을 띄우는데 유용하다는 것이 입증되었다.

1793년 라그랑주는 도량형체계계혁위원으로 임명되어 근대 미터법을 만드는 데 기여하기도 했다. 그는 마지막 생을 미적분학의 새로운 수학적 체계를 발전시키기 위해 노력했다.

레온하르트 오일러는 누구이며, 역학에 어떤 기여를 했는가?

스위스의 수학자 레온하르트 오일러Leonhard Euler(1707~1783)는 역사상 가장 다양한 업적을 남긴 수학자일 것이다. 그는 라이프니츠와 뉴턴이 각각 독립적으로 만든 대수학을 통합했다. 또 기하학과 정수론, 실수와 복소수 해석학, 그 밖의 많은 수학 분야에 중요한 기여를 했다. 1736년 오일러는 '메카니카Mechanica'라고 불리는 역학에 관한 책을 출간했다. 이 책은 복잡한 문제를 수학적인 방법으로 풀어나가는 방법을 제시하고 있다. 후에 그는 정역학과 강체rigid body에 관한 연구를 책으로 펴냈으며, 천체역학과 유체역학에 관해 큰 업적을 남겼다. 또한 달의 움직임에 관해서만 775페이지에 달하는 책을 출간하기도 했다.

앙드리앵 마리 르장드르는 누구이며, 역학에 어떤 기여를 했는가?

프랑스의 수학자인 앙드리앵 마리 르장드르Andrien Marie Legendre(1752~1833)는 프랑스 군인학교에서 라플라스와 함께 교육을 받았다. 1782년에는 공기 중에 움직이는 포탄의 속도와 경로 그리고 비행역학에 대한 프로젝트로 최고 연구상을 받는 영예를 누렸다. 그는 프랑스 과학아카데미에 선출된 이듬해에는 추상 수학에 관한 연구를 천체역학의 주요 연구와 합치는 작업을 했다. 1794년에 르장드르는 거의 한 세기 동안 기하학에 있어 결정적인 업적이라 할 기하학 교과서를 집필했다. 1806년에는 《혜성의 궤도 결정에 대한 새로운 방법*nouvelles methods pour la determination des orbits des comets*》이라는 논문도 출간했는데, 이때 그는 불완전한 데이터를 사용하여 수학적 곡선식을 찾아내는 기술을 소개했다. 르장드르는 오늘날 타원 함수에 대한 업적과 르장드르 다항식이라 불리는 함수 집합을 고안한 것으로 잘 알려져 있다. 르장드르 다항식은 조화 진동harmonic vibration을 연구하거나 많은 자료점에 적합한 수학적 곡선을 찾는 데 유용한 도구다.

NGC는 누가 만들었는가?

독일 태생의 영국 천문학자 캐롤라인 허셜Caroline Herschel(1750~1848)과 그녀의 조카인 존 허셜John Herschel(1792~1871)은 '새로운 일반 목록NGC, New General Catalog'을 만들었다. 이 목록은 수천 가지 천체에 대한 목록으로, 밤하늘에서 볼 수 있는 대부분의 유명한 가스 성운들과 성단들 그리고 은하들을 포함하고 있다.

1800년대에 천문학을 크게 발전시킨 주요 과학적 성취는 무엇인가?

1800년대에 전기와 자기에 대한 과학적 이해는 발전기로 얻은 전기를 이용해 통제된 양만큼 에너지를 생산하게 하거나 전기를 먼 거리까지 전송할 수 있게 했다. 이러한

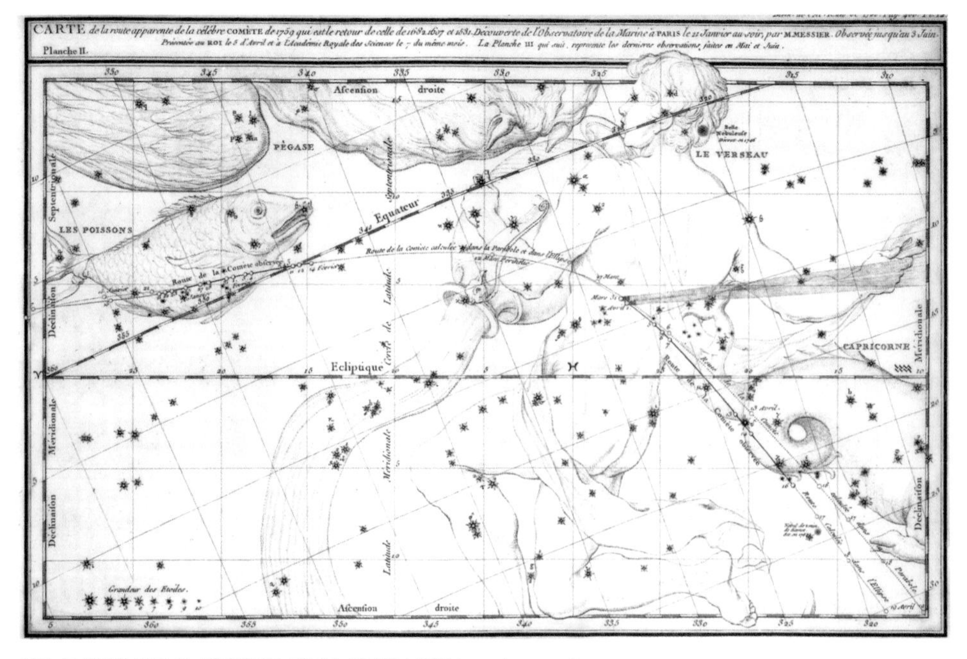

샤를 메시에의 목록 중 핼리혜성의 행로를 기록한 도안.(Library of congress)

조사 연구는 전자기를 힘의 한 종류로 이해하게 했고, 파동의 형태로 전자기 에너지를 전송하거나 전자기 스펙트럼의 형태로 현현하게 했다.

또한 과학자들은 에너지의 개념 이해에 중요한 진전을 이루었으며 에너지가 운동이나 열, 빛과 같은 다양한 형태로 어떻게 나타날 수 있는지에 대해 이해하게 되었다. 그로부터 열역학(열에너지와 열에너지 전송에 대해 연구하는 분야)과 물리학적 파생 가지인 통계역학이 태어났다. 이러한 발견들과 그 기술적 적용들은 인간 사회를 변화시켰다. 증기기관, 전구 그리고 산업혁명이 바로 그 변화의 예라고 할 수 있다. 이들이 천문학에 끼친 영향도 이와 마찬가지로 컸다.

제임스 클러크 맥스웰은 누구이며, 물리학에 어떤 기여를 했는가?

스코틀랜드의 과학자이자 수학자인 제임스 클러크 맥스웰 James Clerk Maxwell (1831~1879)은 여러 분야에 걸쳐 위대한 발견을 했다. 1861년 그는 첫 번째 컬러 사진기를 만들었다. 또 토성의 고리를 연구하여 고리는 단순한 고체나 액체가 아닌 수많은 작은 입자들로 구성되어 있다는 사실을 이론화했으며, 기체 운동 이론을 발전시키는 데도 기여했다. 그의 전자기학 이론은 전기와 자기 사이의 관계를 하나로 묶었다. 1864년에서 1873년 사이에 맥스웰은 빛이 전자기 복사라는 사실을 입증했다. 맥스웰 방정식으로 알려져 있는 네 개의 방정식은 전기와 자기 그리고 빛 사이의 가장 기본적인 수학적이고도 물리학적인 관계를 보여준다.

누가 메시에 목록을 만들었나?

프랑스의 천문학자 샤를 메시에 Charles Messier(1730~1817)는 혜성의 발견자로 명성을 얻었다. 당시에 망원경으로 혜성을 발견하는 것은 매우 어려운 일이었기 때문에 혜성의 발견은 곧 커다란 명성과 영예를 얻는 것이었다. 메시에는 열 개 이상의 혜성을 발견했으며 밤하늘에서 혜성처럼 보이지만 혜성이 아닌 것으로 판명된 수많은 천체들 또한 발견했다.

1770년경에 메시에는 자신이 망원경으로 발견한 천체들의 목록을 책으로 엮었다. 후에 다른 천문학자들이 45개의 메시에 목록에 추가 목록을 작성하면서 메시에 목록은 유명세를 타기 시작했다. 현재 메시에 목록은 110개의 천체를 담고 있으며, 이들 중 많은 천체들이 밤하늘에서 아름다운 빛을 내고 있다

하인리히 루돌프 헤르츠는 누구이며, 물리학에 어떤 기여를 했는가?

독일의 물리학자 하인리히 루돌프 헤르츠Heinrich Rudolph Hertz(1857~1894)는 과학과 언어의 천재였다(그는 어렸을 때 이미 아랍어와 산스크리트어를 배웠을 정도였다). 전기역학 외에도 그는 기상학과 접촉역학contact mechanics(두 물체를 서로 맞댔을 때 일어나는 반응을 연구하는 학문)을 연구했다.

헤르츠는 1888년에 전자기파의 존재를 증명했다. 비록 가시광선이 전자기 기원을 갖는다는 것이 알려져 있었지만, 헤르츠는 눈에 보이지 않는 전자기파인 라디오파를 유도 코일에 연결된 전선을 통해 만들어내 전선 고리와 불꽃 갭을 통해 검출해냈다. 헤르츠는 1892년 맥스웰의 연구를 바탕으로 하여 맥스웰의 전기역학 공식을 보다 정교하고 정리된, 현재 우리가 사용하는 맥스웰의 공식으로 재구성했다. 그는 오늘날 무선 통신에 있어 과학적 기반을 마련했으며, 전자기 주파수의 단위는 그 업적을 기리기 위해 그의 이름을 따서 붙여졌다.

제임스 프레스콧 줄은 누구이며, 물리학에 어떤 기여를 했는가?

영국의 물리학자 제임스 프레스콧 줄James Prescott Joule(1818~1889)은 부유한 양조업자의 아들로 태어났다. 비록 그가 발견한 많은 것들이 오랫동안 인정되지 않았지만, 그는 서로 다른 형태의 에너지(전기, 운동 그리고 열 등)들이 어떤 관계를 지니는지에 대해 중요한 공헌을 하게 된다. 오늘날 줄은 독일의 물리학자이자 과학자인 율리우스 마이어Julius Meyer(1830~1895)와 더불어 열과 운동 에너지 사이의 수학적 변환 인자를 찾아낸

공로를 인정받고 있다. 운동 에너지의 물리 단위는 그의 업적을 기려 줄J, joule로 불리고 있다.(1줄은 0.239cal이다.).

켈빈 경은 누구이며, 물리학에 어떤 기여를 했는가?

영국의 과학자 켈빈 경Lord Kelvin(1824~1907)은 뛰어난 과학자였다. 공학 교수의 아들로 태어난 켈빈은 물리학에 관한 다양한 주제에 대해 600개 이상의 과학 논문을 발표했다. 응용 물리학자로서 여러 가지 과학 장비를 고안해내기도 했다. 그중 하나인 거울 검류계는 아일랜드에서 캐나다의 뉴펀들랜드를 잇는 대서양 횡단 수중 전신 케이블에 사용되었다. 응용과학에서의 성공은 그에게 명성과 부 그리고 명예로운 귀족 작위Baron Kelvin of Largs를 안겨주었다.

이론 과학에 있어 켈빈은 전기와 자기, 열과 빛 그리고 열에너지와 중력 에너지의 개념을 하나로 묶는 데 선구적인 역할을 했다. 그는 제임스 줄과 함께한 연구를 통해 열역학의 첫 번째 법칙을 공식화했고, 절대 영도(우주에서 가능한 가장 낮은 온도)가 존재한다고 결론지었다. 오늘날 절대 영도를 기준으로 한 온도 눈금을 그의 이름을 기려 켈빈 눈금이라 부른다.

물 질 과 　에 너 지

에너지란 무엇인가?

에너지는 우주에서 무언가 일어날 수 있게 하는 것이다. 이것은 입자가 변하기(운동이나 성질 또는 그 밖의 어떤 것) 위해 어떤 두 입자 사이에서 교환되어야 하는 것이다. 에너지는 우리 주위 어디에나 있다. 이것은 다양한 형태로 존재하기 때문에 무엇이라 쉽게 정의하기 어렵다. 열은 에너지다. 빛도 에너지다. 움직이는 모든 것은 운동 에너지를 갖는다. 물질 자체도 에너지로 변환될 수 있고, 그 반대도 가능하다.

물질이란 무엇인가?

물질이란 우주 안의 모든 물체를 만드는 재료로서, 질량을 갖는 모든 것이다. 질량이란 설명하기 어려운 양이다. 대략 말하자면, 물체가 통과하는 시공간 속의 '끌림 drag'이다. 두 물체가 같은 운동량이나 같은 운동 에너지를 갖는다고 가정했을 때, 질량이 큰 물체는 작은 물체보다 시공간 속을 더 느리게 움직인다.

$E=mc^2$이라는 식의 중요성은 무엇인가?

$E=mc^2$은 1905년 알베르트 아인슈타인에 의해 발견되었다. 이 식은 특수상대성이론의 주요 결과식으로, 물체와 전자기 복사가 공간을 움직이는 방법 및 시간을 따라 움직이는 방법의 관계를 기술한다. 물질에 담긴 에너지의 총량은 물질의 질량에 빛의 속도의 제곱을 곱한 값과 같다는 것이다. 이것은 아주 작은 양의 물질이라 하더라도 엄청난 양의 에너지를 가지고 있음을 시사한다. 동전 하나에 들어 있는 에너지의 양은 1945년에 히로시마와 나가사키에 떨어진 핵폭탄 두 개를 합친 것보다 훨씬 크다는 의미다.

물질은 에너지와 동일한가?

물질은 에너지로 바뀔 수 있고, 에너지는 물질로 변할 수 있다. 그러나 서로 동일하지는 않다. 한 예로, 미국 달러와 캐나다 달러 사이의 차이를 생각해보자. 이들은 모두 돈이다. 그리고 이들은 환율에 따라 서로 교환될 수 있다. 그러나 정확하게 같지는 않다. 물질과 에너지 사이의 교환율은 1905년에 아인슈타인이 발견한 유명한 방정식 $E=mc^2$이다.

빛이란 무엇인가?

빛은 에너지의 일종이다. 빛은 파동처럼 이동하고 광자라는 입자를 운반한다. 일반적으로 말해 빛은 전자기복사다(그러나 알파 혹은 베타선과 같은 커다란 입자에 의해 운반되는 방사선은 빛이 아니다). 빛의 흥미로운 점은, 입자의 흐름으로도 다룰 수 있고 복사의 파동으로 다룰 수도 있다는 것이다. 이같은 빛의 이중성은 '파동과 입자의 이중성'이라고 알려져 있으며, 이는 양자역학이라 불리는 물리학 분야의 주춧돌 역할을 한다.

광자란 무엇인가?

광자는 에너지를 가지지만 질량이 없는 특별한 아원자 입자다. 광자는 사실 빛의 입자로 간주될 수 있다. 광자는 전자기력이 한 곳에서 다른 곳으로 이동할 때 만들어지거나 소멸된다.

전자기파란 무엇인가?

전자기파는 전자파 복사, 즉 빛이다. 보통 지구 상의 사람들은 빛을 눈으로 볼 수 있는 복사선의 한 종류로 생각한다.

얼마나 많은 종류의 전자기파가 있는가?

일반적으로 전자기파에는 일곱 가지 종류가 있다. 감마선, 엑스선, 자외선, 적외선, 가시광선, 마이크로파, 라디오파가 그것이다. 감마선과 엑스선 그리고 자외선은 가시광선보다 파장이 짧고, 적외선과 마이크로파 그리고 라디오파는 가시광선보다 파장이 길다.

전자기파의 속도는 얼마인가?

빛과 전자기파는 같은 것이므로 전자기파의 속도는 빛의 속도와 같다.

빛의 속도는 얼마인가?

빛은 진공 속을 초속 299,792.5km의 속도로 진행한다. 시속으로 환산하면 약 10억 780만 km, 1년 동안 9조 2000억km를 진행한다. 빛은 뉴욕에서 도쿄까지 가는데 1/10초도 걸리지 않으며, 지구에서 달까지 가는 데 1.3초도 걸리지 않는다.

빛의 속도가 특별한 이유는 무엇인가?

빛의 속도는 속도의 상한이다. 진공 속에서 빛보다 빠르게 움직이는 것은 없다.

과학자들은 빛의 속도를 어떻게 측정했는가?

1500년대 후반에 갈릴레오 갈릴레이는 두 언덕 꼭대기에서 랜턴을 사용하여 빛의 속도를 측정하는 실험을 했다. 그는 빛의 속도가 측정하려는 것보다 훨씬 빠르다는 것 외에는 할 말이 없었다. 1675년에 덴마크의 천문학자 올라우스 뢰머Olaus Römer(1644~1710)는 목성의 위성들의 식을 이용해 빛의 속도를 측정하여 22만 7000km/s라는 값을 얻었다. 이 값은 현재 값의 약 76% 정도다. 뢰머는 거의 비슷한 값에 도달했지만 더 중요한 사실은 빛의 속도가 무한대가 아니라는 사실을 밝혀냈다는 것이다. 이러한 발견은 물리와 천문학 모두에 있어 매우 중요한 암시였다.

1700년대 중반에 이르러 영국의 천문학자 제임스 브래들리James Bradley(1693~1762)는 지구로 오는 별빛으로부터 멀어지거나 가까워지면서 몇몇 별들이 움직이는 것처럼 보인다는 사실에 주목했다. 별빛의 광행차라 부르는 이러한 현상을 이용해 브래들리는 빛의 속도를 1% 미만의 오차로 측정할 수 있었다. 측정된 광속은 29만 8000km/s였다. 1800년대에는 프랑스의 과학자 장 베르나르 레옹 푸코Jean Bernard Léon Foucault(1819~1868)가 하나는 회전하고 다른 하나는 고정된 두 개의 거울을 이용한 실험장치를 만들어 빛의 속도를 측정했다. 회전하는 거울이 정지 상태의 거울로부터 빛을 반사하면 매 반사마다 다른 각도를 지니게 된다. 기하학을 사용하여 푸코는 빛의 속도가 29만 9337km/s 이상이라는 사실을 알아냈다.

1926년에 미국의 물리학자 앨버트 에이브러햄 마이컬슨Albert Abraham Michelson(1852~1931)은 푸코의 실험을 훨씬 큰 규모로 재현했다. 캘리포니아의 35 킬로미터 정도 떨어진 두 산 정상에 거울을 설치하고 실험한 결과, 빛의 속도가 29만 9774 km/s라는 사실을 알아냈다.

빛의 속도는 변하는가?

그렇다. 빛은 다른 매질을 통과할 때마다 속도와 방향이 바뀌게 된다. 완전한 진공 상태에서 빛의 굴절률은 1이고, 공기 중에서는 1.0003, 물에서는 1.33, 유리에서는 1.5, 다이아몬드에서는 2.42이다. 빛은 굴절률이 클수록 속도가 느려진다.

빛의 속도가 일정하다는 것은 무슨 뜻인가?

빛의 속도가 일정하다는 말은 어떤 임의의 관측자가 어떤 특별한 빛의 흐름을 측정하더라도 같은 속도로 측정한다는 것을 의미한다. 관측자가 빛의 방향이나 반대 방향 또는 전혀 움직이지 않더라도 빛의 속도에 영향을 미치지 않는다. 또한 빛은 관측자가 얼마나 빠르게 움직이고 있는가에도 영향을 받지 않는다. 다시 말해 빛의 속도는 다른 물체들 간의 상대 속도와 전혀 상관이 없다. 이것은 아인슈타인이 1905년에 발견한 특수상대성이론을 따른다.

마이컬슨과 몰리의 실험은 어떻게 이루어졌는가?

마이컬슨과 몰리의 실험은 간섭법이라 불리는 특별한 실험 방법에 기초를 두고 있다. 이것은 서로 수직한 경로를 지나가는 두 가지 빛의 간섭을 실험하는 방법이다. 빛을 일정한 각도로 반투명 은박 거울로 보내면 빛의 일부는 거울을 통과하고, 나머지는 거울에서 반사된다. 각각의 빛은 다른 거울에 의해 반사되어 은박 거울에서 다시 합친 다음 처음 빛이 나온 위치로 돌아가도록 되어 있다. 이때 만약 빛의 일부가 진행 중에 변했다면, 다시 합친 빛에는 간섭 패턴이 생기게 된다.

두 빛의 경로는 서로 다른 방향이기 때문에, 마이컬슨과 몰리는 발광성 에테르와 다르게 상호작용하여 간섭 패턴이 생길 것으로 가정했다. 그러나 놀랍게도 중첩된 빛에는 어떠한 간섭 패턴도 존재하지 않았다. 이 결과는 시간에 대해 다른 이동을 하더라도 두 빛의 속도는 똑같은 상태로 유지된다는 것을 보여주었다. 만약 발광성 에테르가 우주에 존재한다면, 이러한 결과는 나오지 않을 것이다.

빛의 속도가 일정하다는 과학적 증거를 처음 제시한 사람은 누구인가?

폴란드의 미국인 물리학자 앨버트 에이브러햄 마이컬슨과 미국인 화학자 에드워드 윌리엄스 몰리Edward Williams Morley(1838~1923)는 빛이 공간을 통과하는 길에 대한 실험을 했다. 1800년대 후반에 과학자들이 생각하기를, 빛의 파장은 파도가 물에서 이동하는 것과 같은 방식으로 '발광성 에테르'라는 특수 물질을 통과한다고 생각했다. 하지만 결과는 모든 과학자들의 예상과 달랐다. 결과적으로 이 실험을 통해 발광성 에테르는 존재하지 않으며 빛의 속도는 일정하다는 것이 밝혀졌다.

마이컬슨과 몰리의 실험을 재고한 사람은 누구인가?

마이컬슨과 몰리의 실험 결과가 확인되자 당시 물리학계를 이끌던 대부분의 물리학자들은 그 의미를 면밀하게 숙고했다. 아일랜드의 수리 물리학자인 조지 프랜시스 피츠제럴드George Francis FitzGerald(1851~1901)와 네덜란드의 물리학자 헨드리크 안톤 로렌츠Hendrik Antoon Lorentz(1853~1928), 그리고 프랑스의 수학자이자 물리학자인 푸앵카레Jules Henri Poincaré(1854~1912)는 특별히 마이컬슨과 몰리의 실험 결과에 흥미를 보였던 세 명의 과학자이다. 이들은 물체가 움직일 때의 길이와 속도에 대해 수학적 관계가 있음을 보여주었다. 이 관계는 오늘날 로렌츠 인자로 알려져 있다. 1900년대 초에 푸앵카레는 물체가 움직이는 속도에 따라 물체가 경험하는 시간도 달라질 것이라는 생각까지 했다. 그러나 설득력 있는 이론은 1905년까지 나타나지 않았다.

마이컬슨과 몰리의 실험 결과를 실질적 이론으로 최종적으로 설명한 사람은 누구인가?

독일 태생의 물리학자 알베르트 아인슈타인Albert Einstein(1879~1955)은 마이컬슨과 몰리의 실험을 설명했다. 때때로 아인슈타인의 '기적의 해'라고 불리는 1905년, 그는 우주에 대한 모든 과학적 관점을 영원히 변화시킨 일련의 과학 논문들을 출간했다. 그는 브라운 운동이라 불리는 생물학적 현상과 광전 효과라 불리는 전자기적 현상, 그리고 마이컬슨과 몰리 실험의 결과를 설명했다. 이를 위해 그는 '특수상대성이론'을 고안해 냈으며, 물질과 에너지가 $E=mc^2$의 관계를 가진다는 것을 보여주었다.

시 간 과 파 동 그 리 고 입 자

공간이란 무엇인가?

대부분의 사람들은 공간space이 아무것도 없는 곳, 다시 말해 우주 안의 천체를 둘러싸는 '빈 곳'으로 생각한다. 그러나 실질적으로 공간은 우주 안에 있는 모든 것이 존재하고 모든 것이 움직이는 구조다. 예를 들어 과일 조각이 박힌 젤리를 상상해보자. 과일 조각은 우주의 모든 천체들을 상징하고, 젤라틴은 공간을 나타낸다. 공간은 '무'가 아니다. 오히려 이것은 모든 것을 둘러싸고, 모든 것을 지탱하고, 모든 것을 포함하는 것이다.

공간은 세 개의 차원을 갖는다. 길이, 넓이 그리고 높이다. 그러나 공간은 구부러질 수 있어 각각의 차원은 직선이 아닐 수도 있다.

시간이란 무엇인가?

시간time은 1차원이다. 우주 안에 있는 것들이 움직이고 차지하는 방향이다. 공간의 물체들이 위아래, 앞뒤 혹은 양옆으로 움직일 수 있듯이, 물체들은 시간에 따라 이동할 수 있다. 그러나 3차원 공간과는 다르게, 시간에 대해 각기 다른 물체들은 한 방향으로 이동한다. 수학적으로 물질과 은하, 별, 행성 그리고 사람들은 시간에 대해 앞으로만 이동이 가능하다. 반면에 반물질로 구성된 물질은 시간에 대해 뒤로만 이동할 수 있다. 그리고 에너지의 입자인 광자, 즉 질량이 없는 것은 시간에 대해 이동하지 않는다.

시공간이란 무엇인가?

고무나 스판덱스처럼 유연하고 잘 늘어나는 소재의 커다란 시트가 있다고 상상해보자. 이 시트는 2차원 표면과 같다. 이 시트 표면은 어떤 물체를 올려놓느냐에 따라서 구부러지거나 휠 수도 있고, 홈이 생기거나 눌릴 수도 있다. 시공간spacetime은 이것이 4차원이고, 이것의 길이와 거리는 프리드만-로버트슨-워커 메트릭Friedmann-Robertson-Walker metric에 의해 수학적으로 연관지을 수 있다는 점을 제외하고, 고무 시트처럼 유연하고 구부러질 수 있는 것이라고 생각하면 된다.

공간과 시간은 어떻게 상호 관련되는가?

3차원의 공간과 1차원의 시간은 서로 연결되어 4차원 구조의 시공간을 만들어낸다. 20세기 초의 과학자들인 알렉산더 프리드만 Alexander Friedmann(1888~1925), 하워드 퍼시 로버트슨 Howard Percy Robertson (1903~1961), 그리고 아서 제프리 워커Arthur Geoffrey Walker(1909~2001)는 4차원이 어떻게 수학적으로 연결되는지를 보여주었다. 이 관계식을 우주 메트릭metric of the universe이라고 부른다.

공간과 시간의 관계를 처음으로 설명한 사람은 누구인가?

알베르트 아인슈타인은 마이컬슨과 몰리의 실험 결과를 설명하기 위해서는 공간에서의 이동과 시간에서의 이동이 어떤 연관을 가져야 할 것이라고 처음으로 이해했다. 1905년에 발표된 그의 특수상대성이론은 물체가 공간을 따라 빨리 이동할수록, 시간에 대해서는 천천히 이동한다고 했다. 아인슈타인은 시간과 공간이 아주 밀접한 관계를 가지고 있으며 이러한 관계는 우주의 모든 형태와 구조를 설명하는 데 아주 중요하다고 생각했다. 그는 수학 전문가는 아니었지만 그런 관계가 어떻게 형성될 수 있는지를 설명했다. 아인슈타인은 친구들과 동료들의 조언을 받으며 자신의 연구를 진행시킬 최적의 방법을 찾아냈다. 아인슈타인은 독일의 수학자 게오르크 리만 Georg Riemann(1826~1866)과 러시아 태생의 독일 수학자인 헤르만 민코프스키Hermann Minkowski(1864~1909) 그리고 헝가리 태생의 스위스 수학자 마르셀 그로스만Marcel Grossmann(1878~1936)의 도움으로 비유클리드 타원non-Euclidean elliptical 기하학과 텐서tensor의 수학 체계를 배웠다. 1914년에 아인슈타인과 그로스만은 일반상대성이론과 중력에 대한 최초의 논문을 발표했고 이후 아인슈타인은 수년에 걸쳐 이론을 완성했다.

아인슈타인의 일반상대성이론이란 무엇인가?

일반상대성이론의 요점은 공간과 시간이 시공간이라 불리는 4차원 공간을 구성하고, 시공간은 질량에 의해 구부러질 수 있다는 것이다. 질량이 큰 물체는 시공간을 물체 쪽으로 움푹 들어가게 한다. 이것은 볼링공을 트램펄린 위에 올려놓았을 때 트램펄린의 표면이 움푹 들어가는 것에 비유할 수 있다.

알베르트 아인슈타인(Libray of congress)

우주의 4차원 시공간에서는, 덜 무거운 물체가 더 무거운 물체에 다가가면(예를 들어 행성이 별에 접근하면), 덜 무거운 물체는 구부러진 공간을 따라 더 무거운 물체를 향해 끌어당겨진다. 이것은 볼링공을 올려놓은 트램펄린 위에서 작은 구슬을 굴리는 것에 비유할 수 있다. 만약 구슬이 볼링공 옆을 지나 트램펄린의 흔들리는 부분에 들어가면, 구슬은 볼링공 쪽으로 쏠리게 된다. 일반상대성이론에 의하면, 이것이 중력이 작용하는 원리다. 아인슈타인에 의하면, 뉴턴의 만유인력의 법칙은 중력이 어떻게 작용하는지에 대해서는 거의 완벽하게 설명했지만, 왜 중력이 작용하는지에 대해서는 완벽하지 못하다.

우리는 일반상대성이론이 옳다는 것을 어떻게 알 수 있는가?

어떠한 과학적 가설도 실험이나 관측을 통해 확증될 때까지 증명된 과학 이론으로 받아들여질 수 없다. 중력에 대한 일반상대성이론의 적용은 빛도 물질과 마찬가지로 질량이 있는 물체에 의해 휘어지는 공간의 경로를 따라간다고 예측한다. 만약 일반상대성이론이 옳다면, 멀리서 오는 별빛은 태양의 중력에 의해 휘어진 공간의 경로를 따라가야 한다. 따라서 태양의 주변부를 지나는 별의 겉보기 위치는 태양이 존재하지 않을 때와는 달라야 한다. 이러한 예측을 실험하기 위해, 영국의 천체물리학자인 아서 에딩턴 Arthun Eddington (1882~1944)은 1919년에 일식 기간 동안 하늘을 관측하는 중요한 과학 실험을 계획했다. 달이 태양의 밝은 빛을 가리자, 천문학자들은 그 시간에 태양 가까이 보이는 별들의 상대적 위치를 측정했다. 그리고 이 별들을 밤에 측정한 위치와 비교했다. 실제로 별들의 위치는 달랐으며, 그 차이는 아인슈타인의 상대성이론에서 예측된 결과와 일치했다. 일반상대성이론의 실험적 확인은 물리학계를 영구적으로 변화시켰다. 이 발견은 뉴스의 헤드라인을 장식했으며, 아인슈타인은 국제적 유명 인사가 되었다.

아인슈타인의 특수상대성이론이란 무엇인가?

특수상대성이론에 따르면, 빛의 속도는 누가 관측하든 또는 관측자가 어떻게 운동하든 관계없이 항상 일정하다. 이 사실은 빛의 속도가 우주에서 어떤 것보다 빠르다는 것을 의미한다.

나아가 만약 빛의 속도가 일정하다면, 운동의 다른 성질이 달라야 한다는 의미다. 속도는 거리를 이동 시간으로 나눈 값으로 정의되므로, 이것은 어떤 물체에 경험하는 거리와 시간도 물체가 얼마나 빠르게 움직이느냐에 따라 변한다는 의미다. 공간에서 더 빠르게 움직일수록 시간에 대해서는 더 느리게 움직이게 된다.

마지막으로, 질량은 물체가 운동에 대해 가지는 저항의 정도로 생각할 수 있으므로, 물체는 정지 상태보다 움직일 때 더 많은 질량을 가지고 있다. 물체가 더 빨리 움직일

수록 질량도 더 커진다. 물체가 빛의 속도에 도달하게 되면, 이것은 더 이상 물질이 아니라 에너지가 된다. 이 관계가 바로 유명한 공식인 $E=mc^2$이다.

공간과 시간은 물질과 에너지에 어떻게 관계되는가?

일반상대성이론이 공간과 시간이 어떻게 작용하는지를 설명한 과학 이론이라면 양자역학은 물질과 에너지가 어떻게 작용하는지를 설명하는 과학 이론이다. 상대성이론과 역학 사이에는 여러 중요한 연결점이 있다. 예를 들어, 물질과 에너지 사이에는 $E=mc^2$이라는 전환 공식이 존재한다. 또한 물질은 중력을 야기하기 때문에, 미국 과학자 존 아치볼드 휠러John Archibald Wheeler(1911~2008)의 말처럼 "시공간은 물질이 어떻게 움직일지를 말해주고, 물질은 시공간이 어떻게 휘는지를 말해준다"고 할 수 있다.

이러한 두 가지 중요한 이론—상대성이론과 양자역학—은 그들이 기술하는 우주의 관점에서 서로 교차하거나 중복되지 않는다. 사실 하나의 이론을 이용하여 특정 물리 현상을 설명하는 것은 때로는 현상이 어떻게 다른 것을 설명하는지에 대해 서로 모순될 수 있다. 이러한 두 가지 위대한 이론을 통합하는 것이야말로 현재 과학자들이 연구하고 있는 최첨단 연구 주제의 하나다.

어떤 사람이 다른 사람보다 시간이 더디게 가는 여행을 할 수 있을까?

어떤 사람이 다른 사람에 비해서 상대적으로 시간이 더디게 흐르는 여행은 가능하다. 다른 사람보다 빠르게 움직임으로써(예를 들면 버스나 비행기를 통해) 시간은 정지 상태에 있는 사람보다 아주 약간 천천히 흐를 것이다. 그러나 이런 경우의 차이는 믿을 수 없을 정도로 미미하다. 설령 어떤 사람이 비행기를 열두 시간 타고 있다 하더라도, 전체 시간에서 차이는 서 있는 사람과 비교해 1/1000만 초 차이도 나지 않는다. 만약 누군가 시속 5억 3900만km의 속도로 움직이고 있다면(빛의 속도의 절반) 정지 상태에 있는 사람이 느끼는 12시간은 10시간 24분밖에 경과하지 않는다. 그러나 이러한 속도는 현재 우리의 운송 기술이 제공할 수 없는 머나먼 미래의 일이다.

감마선이란 무엇인가?

감마선은 파장이 10^{-9}m보다 짧은 전자기파로, 에너지가 매우 높고 투과력이 강해, 사람에게 상당한 방사능 손상을 입힐 수 있다. 감마선은 우주에서 가장 강력한 과정, 이를테면 폭발하는 별이나 초대질량 블랙홀에 의해 방출된다.

> **쌍둥이 역설이란 무엇인가?**
>
> 만약 공간을 다른 속도로 움직이고 있는 물체들이 시간의 흐름을 다르게 경험한다면, 일란성 쌍둥이가 각자의 경험을 통해 서로 다른 나이를 가지는 것이 가능하다. 만약 둘 중 하나는 태어날 때 빠르게 움직이는 우주선 안에 있고 다른 하나는 상대적으로 정지 상태에 있다면, 서로 다른 비율로 나이를 먹게 된다. 이를 '쌍둥이 역설'이라고 한다.

엑스선이란 무엇인가?

엑스선은 파장이 $10^{-9} \sim 10^{-8}$m 범위에 있는 전자기파다. 이런 종류의 복사선은 사람의 신체 조직을 통과할 수 있으므로, 병원에서 사람의 몸속 기관과 뼈를 촬영하는 데 사용된다.

자외선이란 무엇인가?

자외선은 파장이 $10^{-8} \sim 3.5 \times 10^{-7}$m 범위에 있는 전자기파다. 이런 종류의 복사선은 피부를 그을리게 하거나 선탠을 유발한다.

가시광선이란 무엇인가?

가시광선은 파장이 $3.5 \times 10^{-7} \sim 7 \times 10^{-7}$m 범위에 있는 전자기파다. 이런 종류의 복사선은 사람의 눈으로 감지할 수 있다. 이 복사선은 대략 일곱 가지 색깔로 나뉜다. 보라, 남색, 파랑, 초록, 노랑, 주황, 빨강이다.

적외선이란 무엇인가?

적외선은 파장이 $7\times10^{-7} \sim 10^{-4}$m 범위에 있는 전자기파다. 이런 종류의 복사선은 사람의 눈으로 볼 수 없으나, 열을 감지할 수 있다. 우리 몸이 열기를 가지고 있기 때문에 우리는 적외선 형태의 복사선을 방출한다. 이는 야간 투시경이 작동하는 원리로, 야시경은 사람이 볼 수 있는 가시광선이 충분하지 않을 때 물체나 사람에게서 나오는 적외선을 감지한다.

마이크로파란 무엇인가?

마이크로파는 파장이 0.001에서 0.01m 범위에 있는 전자기파다. 이런 종류의 복사선은 마이크로 오븐과 같이 물을 가열하는 데 사용되거나 휴대폰처럼 무선 통신에 사용될 수 있다. 마이크로파는 우주 자체에서도 방출된다. 우주의 시초에 방출된 잔존 열은 깊은 우주 공간이 2.7K의 온도를 갖게 했고, 이로 인해 우주는 마이크로파를 방출한다.

전파란 무엇인가?

전파란 파장이 0.01m보다 긴 전자기파다. 지구에서는 라디오나 TV 방송 같은 통신에 이용된다. 우주에서는 강한 전자기장이나 빠르게 움직이는 대전 물질에 의해 대량으로 만들어지거나 성간 수소 가스의 구름에 의해서도 만들어진다.

전자기파와 전자기 복사선의 차이는 무엇인가?

전자기파와 전자기 복사선은 같은 것이지만, 이 용어들은 맥락에 따라 다르게 사용된다. 광자에 의해 전달되는 전자기력은 광원에서 발산되는 파동으로 고려될 수도 있고, 광원에서 밖으로 이동하는 입자로 고려될 수도 있다.

빛은 어떻게 입자도 되고 파동도 될 수 있는가?

빛은 단위 입자(광자) 또는 단위 파동으로 간주될 수 있다. 이 현상은 파동-입자의 이중성으로 알려져 있는데, 빛의 이중성은 매우 작은 규모에서의 입자의 운동을 기술하는 양자역학의 핵심 원칙이다.

양자역학이란 무엇인가?

양자역학은 미시적 규모에서 물질과 에너지의 운동과 거동을 기술하는 이론이다. 우주 안의 별과 행성 그리고 사람들에게 적용되는 물리 법칙은 원자, 분자, 아원자 입자들에 대해서는 적용되지 않는다. 양자역학의 기본 개념은 다음을 포함한다.

파동-입자 이중성: 빛은 파동 또는 질량이 없는 입자라고 할 수 있다. 질량을 가진 입자는 '물질파'로 생각될 수 있다. 결과적으로, 광자는 질량이 없지만 운동량을 갖고 힘을 생성할 수 있다. 이것은 운동량과 힘을 만들어내기 위해서는 질량이 필수적인 뉴턴의 운동 법칙과는 매우 다른 것이다.

불연속적인 위치와 움직임: 매우 작은 규모에서 물질은 가능한 모든 위치에 있을 수 없다. 오히려 모든 입자의 주변(예를 들면 원자핵)에서, 다른 입자들은 각 입자들의 성질에 의해 통제되는 어떤 위치나 어떤 거리에 있을 수밖에 없다. 이것을 좀 더 쉽게 이해하기 위해 계단을 오르내리는 사람을 생각해보자. 계단 아래와 위 사이에서 이 사람은 계단이 존재하는 높이만 밟을 수 있고, 계단과 계단 사이의 중간 지점에서는 서 있을 수 없다. 이는 물체가 적절한 운동량 혹은 힘이 존재하는 한 다른 물체에서 일정한 거리를 가질 수 있다는 뉴턴의 법칙과는 다른 것이다.

불확실성과 요동: 작은 규모에서 어떤 위치나 시간에서 각 입자의 운동이나 에너지를 정확히 측정하는 것은 불가능하다. 사실상 위치나 시간 간격이 정확하게 측정될수록 운동량이나 에너지는 보다 덜 정확하게 알게 된다. 예를 들면 이것은 큰 에너지의 빛이 아주 짧은 시간에(이 시간은 1/1조 초보다 아주아주 더 짧은 시간이다!) 나타나고 사라지는 일이 가능하다는 것으로, 관측하기에 그 시간이 너무 짧기 때문에 우리는 알아차릴 수 없다. 과학자들의 가설에 의하면, 이러한 급격한 에너지 변동이 우주 탄생 때 일어났을 것이라 생각된다는 것이다. 이것이 빅뱅 이론이다.

빛의 입자-파동의 이중성 개념은 어떻게 발전했는가?

뉴턴은 빛이 입자에 의해 운반된다는 소위 '미립자설corpuscular theory'이라 불리는 이론을 옹호했다. 하위헌스는 반대로 '파동설wave theory'을 지지했다. 이러한 논쟁은 맥스웰이 전자기학의 이론을 설립하고 전자기력이 파동으로 어떻게 전해지는지를 설명하기까지 한 세기 이상 동안 매듭지어지지 않았다. 이 이론은 빛이 파동에 의해 운반된다는 것을 확증하는 듯이 보였다. 그러나 얼마 지나지 않아, 열역학의 연구는 파동설이 빛의 거동을 완전하게 설명하지 못한다는 것을 보여주었다. 결국 1900년과 1905년에 각각 막스 플랑크와 아인슈타인은 빛의 에너지는 입자에 의해 운반된다는 사실을 보여주었다. 그럼에도 빛의 입자 이론과 파장 이론 사이의 논쟁은 그 후 10년간 결론이 나지 않았다. 그리하여 결국에는 두 가지 이론의 균형을 맞추는 이론이 생겨났다. 그것이 양자역학으로, 빛이 파장과 입자 모두로 구성된다는 것을 설명해준다.

막스 플랑크는 누구이며, 물질과 양자역학의 이해에 어떻게 기여했는가?

독일의 물리학자 막스 플랑크Max Planck(1858~1947)은 현대물리학, 특히 양자역학의 발전에 많은 기여를 했다. 그는 열복사(뜨거운 물체에 의해 방출되는 전자기파)가 어떻게 일어나는지를 연구하여, 열을 방출하는 물체의 에너지 파장 분포를 수학적으로 설명한 첫 번

막스 플랑크(Libray of congress)

째 인물이 되었다. 그러나 이를 위해 플랑크는 빛이 연속적인 파가 아닌 '양자quanta'라 불리는 빛의 입자들로 구성되어 있다는 것을 의미하는 수학적 방식을 사용해야 했다. 그의 이론은 곧 빛의 근본적인 속성을 의미하는 것으로 증명되었다. 오늘날 독일의 주요 연구 기관은 그의 업적을 기리기 위해 '막스 플랑크 소사이어티'로, 독일의 국립자연과학연구소는 '막스 플랑크 연구소'로 알려져 있다.

어니스트 러더퍼드는 누구이며, 물질과 양자역학의 이해에 어떻게 기여했는가?

뉴질랜드의 물리학자 어니스트 러더퍼드Ernest Rutherford(1871~1937)는 물질의 이해, 특히 그 미시적 구조와 방사능 이해에 많은 기여를 했다. 러더퍼드는 각 방사능에 알파, 베타, 감마선이라는 이름을 부여했다. 그의 가장 유명한 실험은 원자의 구조를 얇은 금박지에 방사선을 쏘아서 알아낸 실험이다. 그는 처음에 방사선(알파입자)이 원자에 의해 약간 편향될 것으로 예상했으나, 놀랍게도 극히 일부 입자만 편향되었을 뿐 아니라 그중에서도 일부는 마치 벽을 친 듯 그대로 반사되었다. 러더퍼드는 이 실험 결과를 두고, 원자는 작은 음전하로 채워진 커다란 빈 공간과 아주 작으면서도 밀도가 높은 양전하를 가진 핵으로 구성된다고 해석했다. 러더퍼드의 실험 결과는 물질이 원자들로 구성되어 있다는 가장 신빙성 있는 증거가 되었다.

어니스트 러더퍼드(Libray of congress)

아인슈타인은 물질과 양자역학의 이해에 어떻게 기여했는가?

1905년에 아인슈타인은 특수상대성이론뿐 아니라, 우주 안의 물질의 기본 특성을 이해하는 데 도움이 되는 다른 두 가지 이론도 발표했다. 이 두 이론 중 하나가 브라운 운동(우유나 물 안에서 떠서 불규칙하게 움직이는 미소 입자의 운동)의 설명이다. 브라운 운동은 부유물 주위를 움직이는 개별 원자와 분자들의 충돌에 의해 촉발된다고 설명했다. 또 다른 이론은 광전 효과(금속판에 부딪히는 빛의 특정 색깔이 전류를 형성하고 그 외의 다른 색깔은 그렇지 않다)에 대한 설명이다. 그는 광전 효과가 빛이 입자와 파장의 속성을 가지기 때문에 일어난다고 설명했다. 브라운 운동의 결과는 원자의 존재를 증명하는 데 도움을 주었다. 그리고 광전 효과는 양자역학과 같은 새로운 물리 이론이 빛의 본성과 거동을 설명하는 데 필요하다는 것을 보여주었다.

양자역학 이론을 매듭짓는 데 결정적 역할을 한 사람은 누구이며, 그 일은 언제 일어났는가?

대부분의 과학자들은 1937년이 되어서야 마침내 양자역학이 미시적 규모에서의 물질과 에너지의 거동을 기술하는 올바른 방법이라고 인정하게 되었다는 사실에 동의한다. 영국의 물리학자 폴 디랙Paul Dirac(1902~1984), 독일의 물리학자 볼프강 파울리Wolfgang Pauli(1900~1958), 프랑스의 물리학자 루이 드브로이Louis de Broglie(1892~1987), 오스트리아의 물리학자 에르빈 슈뢰딩거Erwin Schrödinger(1887~1961) 그리고 독일의 물리학자 베르너 카를 하이젠베르크Werner Karl Heisenberg(1901~1976) 등은 모두 이 이론의 수학적 뼈대를 세우고 양자 현상의 세부 사항을 해독하는 데 기여했다. 때문에 양자역학의 발견의 공로를 어느 한 사람에게 돌릴 수는 없으며, 과학의 많은 성취는 많은 뛰어난 사람들이 오랜 시간 동안 연구하여 알아낸 것들이다.

최근 양자역학은 어떻게 발전하고 있는가?

모든 주요 과학 이론에서와 같이, 양자역학은 초창기의 공식화와 확증에서부터 많은 발전을 이루었다. 양자 이론은 진보를 이루어, 오늘날 과학자들은 우주를 구성하는 아원자 입자의 표준 모델이 무엇인지(예를 들어 페르미온, 보손, 쿼크, 렙톤 등과 같은) 그리고 그들의 복잡한 속성과 상호작용(양자역학, 전기역학, 양자색역학 등)에 대해서도 설명할 수 있을 만큼 많은 발전을 이루었다. 물질과 에너지의 기본 성질은 오늘날에도 여전히 연구되고 있다. 미래에는 더 많은 흥미로운 발견과 발전이 이루어질 것이다.

제2장
우주

우 주 의 　특 성

우주란 무엇인가?

우주는 공간과 시간, 물질 그리고 에너지 등과 같이 존재하는 모든 것이다. 대부분의 사람들이 우주를 공간뿐이라고 생각하지만, 공간은 단지 틀 즉, 우주가 존재하는 '비계 scaffolding'일 뿐이다. 나아가 공간과 시간은 시공간이라 불리는 4차원 구조로 밀접하게 연결되어 있다.

놀랍게도 어떤 가설들은 우리가 살고 있는 우주는 우리가 보는 것이 전부가 아니라고 주장한다. 이 가설들에 따르면 공간, 시간, 물질, 에너지 이상의 것이 존재한다. 또한 다른 차원이 존재할 수도 있고, 다른 우주가 존재할 수도 있다. 하지만 이런 가설들은 아직 사실로 입증된 것이 아니다.

왜 우주는 존재하는가?

이 질문에 대한 답변은 좋든 싫든 과학으로만 설명할 수 있는 성질의 것이 아니다. 하지만 천문학은 이론을 통해 어떻게 우주가 시작되었는지 설명할 수 있다.

우주는 얼마나 오래되었는가?

우주는 무한히 오래된 것이 아니다. 현대 천문학적 관측에 의하면, 우주는 약 137억 년 전부터 존재하기 시작했다.

우주는 무한한가?

우주가 정확히 얼마나 큰지는 아직 과학적으로 결정되지 않았다. 우주는 무한정 클지도 모른다. 하지만 아직 과학적으로 이것을 증명할 방법은 없다.

우주의 구조는 어떻게 되는가?

우주의 구조는 자신 안에 존재하는 물질의 구조와는 반대로, 자신의 형태에 의해 결정된다. 놀랍게도 우주의 형태는 굽어 있다. 우주를 수백만 혹은 수십억 광년의 커다란 규모에서 보면, 우주는 3차원으로 된 '말 안장 모양'이다. 수학자들은 이를 가리켜 '음의 곡률negative curvature'을 갖는다고 표현한다. 그러나 우리의 일상생활에서 음의 곡률이 끼치는 영향은 아주 작기 때문에 우리는 그것을 인지하지 못한다.

작은 규모, 다시 말해 행성이나 별 그리고 은하를 포함하는 규모에서, 우주의 구조는 무거운 천체에 의해 변형될 수 있다. 이러한 변형은 공간과 시간의 곡률로 나타나며 아인슈타인의 일반상대성이론으로 설명될 수 있다.

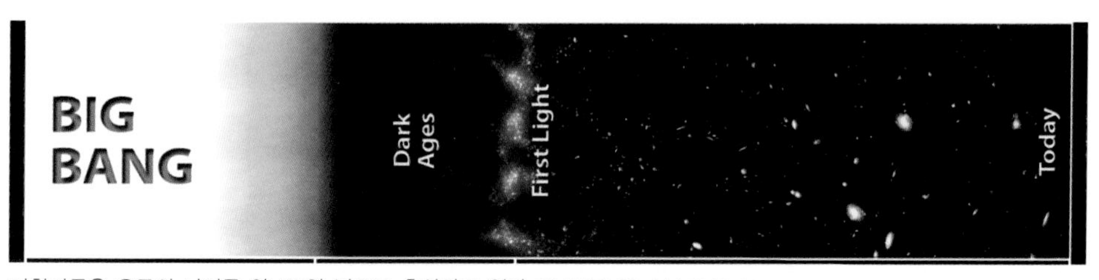

과학자들은 우주의 나이를 약 137억 년으로 추산하고 있다. (NASA/JPL-Caltech/ A. Kashlinsky)

우주는 얼마나 큰가?

은하수은하 안 우리가 사는 지구에서 인간이 관측할 수 있는 우주의 범위는 정해져 있다. 예를 들어 바다 한가운데 배가 있다고 상상해보자. 사방을 둘러봐도 당신이 볼 수 있는 것은 물밖에 없다. 그러나 지구 표면은 수평선 훨씬 너머까지 존재한다. 우주도 이와 같다. 우주의 지평선이란 우리가 볼 수 있는 가장 먼 한계를 의미하는데, 그것은 지구에서 모든 방향으로 약 137억 광년 거리에 있음을 뜻한다. 이 우주 지평선 안에 존재하는 것을 관측 가능한 우주observable universe라고 한다. 천문학자들은 편의상 '관측 가능한 우주'를 일반적으로 '우주universe'라고 줄여 부른다.

아쉽게도 우주 지평선 너머에 대해서는 그 크기를 측정할 과학적 방법이 아직 없다. 아주 먼 곳에 우주의 경계가 존재하는지의 여부도 확답할 수 없다. 경우에 따라서는 우주의 크기가 한정되어 있지만 경계가 존재하지 않을 수도 있다. 예를 들어, 지구 표면을 생각해보자. 지구의 표면은 유한하지만 지구 표면 어디에도 끝이라고 부를 수 있는 곳은 없다. 이와 마찬가지로 거대한 3차원으로 보았을 때 우리의 우주도 경계를 구분 짓지 못할 수도 있다.

가능한 우주 유형은 무엇인가?

가능한 우주 형태는 세 가지로 생각해볼 수 있다. 그것은 열린 우주, 평평한 우주, 그리고 닫힌 우주다. 우주의 유형은 공간이 가진 곡률에 따라 결정된다. 질량이 큰 천체는 공간을 휘게 하고 곡률을 갖게 한다. 우주 자체가 질량이 큰 천체이므로 전체 우주 역시 휘어졌다고 볼 수 있다.

닫힌 우주, 평평한 우주, 열린 우주의 차이는 무엇인가?

닫힌 우주는 자신을 향해 휘어져 있어 전체 부피는 유한하다. 닫힌 우주의 2차원적인 예로 구의 표면을 들 수 있다. 구의 표면에는 명확한 경계는 없지만, 전체적인 넓이는 유한하다. 닫힌 우주가 팽창하면 어떤 주어진 우주의 부피의 경계는 안쪽을 향하여 죄게 되며, 그 결과 팽창이 끝나고 역으로 수축하여 '대함몰Big Crunch'이 일어난다.

평평한 우주에는 곡률이 없다. 평평한 우주의 2차원적인 예로는 육면체의 표면을 들 수 있다. 질량이 큰 천체에 의해 생기는 작은 휘어짐은 평균적으로 0이 된다. 길이, 너비 그리고 높이는 직선이며 우주 전체로 확장된다. 평평한 우주가 팽창하면 주어진 우주의 부피의 경계는 직선을 유지하게 되고, 팽창은 끝없이 일어나게 된다.

우주는 믿을 수 없을 만큼 광대하고, 모든 방향으로 수십억 년의 거리를 가지며 수십억 개의 은하를 가진다. [NASA/JPL-Caltech / A. Kashlinsky)

열린 우주는 바깥쪽을 향해 휘어져 있어 전체 부피가 제한적일 수 없다. 열린 우주의 2차원적인 예는 말안장의 면과 흡사하다. 휘어짐은 형태의 바깥쪽을 향하고 있으며, 표면이 팽창하면 끝없이 팽창하게 된다. 열린 우주가 팽창하면 우주의 주어진 부피는 바깥쪽으로 뻗어나가게 되고, 팽창은 끝없이 계속된다.

우 주 의 기 원

우주는 어떻게 시작되었는가?

우주의 기원을 설명하는 과학 이론을 빅뱅이라 부른다. 빅뱅 이론에 따르면, 우주는 시공간의 한 점에서 시작되었으며, 그 이후 계속 팽창해왔다는 것이다. 이런 팽창을 거치면서 우주의 상태도 바뀌었다. 그리하여 우주는 작은 것에서 큰 것으로, 뜨거운 것에서 차가운 것으로, 어린 것에서 오래된 것으로 변모했다. 이것이 오늘날 우리가 관측하는 우주다.

빅뱅 이론을 처음 공식화한 과학자들은 누구인가?

1917년에 네덜란드의 천문학자 빌렘 드 지터Willem de Sitter(1872~1934)는 아인슈타인의 상대성이론이 우주의 팽창을 기술하는 데 어떻게 사용될 수 있는지 보여주었다. 1922년 러시아의 수학자 알렉산더 프리드만Alexander Friedmann(1888~1925)은 팽창하는 우주의 정확한 수학적 설명을 찾아냈다. 1920년대 후반에는 벨기에의 천문학자 조르주 앙리 르메트르Georges Henri Lemaitre(1894~1966)가 독자적으로 프리드만의 수학 공식을 재발견했다. 르메트르는 만약 우주가 실제로 팽창하고 있으며 또 계속 팽창해왔었다면 먼 과거의 어느 시점에 전 우주가 꼭 한 점을 차지하고 있던 순간이 있어야 할 것이라고 추론했다. 그리고 그 순간 그 점이 바로 우주의 기원일 것이라고 생각했다. 르메트르의 연구 결과와 프리드만 그리고 지터의 연구 결과는 관측을 통해 확증되었다. 르메트르는 천문학자인 동시에 예수회 신부였기 때문에 종종 '빅뱅의 아버지'라고 불렸다.

'뜨거운' 빅뱅 이론을 주장한 사람은 누구인가?

러시아 태생의 미국인 물리학자 조지 가모프George Gamow(1904~1968)는 빅뱅 모델에 우주 에너지의 분산에 관한 사항을 가미함으로써 더욱 발전시켰다. 만약 실제로 우주가 이러한 폭발로 생겨났다면, 폭발 직후 우주는 믿을 수 없을 만큼 뜨거워져서 온도가 1조 도의 1조 배만큼 높았을 것이라고 주장했다. 우주가 팽창함에 따라 우주의 열은 더 넓은 범위에 분산되었고 온도는 내려갔을 것이다. 1초 후에는 우주의 평균 온도가 약 10억 도로 떨어졌고, 50만 년 후에는 수천 도 정도로 떨어졌다. 이런 식으로 우주의 온도는 시간이 지남에 따라 계속 내려갔다. 그러나 가모프는 수십억 년이 지나도 이 배경열이 계속 존재하리라고 생각했다. 약 150억 년이 지나면 절대 0도에서 겨우 몇 도 정도 높은 온도로 우주배경복사가 나타날 것으로 예상했으며, 이 복사열이 마이크로 복사로 감지될 수 있다고 예측했다. 그리고 1965년에 실제로 마이크로파 우주배경복사가 발견되면서 가모의 주장이 옳은 것으로 판명되었다.

빅뱅은 하나의 이론일 뿐인가 아니면 사실인가?

빅뱅은 하나의 이론이다. 그러나 과학적으로 말하면, 사실보다 더 강력하다. 사실이란 하나의 정보에 불과하지만, 과학 이론은 수많은 사실이 모여서 만들어진 개념 모델이다. 그리고 이 모델은 예측과 관측 그리고 실험 과정을 통해 확증된다. 과학에서 각각의 사실은 근거가 약할 수도 있고 종종 잘못된 것으로 판명될 수도 있지만, 이론은 쉽게 틀렸다고 입증되지 않으며 과학적 증거에 의해 굳게 지지받는다.

빅뱅 이론의 경우 탄탄한 과학적 증거에 의해 지지를 받으며, 그 기본 개념은 이미 과학적으로 옳다고 판명되었다. 그러나 모든 과학의 주요 이론들처럼 많은 세부적인 부분이 아직 증명되지 않았고 또한 아직도 많은 질문들에 대한 대답이 부족하다. 아직도 밝혀지지 않은 수많은 중요한 문제들은 과학자들로 하여금 그 답을 찾게 하고 새로운 발견을 하게 하여 궁극적으로 우주를 이해하기 위해 노력하도록 만든다.

빅뱅 이론에서는 우주의 시작을 어떻게 설명하는가?

빅뱅 이론은 빅뱅이 일어난 이유에 대해서 설명하지 않는다. 현재로서 가장 잘 설정된 가설은 우주가 '양자 거품quantum foam'에서 시작되었다는 것이다. 양자 거품이란 무정형의 빈공간으로써, 원자보다 훨씬 작은 물질의 거품이 1조의 1조의 1조분의 1초보다 더 짧은 순간에 나타났다 사라지기를 되풀이하고 있었다. 오늘날의 우주 안에서도 이러한 양자 요동이 계속된다고 생각하지만 이것은 아주 순식간에 일어나기 때문에 우주에 어떤 영향도 끼치지 않는다. 그러나 만약 137억 년 전에 어떤 특별한 양자 요동이 일어났다가 사라지지 않았고, 갑자기 거대하고 폭발적인 팽창을 하였다면 오늘날 우주와 같은 것이 생성되었을 수 있다고 보고 있다.

최근에 제안된 또 다른 가설은, 우주가 4차원 시공간으로 두 개의 5차원 구조의 교차점에 존재하는 하는 일종의 막membrane이라는 것이다. 두 개의 비누 거품이 서로 맞닿아 붙은 상태를 생각해보라. 거품이 교차하는 면은 두 개의 3차원 구조 사이의 2차원 면이다. 막membrane 가설이 옳다면 빅뱅이라는 사건은 두 개의 막이 서로 접촉하는 순간을 의미한다. 그러나 이러한 가설들 중 어느 것도 지금까지 실험이나 관측을 통해 확증된 바가 없다.

빅뱅 이전엔 무엇이 있었나?

과학적으로 빅뱅 이전에 무엇이 있었는지 묻는 것은 불가능하다. 왜냐하면 빅뱅이 일어나기 전에는 시간 자체가 존재하지 않았기 때문이다. 그것은 마치 북극점에서 더 이상 북쪽이 없는 것과 같다. 지구가 북쪽으로 더 이상 연장되지 않는 것과 마찬가지로, 최초의 순간에 '이전'이란 없는 것이다. 그러나 만약 막 이론이나 끈 이론에 따라 하나 막 이론이나 끈 이론에 따라, 이상의 우주가 존재한다고 상정할 수 있다면, 우리의 우주 이전에 다른 차원의 공간과 시간으로 이루어진 다른 우주가 존재했을 수도 있게 된다.

빅뱅의 초기 순간을 통해 얼마나 정확하게 우주의 모든 현상을 추적할 수 있는가?

빅뱅이라는 사건은 우주의 특이점으로, 현재의 물리학 법칙으로는 당시에 무엇이 일어났는지 설명할 수 없다. 이 의미인즉 우주의 거동은 빅뱅 이후의 시간(물리학 법칙이 처음 적용되기 시작한 때)까지만 추적이 가능하다는 것이다. 우주를 기술하는 두 가지 이론, 즉 일반상대성이론과 양자역학에 의해 설명되는 최소한의 크기와 시간 범위를 결합함으로써 과학자들은 우주의 거동을 빅뱅 이후 10^{-43}초 직후까지 추론하는 것이 가능해졌다. 이 시간은 1조×1조×1조×1000만분의 1초보다 작은 시간이다. 우주 역사의 알 수 없는 가장 초기 기간을 플랑크 시간이라 부르는데, 독일의 물리학자이자 양자역학의 선구자인 막스 플랑크의 이름을 딴 것이다.

플랑크 시간에서의 우주의 크기는 얼마나 되었나?

플랑크 시간에서 우주의 크기는 대략 플랑크 시간 동안 빛이 이동할 수 있는 거리다. 따라서 플랑크 시간에서 우주의 지름은 10^{-35}m가 된다. 이 길이 역시 플랑크의 이름을 따 플랑크 길이라고 부른다.

플랑크 시간에서 우주 질량과 밀도는 얼마나 되었나?

플랑크 시간과 플랑크 길이를 유도한 것과 같은 근거로, 플랑크 시간에서 우주의 질량과 밀도를 추정하는 것 역시 가능하다. 플랑크 질량에서 빅뱅으로부터 10^{-43}초 후의 우주 질량을 빼면 약 1000분의 1mg이 된다는 것이 밝혀졌다.

지구의 기준에서 보면 별로 크지 않아 보인다. 하지만 이 질량 값은 몇십억의 10억의 또 10억분의 1단위의 원자핵 지름을 가진 부피에 포함된다는 것을 기억하라. 그러므로 최초의 우주 밀도는 물의 밀도에 10^{94}배 정도가 된다. 오늘날 알려진 천체 중 가장 밀도가 높다는 블랙홀을 포함한 그 어떤 것도 이 밀도 값에 미치지 못한다. 이러한 농축된 에너지는 현재의 우주에서 우리가 거의 상상할 수도 없는 방법으로 초기 우주 안의 거의 모든 것에 반영되었을 것이다.

빅뱅 이후 우주는 같은 비율로 팽창해왔나?

빅뱅 이론의 공식은 최근에 천문학자들이 얻은 관측 증거와 마찬가지로 우주가 항상 같은 속도로 팽창하지 않는다는 것을 입증한다. 플랑크 시간 바로 직후에 우주는 급팽창 기간으로 진입했으며 우주의 지름은 최소한 10억의 100억 배로 증가했다. 이를 급팽창 이론이라고 부른다. 우주의 팽창 속도는 급팽창 기간이 끝난 한참 후에야 아주 천천히 감소하여 거의 일정한 속도를 가지게 되었다. 그러다가 약 10억 년 전부터 팽창 속도가 다시 증가했다. 현재 우주는 느리지만 확실히 가속 팽창하고 있다. 즉, 오늘날 우리는 가속 팽창하는 우주에서 살고 있다.

물질은 언제 어떻게 처음으로 형성되었는가?

플랑크 시간 이후, 우주는 급속히 팽창했고, 그 팽창한 부피를 채우기 위해 모든 에너지가 밖으로 뻗어나갔다. 결과적으로, 우주는 온도가 떨어지기 시작했다. 빅뱅 이후 100만분의 1초가 지났을 때, 우주의 온도는 아직도 10조 도를 넘었다. 그러나 아마 에너지의 밀도는 물질의 아원자 입자들이 짧은 시간 동안 물질 상태와 에너지 상태를 오

빅뱅 이후 급격히 팽창하고 있는 우주의 모습을 그린 미술가의 상상도.(iStock)

갈 수 있을 정도로 떨어지게 되었을 것이다. 이 상태의 우주는 비공식적으로는 '쿼크-글루온 수프quark-gluon soup'라 불리는데 우주의 최초 단계는 아닐 가능성도 있다. 그렇지만 이는 현재까지 초대형 가속기를 이용해 엄청난 에너지 밀도의 미시적 파열을 통해 과학자들이 시뮬레이션할 수 있는 가장 뜨겁고 가장 이른 우주의 상태이다.

현대 빅뱅 이론에서 급팽창 모델이 중요한 이유는 무엇인가?

급팽창 모델은 1970년대 초에 우주의 두 가지 중요한 관측을 설명하기 위해 제안되었다. 첫 번째는 적어도 과학자들이 관측할 수 있는 한도 내에서 우주의 물질과 에너지는 거의 모든 방향으로 통계적으로 균등하다는 것이다. 이 의미인즉 오늘날 우주 지평선을 공유하지 않던 부분(즉 같지 않던 부분)이 어떤 이유로 오래전 과거에 우주 지평선을 공유했다는 것이다(이를 지평선 문제라고 부른다). 두 번째는 우주의 기하학이 현저히 평면에 가깝다는 것으로, 문제는 이 같은 특별한 기하학이 존재할 이유가 없다는 것이다(이를 평탄성 문제라고 부른다).

현재의 모델에서, 우주 초기의 급팽창 기간은 우주의 지평선 문제와 평탄성 문제 모두에 초점이 맞춰진다. 급팽창은 너무 빨리 일어났기 때문에 이전에 같은 우주 지평선을 공유하던 부분이 멀리 사라져버렸다고 볼 수 있다. 그로 인해 비록 더 이상 서로가 균형을 맞출 정도로 가깝지 않더라도 현재의 우주에서는 그들이 통계적으로 동등하게 되었다는 것이다. 게다가 급팽창은 우주 전체를 평면기하학 구조로 만들도록 일어났다는 점이다. 비록 이 모델이 우주에 관해 관측된 결과를 설명한다 하더라도, 왜 그런 현상이 일어났는지 또 이 기간 동안 정확히 얼마나 많이 팽창했는지 알지 못한다는 문제가 남아 있다.

빅뱅의 증거

우주 안의 물체의 운동에 근거한 빅뱅의 증거는 무엇인가?

팽창하는 우주는 빅뱅 이론의 기술대로 우주가 탄생했다는 확고한 관측 증거다. 만약 우주가 계속해서 커져왔다면, 오늘의 우주는 어제의 우주보다 크다는 뜻이 된다. 비슷한 논리로, 어제의 우주는 지난달의 우주보다 클 것이고, 지난달의 우주는 작년의 우주보다 클 것이다. 이런 식으로 시간을 거꾸로 거슬러 올라가다 보면, 전체 우주가 하나의 점에 불과하던 때까지 거슬러갈 수 있을 것이다. 우주의 팽창률을 계산하면 그때는 약 137억 년 전이었을 것이다.

누가 우주배경복사를 발견했는가?

1960년대에 천문학자 아노 펜지어스Arno Allan Penzias(1933~)와 로버트 윌슨Robert Wilson(1936~)은 뉴저지의 홀름델에 위치한 벨 전화연구소에서 연구를 수행하고 있었다. 그들은 망원경으로 무선 통신에 사용되는 약한 전자기파를 감지하기 위해 아주 민감한 뿔 모양의 안테나를 사용했다. 펜지어스와 윌슨은 이 안테나를 시험하는 동안 하늘의 모든 방향에서 오는 초단파를 감지하게 되었다. 그들은 관측데이터를 4년간 검사하고 기계의 오작동이나 간섭을 확실히 배제한 결과, 이 전자기파는 우주로부터 오는 실제 신호라 확신했다. 이들은 프린스턴의 천체물리학자와 논의한 끝에, 자신들이 우주배경복사를 발견했다는 사실을 깨달았다. 그들은 그 결과를 1965년에 발표했고, 그 즉시 빅뱅 이론을 뒷받침하는 과학적 증거로 인식되었다.

우주 안의 물질 분포에 근거한 빅뱅의 증거는 무엇인가?

초기 우주의 질량에 따른 원소 분포를 보면, 수소가 75%, 헬륨이 25% 그리고 나머지 다른 무거운 원소들은 채 1%도 안 된다. 이러한 물질의 분포량은 '뜨거운' 빅뱅 이론의 예측과 잘 맞아떨어진다. 이러한 종류의 원소 분포는 아마도 우주가 팽창하고 차가워지면서 아원자 입자에서 원소의 핵이 만들어지는 데 아주 적은 시간, 다시 말해 3분 정도의 시간밖에 주어지지 않았기 때문이다.

우주 안의 에너지에 근거한 빅뱅의 증거는 무엇인가?

빅뱅 이론을 확증시켜준 가장 설득력 있는 증거는 우주배경복사일 것이다. 초기의 우주 생성을 통해 생기고 남은 일부 에너지가 여전히 우주를 채우고 있으며 우주 전 방향에 가득하다는 점이다. 과학자들은 이런 우주배경복사를 통해 우주가 절대 0도보다 몇 도 높은 온도를 가질 것이라고 예측했다. 그리고 우주배경복사의 발견을 통해 이 온도가 약 3K에 가깝다는 것을 알아냈다. 과학적 방법의 극적 성공인 셈이었다.

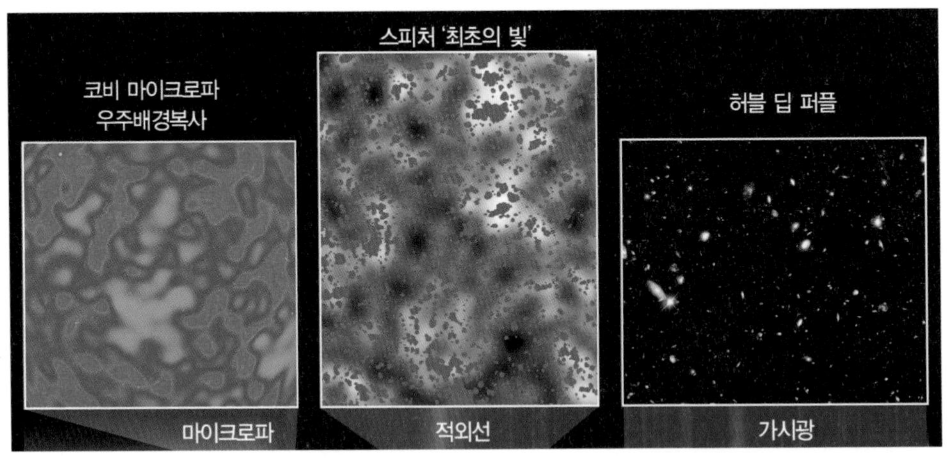

우주의 별들과 은하를 관측소에서 각각 가시광선과 적외선 그리고 마이크로 배경 복사에 의해 나타낸 그림이다. 천문학자들에 의하면 마이크로파 배경 복사는 빅뱅의 증거를 나타낸다.(NASA /JPL–Caltech /A. Kashlinsky)

빅뱅이론을 보다 공고하게 만든 우주초단파배경복사의 후속 연구는 무엇인가?

1992년에 NASA는 우주배경복사 탐사 위성COBE을 발사했다. 이 위성의 목적은 우주배경복사의 본질을 연구하기 위함이었다. COBE에 탑재된 장비는 1967년에 펜지어스와 윌슨이 감지한 우주배경복사가 우주 온도에 거의 가까운 자료였음을 확증시켜주었으며, 실제로 우주 복사 에너지의 온도는 거의 정확하게 2.73K였다. 뿐만 아니라, 세밀한 분석을 통해 우주배경복사에 약간의 온도 변화가 존재한다는 것도 알아냈다. 이러한 변화는 1K의 수만분의 1정도였지만, 137억 년 전 우주의 초기에 물질과 에너지 밀도에 아주 작은 요동이 있었다는 화석과 같은 증거였다. 이 요동이 변화의 씨를 뿌려 거의 균일한 에너지로만 채워졌던 우주가 시간이 지나면서 은하와 별, 행성 등으로 채워진 오늘날의 우주로 진화하게 만들었다.

우주의 진화

우주가 팽창하고 있다는 사실을 처음 발견한 사람은 누구인가?

외부 은하가 존재한다는 사실을 처음 발견한 천문학자는 허블로, 우주가 팽창한다는 사실도 밝혀냈다. 에드윈 허블은 안드로메다은하까지의 거리를 측정하는 연구 이후 은하에 대해 계속 연구했다. 그는 은하의 운동과 지구로부터 은하까지의 거리 사이의 관계를 조사하여 먼 은하일수록 지구로부터 더 빨리 멀어진다는 사실을 발견했다. 이것은 우주가 팽창하고 있다는 증거였다.

허블 상수란 무엇인가?

우주의 팽창율은 에드윈 허블Edwin Hubble(1889~1953)의 이름을 따서 허블 상수라고 불린다. 오늘날 가장 정확하게 측정된 허블 상수는 약 73km/Mpc이다. 이 의미인즉 한 곳이 다른 곳에서 100만 파섹parsec 떨어져 있다면, 또 두 공간 사이에 다른 외부 힘이나 영향력이 존재하지 않는다면, 두 곳은 서로 시속 26만 3000km의 속도로 멀어진다는 것이다.

도플러 효과는 소리에 대해 어떻게 적용되나?

19세기의 물리학자인 크리스티안 요한 도플러Christian Johann Doppler(1803~1853)의 이름을 딴 도플러 효과는 음원이 청자로부터 가까워지거나 멀어질 때 나타나는 현상이다. 음원이 청취자를 향해 움직일 때 음파의 파장은 짧아지고 진동수는 증가하여 높은 소리가 들린다. 반대로 음원이 청취자로부터 멀어져갈 때 음파의 파장은 길어지고 진동수는 감소하여 낮은 소리가 들린다. 길거리에서 자동차나 기차가 당신 옆을 지나갈 때 소리를 들어보라. 차량이 접근할 때와 멀어질 때 어떠한 차이가 있는가?

허블은 도플러 효과를 이용해 어떻게 우주를 측정했는가?

허블은 은하의 도플러 효과(관측된 물체의 색상이 관측자로부터 멀어지거나 가까워질 때 바뀌는 현상)를 천체 망원경에 분광 사진기를 장착하여 측정해냈다. 그는 먼 은하로부터 오는 빛을 분광시켜 빛의 파장이 얼마나 긴 파장 쪽으로 이동하는지를 측정했다.

빛에 대한 도플러 효과는 어떻게 작용하는가?

빛 혹은 전자기 복사를 방출하는 물체가 가까워지면 빛의 파장이 감소한다. 역으로 관측자로부터 멀어지면 빛의 파장은 증가하게 된다. 가시광선의 경우 스펙트럼의 파란색 부분은 짧은 파장을 갖고, 붉은색 부분은 좀 더 긴 파장을 가지고 있다. 이 때문에 빛의 도플러 효과는 광원이 관측자 쪽으로 접근하면 '청색이동', 광원이 관측자에게서 멀어지면 '적색이동'이라 불린다. 물체가 빨리 이동할수록 청색이동이나 적색이동은 더 크게 나타난다.

천체에서 발하는 빛의 도플러 효과를 처음 발견한 사람은 누구인가?

먼 천체로부터 오는 빛의 도플러 효과를 처음 관측한 천문학자는 베스토 멜빈 슬라이퍼Vesto Melvin Slipher(1875~1969)로 1912년에 처음 발견했다. 슬라이퍼는 천체 망원경을 사용하여 우리은하 안에 있다고 생각되던 커다란 가스와 먼지로 덮인 성운을 촬영하고 연구했다. 그리고 놀랍게도 이런 성운이 별들로 구성되어 있다는 사실을 발견했는데, 이는 이 천체들이 우리은하와 같은 은하일 수 있다는 것을 의미했다.

1903년에 슬라이퍼는 애리조나 주 플래그스태프의 로웰 천문대에서 제안한 연구직을 받아들였다. 로웰 천문대의 천문대장이었던 퍼시벌 로웰Percival Lowell(1855~1916)은 별도로 구성되었다고 여겨지는 성운을 조사하기 위해 슬라이퍼를 플래그스태프로 데려왔다. 로웰은 이러한 성운 구조, 특히 나선 패턴을 갖는 것들은 우리은하의 태양계가 생겨나는 것과 비슷한 구조일 것이라 생각했다. 로웰 천문대에서 슬라이퍼의 역할은 이러한 성운의 스펙트럼을 연구하고 자세히 분석하는 일이었다.

안드로메다 성운의 놀라운 스펙트럼을 연구하면서, 슬라이퍼는 동 스펙트럼이 지금까지 알려진 어떤 가스와도 맞지 않는다는 점을 발견했다. 오히려 이 스펙트럼은 별빛에 의해 생긴 것에 가까웠다. 더 놀라운 것은 이 스펙트럼에 청색이동 현상이 나타나는 것이었다. 동 스펙트럼의 청색 편이 현상을 관찰한 결과 슬라이퍼는 안드로메다 성운이 시속 80만 km의 속도로 지구에 접근하고 있다고 결론지었다.

이듬해에 슬라이퍼는 12개의 나선 성운을 추가로 발견했다. 슬라이퍼가 발견한 성운 중에 일부가 지구를 향해 움직이고 있었고, 일부는 지구로부터 멀어지고 있었다. 성운의 이동 속도는 시속 400만 km 혹은 초속 1100km나 되었다. 슬라이퍼는 자신이 발견한 천체들이 성운이 아니라 100만 혹은 수십억 개의 별들로 이루어진 집단인데, 멀리 있으므로 이들은 또 다른 은하일 수밖에 없다고 결론지었다. 슬라이퍼의 이 선구적인 업적은 후에 에드윈 허블이 세페이드 변광성을 사용하여 검증한 결과 안드로메다 성운이 사실은 안드로메다은하라는 것이 확증되었다.

허블의 초기 팽창율은 오늘날 허블 상수 값과 어떻게 다른가?

허블의 초기 팽창율은 오늘날의 측정값보다 일곱 배나 커서, 한참 벗어났다고 할 수 있다. 하지만 허블의 측정 방법은 타당하게 이루어졌다. 그의 일반적 결론(천체까지의 거리는 관측자로부터 멀어지는 속력에 비례한다는 식)은 오늘날 허블 법칙으로 알려져 있다. 결과적으로, 오늘날 천문학자들은 허블이 우주의 팽창을 발견한 것으로 인정하고 있다.

에드윈 허블에 의해 측정된 우주의 팽창 비율은 얼마인가?

에드윈 허블이 처음 측정한 우주의 팽창 비율은 약 500km/s/kpc였다. 이는 1kpc의 거리에 있는 천체가 초속 500km의 속도로 멀어진다는 것을 의미했다.

우주의 팽창을 제외하고, 우주에서 물체를 움직이는 힘은 어떤 것이 있는가?

우주의 팽창을 제외하고 행성과 별 그리고 은하 등을 먼 거리로 이동하게 하는 우주의 힘으로는 중력이 있다.

우주는 어디로 팽창하고 있는가?

전체 우주는 팽창하고 있다. 이는 모든 우주가 팽창하고, 우주의 모든 위치는 근처 물체의 질량이 중력을 만들어내지 않는 한, 우주의 다른 위치로부터 멀어지고 있다는 의미다. 따라서 우리의 3차원 공간은 다른 3차원 공간으로 팽창할 수 없다.

이것을 이해하는 하나의 방법은 팽창하는 풍선을 생각해보는 것이다. 풍선은 바람이 들어가면 팽창하는 구부러진 2차원 구조를 가지는 탄성 고무다. 그러나 이것은 다른 2차원 표면으로 팽창하는 것이 아니다. 오히려 풍선은 3차원 공간 안으로 팽창한다. 여기서 한 차원을 더해 생각해보면, 3차원 우주도 그 이상의 차원으로 팽창하고 있음을 알 수 있다. 우주의 경우, 그것은 우주를 포함하는 4차원 시공간이다.

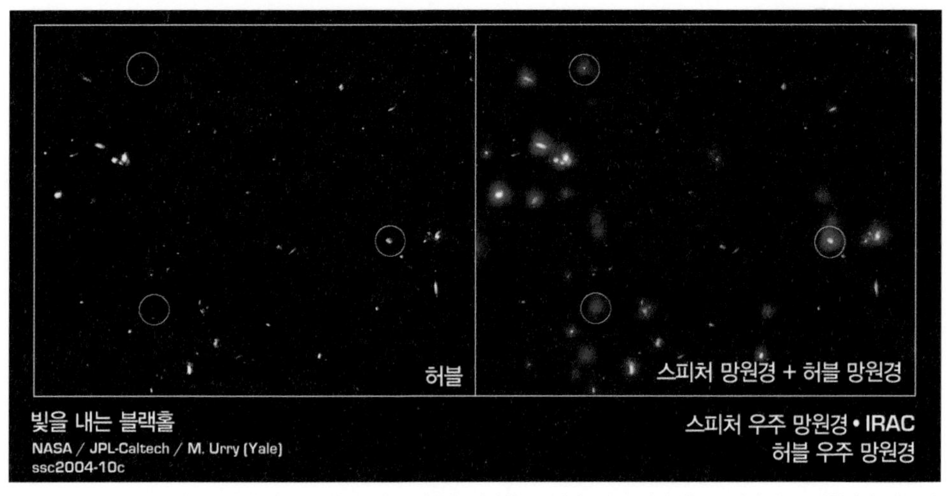

천문학자들은 엑스선 방사 광원을 찾는 것을 통해 블랙홀을 감지할 수 있다. 위의 이미지는 스피처 우주 망원경과 허블 우주 망원경으로부터의 데이터를 합한 것으로 엑스선 광원이 블랙홀을 나타낸다. 오른쪽 이미지는 가시광선에서의 같은 그림을 나타낸다.(NASA/JPL–Caltech/Yale)

블 랙 홀

우주에서 중력이 가장 강한 천체는 무엇인가?

우주에서 질량이 가장 큰 천체가 가장 큰 중력을 미친다. 그러나 어떤 주어진 천체 근처의 중력장의 강도는 천체의 크기에도 의존한다. 천체의 크기가 작을수록 중력장은 더 강해진다. 커다란 질량과 작은 크기의 궁극적인 조합이 바로 블랙홀이다.

블랙홀은 무엇인가?

블랙홀은 탈출 속도가 빛의 속도 이상인 천체다. 이런 개념은 1700년대에 처음 제안되었다. 별의 크기가 아주 작고 질량이 매우 클 경우 만유인력이 빛의 입자가 탈출할 수 없도록 한다고 보았기 때문이다. 이러한 별은 블랙홀이 된다.

상대성이론은 블랙홀과 관계있는가?

검은 별이나 암흑성이라는 개념은 흥미로운 것이었지만, 1700년대 그 개념이 제안된 이후 한 세기가 넘도록 과학적으로 탐구되지는 않았다. 1919년 이후, 일반상대성이론이 확증되고 과학자들은 물질에 의한 공간의 곡률로서 중력의 의미에 대해 관심을 가지기 시작했다. 물리학자들은 우주에서 공간이 심하게 뒤틀림으로써 찢어지거나 혹은 구멍난 부분이 존재할 수 있다는 사실을 깨달았다. 그런 곳에 빠지면 어떤 것도 탈출이 불가능하다. 공간 안의 탈출할 수 없는(빛조차도 탈출할 수 없는) 점이라는 일반상대성이론의 개념은 물리학자로 하여금 '블랙홀black hole'이라는 용어를 만들게 했다.

블랙홀을 볼 수 없다면 천문학자들은 어떻게 블랙홀을 찾을 수 있는가?

블랙홀을 찾을 수 있는 열쇠는 이것이 지닌 엄청난 중력이다. 즉 천체가 예상보다 훨씬 빨리 움직이거나 회전하는 것을 관측하는 것이다. 천체의 움직임을 세밀히 추적하고, 여기에 케플러의 행성 운동 제3법칙을 적용하면, 물체를 직접 보지 않고도 물체의 질량을 측정하는 일이 가능하다.

블랙홀의 강한 중력장은 블랙홀 자체가 어둡다 할지라도 블랙홀 근처와 그 주변에 엄청난 양의 빛을 생성할 수 있다. 블랙홀로 떨어지는 물질은 홀 주변에 모이는 많은 다른 물질들과 부딪치게 된다. 운석이나 우주선이 지구의 대기권으로 들어가면 뜨거워지는 것처럼, 블랙홀로 떨어지는 물질도 마찰 저항에 의해 열을 받는데, 때로는 수백만 도에 이른다. 이렇게 뜨거운 물질은 밝게 빛나며, 정상적인 작은 부피의 공간에서 발산하는 엑스선복사와 라디오파의 범위를 넘어선다. 이 같은 숨길 수 없는 방출을 찾아냄으로써 천문학자들은 블랙홀 그 자체는 볼 수 없더라도 블랙홀의 존재를 추론할 수 있게 된다.

어떤 종류의 블랙홀들이 있는가?

두 가지 유형의 블랙홀이 존재하는 것으로 알려져 있으며, 세 번째 유형은 가설상으로만 존재할 뿐 아직 발견되지 않았다. 첫 번째 유형은 막연히 항성 블랙홀stellar black hole 혹은 저질량 블랙홀low-mass black hole로 알려져 있는데, 매우 질량이 큰 별(보통 태양 질량의 20배 이상)의 중심부가 붕괴하면서 생긴다. 또 다른 유형은 초대질량 블랙홀supermassive black hole이라 불리는데, 은하의 중심에서 볼 수 있으며 그 질량이 태양보다 수백만 배 혹은 수십억 배에 달한다.

세 번째 유형은 원시 블랙홀primordial black hole로 불리는데, 우주의 아무 데서나 발견된다. 이러한 블랙홀은 시공간의 구조가 우주의 팽창으로 불완전했던 우주의 초창기에 생겨났다고 추측된다. 그러나 이러한 블랙홀이 존재한다고 확증된 것은 없다.

블랙홀은 실제로 존재하는가?

그렇다, 블랙홀은 확실히 존재한다. 천문학자들은 블랙홀의 특성에 대한 가설을 세워 놓고도 오랫동안 블랙홀이 실재하는지에 대한 여부를 확신하지 못했다. 그러나 1970년대부터 관측된 증거들은 블랙홀이 은하와 우주 곳곳에 존재한다는 사실들을 보여주기 시작했다. 오늘날 우주에는 수천 개의 블랙홀이 확인되었으며, 우주 전체를 기준으로 봤을 때는 그 개수가 수십억에 달할 수도 있다.

블랙홀의 구조는 어떻게 되는가?

블랙홀의 중심, 즉 시공간 구조에 생긴 파열 또는 접힘은 특이점singularity이라고 불린다. 이것은 부피가 없고 무한의 밀도를 가지는 한 점이다. 놀랍게도, 우리가 이해하고 있는 물리 법칙, 다시 말해 모든 우주에서 적용되는 물리 법칙이 블랙홀의 특이점에서는 적용되지 않는다.

특이점을 둘러싸고 있는 경계를 사건의 지평선event horizon이라고 부른다. 이곳은 돌아올 수 없는 곳으로, 블랙홀에 대한 탈출 속도가 빛의 속도가 되는 곳이다. 블랙홀의 질량이 클수록, 특이점으로부터 사건의 지평선이 멀어지고 블랙홀의 크기도 더 커진다.

블랙홀을 빠져나가는 일이 가능한가?

영국의 물리학자 스티븐 호킹Stephen Hawking(1942~)에 의하면, 블랙홀에서 에너지가 천천히 흘러나올 수 있다. 이러한 에너지의 유출은 호킹 복사라고 불리는데 이 같은 현상의 원인은 블랙홀의 사건 지평선이 완전히 매끄러운 표면이 아니어서가 아니라 아원자적 준위subatomic level에서의 양자역학 효과에 따른 '희미한 빛shimmer' 때문이다. 양자역학 수준에서 공간은 이른바 가상 입자virtual particle(스스로 관측되지는 않지만 다른 물체에 끼치는 영향으로 관측 가능한 입자)들로 채워져 있다고 생각된다. 가상 입자들은 두 개의 반쪽으로 나뉘어 나타나는데, 만약 가상 입자가 사건 지평선 안에서 생성된다면 반쪽 중 하나가 블랙홀 안쪽 깊숙이 빠지고, 다른 반쪽은 희미하게 빛나는 사건 지평선을 통과해 우주로 흘러나오는 아주 약간의 가능성이 존재한다.

호킹 복사가 블랙홀에 미치는 역할은 무엇인가?

호킹은 블랙홀이 수십억 년 후 블랙홀 자신을 사라지게 할 수 있는 방사선을 방출한다는 것을 최초로 이론화했다.

호킹 복사는 매우 느리게 일어나는 과정이다. 예를 들어 태양 정도의 질량을 가진 블랙홀은 수조 년, 다시 말해 현재 우주의 나이보다 훨씬 오랜 기간이 지나야만 호킹 복사가 그 천체의 크기나 질량에 눈에 띄는 효과를 줄 수 있다고 한다. 하지만 충분한 시간이 주어지면, 블랙홀의 사건 지평선으로 흘러나온 에너지는 눈에 띌 정도가 된다. 물질과 에너지는 서로 변환이 가능하기 때문에, 블랙홀의 에너지는 흘러나온 만큼 줄어들게 될 것이다.

이론적인 계산에 의하면, 에베레스트 산 정도의 질량을 가진 블랙홀은(이 경우 사건 지평선은 원자핵보다도 작은 범위를 가진다) 100억~200

억 년 정도가 지나야 모든 에너지가 소멸되고, 호킹 복사로 인해 물질도 소멸되어 우주로 돌아간다고 한다. 물질이 모두 사라지는 마지막 순간에 블랙홀은 높은 에너지의 감마선을 방출하며 격렬한 폭발과 함께 사라진다. 아마 천문학자들은 언젠간 이러한 현상을 관측하게 되어 호킹 복사의 개념을 과학적인 이론으로 확증할 것이다.

블랙홀이 회전하면 어떤 일이 발생하는가?

블랙홀이 회전하게 되면 사건 지평선의 구조와 모양이 바뀔 수 있다. 만약 블랙홀이 회전하지 않는다면 사건 지평선은 특이점을 기준으로 완벽한 구의 형태를 띨 것이다. 블랙홀이 회전하면 사건의 지평선은 두꺼운 도넛 형태로 평평해지게 되며, 작용권 ergosphere이라고 불리는 구조로 발전한다. 이때 빛은 블랙홀에서 탈출하지 못하고 특이점 주위를 돌게 된다.

회전하는 블랙홀이 전하를 가지면 어떻게 되는가?

전하를 가진 입자가 계속해서 빙빙 돌게 되면, 전자기장이 형성된다. 블랙홀은 작은 부피 안에 많은 양의 질량을 가지고 있으므로, 굉장히 빠른 회전 속도를 가지게 되며 전하의 밀도 역시 엄청나게 높다. 이러한 조합은 우주에서 존재하는 가장 강력한 자기장을 형성한다.

이러한 경우, 물질이 블랙홀로 빠지게 될 때 물질이 매우 뜨거워질 뿐만 아니라 엄청나게 자기화된다. 물질이 블랙홀에 빠지면 대부분 다시 볼 수 없게 되지만, 이 중 일부는 자기장과 연결되어 자기적으로 집중된 엄청나게 강력한 제트로 빠져나온다. 블랙홀이 얼마나 많은 질량을 갖고 또 얼마나 많은 전하를 갖고 있느냐에 따라 이 제트는 물질을 광속의 99% 혹은 그 이상으로 가속시켜 수천 혹은 수백만 광년을 날아가게 한다. 이와 같은 블랙홀 계에서부터 튕겨나오는 상대론적 제트는 우주에서 가장 극적인 현상 중 하나다.

블랙홀은 얼마나 큰가?

블랙홀 중심에 있는 특이점은 부피가 없다. 반대로 사건의 지평선, 다시 말해 돌아올 수 없는 경계의 크기는 블랙홀의 질량에 따라 달라진다. 블랙홀과 사건의 지평선 간의 수학적 관계는 독일의 천문학자 카를 슈바르츠실트Karl Schwarzschild (1873~1916)에 의해 유도되었다. 그래서 블랙홀의 사건의 지평선은 그의 업적을 기려 슈바르츠실트 반지름이라고 불린다.

일반적으로 말해서, 항성 블랙홀의 슈바르츠실트 지름은 160km 정도 되는 반면, 초대질량 블랙홀의 지름은 몇백만 내지 몇십억 km에 달한다(참고로, 태양과 명왕성 사이의 거리는 약 48억km다). 만약 태양이 줄어들어 블랙홀이 된다면, 슈바르츠실트 지름은 4.8km 정도, 지구가 줄어들어 블랙홀이 된다면 슈바르츠실트 지름은 약 8mm가 된다.

블랙홀은 중력으로 다른 물질을 끌어들이는 것 외에 또 무엇을 할 수 있는가?

미국의 물리학자 존 아치볼드 휠러가 남긴 유명한 말이 있다. "블랙홀은 머리카락이 없다A black hole has no hair". 이 말의 의미는 블랙홀은 오직 기본적인 속성만을 갖는다는 것이다. 블랙홀은 별이나 은하가 갖는 복잡한 구조를 갖지 않는다. 블랙홀이 갖는 유일한 특성은 질량(무게), 회전(자전) 그리고 전하다.

우리은하에서 블랙홀들은 어디에 위치하고 있는가?

다음 표는 우리은하 내에 알려진 블랙홀의 목록이다.

은하수 내의 블랙홀들

이　　름	추정 질량(태양 질량)	지구로부터의 대략적인 거리(광년)
A0620-00	9~13	3,000~4,000
GRO J1655-40	6~6.5	5,000~10,000
XTE J1118+480	6.4~7.2	6,000~6,500
백조자리 X-1	7~13	6,000~8,000
GRO J0422+32	3~5	8,000~9,000
GS 2000-25	7~8	8,500~9,000
백조자리 V404	10~14	10,000
GX 339-4	5~6	15,000
GRS 1124-683	6.5~8.2	17,000
XTE J1550-564	10~11	17,000
XTE J1819-254	10~18	25,000 이하
4U 1543-475	8~10	24,000
궁수자리 A*	3,000,000	25,000 이하

블랙홀은 얼마나 밀도가 높은가?

카를 슈바르츠실트의 블랙홀의 사건 지평선의 지름에 관한 공식에 의하면 블랙홀의 밀도는 블랙홀의 질량에 따라 결정된다. 예를 들어 지구의 질량을 갖는 블랙홀의 밀도는 납의 밀도의 200조 배의 1조 배가 넘는다. 반대로 태양 질량의 10억 배인 블랙홀의 평균 밀도는 물의 밀도보다 훨씬 작다.

블랙홀에 빠진 사람에게는 어떤 일이 일어날까?

결과는 블랙홀의 크기에 따라 다르다. 만약 고밀도의 작은 블랙홀에 빠진다면, 매우 강력한 조석력이 신체에 엄청난 물리적 파괴를 일으키게 된다. 신체 앞부분은 뒷부분보다 훨씬 더 격렬하게 가속되어 원자와 분자가 서로 떨어지도록 잡아당긴다. 그래서 블랙홀에 빠진 사람은 아원자 입자들의 흐름의 형태로 빨려들어가게 된다.

그러나 낮은 밀도를 가진 초대질량 블랙홀에 빠진다면, 씨름할 그런 강력한 조석력이 없다. 이 경우에는 블랙홀의 사건 지평선 부근의 상대론적 효과가 확연히 드러나게 된다. 사람이 사건의 지평선에 가까이 다가갈수록, 속도는 점점 더 빛의 속도에 가까워진다. 속도가 빨라질수록 시간은 더 느려진다. 결과적으로 이 사람은 시간에 대해 너무 느리게 움직이게 되어 실제로 정지한 것처럼 보여서 사건의 지평선에 결코 도달하지 못하게 된다. 이 경우 결국에는 사건의 지평선이 밖으로 커져가면서 사람과 맞닿게 되어, 사람의 몸은 $E=mc^2$에 따라 물질에서 에너지로 바뀌고, 블랙홀 안으로 영원히 사라지게 된다.

거대 블랙홀이 우주를 집어삼킬 수도 있는가?

아니다. 거대 블랙홀은 우주를 집어삼킬 수 없다. 블랙홀은 깊은 중력장 구조이긴 하지만 우주의 '진공청소기'는 아님을 기억하라. 이들은 모든 것을 빨아들이지 않는다. 복잡한 도시 보도블록 공사 구간의 맨홀을 생각해보라. 만약 누군가 그 속에 빠진다면, 그 사람은 다시 나오지 못할 수도 있다. 그러나 이 구멍이나 주변을 피해간다면 아무런 위험이 없다. 블랙홀 역시 같은 방식으로 작용한다. 블랙홀이 얼마나 크든 간에 언제나 이것의 중력 영향에 대한 제한이 존재하기 마련이고, 이 블랙홀 영역 밖의 물질은 블랙홀의 영향을 받지 않는다.

웜홀과 우주 끈

웜홀이란 무엇인가?

현재의 가설에 따르면, 웜홀wormhole은 두 개의 끝을 가진 시공간의 불완전한 점이다. 시공간에서 하나의 특이점만 갖는 블랙홀 대신, 웜홀은 물질이 들어오는 하나의 입구와 물질이 나가는 다른 하나의 출구를 가질 수 있다.

> **웜홀을 이용하여 빛보다 빨리 여행할 수 있는가?**
>
> 수학적으로 아인슈타인의 일반상대성이론을 이용해 우주의 먼 거리를 이동하는 것이 가능하다. 만약 우리가 아는 물리학 법칙이 웜홀에 적용되지 않는다면, 수학적으로 웜홀의 끝과 끝을 이동하는 데 빛보다 짧은 시간이 걸릴 수도 있다. 그러나 물리학 공식에 의하면, 미세한 입자만이 이러한 극적인 조건 아래에서 붕괴되지 않고 통과할 수 있다.

웜홀은 실제로 존재하는가?

아직 웜홀이 발견된 적은 없다. 과학 소설 작가들은 웜홀을 마치 물리의 법칙을 무시하는 좋은 방법(예를 들어 특별한 이유 없이 물체를 사라지게 한다거나 갑자기 나타나게 하는 것들)처럼 여기지만, 실제로 웜홀이 존재한다면, 웜홀 근처에서 지구 규모의 모든 것이 붕괴되어야 한다.

우주 끈이란 무엇인가?

현재의 가설에 따르면, 우주 끈cosmic string은 물질이 진동하는 거대한 끈 또는 닫힌 고리다. 이것은 거의 블랙홀과 같지만, 점이나 구가 아닌 길고 가는 형태다. 우주 끈은 우주 초기에 중력 편이에 의해 생겨났을 것이라고 생각된다. 이들은 초기 우주의 진화로부터 생겨난 접힌 자국 같은 것으로 예측되며, 또한 우주의 주름 같은 것으로, 시공간 안에서 움직이는 존재라고도 할 수 있다. 우주 끈은 길이가 수 광년에 이르고 사람

머리카락보다 훨씬 가늘며 수십억 개 이상의 별에 수십억 배 이상의 질량을 포함하고 있을 수 있다. 우주 끈은 또한 극도로 강한 전류를 띠고 있을 수도 있다.

우주 끈은 실제로 존재하는가?

우주 끈은 아직 발견되지 않았다. 종종 관측상의 증거는 우주 끈의 존재를 암시하기도 하지만, 확증된 것은 없다. 또한 우주 초기에는 많은 우주 끈들이 있었으나, 현재는 거의 대부분 붕괴되어 사라졌을 가능성도 있다.

우주 끈을 사용해 시간을 거꾸로 이동할 수 있는가?

미국의 천체물리학자 리처드 고트J. Richard Gott(1947~)는 우주 끈을 이용하면 가능할 수도 있는 특별한 종류의 타임머신을 묘사한 책을 발표했다. 간단히 말해서, 서로의 근처를 지나는 두 직선의 우주 끈이 우주에 존재한다면, 우주 끈이 지닌 중력의 영향으로 시공간이 크게 왜곡되어 시간이 고리 모양으로 이상하게 배열될 수 있다는 것이다. 만약 물체가 어떤 방법으로든 간에 그 고리를 따라가게 된다면 물체가 복잡한 시간의 통로를 지나 출발하기 이전의 시공간에 도달할 수 있다는 주장이다. 이 같은 '고트 타임머신'의 이론적 가능성에 대한 연구는 계속되고 있으나, 실제로는 우주 끈이 발견된 적은 없다.

암흑 물질과 암흑 에너지

암흑 물질이란 무엇인가?

1930년대에 천문학자 프리츠 츠비키Fritz Zwicky(1898~1974)는 머리털자리 은하단 안의 수많은 개별 은하들이 빠른 속도로 돌고 있는 것을 발견했다. 그것은 이 은하단을 중심으로 엄청나게 커다란 중력이 존재해야 한다는 것을 의미했다. 그렇지 않으면 은하들은 은하단 밖으로 내던져질 것이다. 개별 은하들을 붙잡아둘 중력을 형성하기 위해 은하단 안에서 필요한 물질의 양은 은하단 내의 모든 은하들을 통틀어 생겨나는 물질의 양을 훨씬 초과하고 있었다. 이와 같은 여분의 물질은 '암흑 물질dark matter'이라고 알려졌다.

스피처 망원경으로 주변 광원의 분석을 통해서만 관측될 수 있는 어두운 천체 OGLE-2005-SMC-001을 관측하는 것을 나타낸 가상의 그림. 이러한 천체는 우주의 암흑 물질의 증거다.(NASA/JPL-Caltech/R. Hurt)

1970년대에 천문학자 베라 C. 루빈Vera C. Rubin(1928~)과 물리학자 W. 켄트 포드W. Kent Ford(1931~)는 안드로메다은하 안의 별들이 너무 빠르게 움직여 별들이 은하 안에 존재하려면 엄청나게 많은 양의 물질로 둘러싸여 있어야 하며, 이 물질이 전체 은하를 마치 곤충의 고치처럼 보호하고 있어야 한다는 것을 밝혔다. 이러한 물질이 발하는 빛은 망원경에 의해 관측되어지지 않고, 미치는 중력에 의해서만 알 수 있으므로 이는 은하 안에 암흑 물질이 존재한다는 증거가 된다.

수십 년에 걸친 연구를 통해 암흑 물질은 은하와 은하단, 나아가 우주를 구성하는 중요한 구성 물질임이 확인되었다. 최근의 관측에 의하면, 우주에 존재하는 물질의 약 80%가 암흑 물질이라고 한다.

암흑 에너지란 무엇인가?

알베르트 아인슈타인, 빌렘 드 지터, 알렉산더 프리드만, 조르주 앙리 르메트르와 같은 사람들은 20세기 초반에 우주의 본질을 연구했다. 이들 중 아인슈타인은 우주의 팽창과 수축하려는 중력 사이에 균형을 유지하기 위해 자신의 방정식에 수학적 항을 도입했다. 이 항은 우주 상수라고 알려졌는데, 우주 자체에서 보이지 않는 에너지를 발하고 있음을 나타내는 듯했다.

에드윈 허블과 다른 천문학자들이 우주가 실제로 팽창하고 있음을 밝힌 후, 우주 상수는 더 이상 필요하지 않아 보였기 때문에, 수십 년간 크게 다뤄지지 않았다. 그러다가 1990년대에 들어 우주 상수에 의한 '암흑 에너지dark energy'가 실제로 존재한다는 것이 밝혀지면서 주목받게 되었다. 현재의 측정 결과는 우주에 존재하는 이런 암흑 에너지의 밀도는 물질의 밀도, 다시 말해 보이는 물질과 암흑 물질 모두를 합한 밀도보다 훨씬 크리라는 것을 시사하고 있다.

비록 천문학자들이 암흑 에너지가 존재하는 것으로 판단하고 있지만, 우리는 무엇이 이런 에너지의 발단이 되었으며, 이 에너지가 무엇으로 구성되는지에 대해 알지 못한다. 일반적으로 우주 상수, 특히 암흑 에너지에 대한 탐구는 현재 과학자들이 가진 커다란 미해결 문제 중 하나다.

암흑 물질은 무엇으로 구성되어 있는가?

암흑 물질이 무엇인지에 대해서는 누구도 전혀 알지 못한다. 그저 일부의 경험에 근거한 추측만 존재할 뿐이다. 이를테면 '약하게 상호작용하는 무거운 입자들'이거나 이들의 거대한 복합체WIMPzillas, 또는 '전하를 띤 구분되지 않는 무거운 입자들CHUMPs' 혹은 뉴트랄리노neutralinos라고 불리는 매우 가볍고 전하를 띠지 않는 아원자 입자들로 여기기도 한다. 그러나 암흑 물질은 아직 발견된 적이 없으므로, 이러한 가능성은 여전히 추측에 불과하다.

암흑 물질은 우주의 형태에 어떤 영향을 미치는가?

우주의 암흑 물질은 팽창하는 우주에서 끌어당기는 힘으로 작용한다. 우주에 암흑 물질이 많을수록 우주가 닫힌 기하학적 구조를 가질 가능성이 커진다. 따라서 우주가 대붕괴로 끝날 가능성 역시 크다.

암흑 에너지는 우주의 형태에 어떤 영향을 미치는가?

암흑 에너지는 우주가 더 활발하게 팽창하도록 함으로써 중력에 반대로 작용한다. 만약 천문학자들이 생각한 대로 우주 안에 암흑 에너지의 양이 공간의 양에 비례한다면, 우주가 팽창을 계속할수록 암흑 에너지의 총량도 계속 증가하게 된다. 하지만 우주의 총 질량은 증가하지 않으므로, 암흑 에너지의 팽창 효과는 암흑 물질의 수축 효과를 궁극적으로 넘어서게 된다. 암흑 에너지가 많을수록 우주는 열린 기하학적 구조를 갖게 되어 우주의 팽창은 시간에 비례해서 빨라지게 될 것이다.

천문학자들은 우주의 물질과 에너지 밀도를 측정했는가?

먼 우주의 암흑 물질과 빛을 내는 물질의 중력 효과를 측정한 자료에 기초하여 천문학자들은 물질의 밀도 Ω($\Omega_{DM}+\Omega_{B}$)를 약 0.3으로 추정했다. 다른 한편으로 천문학자들은 세페이드 변광성과 제1a형 초신성의 정밀 관측에 근거하여 우주의 팽창 속도가 빨라지고 있다고 추정했는데, 이는 Λ가 0보다 크다는 의미다. 마지막으로, 우주배경복사에 대한 연구를 기반으로 천문학자들은 우주가 평면 기하학 구조를 갖는다고 결론 내렸는데, 이는 $\Omega+\Lambda=1$이라는 것이다. 소수점 두 자릿수까지 정확히 측정한 결과, $\Omega=0.27$ 그리고 $\Lambda=0.73$으로 측정되었다. 만약 이 수치가 옳다면, 우리 우주는 끝없이 팽창할 것이며, 대붕괴 현상은 일어나지 않을 것이다.

천문학자들은 우주 안 물질의 집중을 어떻게 설명하는가?

천문학자들은 그리스 문자 오메가Ω를 사용하여 우주에서 물질의 집중도 혹은 밀도를 나타낸다. 때로는 아래 첨자 M을 붙여서Ω_{M} 물질의 집중도를 나타낸다는 것을 분명히 한다. 때로는 두 개의 첨자를 붙여 암흑 물질의 밀도Ω_{DM}와 중입자(혹은 비암흑 물질)의 밀도Ω_{B}를 구분해 사용한다.

만약 암흑 에너지가 존재하지 않는다면 우주에서 물질의 밀도만이 유일하게 우주의 기하학과 우주의 운명을 결정하는 역할을 한다. 이 경우, 세 가지 가능성이 존재한다. 물질의 밀도 Ω가 1보다 크다면, 우주는 닫힌 기하학 구조를 가지며 대붕괴로 끝날 것이다. Ω가 1과 같다면 우주는 평면기하학 구조를 가지며 계속해서 팽창할 것이다. Ω가 1보다 작다면, 우주는 열린 기하학 구조를 가질 것이고, 역시 계속해서 팽창할 것이다.

천문학자들은 우주의 암흑 에너지의 집중을 어떻게 설명하는가?

천문학자들은 그리스어 대문자 람다Λ를 사용하여 우주의 암흑 에너지의 집중도 혹은 밀도를 표기한다. 때로는 암흑 에너지가 우주의 기하학에 영향을 끼치는 이유로 인해, 암흑 에너지 밀도는 오메가의 아래 첨자로도 사용된다Ω_Λ.

만약 암흑 에너지가 실제로 존재한다면, 우주 안의 물질과 에너지 밀도의 합이 우주의 기하학을 결정할 것이다. 따라서 Ω+Λ 혹은 $\Omega_\Lambda+\Omega_M$이 1보다 작으면 우주는 열린 우주가 되고, 1보다 크다면 닫힌 우주, 1과 같다면 평탄한 우주가 된다.

다 차 원 이 론

무엇이 우주의 초인플레이션을 유발했는가?

아무도 우주 초기에 왜 초인플레이션hyperinflation이 일어났는지 모른다. 한 가지 가능성은, 우주가 시간이 지나고 온도가 식어가면서 우주의 근본적인 힘이 서로에게서 분리해나가기 시작했으며, 이러한 분리 현상들 중 하나가 강력한 인플레이션을 일으키는 막대한 양의 에너지를 방출했다는 것이다.

우주의 모든 힘은 원래 하나의 힘이었는가?

현재의 이론에 의하면, 우주에는 네 가지 기본 힘이 존재한다고 한다. 그것은 중력, 전자기력, 강한 핵력 그리고 약한 핵력이다. 각각의 힘은 서로 다르게 나타나고, 물질과도 다른 방식으로 상호작용한다. 그러나 빅뱅이 일어나고 몇 분의 1초 후에, 물질과 에너지는 오늘날의 형태로 존재하지 않았고, 힘 역시 그렇지 않았을 수 있다. 만약 모든 것에 같은 방식으로 작용하는 하나의 힘이 존재했다면, 그 힘이 구성 성분으로 분할되면서 초기의 우주가 에너지로 크게 과급되어 초인플레이션 기간 동안 그 동력을 제공했다는 것이 우주의 초팽창 모델의 기본 개념이다.

자발적 대칭성 깨짐이란 무엇인가?

자발적 대칭성 깨짐spontaneous symmetry breaking은 균형을 이루던 것이 영구적으로 균형을 이루지 않게 되는 물리 현상이다. 한 예로 언덕 위에 놓여 있는 공을 생각할 수 있다. 이 계는 정확히 균형을 이루고 있지만, 공이 갑자기 아래로 굴러 내리면 더 이상 균형을 이루지 않게 된다. 공이 스스로 언덕을 올라가지 않기 때문에, 이 계는 영구적인 불균형 상태에 놓이게 된다. 우리들 대부분은 대칭성을 종이접기의 예로 기억하고 있다. 보다 일반적인 관점에서, 대칭성은 계의 복잡성이나 질서의 척도로 볼 수 있다. 예를 들면, 결정이 그렇다. 이론우주학자들은 우주의 기본 힘들이 자발적인 대칭성 깨짐의 형태로 분리된다고 가정하고 있다. 빅뱅 직후 어떤 대칭성을 가진 하나의 힘으로 통일되어 있던 힘이 그 대칭성이 어느 정도 '깨져서' 분리되었다면 그 결과로 몇 가지의 기본 힘이 생기게 된다. 또 저장되어 있던 거대한 에너지의 방출로 우주 초기에 초인플레이션 팽창이나 다른 종류의 활동이 일어났을 수 있다.

초대칭이란 무엇인가?

초대칭supersymmetry이란 우주가 어떻게 작동하는지에 대한 가설상의 모델이다. 이것은 우주가 어떻게 현재의 형태로 진화했는지에 대해 한 가지 설명을 제시하고 또 우주가 하나의 대칭 구조 안에 통합되었음을 시사한다. 초대칭 모델의 한 가지 예측은 우주에 존재하는 모든 기본 입자는 그와 대칭을 이루는 초대칭 입자(super particle 또는 sparticle)가 존재한다는 것이지만, 이들은 쉽게 발견될 수 있는 것은 아니다. 현재까지 어떤 초대칭 입자도 발견되지 않았다. 이 이유와 또 다른 이유 등으로 우주의 초대칭성은 아직까지 확증되지 않았다.

10차원 혹은 11차원이 우주에서 어떻게 존재할 수 있는가?

우리의 우주 안에 어떻게 이처럼 많은 차원이 존재할 수 있는지를 설명하는 하나의 이론적 모델은 조밀화compactification 개념이다. 커다란 석유나 천연가스 파이프가 넓은 평원을 가로질러 쭉 뻗으며 지나가는 것을 상상해보라. 만약 누군가 그 옆에 서 있다면, 파이프는 길이와 폭 그리고 높이를 가진 3차원 물체로 보일 것이다. 그러나 파이프에서 몇 미터 옆으로 이동하면 길이와 높이만 보인다. 파이프에서 훨씬 멀리 이동하면 길이를 가진 1차원 물체로 보인다. 이는 어떤 의미에서 파이프의 3차원 중 두 개의 차원이 '조밀화' 되었다. 이들은 여전히 존재하지만 너무 작아서 관측이 불가능하다. 같은 개념을 관측 가능한 공간과 시간을 넘어서는 차원에 적용할 수 있을지 모른다. 이러한 착상은 수십 년간 있어왔다. 그러나 이를 증명하기 위해서는 과학자들이 플랑크 길이보다 작은 크기를 관측해야만 조밀화를 관측할 수 있을 것으로 보이기 때문에 불가능할지도 모른다.

대통일 이론이란 무엇인가?

어떤 과학자들은 우주의 모든 물리 법칙은 하나의 이론으로 기술될 수 있다고 생각한다. 이러한 '대통일 이론Grand Unified Theory'을 연구한 과학자는 다름 아닌 아인슈타인으로, 이론을 만드는 데 실패했지만, 이후로 다른 사람들의 연구에 기반이 된 업적을 남겼다. '모든 것의 이론Theory of Everything'에 대한 많은 모형들은 일견 일리 있어 보이지만, 이들은 매우 복잡하고 여전히 걸음마 단계에 있다.

현재 검토되는 '모든 것의 이론' 중에서 가장 잘 알려진 이론은 무엇인가?

끈 이론은 우주 안의 모든 것의 거동을 통합하고자 하는 가상적 모델 중에서 가장 잘 알려진 이론이다. 이 이론의 기본 개념에 따르면 우리 우주의 입자들은 끈이라고 불리는 다차원 구조의 단지 4차원의 부분이라는 것이다. 이 모델에서는 입자가 우주 안에서 상호작용할 때, 실제로는 많은 차원에서 상호작용한다는 것이다. 그 결과, 이들이 완전히 새로운 입자처럼 보일지라도 이들은 단지 같은 끈의 다른 '진동 모드'라는 것이다.

이러한 이론들 중에서 어느 것이 옳은지를 과학자들은 입증할 수 있는가?

이것은 오늘날 이론우주론의 커다란 장애물이다. 과학자들은 이런 우주론적 가설들의 예측 중 일부를 확증할 수 있는 몇몇 실험을 제안하지만, 실험을 성공적으로 진행할 수 있는 기술이 현재로서는 존재하지 않는다. 예를 들어 막 이론은 질량이 매우 큰 별이 초신성 폭발을 일으킬 경우, 이 에너지들 중의 아주 적은 양이 우주를 빠져나가 다른 막들 중 하나로 새어나갈 것이라고 예측한다. 그러나 초신성 폭발은 우리은하 전체에서도 한 세기에 한 번 일어날 정도로 드물 뿐 아니라, 오늘날 천체 망원경과 관측 장비들은 초신성 폭발에서 방출되는 전체 에너지량을 정확하게 측정해내지 못한다.

끈 이론에 따르면, 우주에는 얼마나 많은 차원이 있는가?

현재 끈 이론의 수용된 모델은 11차원을 포함하고 있다. 이 11차원 '초대칭 부피 supersymmetric bulk'는 10차원의 끈을 낳거나 내릴 수 있으며, 이들이 상호작용하여 우리 우주의 4차원 공간을 만들어냈다는 것이다.

브레인이란 무엇인가?

막membrane 혹은 줄여서 브레인brane은 앞서 기술한 초대칭 부피와 같은 것 안에 존재하는 다차원 공간이다. 막은 부피bulk 안에서 마치 커다란 젤리가 넓은 바다를 떠다니는 것처럼 움직일 수 있으며, 상호작용하고(서로 부딪친다는 의미), 공간으로 하여금 에너지를 발하거나 교환하도록 한다. 브레인을 포함하는 우주론 모델을 막 이론membrane theory 혹은 M이론이라고 부른다. 또 이와는 전혀 다른 종류의 브레인이 있는데, 이들은 m-브레인m-brane, n-브레인n-brane 혹은 p-브레인p-brane 등으로 불린다.

막 이론에 따르면, 우주는 어디에 위치해 있는가?

이론적으로, 두 개의 5차원 막이 하나 혹은 그 이상의 차원 안에서 서로 접촉하고 있다고 생각할 수 있다. 이러한 막들의 다차원적 교차점은 점이나 선, 면 혹은 4차원 시공간이 될 수 있다. 하나의 가설은 우리의 4차원 시공간이 두 개의 막이 서로 교차하여 공간의 팽창과 시간의 시작을 개시함으로써 존재하게 되었다는 것이다. 이러한 교차의 순간이 빅뱅이며, 우주는 두 브레인의 교차점에 있다는 것이다.

가장 작은 입자를 연구하는 것이 우주의 기원을 찾는 데 어떤 도움이 되는가?

빅뱅과 우주의 기원을 연구하는 데 있어 중요한 한 분야는 입자물리학이다. 초대형 입자 가속기를 통해 가장 작고 가장 활발한 원자 구성 입자를 생성하고 연구함으로써 물리학자들은 초기 우주에 존재했을 조건에 대해 간략하게나마 엿볼 수 있다. 예를 들어 이러한 일은 빛의 속도의 99% 혹은 그 이상으로 움직이는 원자핵들을 함께 충돌시켜 그 잔해물을 살펴봄으로써 가능해진다.

우 주 의 끝

우주의 모양이 왜 중요한가?

우주의 모양은 우주의 최종 운명이 어떻게 될 것인지에 영향을 미친다. 우주는 현재 팽창하고 있다. 만약 우주가 기하학적으로 닫혀 있다면, 팽창은 점차 줄어들고 결국에는 멈추었다가 역으로 수축하기 시작해 빅뱅의 반대 격인 극도로 작고 뜨거운 한 점에서 끝나는 '대붕괴Big Crunch'가 일어난다. 만약 우주가 기하학적으로 평평하고 열려 있다면 우주는 영원히 팽창할 가능성이 높다.

우주의 운명에 대한 현재의 예측은 무엇인가?

현재의 관측으로 볼 때 우주는 평평하고, 아주 많은 암흑 에너지가 존재한다. 사실 $\Lambda = 0.73$(우주의 73%가 암흑 에너지라는 의미)이기 때문에 우주의 팽창이 거듭될수록 더 많은 암흑 에너지가 생겨난다. 따라서 우주의 팽창 속도는 늘어나고 있으며, 우리는 가속되는 우주에 살고 있다.

우주는 어떻게 끝나게 되는가?

'끝'이라는 의미가 시간이 멈추고 공간이 더 이상 존재하지 않는 것을 의미한다면 우주는 끝나지 않을 것이다. 대신 아주 오랜 시간이 흐른 뒤에 우주는 문자 그대로 아무것도 일어나지 않는 상태에 다다를 것이다. 모든 물질은 형태가 없고 무질서하며, 모든 에너지는 극히 희박하게 흩어져 어떤 종류의 상호작용이나 아원자 입자들 혹은 그 밖의 어떤 것도 존재하지 않을 것이다. 말하자면 이것이 우주의 끝이라고 할 수 있다. 확연하고 맹렬한 종말이 아니라 차갑고 어둡고 아무것도 존재하지 않는 영원한 기간이다.

과학자들은 우주의 물질과 에너지가 궁극적으로 어떻게 된다고 믿고 있는가?

우주의 가속 팽창은 모든 물질을 우주 규모로 멀리 떨어뜨려놓고 있다. 종국에는 중력이 팽창을 극복하여 새롭고 큰 구조를 만드는 일이 가능하지 않게 될 것이다. 심지어 어떤 계산 결과는 수십억 년 이내에 먼 은하들은 더 이상 우리 눈에 보이지 않게 된다는 것을 시사하고 있다. 그렇게 되면 우주의 모든 별이 그들의 원료 물질을 모두 소진해 우주에는 죽은 별들의 주검만 남을 것이다. 이 주검들은 대부분 백색 왜성과 중성자별이다. 그리고 현재의 이론이 옳다면 우주에 있는 다른 모든 중입자 물질baryonic matter들은 양성자 붕괴를 일으켜 해체될 것이다. 마지막에는 우주에 있는 블랙홀들이 호킹 복사를 하여 완전히 증발하고 말 것이다. 이렇게 되면 남아 있는 것은 암흑 물질과 암흑 에너지 그리고 아무것도 할 수 없는 수많은 무질서한 아원자 입자들이다.

우주는 언제 궁극적으로 '사라지는가'?

만약 현재의 이론이 옳다면, 모든 별은 100만조 년 이내에 모두 사라지게 될 것이다. 모든 양성자는 100만×1조×1조×1조 년 후에 붕괴될 것이고, 모든 블랙홀(초거대 질량 블랙홀조차도)은 100만×1조×1조×1조×1조×1조×1조×1조×1조 년 후에 증발할 것이다. 다시 말해 우주는 약 10^{100}년 안에 사라질 것이다.

제3장
은하

은 하 의 기 초

은하란 무엇인가?

은하는 별, 가스, 먼지 그리고 암흑 물질의 거대한 집합체로 우주 안에서 응집성 있는 중력 유닛을 형성한다. 어떤 면에서 우주 안의 은하들은 인체의 세포와 같다. 각각의 은하들은 독립성을 갖고 나이를 먹으며 진화하는 한편 우주 안의 다른 은하들과 상호작용한다. 우주에는 수많은 종류의 은하들이 존재한다. 지구가 속해 있는 은하는 은하수Milky Way라고 불린다.

우주에는 얼마나 많은 은하들이 있나?

우주의 유한한 나이와 빛의 유한한 속도로 인해, 우리는 단지 우주 지평선이라 불리는 경계까지의 우주만 볼 수 있는데, 이 경계는 사방으로 약 137억 광년에 해당한다. 이런 관측 가능한 우주 안에는 약 500억 ~ 1000억 개의 은하가 있는 것으로 추산된다.

어떤 종류의 은하들이 있는가?

은하들은 일반적으로 그 외형에 따라 세 가지 그룹으로 구분된다. 이들은 나선, 타원, 불규칙 은하다. 이들 그룹은 보다 세분되어 막대 나선과 거대 디자인 나선 은하, 거대 타원과 왜소 타원 은하 그리고 마젤란 불규칙 은하와 특이 은하 등으로 나뉜다. 은하들은 또 외형이 아닌 속성으로 분류되기도 한다. 예를 들어 별 폭발 은하, 병합 은하, 활동 은하, 전파 은하 그리고 그 밖의 다른 은하들이다.

은하들을 어떻게 분류할 수 있는가?

1920년대에 은하 연구에 일생을 바친 선구적인 천문학자 에드윈 허블은 은하를 모양에 따라 분류하는 방법을 제안했다. 그는 타원 은하를 E0(구형의 타원 은하)에서 E7(시가 모양의 타원 은하), 원반이 있는 은하를 S0(렌즈형 은하)에서부터 Sa와 SBa(큰 팽대부와 막대가 있는 나선 은하), Sb와 SBb(중간 크기의 팽대부와 막대가 있는 나선 은하), Sc와 SBc(작은 팽

나선 은하 NGC 4414(NASA, Hubble Heritage Team, STScI, AURA)

대부와 막대가 있는 나선 은하) 등으로 나누었다. 이 순서는 허블 분류표로 알려져 있는데, 그 모양이 음차(소리굽쇠)를 닮아 '허블 음차 도표'로 불린다.

타원 은하란 무엇인가?

타원 은하는 은하의 전체적인 모양이 타원체처럼 보이는 은하다. 타원 은하의 모양은 타원율(얼마나 원에 가까운지 아니면 길쭉한지)에 따라 모양이 크게 바뀐다. 완전한 구 형태에서 기다란 여송연 모양까지 다양하다. 관측과 이론 모델에 근거해 천문학자들은 타원 은하는 세 개의 축을 가진 3차원 모양으로 생각한다. 다시 말해 이들은 서로 다른 길이와 너비 그리고 높이를 가질 수 있다는 것이다. 그래서 타원은 거대한 농구공이나 럭비공, 타조 알, 감기약, 알약Tic-Tacs이나 그 중간형의 어떤 모양이든 될 수 있다.

NGC4650A는 특이 은하의 예로, 두 은하가 하나로 충돌한 결과다. 이런 놀라운 사례에서, 결과는 하나의 은하가 다른 은하의 고리를 통과하는 듯한 모양에서 극 고리(polar ring) 은하로 불린다.(NASA, The Hubble Heritage Team, STScI, AURA)

나선 은하란 무엇인가?

나선 은하는 밝은 별들을 품고 있는 나선형의 구조나 팔을 가진 것처럼 보인다. 밝혀진 대로 이러한 나선 팔은 고형 구조가 아니라 나선형의 밀도파density wave(주변보다 밀도가 높은 회전하는 먼지 그리고 가스들로 이루어진 능선)다. 나선 은하는 중심에 별들로 가득 찬 타원형의 팽대부가 있고, 팽대부 주위엔 회전하는 얇은 가스 원반이 있다. 그리고 밀도가 낮은 성운 헤일로stellar halo가 원반과 팽대부 모두를 감싸고 있다.

막대 나선 은하란 무엇인가?

일부 나선 은하들은 은하의 중심부가 아닌, 거리가 좀 떨어진 부분에서 시작되는 나사선 팔을 가지고 있다. 이러한 은하들의 팽대부는 실제로 길게 늘어나 수십억 개 이상의 별들을 포함한 막대 모양의 구조로 되어 있다. 이런 종류의 나선 은하를 막대 나선 은하라고 부른다.

렌즈상 은하란 무엇인가?

렌즈상 은하는 타원 은하와 나선 은하의 성질을 가진 렌즈 형태의 은하이다. 이 은하는 바깥 부분을 둘러싸는 원반을 가진 타원 은하처럼 보이기도 하고 나선 팔 구조가 거의 없고 매우 큰 팽대부를 가진 나선 은하처럼 보이기도 한다. 시각적으로 렌즈상 은하를 가장 잘 보여주는 예는 '솜브레로The sombrero'라는 별명을 얻은 메시에 104 천체다.

불규칙 은하란 무엇인가?

불규칙 은하irregular galaxy는 타원 은하나 나선 은하 혹은 막대 나선 은하와 같은 표준 은하 범주에 잘 들어맞지 않는 은하를 말한다. 불규칙 은하의 두 가지 예는 지구의 남반구에서 보이는 대마젤란성운과 소마젤란성운이다. 불규칙 은하들은 나선이나 타원 구조의 일부를 가지는 동시에 다른 종류의 성분들, 예를 들어 별들과 가스들이 뭉친 가느다란 띠 같은 것들이 있을 수도 있다.

특이 은하란 무엇인가?

특이 은하peculiar galaxy는 타원 은하나 나선 은하와 같은 일반적인 은하 범주에 들어맞으나 약간의 특이성을 가지고 있다. 예를 들어 별들로 이루어진 긴 꼬리를 갖거나, 비정상적인 형태의 원반을 갖기도 하고, 또 다른 팽대부를 갖기도 한다. 혹은 다른 은하와 겹쳐지거나 충돌해오기도 한다. 많은 특이 은하들이 이런 식으로 나타나는 이유는 이 은하들이 다른 은하와 충돌하거나 상호작용 또는 병합되는 과정에 있기 때문이다.

은하들이 다른 형태를 띠는 이유는 무엇인가?

에드윈 허블이 음차tuning fork 도표를 만들었을 때, 그는 은하들이 나이를 먹어감에 따라 도표의 순서를 따라간다는 가설을 세웠다. 다시 말해 모든 은하들은 처음에는 타원 은하였다가 회전을 계속하면서 평평해지게 된다는 것이다. 그러나 이 가설은 틀렸음이 판명되었다.

현대 컴퓨터 시뮬레이션과 수학적인 계산 결과는 모든 은하들이 물질의 작은 무리들의 집합으로 형성되고 있음을 보여준다. 부분 은하의 덩어리로 하나의 중력에 의해 묶이게 되는 것이다. 작은 덩어리들이 많이 모이게 되면, 일반적으로 나선 은하가 된다. 그러나 합치는 과정에 엄청나게 커다란 덩어리들이 있으면 보통 타원 은하가 형성된다. 이런 은하 형태 생성 모델이 일반적으로는 옳게 보이지만, 설득력 있는 이론이 되려면 세부적인 내용에 대한 연구가 더 필요하다.

은하들은 어떻게 나선이나 타원 형태를 유지하는가?

은하 안의 별들과 가스의 움직임은 은하가 그들의 형태를 어떻게 유지할 것인지를 결정한다. 타원 은하의 경우, 별들은 모든 다양한 궤도에서 무작위적인 방향으로 움직여야 한다. 마치 벌 떼가 하나의 중심점 주위를 윙윙거리며 맴돌듯이. 나선 은하의 경우에는 별들은 한 점에 대해 거의 원형의 안정된 궤도를 돌아야 한다. 별들의 궤도는 얇고 질서 정연한 원반 형태여야 한다. 만약 질서 있는 회전이 망가지면(예를 들어 다른 은하와의 충돌로) 원반 형태 역시 망가질 것이다. 그러다 완전히 망가지게 되면 혼돈스러운 타원형 형태가 될 수 있다.

은하들은 얼마나 큰가?

은하는 크기와 질량이 다양하다. 가장 작은 은하는 1000만~1억 개의 별들을 가지는 반면에 큰 은하들은 수조 개의 별들을 포함한다. 우주에는 큰 은하보다 작은 은하들이 훨씬 많다. 우리은하는 적어도 1000억 개 이상의 별들을 가지는데, 큰 은하 쪽에 속한다. 우리은하 원반의 지름은 약 10만 광년이다.

왜소 은하란 무엇인가?

왜소 은하dwarf galaxy는 그 이름에서 알 수 있듯이 최소의 질량과 별을 포함한 은하다. 우리은하 주변을 도는 대마젤란성운은 큰 왜소 은하로 본다. 이 은하는 많아야 10억 개의 별들을 가지고 있다. 큰 은하와 마찬가지로 왜소 은하도 다양한 형태로 나타난다. 여기에는 왜소 타원dwarf elliptical, 왜소 회전 타원체dwarf spheroidal 그리고 왜소 불규칙dwarf irregular 형태의 은하들이 있다.

거대 은하들은 은하 충돌들이 보다 흔했던 초기 우주에서 생성되었을 가능성이 높다. 이 가상의 그림에서는 많은 양의 먼지들을 함유한 초거대 은하가 중앙의 블랙홀에서 전파를 발생하는 것을 나타내고 있다.(NASA/JPL-Caltech/T. Pyle)

은하는 우주에 어떻게 분포되어 있는가?

우리는 관측을 통해 은하들이 우주에 고르지 않게 분포되어 있다는 사실을 알게 되었다. 은하들은 일정한 거리로 떨어져 있는 것이 아니라, 수백만 광년 길이의 거대한 필라멘트filament나 시트sheet 모양의 구조를 이루며 모여 있다. 이러한 필라멘트나 시트는 밀집된 은하들의 마디(은하단이나 초은하단)에 연결된다. 결과적으로 우주 안 물질의 3차원적 거미줄 같은 분포를 이루어 우주 망Cosmic Web이라는 별칭이 붙었다. 필라멘트와 시트 사이는 상대적으로 거의 은하가 없는 커다란 빈 주머니와 같은데, 이런 지역을 거대 공동voids이라고 부른다.

은하군이란 무엇인가?

은하군group of galaxy은 통상적으로 우리은하 크기나 그 이상인 크기의 은하들을 두 개 이상 포함하고, 10여 개 이상의 작은 은하들을 포함한다. 우리은하와 안드로메다 은하는 국부 은하군Local Group에서 가장 크다. 국부 은하군에는 수십 개의 작은 은하들이 있다. 여기에는 대 · 소 마젤란성운과 M32(왜소 타원 은하), M33(작은 나선 은하) 그리고 많은 왜소 은하들이 포함된다. 국부 은하군의 크기는 수백만 광년 정도다.

은하들이 거미줄 같은 형태로 분포하는 이유는 무엇인가?

137억 년 전의 초기 우주에서 물질과 에너지의 작은 요동이 시작되었다는 전제를 바탕으로 한 이론적인 계산은 수십억 년에 걸친 중력 상호작용을 통해 이러한 거미줄 구조의 형태가 나타났음을 보여준다. 전산 천체물리학자들은 우주배경복사에서 관측된 요동을 시뮬레이션하여 물질의 초기 분포를 보여주는 모델을 만들어냈다. 그리고 이를 기반으로 몇십억 년 후에 어떤 일이 일어날지를 분석했다. 이 모델은 통계적으로 현재의 우주와 아주 비슷한 결과를 만들어냈다.

은하단이란 무엇인가?

은하단cluster of galaxy은 하나의 중력장 아래 있는 은하들의 거대한 집단이다. 큰 은하단은 통상적으로 우리은하 크기의 은하를 적어도 열 개 이상 갖고, 수백 개에 달하는 작은 은하들을 가지고 있다. 큰 은하단의 중심에는 'cD' 은하라 불리는 타원 은하 그룹이 있다. 은하단은 보통 1000만 광년 이상의 크기를 갖는다. 우리은하는 처녀자리 은하단 가까이 있지만, 이 은하단의 구성원은 아니다. 이 은하단은 처녀자리 초은하단 중심 가까이 있다.

초은하단이란 무엇인가?

초은하단supercluster of galaxy은 가장 큰 질량 덩어리의 집합체다. 이들은 우주 연결망의 수많은 물질 필라멘트의 연결점에서 나타나며, 크기는 1억 광년 이상이다. 초은하단에는 일반적으로 많은 은하단들이 있거나, 아주 커다란 은하단 하나가 가운데 존재하고 주위에 많은 무리의 은하들이 초은하단의 중력장 안에서 뭉치는 형태를 띤다. 초은하단은 수천에서 때로는 수백만 개에 이르는 은하들을 포함한다. 우리은하는 처녀자리 초은하단의 변두리에 존재한다.

장 은하란 무엇인가?

장 은하 field galaxy는 인접한 은하가 아예 없거나 거의 없는 은하를 일컫는다. 많은 장 은하가 실제로 작은 은하군에 속해 있지만, 은하들이 풍부한 은하단에 속해 있는 은하에는 장 은하가 없다. 천문학자들은 대다수의 은하들, 다시 말해 약 90%에 달하는 우주의 은하들이 장 은하일 것으로 보고 있다.

가장 흔한 종류의 은하는 무엇인가?

이는 은하들의 환경에 따라 다르다. 장 은하와 그룹 은하들 중에는 나선 은하들이 타원 은하들보다 훨씬 흔하다. 하지만 큰 은하단에서는 그 반대다. 흥미롭게도 우주의 역사를 거슬러 올라갈수록 불규칙 은하와 특이 은하들이 더 흔해진다. 우주 역사상 어느 때나 우리은하처럼 밝고 큰 은하보다는 흐릿하고 왜소한 은하들이 항상 더 많았다.

cD 은하란 무엇인가?

cD 은하central dominant galaxy(중심 지배적 은하)는 큰 은하단의 중심에 보이는 거대한 타원 은하다. 천문학자들은 작은 은하들이 서로 충돌하여 하나의 거대한 은하로 통합되어 생겨났다고 생각한다. 처녀자리 은하단 중심에 있는 cD 은하들은 모두 우리은하보다 몇 배나 질량이 더 크며 1조 개의 별들을 포함한다.

잘 알려진 은하로는 어떤 것들이 있는가?

다음 표는 천문학자와 아마추어 천문가들에게 잘 알려져 있는 은하 목록의 일부이다.

일부 유명한 은하들

일반적인 이름	목록 이름	은하 유형
안드로메다	M31	나선
안테나	NGC4038/4039	상호작용
수레바퀴	ESO350-40	나선 고리
센타우루스 A	NGC5128	타원
플레지란	G515	특이 타원
메시에 49	NGC4472	타원
메시에 61	NGC4303	막대 나선
메시에 87	NGC4486	타원
쥐	NGC4676	상호작용
NGC1300	ESO547-31	막대 나선
바람개비	M101	나선
솜브레로	M104	렌즈형
남쪽 바람개비	M83	나선
삼각형자리	M33	니선
소용돌이	M51	나선

은 하 수

은하수란 무엇인가?

은하수Milky Way는 우리가 속해 있는 은하다. 이 은하는 태양을 비롯해 적어도 1000억 개 이상의 별들을 포함한다. 어떤 측정 결과들은 별들의 수가 5000억 개에 이른다고 하기도 한다. 우리은하는 성간 먼지가 섞인 10억 개 이상의 태양 질량에 해당하는 자유로이 떠다니는 성간 가스와 수백 개의 성단들이 수백 내지 수백만 개의 별들을 포함하고 곳곳에 있다.

은하수는 어떤 종류의 은하인가?

은하수의 모양을 우리가 알아내려 하는 것은 마치 물고기가 바다의 모양을 알아내려 하는 것과 같다. 그러나 주의 깊은 관측과 계산에 따르면 우리은하는 막대 나선 은하이고, 허블 음차 도표에서 보면 SBb 또는 SBc 유형의 은하로 추측된다.

구름과 광공해가 없는 지역에서 밤하늘을 보면 은하수는 하늘을 가로질러 우유를 스프레이로 뿌려놓은 것처럼 보인다.(iStock)

은하수는 우주의 어디에 있는가?

은하수는 처녀자리 초은하단의 변두리에 위치한다(초은하단 안에서 가장 높은 밀도로 물질이 모여 있는 처녀 은하단의 중심은 지구로부터 약 5000만 광년 거리에 있다). 넓은 의미에서 우리은하는 관측 가능한 우주의 중심에 있다. 이것은 물론 특별한 것이 아니다. 왜냐하면 가장 큰 크기 범위에서 우주의 모든 점은 다른 점으로 팽창해나가며, 우주 안의 모든 천체는 그 자신의 관측 가능한 우주의 중심에 있기 때문이다.

지구는 은하수 안의 어디에 위치하는가?

지구는 태양 주위를 돌고 있으며, 태양은 우리은하의 여러 나선 팔들 중 하나인 오리온 팔에 있다(비록 은하수나 다른 은하의 나선 팔은 견고한 구조는 아니지만 은하의 크기 규모가 매우 커서 밀도파는 수백만 년 동안 지속된다. 따라서 우리는 우주 역사에서 이 기간 동안 팔 안에 있다고 표현할 수 있다). 지구와 태양은 은하 중심부에서 2만 5000 광년 정도 떨어져 있다.

왜 우리은하를 은하수라고 부르는가?

막대 나선 은하는 은하 안 대다수의 별들을 포함하는 은하 원반과 중심에 있는 막대 모양의 팽대부로 구성된다. 팽대부에는 높은 밀도로 별들이 모여 있다. 지구의 밤하늘을 보면 은하 원반은 하늘 전체를 가로질러 가득 채운다. 맨눈으로 이 광경을 보면 반짝이는 무수한 별들로 이루어진 큰 빛줄기가 하늘을 가로지르는 것처럼 보인다. 고대의 중국 천문학자들은 이 광경을 보고 '은빛 강Silver River'이라고 표현한 반면, 고대 그리스와 로마의 천문학자들은 '우유 길Road of Milk, Via Lactea'이라고 불렀다. 이것이 영어로 번역되면서 '은하수Milky Way'가 되었다. 천문학자들이 우리가 은하 안에서 살고 있음을 깨달았을 때, 은하수는 이러한 별들의 집합을 일컬을 뿐 아니라 우리은하 전체를 가리키는 용어로 사용되었다.

은하수는 얼마나 큰가?

현재의 측정으로 보았을 때 우리은하의 원반 지름은 약 10만 광년이고, 은하 원반의 두께는 약 1000광년이다. 우리은하 원반을 피자로 비유하면, 태양계는 중심에서부터 가장자리 빵까지 거리의 중간에 있는 아주 미세한 오레가노 반점에 해당된다. 우리은하의 막대-팽대부 구조는 약 3000광년의 높이와 약 1만 광년의 지름을 갖는다.

미술가가 그린 막대 나선 은하인 우리은하의 모습과 태양의 위치.(NASA/JPL-Caltech/R. Hurt)

만약 은하수 안의 암흑 물질까지 고려한다면, 은하의 크기는 더 커진다. 현재의 측정을 기반으로 했을 때, 우리은하 중력장의 90%의 질량은 암흑 물질로 되어 있으며, 우리은하의 밝은 별들과 가스 그리고 먼지들은 100만 광년 이상의 거대한 구형의 암흑 물질의 중심에 놓였다고 볼 수 있다.

은하수 안에서 지구는 얼마나 빨리 움직이는가?

지구(그리고 태양계)는 은하 원반 속에서 은하 중심 주위를 거의 원에 가까운 궤도를 그리며 안정적으로 움직이고 있다. 최근의 측정에 의하면, 은하수 주위를 도는 지구의 궤도 속력은 초속 200km다. 이는 일반 항공기보다 거의 1000배나 빠른 속도다. 그럼에도 불구하고, 우리은하는 굉장히 크기 때문에 한 바퀴를 도는 데 약 2억 5000만 년이 걸린다.

우리는 은하수 전체를 볼 수 있는가?

우리가 밤하늘에서 볼 수 있는 별은 태양과 태양계의 모든 별들을 포함하는 우리 은하수의 일부분이다. 원래의 은하수, 다시 말해 우리은하의 원반 부분은 계절과 시간에 따라 밤하늘에서 찾아볼 수 있다. 하지만 우리은하의 대부분은 지구에서 볼 수가 없다.

먼지 가스 성운들이 장애물이 되어 우리은하에서 우리에게 오는 대부분의 빛을 흩뜨리거나 차단하고 있다. 적외선이나 초단파, 전파천문학 기술을 이용하면 이러한 먼지 안개의 대부분을 뚫고 관측할 수 있다. 그러나 전체적으로 볼 때 적어도 은하수의 절반 이상의 별들과 가스는 우리 위치에서는 볼 수 없다.

은하수에 대한 초기 연구에는 어떤 것이 있는가?

1600년대 초에 갈릴레이는 망원경을 통해 은하수를 처음으로 조사했는데, 그는 밝게 빛나는 빛의 띠가 겉보기에는 매우 가까이 붙어 있는 밝은 별들로 보이지만, 사실 엄청나게 많은 어두운 별들로 이루어져 있다는 것을 알아냈다. 1755년 초에 독일의 철학자 이마누엘 칸트는 은하수가 렌즈 모양 별들의 집합체이며 우주에 이러한 집합체들이 수없이 존재할지도 모른다고 주장했다. 천왕성의 발견으로 잘 알려진 독일계 영국 천문학자 윌리엄 허셜William Herschel(1738~1822)은 은하수에 대한 과학적 조사를 처음으로 수행했다.

은하수 안의 뒤틀림warp은 무엇인가?

불행하게도 일부 대중 과학 소설과 달리, 은하수의 '워프 인자warp factor'는 빛보다 빨리 이동할 수 있는 길이 아니다. 은하수의 원반은 실제로 완전한 평면이 아니다. 원반의 두께가 얇다는 것은 제쳐놓고도, 이것은 마치 피자를 던졌을 때 공중에서 회전하는 와중에 피자 껍질에 뒤틀림과 흔들림 현상이 일어나는 것처럼 어느 정도 뒤틀려 있다. 물론 은하수는 피자보다 훨씬 크고, 뒤틀림이 은하 원반을 한 바퀴 도는 데만 해도 수백만 년이 걸릴 수 있다.

천문학자들은 하나 혹은 그 이상의 왜소 은하가 이보다 훨씬 큰 은하수 안에 떨어져 생긴 중력 효과가 뒤틀림을 유발하는 것으로 여기고 있다. 이렇게 상대적으로 작은 충격은 은하 원반 구조를 파괴하지 않지만 은하 원반을 약간 휘게 만들 수 있다.

우리은하의 이웃 은하

은하수 근처에는 어떤 은하들이 있는가?

은하들을 대상으로 할 때 '근처'라는 용어는 상대적이다. 은하수로부터 수백만 광년 안에 수십 개의 은하들이 모여 국부 은하군을 형성한다. 이러한 은하들 중 몇몇 은하들은 궁수자리 왜소 은하처럼 은하수 가장자리와 거의 맞닿은 은하들도 있다.

국부 은하군에서 가장 큰 은하는 무엇인가?

안드로메다은하는 은하수보다 약간 더 크고 국부 은하군에서 가장 큰 은하다. 안드로메다 은하는 1774년 샤를 메시에가 만든 천체 목록의 31번째 천체로 등록되어 메시에 31 혹은 M31로도 알려져 있다.

적외선과 가시광선으로 본 안드로메다은하의 모습.(NASA/JPL-Caltech/K. Gordon)

안드로메다은하는 언제 발견되었는가?

하늘이 맑고 달이 없는 밤에 안드로메다은하는 우리 눈으로 겨우 확인할 수 있을 정도로 희미하게 보인다. 때문에 고대 천문학자들은 그 존재를 알아볼 수 있었지만, 그것이 무엇인지는 알지 못했다. 안드로메다은하를 성운으로 자신의 메시에 목록에 포함시킨 프랑스의 천문학자 샤를 메시에에 의하면, 안드로메다를 발견한 최초의 유럽인은 시몬 마리우스Simon Marius(1573~1624)이다. 마리우스는 안드로메다은하를 1612년경 천체 망원경을 통해 발견했다. 그러나 비유럽인의 기록에 따르면, 고대 페르시아의 천문학자 아브드 알라만 알수피Abd al-Rahman al-Sufi(903~986)가 964년경에 망원경의 도움 없이 발견했다고 전해진다. 알수피는 이것을 '작은 구름'이라고 불렀다.

안드로메다은하는 우리은하와 얼마나 비슷한가?

안드로메다은하는 은하수와 같은 커다란 나선 은하로 은하수와 많은 점에서 비슷하다. 나이도 은하수와 비슷한 것으로 보인다. 우리은하와 같은 유형의 많은 천체들을 가지고 있으며, 중심에 초대질량 블랙홀supermassive black hole도 가지고 있다. 안드로메다은하는 은하수보다 더 커 보이지만, 지름은 여전히 10만 광년(약 100만조 km)에 가깝다.

국부 은하군 안에는 어떤 다른 은하들이 있는가?

국부 은하군에는 안드로메다은하와 우리은하 외에도 30개가 넘는 은하들이 있는데, 대부분 크기가 작은 왜소 은하들이다. 이 은하들의 지름은 은하수와 안드로메다은하 지름의 대략 1/2에서 1/1000까지 다양하며, 수백만 개에서 수십억 개의 별들을 포함하고 있다(우리은하와 안드로메다은하는 수천억 개의 별들을 포함하고 있다). 이들 국부 은하군의 왜소 은하들 중에서 가장 큰 은하는 은하수 주위를 도는 대마젤란성운과 소마젤란성운 그리고 안드로메다은하 주위를 도는 메시에 32와 메시에 33 은하가 있다. 또 다른 국부 은하군의 왜소 은하들로는 IC10, NGC205, NGC6822 그리고 궁수자리 왜소은하가 있다. 다음 목록은 국부 은하군에 속한 은하들 중 일부를 정리한 것이다.

국부 은하군의 은하들

은하 이름	은하 유형	거리(kpc)	절대 안시 등급
은하수	막대 나선	0	-20.6
궁수자리	왜소 타원	24	-14.0
대마젤란성운	불규칙	49	-18.1
소마젤란성운	불규칙	58	-16.2
작은곰자리	왜소 타원	69	-8.9
용자리	왜소 타원	76	-8.6
조각실자리	왜소 타원	78	-10.7
용골자리	왜소 타원	87	-9.2
육분의자리	왜소 타원	90	-10.0
화학로자리	왜소 타원	131	-13.0
사자자리 I	왜소 타원	230	-10.2
사자자리 II	왜소 타원	251	-12.0
불사조자리	불규칙	390	-9.9
NGC 6822	불규칙	540	-16.4
NGC 185	타원	620	-15.3
IC 10	불규칙	660	-17.6
안드로메다 II	왜소 타원	680	-11.7
사자자리 A	불규칙	692	-11.7
IC 1613	불규칙	715	-14.9
NGC 147	타원	755	-14.8
페가수스	불규칙	760	-12.7
안드로메다 III	왜소 타원		-10.2
안드로메다 VII	왜소 타원	760	-12.0

국부 은하군의 은하들

은하 이름	은하 유형	거리(kpc)	절대 안시 등급
메시에 32	타원	770	-16.4
안드로메다	나선	770	-21.1
안드로메다 IX	왜소 타원	780	-8.3
안드로메다 I	왜소 타원	790	-11.7
고래자리	왜소 타원	800	-10.1
LGS 3	불규칙	810	-9.7
안드로메다 V	왜소 타원	810	-9.1
안드로메다 VI	왜소 타원	815	-11.3
NGC 205	타원	830	-16.3
삼각형자리	나선	850	-18.9
큰부리새자리	왜소 타원	900	-9.6
WLM	불규칙	940	-14.0
물병자리	불규칙	950	-10.9
궁수자리 DIG	왜소 타원	1,150	-11.0
공기펌프자리	왜소 타원	1,150	-10.7
NGC 3109	불규칙	1,260	-15.8
육분의자리 A	불규칙	1,300	-14.3
육분의자리 B	불규칙	1,450	-14.4

최근 대마젤란성운에서 일어난 중요한 천문학적 사건은 무엇인가?

1987년 2월 23일, 대마젤란성운에서 초신성 1987A가 나타났다. 이 초신성은 거의 동시에 이언 셸턴Ian Shelton(1957~)과 오스카 두알데OscarDuhalde(1950~)에 의해 칠레의 라스캄파나스Las Campanas 천문대에서 발견되었다. 이 사건은 천문학자들에게 굉장히 중요한 사건이었다. 왜냐하면 몇백 년 만에 관측된, 가장 가까운 곳에서 일어난 초신성(거대한 별의 폭발)이기 때문이었다. 이 사건은 천문학자들에게 별이 어떻게 태어나고, 살고, 죽는지에 대해 관측할 수 있게 해주는 가장 가치 있는 별들의 실험중 하나를 제공했다. 초신성 1987A는 오늘날까지도 여전히 주의 깊게 연구되고 있다.

대마젤란성운이란 무엇인가?

대마젤란성운LMC, Large Magellanic Cloud은 우리은하 주위를 도는 가장 큰 왜소 은하이며, 불규칙 원반 은하로 우리은하와도 모양이 닮아 있다. 우리는 일종의 모서리에서 이 은하를 보고 있으므로 지구에서 볼 때는 기다란 여송연처럼 보인다. 대마젤란성운은 3만 광년 정도의 길이를 가지며 지구에서 17만 광년 정도 떨어진 거리에 있다. 이 성운의 이름은 1519년에 처음으로 그 존재를 기록한 유럽인 탐험가 페르디난드 마젤란의 이름을 따서 지어졌다.

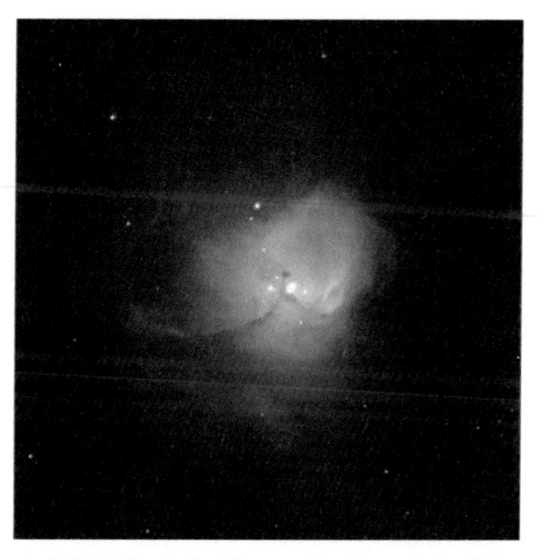

소마젤란성운 속에 있는 N81은 약 50개의 별들로 이루어진 성단이다. 이들은 불과 10광년 거리에 모여 있다. 대마젤란성운과 소마젤란성운 안에서 일어나는 이 같이 특이한 현상은 이들을 불규칙 은하로 만든다.(NASA, ESA, Mohammad Heydari-Malayeri Paris Observatory France)

소마젤란성운이란 무엇인가?

소마젤란성운SMC, Small Magellanic Cloud은 대마젤란성운과 마찬가지로 우리은하 주변을 도는 작은 불규칙 은하다. 대략 2만 광년의 길이를 가진 원반 형태의 은하이며, 지구로부터 20만 광년 정도 떨어져 있다. 대마젤란성운과 마찬가지로 소마젤란성운은 우리은하보다 훨씬 빠른 속도로 별들을 형성한다. 때문에 이 성운은 별과 은하의 형성과 진화를 연구하는 천문학자들에게 좋은 연구 대상이 된다.

소마젤란성운이 별개의 은하라는 것을 처음 알아낸 사람은 누구인가?

미국의 천문학자 할로 섀플리Harlow Shapley(1885~1972)는 1913년에 헤르츠스프룽-러셀 도표로 유명한 헨리 노리스 러셀Henry Norris Russell(1877~1957)과 함께 연구하여 프린스턴 대학에서 박사 학위를 취득했다. 섀플리와 러셀은 식쌍성에 대해 연구했는데, 식쌍성이란 두 개의 별이 서로의 주위를 돌면서 규칙적으로 한 별이 다른 별을 시야로부터 가리는 별을 일컫는다. 이 후 섀플리는 캘리포니아 패서디나의 윌슨 산 천문대에서 일하면서, 거리를 측정하는 데 표준 촉광으로 사용 가능한 거문고자리 RR 변광성과 세페이드 변광성을 포함해 다양한 별들을 연구했다. 이들로부터 그는 우리은하의 주변을 도는 많은 구상 성단들까지의 거리를 알아냈다. 구상 성단의 위치 지도를 작성하면서 섀플리는 우리은하의 원반 크기가 기존의 예상 범위보다 훨씬 큰 10만 광년이 넘고, 태양과 태양계가 우리은하의 중심이 아닌 은하수 한쪽 모서리에 있다는 사실을 밝혀냈다.

1921년에 섀플리는 하버드 대학 천문대장이 되어 대·소 마젤란 성운 속의 변광성을 연구했다. 1924년에 그는 이 변광성들을 표준 촉광으로 하여 소마젤란성운이 최소한 20만 광년 이상 지구에서 떨어져 있음을 밝혀내고, 이 성운은 우리은하의 일부가 아니라 우리은하 밖에 있는 작은 은하라고 결정을 내렸다.

1920년에의 섀플리-커티스 논쟁은 무엇인가?

1920년까지 할로 섀플리는 우리은하가 우주에서 유일한 은하라고 믿었다. 그러나 허버 커티스Herber Curtis(1872~1942)와 같은 과학자들은 당시에 '나선 성운'으로 알려진 성운들이 사실은 우리은하와 같은 은하라고 생각했다. 이 시대의 중요한 과학적 질문에 대한 답을 얻고자, 1920년에 섀플리와 커티스의 과학 논쟁이 워싱턴에서 있었다. 두 사람은 각각 자신의 관점에서 주장을 폈고 이에 대한 증거를 다른 사람과 비교했다. 결과적으로 할로 섀플리가 틀렸고 허버 커티스가 옳았음이 판명되었다. 사실 우리은하는 우주에 있는 수십억 개의 은하 중 하나에 불과했다. 비록 섀플리가 틀리기는 했지만, 그는 오늘날까지 여전히 훌륭한 과학자로 인정받고 있다.

소마젤란성운이 관측 우주론 역사에서 왜 중요한가?

미국의 천문학자 헨리에타 스완 레빗Henrietta Swan Leavitt(1868~1921)과 덴마크의 천문학자 에이나르 헤르츠스프룽 Ejnar Hertzsprung(1873~1967)은 1913년에 소마젤란성운의 세페이드 변광성을 연구했다. 이 연구는 세페이드 변광성에 대한 첫 번째 주기-광도 관계의 계산으로 이어졌으며, 나아가 우리은하를 넘어서는 거리에 대한 표준 촉광으로서의 가능성으로 이어지게 했다. 10여 년 후에 에드윈 허블이 이들의 업적을 기반으로 안드로메다가 우리은하 훨씬 밖에 있다는 사실을 밝혀냈으며, 현대의 외부 은하 천문학 탄생에도 기여했다.

은 하 의 운 동

천문학자들은 은하까지의 거리를 어떻게 측정하는가?

에드윈 허블이 1920년대에 처음 측정했던 지구에서 안드로메다은하까지의 거리는 그 뒤로도 지난 세기 동안 개선되어왔다. 오늘날 특별한 천문학적 방법을 시험하기 위해 특별하게 거리 측정을 하는 경우를 제외하고, 대부분의 천문학자들은 허블의 법칙(적색 편이와 거리 사이의 관계)을 사용하여 다른 은하까지의 거리를 측정한다.

허블의 법칙은 어떻게 적용되는가?

에드윈 허블은 은하가 관측 지점에서 멀리 있을수록 우주의 팽창 때문에 더 빨리 멀어진다고 밝혔다. 허블의 법칙은 적색 편이와 거리 사이의 기본적인 변환 인자다. 현재까지 가장 잘 측정한 허블 상수 값(우주의 팽창률)과 우주의 기하학 보정을 통해, 천문학자들은 어느 은하의 적색 편이를 측정한 다음 변환 인자를 사용하여 은하까지의 거리를 구한다.

매우 멀리 있는 천체를 관측할 때 적색 편이와 도플러 편이의 관계는 무엇인가?

베스토 슬라이퍼와 에드윈 허블 그리고 다른 선구적인 천문학자들이 이미 한 세기 전에 보여주었듯이, 천문학에서 도플러 편이는 천체가 관측자로부터 가까워지거나 멀어지는 것을 가리킨다. '청색 편이'는 천체가 관측자에게 접근하는 도플러 편이를 뜻하는 반면에 '적색 편이'는 천체가 관측자에게서 멀어지는 도플러 편이를 뜻한다. 우주의 팽창은 천체까지의 거리가 증가할수록 은하들을 더 빨리 움직이게 하므로, 적색 편이 현상이 심해진다. 약 10억 광년을 넘어서면 적색 편이가 너무 크게 일어나 아인슈타인의 상대성이론을 적용해야 하므로 고전적인 도플러 편이 공식이 더 이상 성립하지 않는다. 이 경우에는 보다 복잡한 상대론적 보정을 한 도플러 공식을 적용해야 한다.

우주 적색 편이는 어떻게 계산할 수 있는가?

우주 적색 편이는 다음과 같이 계산될 수 있다. 1) 측정된 파장이 나머지 파장에 대해 얼마나 많이 이동하는지를 알아내고, 2) 이 변이를 나머지 파장에 대한 비율로 이동 정도를 나타냄으로써 계산할 수 있다. 계산이 복잡하게 보일 수도 있지만, 실제로는 그렇지 않다. 이러한 적색 편이 값은 먼 거리에 있는 은하의 나이나 거리와 같은 특성들을 알아내는 데 매우 효과적인 것으로 알려져 있다.

예를 들어 천문학자가 먼 은하의 스펙트럼을 측정한다고 하자. 만약 적색 편이가 일어나지 않은 나머지의 파장이 100nm인데 이 은하에 대해 200nm로 나타나면, 측정된 적색 편이는 1이다. 만약 300nm로 나타날 경우, 적색 편이는 2가 되고. 400nm일 경우는 3과 같은 식으로 증가하게 된다.

적색 편이는 은하의 나이와 거리에 어떻게 연관되는가?

천문학자들은 천체의 적색 편이는 이 천체가 우리로부터 얼마나 빠르게 멀어지는지를 알려줄 뿐 아니라, 빛이 그 천체를 떠난 이후 우주가 얼마나 팽창했는지를 알 수 있게 해준다고 말한다. 만약 특정 은하로부터 관측된 빛의 적색 편이 값이 1이라면 그 빛은 우주의 지름이 현재의 절반이었을 때 그 은하를 떠난 것이고, 적색 편이 값이 2라면 당시의 우주의 크기는 현재의 1/3, 적색 편이 값이 3이라면 우주의 크기는 현재의 1/4인 셈이다. 이 패턴은 관측 가능한 우주에 모두 적용된다(적색 편이가 무한에 가까워질수록 우주의 크기는 0에 가까워지며, 이는 빅뱅을 의미한다). 즉 적색 편이는 관측하고 있는 어떤 거리의 천체의 나이를 측정하는 방법이 됨을 뜻한다. 천문학자는 어떤 우주의 크기에 대해서도 크기에 대한 과거의 시간을 알아낼 수 있으므로, 천체가 관측된 시기를 통해 나이를 측정하는 일 역시 가능하다.

먼 거리에서 적색 편이는 도플러 편이와 다르게 되는가?

그렇지 않다. 먼 거리의 은하를 관측할 경우, 측정된 적색 편이는 상대론적 도플러 공식을 사용하여, 상응하는 도플러 편이로 변환된다. 그러나 아주 먼 거리에서 측정된 적색 편이는 공간 안 은하의 움직임과는 거의 관련이 없다. 오히려 크기와 거리 그리고 나이 등 거의 전적으로 우주론적 팽창과 관련된다.

되돌아보기 시간이란 무엇인가?

빛, 다시 말해서 모든 종류의 전자기파는 공간을 초속 30만 km의 속도로 진행한다. 이것은, 천체가 30만 km 떨어진 거리에 있을 때, 그 천체로부터 우리에게 빛이 도달하는 데 1초가 걸린다는 의미다. 그것은 다시 말해 우리는 1초 전에 존재한 천체를 보고 있는 셈이 된다. 이 효과를 우리는 되돌아보기Look-back 시간이라고 말한다.

천문학적인 거리에서 되돌아보기 시간은 중요한 효과가 될 수 있다. 태양에 대한 되돌아보기 시간은 8분이다. 목성에 대한 되돌아보기 시간은 약 한 시간이다. 그리고 알파 센타우리Alpha Centauri 항성계에 대한 되돌아보기 시간은 거의 4년 반이다.

은 하 의 나 이

되돌아보기 시간은 은하의 관측에 어떤 영향을 미치는가?

은하들은 행성이나 별들에 비해 지구에서 정말로, 정말로 멀리 떨어져 있다. 때문에 이 은하들로부터의 되돌아보기 시간은 우주 전체 나이의 상당 부분을 차지한다. 매 1광년의 거리마다 1년의 되돌아보기 시간이 생겨난다. 따라서 은하가 50억 광년 떨어져 있다면, 우리는 우리의 행성이 생겨나기도 전인 50억 년 전의 은하를 보고 있는 것이다.

천문학자들은 되돌아보기 시간을 이용해 어떻게 우주를 연구하는가?

어떤 의미에서, 되돌아보기 시간은 먼 거리의 은하가 현재 어떤 모습인지 추측할 수밖에 없기 때문에 불운하다고 할 수 있다. 그러나 반대로 생각하면, 되돌아보기 시간을 이용해 우주가 어떻게 나이를 먹고 진화하는지 알 수 있게 해준다. 이것은 우리가 먼 은하의 과거를 직접 관측하기 때문이다. 따라서 고고학자와 역사가들처럼 화석이나 고대 문서에 의존할 필요가 없다. 이는 마치 오래전에 찍어온 사진을 보고 한 마을이나 도시가 어떻게 변했는지 비교해보는 것과 같다. 이를 통해, 천문학자들은 우주가 137억 년 전 빅뱅으로부터 어떻게 변화하고 진화했는지 알 수 있다.

가장 먼 은하는 얼마나 멀리 떨어져 있는가?

현재 가장 먼 은하는 적색 편이 값이 6과 7 사이, 즉 120~130억 광년 정도 떨어져 있다. 우주 지평선의 거리 값이 137억 광년이기 때문에, 천문학자들은 관측 가능한 우주의 90%를 이미 확인했다는 의미다.

가장 먼 은하보다 더 멀리 떨어져 있는 것이 있는가?

현재의 천문학적 이론에 따르면, 더 멀리 떨어진 천체가 있을 수도 있다. 그러나 되돌아보기 시간의 효과 때문에, 이 천체들은 가장 오래된 천체들이며, 현대 망원경으로 감지하기에는 너무 희미하거나 우주가 완전히 투명해지기 이전에 존재했을 수도 있다. 현재 가장 멀리 떨어진 천체로 확인된 것은 은하들이다. 몇 년 전까지만 해도 가장 멀리 떨어진 천체는 준성 천체QSOs, quasi-stellar objects로 알려져 있었으나, 오늘날 이 천체가 은하에 속해 있음을 알아냈다. 그래서 준성 천체와 비준성 은하가 가장 멀리 떨어진 천체의 자리를 놓고 다투고 있다.

가장 오래된 은하의 나이는 얼마인가?

되돌아보기 시간의 현상으로 인해, 관측된 은하들 중 가장 멀리 떨어진 은하가 가장 나이 많은 은하가 된다. 이런 은하들은 적색 편이 값이 6과 7 사이로, 거의 130억 광년 떨어져 있고, 130억 년의 나이를 먹었다고 생각된다.

은하는 언제 형성되었는가?

우주에서 가장 멀리 떨어진 은하, 다시 말해 가장 초기에 형성된 은하들의 적색 편이 값이 6과 7 사이이므로, 최초의 은하들은 그보다 이전에 생성되었을 것이다. 현재의 은하 형성 모델은 최초의 은하가 10과 20 사이의 적색 편이를 가질 것이라고 생각되며, 혹은 최소한 130억 년보다 조금 더 전에 생성되었다고 생각된다.

준성 천체 혹은 QSO란 무엇인가?

준성 천체QSO는 매우 높은 광도를 갖는 '활동 은하핵AGN, active galactic nucleus'에 붙여진 일반적인 용어다. 준성 천체라는 이름이 붙은 이유는 가시광선에서 잡힌 전형적인 천체의 이미지가 보통 별이나 주위에 약간의 잔구조가 존재하는 별로 보이기 때문이다. 사실 이들은 별이 아니지만, 그들이 속해 있는 은하에 비해 훨씬 밝기 때문에 주변에 비해 빛을 크게 발한다.

우리은하는 오래된 은하인가?

우리은하는 최소한 100억 년 이상 된 은하이지만, 최근의 연구 결과 우리은하가 가장 오래된 은하, 다시 말해 나이가 130억 년 이상 된 은하는 아니라는 사실이 밝혀졌다.

은하 먼지와 성운

성간 물질이란 무엇인가?

성간 물질interstellar medium은 은하 안의 별과 별 사이에 존재하는 물질이다. 거의 대부분의 성간 물질이 가스와 미세한 먼지 입자들로 이루어져 있다.

성간 물질은 은하 안에 얼마나 많이 있는가?

우리은하와 같은 은하는 광도 질량luminous mass 다시 말해 빛을 내는 질량 (중입자 질량, 즉 암흑물질을 제외한 질량) 의 약 1%가 성간 물질이다. 나머지는 주로 별과 항성 진화의 마지막 단계에 있는 백색 왜성, 중성자별 그리고 블랙홀 등의 질량이다.

성간 물질은 얼마나 되는가?

평균적으로, 우리은하 주변의 성간 물질은 $1cm^3$당 기체 원자 1개 정도가 있다. 참고로 지구의 대기는 해수면 기준으로 $1cm^3$ 당 약 10^{-19}개의 기체분자가 있다. 또 성간 먼지는 $1m^3$ 당 1000만 개다.

장소에 따라 성간 물질은 훨씬 더 조밀할 수도 있다. 주어진 장소의 가스와 먼지의 농도가 충분히 클 경우, 성간 물질은 $1cm^3$당 수천 배 높은 성운을 형성할 수 있다. 그렇다 해도 이런 성간 구름은 지구에서 생성할 수 있는 최고의 진공보다 수백만 배나 더 희박하다.

성간 물질은 어떻게 보이는가?

성간 물질은 놀랄 만큼 다양한 형태와 색상으로 존재할 수 있다. 대부분의 성간 물질은 눈에 보이지 않는다. 사실 이것은 멀리 떨어진 천체의 시야를 가로막는다. 그러나 다양한 물리적 과정을 거치면서, 성간 물질은 특별한 형태로 모일 수 있으며, 아름다운 성운을 형성할 수도 있다. 일부 성운들의 이름은 이런 매력을 반영하고 있다. 예를 들어 장미Rosette, 고양이 눈the Cat's Eye, 모래시계the Hourglass, 광대 얼굴the Clownface 그리고 면사포the Veil 성운 등이 있다.

분자운이란 무엇인가?

분자운molecular cloud은 여러 원자로 구성된 분자들을 포함하고 있는 성운이다. 성운이 분자를 포함한다는 것은 상당히 흥미 있는 사실이지만, 더 놀라운 것은 이러한 성운들이 새로운 별의 탄생 조건을 갖추고 있다는 점이다.

성간 물질 속의 분자는 분자운에서만 발견되는가?

그렇지 않다. 이들은 별들 주위에 있는 성간 환경에도 존재한다. 그러나 우주의 가스 분자들은 원자 기체보다 훨씬 깨지기 쉽다. 예를 들어 별에서 나오는 자외선은 분자들을 분해하며, 다시 원자로 돌아가게 한다. 따라서 분자운 안에 있는 먼지의 밀도는 분자들이 안으로 흘러들어오는 것을 막아주는 역할을 하며, 이들이 오랫동안 함께 머물 수 있게 해준다.

성간 물질이 그처럼 희박하다면 우리는 어떻게 성운을 볼 수 있는가?

비록 성간 가스 구름이 지구의 기준에서 보면 믿을 수 없을 만큼 희박하다고 해도, 밀도의 부족한 부분은 크기에서 보완된다. 성간의 성운은 수 광년의 너비를 가지므로, 우리가 먼 거리에서 관측한 전체 가스의 양은 지구 대기의 가장 두꺼운 구름을 훨씬 초과하는 양이어서, 시각적으로 눈에 띄게 된다.

분자운은 얼마나 큰가?

분자운은 별들과 비교했을 때 크기가 엄청나게 거대하다. 가장 큰 것들은 '거대 분자운'이라 불리며 지름이 수 광년이 되기도 한다. 거대 분자운은 태양 질량의 수천 배 이상이고 수백만 배에 이르기도 한다. 이들은 밀도가 높은 많은 핵들을 가질 수도 있는데, 이 핵들에는 태양 질량의 100배 혹은 1000배에 이르는 기체가 있다. 이들은 새로운 별들로 이루어진 성단을 만드는 데 필수적인 재료 물질들이다.

성간 물질은 은하의 어느 곳에서 발견할 수 있는가?

타원 은하들은 일반적으로 나선 은하들에 비해 성간 물질의 양이 적다. 예를 들어 우리은하는 나선 은하로, 태양 질량의 수십억 배에 달하는 성간 물질을 가지고 있다. 우리은하와 크기가 거의 같은 타원 은하에는 그 절반에도 미치지 못하는 양의 성간 물질만 존재한다. 불규칙 은하들의 경우 질량의 가장 큰 부분을 차지하는 것이 성간 물질이다. 대부분의 은하들에는 성간 가스와 먼지들이 은하의 팽대부나 헤일로가 아닌 원반 부분에 몰려 있다.

성간 물질은 천문 관측에 어떤 영향을 끼치는가?

물론 성간 물질은 그 자체가 천문학의 연구 대상이다. 그러나 이들이 천문학 관측을 어렵게 만드는 것 또한 사실이다. 지구에서 태양이 지는 때를 생각해보라. 이때의 태양은 몇 가지 이유로 낮 동안의 태양보다 훨씬 더 붉게 보인다. 왜냐하면 태양이 낮게 보일 때는 태양 빛이 먼지가 많은 공기층을 더 길게 통과하는데, 이때 대기 중의 먼지들은 파란빛을 보다 더 잘 흡수하고 붉은빛은 잘 통과시키기 때문이다. 먼지의 이러한 효과를 소광extinction이라 부르며 대기에 의한 소광은 천체의 색깔을 달리 보이게 하고, 때로는 시야에서 가리기도 한다.

성간 먼지들은 집 안 먼지와 비슷한가?

그렇지 않다. 성간 먼지들은 지구의 먼지들과 비교했을 때, 일반적으로 더 작을 뿐 아니라 전혀 다른 물질로 구성되어 있다. 집 안의 먼지들이 대부분 모래, 흙, 옷 섬유, 부스러기, 동식물 찌꺼기 그리고 미생물들로 구성되어 있는 반면, 성간 먼지들은 탄소와 규산염 물질(실리콘, 산소, 금속 이온들)로 이루어져 있으며, 때때로 물의 얼음이나 암모니아 그리고 이산화탄소 등과 섞여 있기도 하다.

성간 물질이 중요한 이유는 무엇인가?

우주 안의 모든 큰 것들은 작은 구성 성분으로 이루어진다. 별, 행성, 식물 그리고 사람과 같은 것이 만들어지려면 충분한 성간 물질이 모여 물리적, 화학적 그리고 생물학적으로 상호작용해야 한다. 다시 말해 여기 지구에 있는 우리는 성간 물질들의 일부이다. 그러므로 우리의 기원과 우리 자신을 이해하기 위해서는 우리가 볼 수 있는 모든 우주의 건축물을 세우는 데 쓰이는 벽돌 역할을 하는 성간 물질에 대한 이해가 필요하다.

성운, 퀘이사 그리고 블라자

성운이란 무엇인가?

성운nebula은 라틴어로 '안개mist'라는 뜻에서 유래했는데, 우주의 한 지점에 모여 있는 성간 물질들의 모임 혹은 구름을 의미한다. 성운은 다양한 방법으로 형성된다. 예를 들어 이들은 중력에 의해 뭉칠 수도 있고 별빛에 의해 흩어질 수도 있으며, 주변의 강력한 복사원에 의해 빛날 수도 있다. 성운은 아름답지만 대부분의 성운이 1cm³ 안에 겨우 수천 개의 원자나 분자를 포함하는데, 이는 지구 상에서 만들 수 있는 가장 높은 진공 상태보다 훨씬 더 밀도가 낮은 것이다.

NGC604 성운은 M33 은하 속에 있으며 크기가 1500광년이다.(NASA, Hui Yang University of Illinois)

얼마나 많은 종류의 성운이 있는가?

우주에는 많은 종류의 성운이 있으며, 공식 이름 외에 별칭이 붙은 경우도 있다. 일반적으로 성운은 외형에 따라 분류되기도(예를 들어 암흑 성운, 반사 성운 그리고 행성상 성운)하고, 이들이 생성되는 물리적 과정에 따라 분류되기도(원시성 성운, 원시 행성계 성운 혹은 초신성 잔해) 한다.

암흑 성운은 무엇인가?

마치 하늘의 검은 방울처럼 생긴 암흑 성운은 어둡다. 그 이유는 이들이 주로 차갑고, 밀도가 높은 불투명한 가스와 뒤쪽에 있는 별들의 빛을 차단할 정도의 두꺼운 먼지들로 구성되어 있기 때문이다. 암흑 성운의 한 예는 남십자자리 근처에 있는 석탄 자루 성운Coal Sack Nebula이다.

반사 성운이란 무엇인가?

반사 성운이란 주변의 광원에 의해 밝게 빛나는 성운이다. 성운 안에 있는 입자들이 수많은 작은 거울처럼 작용하여 별들이나 다른 에너지를 발산하는 천체로부터 오는 빛을 지구를 향해 반사한다. 사람의 눈으로 봤을 때 반사 성운은 보통 푸른색으로 보이는데, 푸른빛이 붉은빛보다 효과적으로 반사되기 때문이다.

발광 성운이란 무엇인가?

발광 성운은 강한 복사원(일반적으로 밝은 별)을 포함하고 있거나 혹은 복사원이 뒤쪽에 있어 빛나는 가스 성운이다. 만약 복사원이 높은 에너지의 자외선을 방출하면 가스 일부가 이온화된다. 다시 말해 가스 분자의 전자와 핵이 분리되어 성운에서 자유롭게 떠도는 상태가 된다. 이런 자유 전자가 핵과 재결합하여 다시 원자가 될 때, 가스는 특정 색깔의 빛을 발산하게 된다. 색깔은 가스의 온도와 밀도 그리고 가스의 성분에 따라 결정된다. 예를 들어 오리온성운은 대부분 초록색과 붉은색을 띤다.

잘 알려진 가스 성운에는 어떤 것이 있는가?

122쪽의 표는 유명한 성운들의 목록이다.

일부 유명한 가스 성운들

통상적인 이름	목록 이름	성운 유형
게 성운	Messier 1	초신성 잔해
아령 성운	Messier 27	행성상 성운
독수리 성운	Messier 16	별생성 영역
에스키모 성운	NGC 2392	행성상 성운
에타 카리나 성운	NGC3372	별생성 영역
나선 성운	NGC7293	행성상 성운
말머리 성운	Barnard 33	암흑 성운
모래시계 성운	MyCn 18	행성상 성운
라군 성운	Messier 8	별생성 영역
오리온 성운	Messier 42	별생성 영역
올빼미 성운	Messier 97	행성상 성운
고리 성운	Messier 57	행성상 성운
석탄 자루 성운	N/A	암흑 성운
삼렬 성운	Messier 20	별생성 영역
베일 성운	NGC6992	초신성 잔해
마녀 할멈 성운	IC2118	반사 성운

퀘이사란 무엇인가?

'퀘이사quasar'라는 용어는 '준성전파원quasi-stellar radio source'의 줄임 말이다. 이 용어는 1960년대에 일반적으로 쓰이기 시작했는데 우주의 전파원을 연구하던 중 많은 것들이 사진의 별처럼 보여서 붙은 이름이다. 추가 연구를 통해 이들은 별이 아니라, 활동 은하핵이라는 사실이 밝혀졌다. 오늘날, 퀘이사라는 용어는 전파의 방출 여부에 상관없이 모든 준성 천체QSO를 가리키는 말로 사용된다.

먼 은하 안에 있는 퀘이사의 상상도.(NASA/JPL-Caltech/T. Pyle(SSC))

퀘이사는 언제 어떻게 발견되었는가?

1950년대와 1960년대에 영국 케임브리지의 천문학자들은 당시에 가장 뛰어난 전파 망원경으로 전 하늘의 전파 지도를 작성했다. 그 결과 몇 개의 '케임브리지 목록'이 생겨났는데, 목록 번호가 높을수록 더 깊고 많은 내용을 다루고 있었다. 오늘날 천문학에서 일반적인 인식은 한 천체를 어떤 파장대의 전자기파로 찾아내면, 다른 파장대에서도 관측함으로써 천체에 대해 포괄적으로 이해하려 했다.

세 번째 케임브리지(3C) 목록은 수백 개의 전파원을 포함하고 있으며, 천문학자들은 가시광선 사진을 통해 이들이 우리 눈에는 어떻게 나타나는지를 대조했다. 3C 목록의 273번째 천체는 별처럼 보였다. 그러나 이들이 방출하는 빛에 대해 보다 세밀히 살펴본 결과, 3C 273은 우리은하에서 아주 멀리 떨어진 활동 은하라는 사실이 밝혀졌다. 사실 3C 273은 '활동 은하핵AGN'으로 밝혀진 첫 번째 퀘이사였다.

블라자와 도마뱀자리 BL 천체란 무엇인가?

도마뱀자리 BL BL Lacertae 천체는 원래 특별한 종류의 변광성으로 분류되던 전파원이었다. 그러나 3C 273이 퀘이사로 판명된 후, 천문학자들은 도마뱀자리 BL 천체를 다시 연구했고, 이것 역시 퀘이사임을 밝혀냈다. 하지만 이 천체는 밝기에 대해 굉장히 변동이 심하고 예측이 불가능했다. 오늘날 도마뱀자리 BL 천체와 같은 천체를 블라자blazar라고 부른다. 이들의 스펙트럼 특성은 3C 273 같은 퀘이사들과는 매우 다르며, 다른 대부분의 준성 천체보다 감마선과 엑스선의 파장에 대해 훨씬 높은 에너지를 방출한다. 이러한 현상은 아마도 우리가 중심의 초대질량supermassive 블랙홀을 다른 각도에서 보기 때문일 것이라고 생각된다.

퀘이사가 먼 거리에 존재하는, 극도로 밝은 천체라는 것을 어떻게 확인했는가?

1962년에 네덜란드계 미국의 천문학자 마틴 슈미트Maarten Schmidt(1929~)는 3C 273의 스펙트럼을 분석한 결과, 이들의 방출선 패턴이 몇몇 세이퍼트 은하들과 매우 흡사하지만, 훨씬 극단적이라는 것을 깨달았다. 더구나 이 방출선들은 전자기 스펙트럼상의 더 붉은 파장 쪽으로 이동해 있었다. 에드윈 허블이 보여준 것처럼, 이러한 적색 편이 현상은 천체가 우주에서 매우 멀리 떨어져 있음을 의미했다. 적색 편이를 이용하여, 슈미트는 3C 273이 지구로부터 20억 광년 떨어져 있다는 것을 밝혀냈다. 게다가 다른 계산을 통해 이 천체가 우리은하보다 훨씬 밝다는 것도 알아냈다. 전파 방출까지 포함하면 3C 273은 태양보다 매초 100만 배 이상에 달하는 빛을 방출하고 있었다. 얼마 안 있어 3C 목록에 있는 다른 전파원들 역시 지구에서 수십억 광년 떨어져 있는 준성체이며 퀘이사라는 것이 밝혀졌다.

퀘이사는 얼마나 밝은가?

가장 밝은 퀘이사들은 우리은하에 있는 모든 별들의 밝기를 합친 것보다 수천 배 이상 밝다.

퀘이사는 실제로 어떻게 보이는가?

수백만 혹은 수십억 킬로미터 크기의 초대질량 블랙홀이 고속으로 회전하는 초고온 가스 원반의 중심에 있다고 가정해보자. 원반과 블랙홀 주변은 두껍고 보다 차가운 가스로 이루어진 도넛 모양의 고리로 되어 있다. 블랙홀로 빨려들어가는 물질들은 고리에 모이고 블랙홀로 빨려들어가는 가스 소용돌이에 천천히 휘말리게 된다. 결국 블랙홀 주변에서 엄청난 에너지의 물질이 원반 위아래에서 제트처럼 바깥으로 분출되는데, 그 속도는 거의 광속에 가까워진다. 이러한 물질의 제트는 우주 공간으로 수천에서 수백만 광년 거리까지 날아간다. 이것이 퀘이사 또는 준성 천체QSO의 개략적인 모습이다.

은하 안의 블랙홀

은하 안에는 별과 성간 물질 외에 무엇이 있는가?

은하들은 종종 원반이나 팽대부 안 또는 주위에 커다란 자기장을 형성한다. 비록 특정 위치에서 이 자기장은 약할 수도 있으나, 자기장의 전체적인 효과는 거대해 은하 안의 대전된 입자와 성간 물질의 운동에 영향을 미친다. 또 은하들은 블랙홀을 가질 수 있다.

우리은하는 초대질량 블랙홀을 가지고 있는가?

물론 가지고 있다. 우리은하의 중심은 궁수자리 방향에 위치해 있다. 바로 그 중심에 궁수자리 A*Sagittarius A-Star라 불리는 천체가 존재하며 같은 크기의 별보다 훨씬 많은 양의 엑스선과 감마선을 방출한다. 궁수자리 A* 주변에 있는 별들의 움직임을 10년 이상 기록한 결과, 천문학자들은 궁수자리 A*가 태양 질량의 300만 배 이상 되는 질량을 가진 보이지 않는 천체invisible object라는 것을 밝혀냈다. 우주에 존재하는 이런 종류의 천체는 초대질량supermassive 블랙홀뿐이다.

모든 은하가 블랙홀을 가지고 있는가?

현재까지 관측된 블랙홀은 두 종류가 존재한다. 이들은 항성 블랙홀과 초대질량 블랙홀이다. 모든 은하는 굉장히 뜨겁고 밝게 빛나는 별(태양의 20배 이상의 질량을 가진 별)들을 가지고 있으며, 거의 확실히 항성 블랙홀도 가지고 있다.

모든 은하가 초대질량 블랙홀을 가지고 있는가?

꼭 그런 것은 아니지만, 현재의 관측에 의하면, 대부분의 은하들은 이러한 블랙홀을 가지고 있다. 주변 은하들 중에서 90% 이상의 은하 안에 초대질량 블랙홀이 있는 것으로 확인되고 있다.

활동 은하

활동 은하와 활동 은하핵이란 무엇인가?

만약 초대질량 블랙홀이 은하의 핵 안에 존재한다면, 이 블랙홀은 주변에 있는 별들과 가스로부터 물질을 끌어들일 것이다. 만약 이 물질들이 빠르게 모여들면(초당 지구 서너 개 질량 혹은 그 이상으로) 물질이 블랙홀로 빨려들어갈 때 엄청나게 커다란 에너지가 생성될 수 있다. 이러한 방식으로 방출되는 에너지는 별의 핵융합에 의한 것보다 훨씬 크다. 사실 이런 초대질량 블랙홀은 우리 태양이 수천 년에서 수백만 년간 생산할 수 있는 양의 에너지보다 더 큰 에너지를 몇 초 만에 방출할 수 있다. 이러한 계를 활동 은하핵AGN, active galactic nuclei이라고 부른다.

활동 은하를 처음 발견하고 연구한 사람은 누구인가?

미국의 천문학자 칼 세이퍼트Carl Seyfert(1911~1960)는 활동 은하active galaxy를 발견한 공로를 인정받고 있다. 세이퍼트의 전문 분야는 분광 특성을 이용해 별들과 은하들의 밝기와 색을 결정하는 것이었다. 1940년에 그는 캘리포니아에 있는 윌슨 산 천문대의 연구원으로 일했는데, 이 연구소는 에드윈 허블이 은하에 대한 가장 유명한 발견을 이루었던 곳이기도 했다. 1943년까지 세이퍼트는 예외적으로 밝은 핵을 가진 수많은 나선 은하들을 발견했다. 이 은하들은 굉장히 강하고 넓은 방출선들을 가지는 흔치 않은 분광 특징을 띠고 있었는데, 이는 핵 내부에서 매우 격렬한 활동이 일어나고 있음을 보여주는 것이었다. 오늘날 이런 유형의 활동 은하들을 그의 이름을 기려 세이퍼트 은하Seyfert galaxy라 부르고 있다.

활동 은하의 종류는 얼마나 많은가?

활동 은하핵은 은하의 유형이나 모양, 다시 말해 나선이나 타원 혹은 불규칙 은하에서 생길 수 있다. 활동 은하핵에서 어떻게 에너지가 방출되느냐에 따라 이들은 매우 다른 양상을 보일 수 있다. 때문에 다양한 유형의 활동 은하핵이 있을 수 있는데, 예를 들어 제1형 세이퍼트 은하, 제2형 세이퍼트 은하, 전파 은하, 도마뱀자리 BL 천체, 블라자 그리고 시끄러운 라디오파radio-loud 퀘이사와 조용한 라디오파radio-quiet 퀘이사 등이 있다. 천문학자들은 이들을 쉽게 구분하기 위해 모든 밝은 유형의 활동 은하핵을 통틀어 퀘이사 혹은 준성 천체QSO로 부르기도 한다. 활동 은하핵은 때때로 특별히 밝지 않을 때도 있는데, 그들이 속한 모은하host galaxy의 나머지 부분보다 상당히 적은 양의 빛을 방출한다. 이 경우 이들을 '어두운 활동 은하핵'이라 부르며, 이들 역시 많은 다른 속성을 가질 수도 있다.

무엇이 활동 은하핵의 밝기를 결정하는가?

때때로 중간 물질의 양(우리은하 안이나 혹은 다른 활동 은하핵을 가진 모은하 안의)은 활동 은하핵으로부터 관측하는 빛의 양을 약화시킬 수 있다. 그러나 이것이 활동 은하핵의 밝기나 방출하는 에너지의 전체 양에 영향을 끼치지는 않는다. 활동 은하핵의 밝기를 결정하는 가장 중요한 요소는 초대질량 블랙홀의 중심으로 빨려들어가는 물질 소멸률이다. 낮은 광도의 활동 은하핵은 연간 지구 서너 개분에 해당하는 물질만 중심 블랙홀 속으로 흡수할 것이다. 반대로 가장 밝은 활동 은하핵은 연간 약 지구 질량의 100만 개 정도에 달하는 물질을 중심부로 흡수할 것이다.

전파 은하란 무엇인가?

전파 은하radio galaxy는 간단히 말해 가시광선으로 보았을 때 굉장히 평범해 보이는 타원 은하이지만 특이하게 많은 양의 전자파를 발산하는 은하를 일컫는다. 때때로 전체 전파 방출 에너지가 가시광선으로 방출되는 에너지의 총량을 훨씬 넘어서기도 한다. 전자파 방출의 대부분은 눈에 보이는 은하보다 더 크고 둥그스름한 '로브' 혹은 좁은 '제트' 형태에서 나온다. 과도한 전파 방출은 활동 은하핵에 의해 생성되는 에너지가 높은 에너지 물질 줄기에 의해 이동하면서 생기는데, 이것은 은하 안과 주변의 성간 물질과 반응하며 풍부한 전자파 방출을 유도한다.

활동 은하핵의 통합 모형은 무엇인가?

천문학자들은 수십 년에 걸친 활동 은하핵에 대한 연구를 바탕으로 모든 활동 은하핵이 왜 다르게 보이는지를 설명할 수 있는 하나의 통합 모형을 내놓았다. 그것은 기본적으로 모든 활동 은하핵들은 같은 기본 구조를 가지며, 그 중심에 준성 천체가 있다는 것이다. 우리가 고에너지 제트를 내려다보고 있는지 아니면 가스 원환체torus의 측면을 보고 있는지, 어떤 각도로 보고 있는지에 따라 준성 천체는 우리의 시점에서 다른 분광 특성을 갖게 될 것이다. 또한 준성 천체의 모은하는 나선이나 타원 혹은 특이 은하일 수 있는데, 우리는 성간 먼지나 많은 가스 혹은 다양한 색상과 밝기를 갖는 수많은 별들의 스크린을 통해 준성 천체를 보게 된다. 그러므로 모은하의 구성 성분은 활동 은하핵의 스펙트럼 특성에 관여한다. 우리와 천체 사이에 무엇이 있느냐에 따라 그리고 우리가 준성 천체의 어느 부분을 보느냐에 따라 활동 은하핵은 저마다 다르게 보인다. 그러나 실제로는 이들은 기본적으로 같은 것이다.

보다 활동적인 은하와 퀘이사

우주에는 얼마나 많은 활동 은하핵과 준성 천체가 있는가?

현재의 관측에 따르면, 가까운 우주에 있는 모든 거대 은하의 5~10%는 활동 은하핵 혹은 준성 천체를 포함한다. 준성 천체는 밝으면 밝을수록 더 드물다. 예를 들면 준성 천체의 작은 일부만 3C 273과 같은 밝기를 갖는다. 그러나 우주의 과거로 거슬러 올라갈수록 준성 천체의 발생 정도도 커진다. 이것이 우주가 시간이 지나면서 나이를 먹고 진화한다는 것을 증명해주는 중요한 증거의 하나다.

활동 은하핵과 준성 천체가 우주에 흔하지 않은데도 왜 중요한가?

첫 번째 이유는 활동 은하핵과 준성 천체는 에너지가 매우 클 뿐 아니라 때로 우주의 다른 어떤 은하들보다 수백 배 내지 수천 배나 더 밝다는 것을 들 수 있다. 이는 이들이 그 주변 우주에 막대한 영향을 끼친다는 것을 의미한다. 예를 들어 준성 천체는 120억 년 정도 전에 당시의 우주를 채우는 성간 가스를 이온화시킴으로써(그로 하여 투명하게 만듦으로써) 우주의 역사에서 굉장히 중요한 역할을 했을 수도 있다. 이러한 이온화 과정 없이는, 우리는 자욱한 가스 안개 사이로 천체를 볼 수 없었을 것이며, 천문학은 지금보다 더 힘든 학문이 되었을 것이다.

두 번째 이유는 우주 안의 큰 은하들 대부분이 초거대 질량 블랙홀을 가지고 있다는 관측 증거를 들 수 있다. 이것이 의미하는 바는, 대부분의 은하들은 활동 은하핵 혹은 준성 천체를 가지기 위한 필요 요소를 갖추고 있고, 큰 은하들은 아마도 그 생애의 어떤 때에 활동 은하핵 혹은 준성 천체 활동을 거쳤을(혹은 거칠) 수 있다는 것이다. 이는 은하가 나이를 먹는 과정에서 굉장히 중요한 부분이 된다. 따라서 우리가 이들을 이해하면 이해할수록 우주가 어떻게 나이를 먹는지에 대해서도 더 잘 이해할 수 있게 된다.

활동 은하핵과 준성 천체는 우주 연구에 어떻게 도움이 되는가?

준성 천체와 활동 은하핵은 매우 밝으면서도 작은 천체로 마치 우주의 탐조등처럼 빛난다. 때문에 이들은 매우 멀리 있어도 발견하기가 상대적으로 쉽다. 우리가 먼 거리의 준성 천체를 관측할 때, 그 사이에 있는 모든 물질을 비춰준다. 우리는 준성 천체들의 스펙트럼에서 준성 천체의 빛을 제거함으로써 우리가 직접 관측할 수 없는 물질의 증거를 찾을 수 있다.

준성 천체 탐조등은 하늘에서 얼마나 밝게 보이는가?

지구에서 맨눈으로는 어떤 준성 천체나 활동 은하핵도 관측할 수 없다. 지구에서 보이는 가장 밝은 준성 천체는 3C 273이다. 이 천체는 지구에서 20억 광년 정도 떨어진 거리에 있는데 작은 아마추어용 망원경으로는 찾기가 어렵다. 그러나 준성 천체는 매우 밝아서 멀리 있는 다른 천체에 비해 큰 천체 망원경으로는 상대적으로 찾기 쉽다. 지구에서 110억 광년 이상 떨어진 곳에 있는 것으로 알려진 몇몇 퀘이사들은 겨우 1000광년 정도 떨어진 거리에 있는 태양보다 더 쉽게 눈에 들어온다.

퀘이사의 흡수선이란 무엇인가?

만약 퀘이사(보다 일반적으로 활동 은하핵이나 준성 천체)의 스펙트럼이 퀘이사 자체가 생성하지 않는 흡수 특성을 가지고 있다면, 퀘이사의 빛이 그 빛의 일부를 흡수하는 다른 물질이나 다른 천체를 지나왔음을 의미한다. 이러한 종류의 퀘이사 흡수선은 그것이 퀘이사 빛에 끼치는 영향을 연구함으로써 알 수 있는데, 이는 흡수 대상의 천체가 내는 빛을 직접 볼 수 없어도 가능하다.

무엇이 퀘이사의 흡수선을 만드는가?

퀘이사 흡수선은 보통 은하 안이나 은하를 둘러싸는 성간 물질들에 의해 만들어진다. 퀘이사의 빛이 성간 물질을 통과할 때, 물질 안의 원자들이 특정 파장에 해당하는 퀘이사의 빛을 흡수한다.

때때로 퀘이사 흡수선을 초래하는 성간 물질은 하나의 은하와만 관련 있는 것이 아니라 한 은하군이나 은하단과 관련이 있을 수도 있다. 또한 성간 물질의 몸체도 크고, 자유롭게 떠다니는 은하 간 구름일 수도 있다. 특별한 종류의 퀘이사 흡수체 중 하나는 라이먼 알파 Lyman-alpha 구름이라 불리는 은하 간 가스 구름으로, 전형적인 은하보다 훨씬 작고 그 안에 먼지나 무거운 원소를 거의 포함하지 않고 있다.

블랙홀을 포함한 활동 핵을 지닌 두 활동 은하의 상상도. 오른쪽 은하와 같이 중심에 팽대부가 없는 은하는 블랙홀을 갖지 않을 것이라는 개념은 잘못된 것임이 밝혀졌다.(NASA/JPL-Caltech)

라이먼 알파 숲이란 무엇인가?

준성 천체의 스펙트럼이 매우 많은 흡수선들을 포함할 경우, 통상적으로 이 흡수선들의 대부분은 라이먼 알파 구름에 의해 형성된 것이다. 이들 준은하 크기의 가스 덩어리들은 제각기 다른 적색 편이를 갖고 먼 우주에 산재한다. 각각의 구름은 수소원자에 의해 생기는 하나의 흡수선을 갖는데 이를 라이먼 알파선Lyman-alpha이라고 부른다(이런 이유로 '라이먼 알파 구름' 이라는 이름이 붙었다). 만약 우리와 준성 천체 사이에 충분한 라이먼 알파 구름이 있다면, 준성 천체 스펙트럼의 띠가 말 그대로 이 구름들에 의해 생겨난 라이먼 알파선에 의해 잘려 보일 수 있다. 이 효과는 마치 숲의 나무들이 들쑥날쑥 자라는 효과가 스펙트럼에 나타나는 것과도 같기 때문에 라이먼 알파 숲Lyman-alpha forest이라고 부른다.

라이먼 알파 숲에서 천문학자들은 무엇을 알아낼 수 있는가?

준성 천체 스펙트럼의 라이먼 알파 숲에 있는 흡수선은 각각 하나의 가스 구름을 대표하기 때문에, 준성 천체와 지구 사이의 시선을 따라 각 적색 편이에 해당하는 라이먼 알파 구름의 수를 세는 일이 가능하다. 이 구름들은 밝지 않아서 직접 관측하기가 쉽지 않지만, 우주 안의 물질을 구성하는 주요 구성 성분이다. 그러므로 라이먼 알파 구름의 분포를 이해하는 것은 천문학자들이 가스 물질들이 우주에서 어떻게 분포되어 있는지 이해하는 데 도움을 준다. 많은 준성 천체 스펙트럼 속의 라이먼 알파 숲을 연구하면서 천문학자들은 우주에는 이미 별들 물질 못지않게 많은 가스 물질이 있을 거라 추정하고 있다. 다시 말하면, 성기고 거의 공허해 보이는 성간과 은하 간에 존재하는 물질들이 우주 안의 모든 은하들 안에 존재하는 모든 별들 못지않게 중요하다는 것이다.

제 4 장 별

별의 기초

별이란 무엇인가?

별star은 그 중심핵 속에서 일어나는 핵융합으로 에너지를 방출하며 작렬하는 가스 덩어리다. 우주에서 볼 수 있는 빛은 대부분 별들이 만들어낸 것이다. 태양 역시 별이다.

하늘에는 얼마나 많은 별들이 있는가?

지상에서 간섭하는 불빛이 없다고 가정할 때, 시력이 좋은 사람이라면 밤하늘에서 한 번에 4000개 정도의 별을 볼 수 있다. 남반구와 북반구 모두를 포함하면, 8000개 정도의 별을 볼 수 있는 셈이다. 쌍안경이나 망원경을 사용할 경우 볼 수 있는 별의 수는 확연히 늘어난다. 우리은하 안에만 해도 1000억 개 이상의 별들이 있고, 관측 가능한 우주의 범위 내에는 적어도 이 숫자의 10억 배가 넘는 별들이 존재한다.

지구에 가장 가까운 별은 무엇인가?

태양은 지구에서 가장 가까운 별이다. 지구로부터 1억 5000만km 정도 떨어진 거리에 있다.

태양 다음으로 지구에 가까운 별은 무엇인가?

지구에 가장 가까운 항성계는 알파 센타우리Alpha Centauri 항성계다. 이 항성계는 3개의 별로 이루어진 삼중성계다. 이 항성계에서 지구에 가장 가까운 별은 가장 어두운 별인 프록시마 센타우리Proxima Centauri로, 지구에서 약 4.3광년 떨어진 거리에 있다. 알파 센타우리 항성계의 주성은 지구로부터 약 4.4광년 정도 떨어진 거리에 있다. 다음 표는 지구와 가까이 있는 별들의 목록이다.

태양 가까이 있는 별들

이름	스펙트럼 유형	거리(광년)
프록시마 센타우리*	M5V(적색 왜성)	4.24
알파 센타우리 A*	G2V(태양과 유사)	4.37
알파 센타우리 B*	K0V(오렌지색 왜성)	4.37
바나드 별	M4V(적색 왜성)	5.96
울프 359	M6V(적색 왜성)	7.78
랄랑드 21185	M2V(적색 왜성)	8.29
시리우스	A1V(청색 왜성)	8.58
시리우스 B	DA2(백색 왜성)	8.58
루이텐 726-8A	M5V(적색 왜성)	8.73
루이텐 726-8B	M6V(적색 왜성)	8.73
로스 154	M3V(적색 왜성)	9.68
로스 248	M5V(적색 왜성)	10.32
엡실론 에리다니	K2V(오렌지색 왜성)	10.52
라카유 9352	M1V(적색 왜성)	10.74
로스 128	M4V(적색 왜성)	10.92
EZ 아쿠아리	M5V(적색 왜성)	11.27
프로키온 A	F5V(청록색 왜성)	11.40
프로키온 B	DA(백색 왜성)	11.40
61 시그니 A	K5V(오렌지색 왜성)	11.40
61 시그니 B	K7V(오렌지색 왜성)	11.40
스트루베 2398 A	M3V(적색 왜성)	11.53
스트루베 2398 B	M4V(적색 왜성)	11.53
그룸브리지 34 A	M1V(적색 왜성)	11.62
그룸브리지 34 B	M3V(적색 왜성)	11.62

*이 별들은 알파 센타우리 항성계를 이루는 별들이다.

성군이란 무엇인가?

성군asterism은 하늘에 보이는 별들의 무리로, 지구에서 볼 때 그 형태가 쉽게 알아볼 수 있는 어떤 모양이나 패턴을 이룬다. 이들은 공식적인 별자리는 아니다. 성군들 중에서 가장 유명한 것이 큰곰자리의 꼬리 부분에 있는 북두칠성이다. 북두칠성은 국자 모양을 한 일곱 개의 별들로 이루어지며 북극성의 위치를 찾는 지표로 흔히 이용된다. 또 다른 성군으로는 여름철 삼각형Summer Triangle이 있다. 이 성군은 여름철 북반구 밤하늘에서 가장 밝게 빛나는 세 개의 별들(견우성, 직녀성, 데네브)로 이루어진 큰 삼각형 모양을 하고 있다.

별 자 리

별자리란 무엇인가?

가장 쉽게 알아볼 수 있는 별자리의 하나는 사냥꾼인 오리온자리이다.

별자리constellation는 성군과 유사하지만, 일반적으로 성군보다 더 많은 별들을 포함하거나 더 넓은 영역을 차지하여 훨씬 더 복잡하다. 몇몇 성군은 별자리이기도 한데, 예를 들어 남십자성Southern Cross이라 불리는 성군은 남십자자리Crux다. 오늘날 사용하는 별자리명은 대부분 신화에서 유래되었다. 이를테면 신이나 전설적인 영웅, 피조물 또는 구조물의 이름에서 따온 것이다. 많은 별자리들이 이름을 따온 상징물과 흡사한 모양새를 갖지만 어떤 것들은 알아차리기 어렵다.

별자리들은 천구 전체를 완전히 덮고 있어 하늘의 시각적 기준틀이 된다. 천문학자들은 별자리를 이용해 별들이나 다른 천체들의 위치를 표시하고, 지구의 자전과 공전으로 인한 겉보기 운동을 기록한다.

하늘에는 얼마나 많은 별자리가 있는가?

현재 국제적으로 88개의 별자리가 확정되었다. 잘 알려진 별자리로는 독수리자리aquila, 백조자리Cygnus, 거문고자리Lyra, 헤르쿨레스자리와 페르세우스자리Hercules and Perseus, 오리온자리와 뱀주인자리Orion the Hunter and Ophiucus the Knowledge-seeker, 큰곰자리와 작은곰자리the Big Bear and Little Bear 그리고 황도 12별자리가 있다. 아래의 표는 잘 알려진 별자리들의 목록이다.

잘 알려진 별자리들

이 름	스펙트럼 유형	거 리 (광년)
Aquila	독수리	견우Altair
Auriga	마차부	카펠라Capella
Bootes	목동	아르크투루스Arcturus
Canis Major	큰개	시리우스Sirius
Canis Minor	작은개	프로키온Procyon
Carina	용골	카노푸스Canopus
Crux	남십자	아크룩스Acrux
Cygnus	백조	데네브Deneb
Gemini	쌍둥이	카스토르Castor, 폴룩스Pollux
Leo	사자	레굴루스Regulus
Lyra	거문고	베가Vega
Orion	오리온	리겔Rigel, 베텔게우스Betelgeuse, 벨라트릭스Bellatrix
Ursa Major	큰곰	두브헤Dubhe, 알코르Alcor, 미자르Mizar
Ursa Minor	작은곰	북극성Polaris

누가 별자리들 이름을 정했는가?

별자리의 이름이 붙여진 때는 고대 문명으로 거슬러 올라간다. 서기 140년경에 고대 그리스 천문학자 클라우디오스 프톨레마이오스는 이집트의 알렉산드리아에서 볼 수 있는 48개의 별자리 목록을 만들었다. 이 중에서 한 개를 제외한 모든 별자리들이 오늘날까지 목록에 남아 있다. 제외된 별자리는 아르고자리Argo Navis로 1750년대에 네 개의 별자리로 나뉘었다. 항해 시대 이후 많은 새로운 별자리들이 만들어졌는데 대부분 남반구에 있는 별자리들이다(이 중에서 일부는 사라졌다). 많은 별자리들이 원래 그리스 이름을 가지고 있었지만, 후대에 라틴어 이름으로 바뀌어 오늘날까지 전해진다.

누가 처음 항성 목록을 만들었는가?

기원전 2세기경의 그리스 천문학자인 히파르코스Hipparchos는 천체 관측과 그가 창안한 천체 관측 기구로 잘 알려진 인물이다. 히파르코스는 망원경 없이 볼 수 있는 별들의 목록을 만들고 이들을 밝기별로 분류했다. 이런 그의 업적을 기려, 시차를 이용해 10만 개 이상의 별의 위치와 거리를 측정한 첫 번째 측성 위성astrometric satellite의 이름에 히파르코스라는 이름이 붙었다. 망원경이 발견된 이후 항성 목록은 급격히 증가했다. 1742년부터 사망할 때까지 영국 왕실의 천문학자였던 제임스 브래들리James Bradley(1693~1762)는 6만 개 이상 되는 별들의 정확한 위치를 기록한 목록을 만들었다. 1786년에 베를린 천문대장이 되었던 독일의 천문학자 요한 보데Johann Bode(1747~1826)는 1801년에 수많은 별들의 위치를 기록한 항성 목록을 출판했다.

남반구 하늘의 성좌도를 처음으로 만든 사람은 누구인가?

1676년에 영국의 천문학자 에드먼드 핼리Edmund Halley(1656~1742)는 아프리카 서쪽의 세인트헬레나Saint Helena라는 섬을 여행하고 있었으며, 그곳에 남반구 최초의 유럽인 관측소를 설립했다. 핼리는 이 관측소에서 381개의 별들의 위치를 기록한 남반구 별자리 지도를 처음으로 작성했다.

별자리는 천문학적으로 중요한가?

별자리는 과학적으로 별다른 중요성을 갖고 있지 않다. 같은 별자리 안에 있는 별들이나 성운들 혹은 은하들은 공통점이 있을 수도 있고 전혀 없을 수도 있다. 예를 들어 지구에서 관측할 때 같은 시선 방향에서 보인다는 사실 외에는 별다른 공통점이 없을 수도 있다. 심지어 이들은 다른 별자리에 있는 별들보다 훨씬 더 멀리 떨어져 있을 수도 있다.

천문학자들은 종종 천체들이 어떤 별자리 '안'이나 '밖'에 있다고 말한다. 이 말은, 단지 지구에서 보았을 때 특정 별자리 방향을 찾아봄으로써 그 천체를 찾을 수 있다는 것을 의미한다. 특정 천체가 어떤 별자리 '안'에 있다고 말하는 것은 지구에서부터의 거리나 별자리 내의 어떤 천체로부터의 거리를 의미하는 것이 아니다.

북극성이란 무엇인가?

북극성North Star은 천구의 북극, 다시 말해 지구의 자전축이 가리키는 지점 가까이 있는 별을 일컫는다. 현재 그리고 지난 수 세기 동안, 북극성Polaris이라 불리는 세페이드 변광성이 천구의 북극에 매우 가까이 있어 북극성North Star의 역할을 훌륭히 해왔다. 그러나 지구의 자전축이 가리키는 방향은 수천 년이 지나면 바뀌게 된다. 수천 년 전 고대 이집트 문명이 번영하던 때의 북극성은 용자리에 있는 어두운 별 투반Thuban이었다. 그 당시와 오늘날 사이의 수 세기 동안 북극성이라 부를 만한 별은 존재하지 않았다.

남극성은 있는가?

현재 천구 남극 가까이에는 눈에 띄는 밝은 별이 없으므로 남극성South Star이라 부를 만한 별이 없다. 천구 남극은 가까이 있는 여러 성군이나 별들을 이어서 삼각형을 만든 다음 그 상대적인 위치 관계를 통해 대략적으로 찾을 수 있다.

밤하늘에서 가장 밝은 별은 어느 별인가?

지구에서 볼 때 밤하늘에서 가장 밝은 별은 시리우스Sirius다. 이 별은 큰개자리에 있기 때문에 개의 별Dog Star이라고도 불린다. 두 번째로 밝은 별은 용골자리의 카노푸스Canopus이고, 세 번째로 밝은 별은 켄타우루스자리의 알파 센타우리Alpha centari로 잘 알려진 리겔 켄타우루스Rigel Kentaurus다. 그러나 이 별들이 밤하늘에서 가장 밝은 빛을 뿜어내는 별들은 아니다. 이들은 지구를 가장 밝게 비추는 별이라고 할 수 있다. 다음 표는 지구에서 관측할 때 가장 밝은 별들의 목록이다.

지구에서 보았을 때 가장 밝은 별들

이 름	별자리	스펙트럼 유형	겉보기 등급	거리(광년)
태양	N/A	G2V(황색 왜성)	-26.72	0.0000158
시리우스	큰개	A1V(청색 왜성)	-1.46	8.6
카노푸스	용골	A9II(청색 거성)	-0.72	310
아르크투루스	목동	K1III(적색 거성)	-0.04(변광성)	37
알파 센타우리 A	켄타우루스	G2V(황색 왜성)	-0.01	4.3
베가	거문고	A0V(청색 왜성)	0.03	25
리겔	오리온	B8I(청색 초거성)	0.12	800
프로키온	작은개	F5V(청록색 왜성)	0.34	11.4
아케르나르	에리다누스	B3V(청색 왜성)	0.50	140
베텔게우스	오리온	M2I(적색 거성)	0.58(변광성)	430
아게나	켄타우루스	B1III(청색 거성)	0.60(변광성)	530
카펠라 A	마차부	G6III(황색 거성)	0.71	42
알타이(견우)	독수리	A7V(청색 왜성)	0.77	17
알데바란	황소	K5III(적색 거성)	0.85(변광성)	65
카펠라 B	마차부	G2III(황색 거성)	0.96	42
스피카	처녀	B1V(청색 거성)	1.04(변광성)	260
안타레스	전갈	M1I(적색 거성)	1.09(변광성)	600

가장 먼 거리의 별은 얼마나 멀리 떨어져 있는가?

밤하늘에서 망원경 없이 맨눈으로 볼 수 있는 4000개의 별 중에서 가장 거리가 먼 것은 몇천 광년 떨어져 있다. 그러나 더 먼 거리의 별들도 성단이나 가까운 은하에 속해 있는 경우 관측할 수 있다. 예를 들어 대마젤란성운(17만 광년 거리)이나 소마젤란성운(24만 광년 거리), 혹은 안드로메다은하(250만 광년 거리)의 전체 별빛은 망원경의 도움 없이 관측이 가능하다. 그리고 망원경을 사용하면 120억 광년 이상 떨어진 은하의 별빛을 관측할 수 있다.

별까지의 거리를 처음으로 정확하게 측정한 사람은 누구인가?

독일의 수학자이자 천문학자인 프리드리히 빌헬름 베셀Friedrich Wilhelm Bessel(1784~1846)이 핼리혜성의 궤도를 재계산하여 그 결과를 하인리히 올베르스Heinrich Olbers(1758~1840, 올베르스의 역설로 유명한 천문학자)에게 보냈을 때 그의 나이는 스무 살에 지나지 않았다. 베셀은 스물여섯 살 때 쾨니히스베르크 천문대장으로 지명되어 1846년 죽을 때까지 이 직책을 맡았다. 그는 재직 기간 동안 5만 개가 넘는 별들의 위치를 기록한 목록을 만들었다. 또 태양계의 행성 운동으로 인한 섭동(작은 교란)을 연구하기 위해 복잡한 중첩 운동과 진동을 기술하는 데 도움이 되는 일련의 수학 방정식을 개발했다. 오늘날 이 방정식들은 그의 업적을 기려 베셀 함수Bessel function라 불리는데, 응용 수학이나 물리학 그리고 공학 분야에 필수 불가결한 도구다. 혁신적인 기술을 이용하여 그는 전례에 없을 만큼 정확하게 많은 별들의 움직임을 기록했다.

천문학자들은 별의 밝기를 어떻게 나타내는가?

별의 밝기는 광속flux이나 광도luminosity로 기술하는 것이 바람직하다. 광속은 별에서 나온 빛의 다발이 얼마나 많이 지구에 도달하는지를 측정한 양이고, 광도는 별이 방출하는 에너지를 측정한 양이다. 그러나 천문학자들은 고대부터 별의 밝기를 나타내는 양으로 사용되어온 광도magnitude라는 단위도 사용하고 있다.

고대 그리스의 천문학자들은 별의 밝기를 여섯 등급으로 구분하는 광도 등급 체계를 만들었다. 그들은 맨눈으로 볼 수 있는 가장 밝은 별을 일등성, 그다음으로 밝은 별을 이등성으로 정하는 방식으로 분류했다. 마지막으로 가장 흐릿한, 다시 말해 눈으로 겨우 볼 수 있는 별은 6등성이었다. 그 후 망원경이 발명되자 6등성보다 어두운 별들이 훨씬 더 많이 발견되었다. 그래서 천문학자들은 별의 등급을 1등성과 6등성 너머로 확장하게 되었다. 이 별들의 등급은 로그 눈금에 따른 수학적 공식에 따라 나타낸다.

이와 같이 고대부터 사용되어온 광도 등급 체계는 밝은 천체들이 낮은 숫자의 광도 등급을 갖고 어두운 천체들이 높은 숫자의 광도 등급을 갖고 있다. 이것이 뜻하는 바는 음의 등급을 갖는 별이 양의 등급을 갖는 별보다 더 밝다는 것이다. 천문학의 광도 등급 체계는 거꾸로 되어 있어 직관에 반하지만 오랫동안 사용된 관례에 따라 오늘날까지 사용되고 있다.

맨 처음에 별까지의 거리를 어떻게 정확하게 측정했는가?

1838년에 베셀은 별들의 운동을 측정하는 기술을 이용하여 백조자리 61 61 Cygni의 연주 시차parallax를 계산해냈다. 이 정보를 기반으로 그는 오늘날 측정값에서 단 몇 퍼센트의 오차만을 갖는 거리 값을 얻을 수 있었다. 그는 백조자리 61까지의 거리를 약 10광년으로 계산했는데, 이 거리는 태양계 안의 다른 어떤 천체들 사이의 거리보다 더 멀다. 베셀의 발견이 별을 올바로 연구하는 문을 연 것이었다. 다시 말해 별은 단순히 빛을 내는 점이 아니라 우주에 분명히 실재하는 천체라는 사실을 보여준 셈이다.

절대 등급과 안시 등급의 차이는 무엇인가?

본래의 등급 체계는 광속을 기반으로 한다. 다시 말해 더 많은 별빛이 지구에 도달할수록 별의 밝기 등급의 숫자는 낮다. 이를 겉보기 등급apparent magnitude 또는 실시 등급이라고 한다. 왜냐하면 지구에서 보았을 때 별의 겉보기 밝기이기 때문이다.

절대 등급 체계는 광도를 기반으로 한다. 절대 등급 체계에서는 별들이 어디에 있는

지와 상관없이 별에서 방출되는 빛이 많을수록 더 낮은 광도 등급을 갖게 된다. 별의 절대 등급은 별이 10파섹parsec, 즉 32.6광년 거리에 있을 때의 실시 등급으로 정의된다. 광속과 광도는 광원과 관측자 사이의 거리와 관련 있기 때문에, 실시 등급(m)과 절대 등급(M)의 차이(m-M)를 거리 지수distance modulus라고 부른다.

별의 원리

별들이 빛나는 이유는 무엇인가?

별들은 내부의 핵에서 일어나는 핵융합 때문에 빛난다. 핵융합은 가벼운 원소를 무거운 것으로 바꾸는데, 이 과정에서 엄청난 양의 에너지를 방출한다. 지구 상에서 가장 강력한 핵무기는 핵융합을 통해 만들어졌지만, 이는 태양의 핵융합에 비하면 아주 보잘것없는 양이다.

태양 안에서 핵융합이 일어나지 않았다면, 태양이 아직도 빛날 수 있을까?

잠시 동안 태양은 핵융합 없이도 빛날 수 있다. 처음에 태양은 많은 양의 물질이 중력의 공통 중심으로 떨어지면서 형성되었다. 물질이 압축되어 가스가 밀집된 구형으로 뭉치면서 아주 뜨거워져 열과 빛을 방출했다. 다시 말해 태양은 핵융합이 시작되기 전부터 빛나기 시작했다. 만약 태양 안에서 핵융합이 일어나지 않았다면, 태양의 가스가 붕괴되고 압축되면서 에너지를 생성하기를 계속할 것이며 이런 일은 태양이 한 점으로 축소될 때까지 계속될 것이다.

이러한 방법에 의한 에너지의 생성은, 19세기의 윌리엄 톰슨 켈빈 경Lord William Thomson Kelvin(1824~1907)과 헤르만 폰 헬름홀츠Hermann von Helmholtz(1821~1894)에 의해 처음 계산되었다. 그 결과는 태양을 현재의 광도로 수백만 년간 빛날 수 있게 한다는 것이다. 그러나 이 에너지는 태양이 46억 년 동안 빛날 만큼 충분하지 않다. 만약 핵융합이 일어나지 않았다면, 태양계는 지구 상에 최초의 생명체가 나타나기도 한참전에 어둠 속에 잠겼을 것이다.

별 속에서 어떻게 핵융합이 일어나는가?

원자핵은 아무렇게나 임의로 결합될 수 없다. 오히려 소수의 특정 핵융합 반응만 일어날 수 있고, 이러한 핵융합조차 매우 극한적인 환경에서 일어난다. 태양의 핵의 온도는 섭씨 1500만 도를 넘고, 압력도 지구 대기압의 1000억 배를 넘는다. 이러한 조건에서 아주 작은, 10억분의 1보다 작은 확률로 주어진 특정 연도에 양성자가 주변의 양성자와 융합하여 중양자deuteron을 형성하게 된다. 중양자는 중양자핵deuterium nucleus 혹은 중수소핵heavy hydrogen nucleus으로도 알려져 있다. 이후 중양자는 또 다른 양성자와 결합하여 헬륨-3 핵을 만들어낸다. 결국 평균적으로 100만 년 혹은 그 이상의 시간이 지난 후에 두 개의 주변 헬륨 -3 핵이 융합하여 헬륨 -4 핵을 만들어내고 두 개의 양성자를 방출한다.

위와 같은 '양성자-양성자 연쇄반응proton-proton chain'이라 부르는 다단계의 연속 반응을 거쳐 수소는 헬륨-4로 바뀌고, 물질 일부는 에너지로 변환된다. 비록 양성자가 중양자가 되는 것은 매우 어려운 일이지만 태양의 핵 안에는 1조×1조×1조 개가 넘는 양성자가 존재하므로 이러한 반응은 매초 일어난다. 그로 인해 에너지로 변환되는 물질의 양은 초당 약 450만 톤이나 되어 태양을 일정한 크기와 형태를 유지하기에 충분한 압력을 바깥으로 가하는 한편 우주 공간으로 빛을 방출한다.

핵융합의 원리를 처음 설명한 사람은 누구인가?

핵융합 과정을 처음으로 설명한 사람은 한스 알브레히트 베테Hans Albrecht Bethe(1906~2005)다. 그는 독일의 슈트라스부르크에서 태어나 영국과 미국에서 공부했으며, 1935년에 코넬 대학의 물리학 교수가 되었다. 그곳에서 그는 양자역학 시스템이 고온에서 어떻게 작용하는지에 대한 이론을 연구한다. 1938년 5월 베테는 태양의 중심에서 핵융합이 어떻게 일어나며, 어떻게 충분한 에너지를 공급하여 태양이 빛나도록 만드는지를 발견하고 그 결과를 발표했다. 이론핵물리학 분야에서 베테의 업적은 첫 번째 원자 폭탄 개발에 있어 그의 가치를 특별히 드높였다. 그는 제2차 세계대전 기간 동안 맨해튼 프로젝트에 깊이 관여했으며, 뉴멕시코에 위치한 로스앨러모스 국립연구소의 선구적 과학자 중 한 사람이었다. 그는 전쟁이 끝난 후, 별의 물리학과 별 내부에서 일어나는 과정에 대한 선구적인 연구를 이어나간 공로로 1967년에 물리학 분야에서 노벨상을 수상했다.

별은 고체인가 액체인가 아니면 기체인가?

별들은 대부분 플라스마라고 부르는 특별한 상태의 가스, 다시 말해 전기적으로 대전된 가스로 구성된다. 많은 사람들이 플라스마를 물질의 네 번째 상태로 생각한다. 일상에서 볼 수 있는 플라스마의 예는 번개가 칠 때의 공기 혹은 형광전구 안의 가스를 생각하면 된다.

별 속에는 전류가 흐르는가?

물론이다. 별들이 만들어낸 전류는 사람들이 만들어낸 그 어떤 것보다 강하며, 태양 주위에 자기장을 생성한다. 태양 내부에는 자기장이 존재하고, 태양 바깥의 매우 큰 자기장은 우주 공간으로 수십억 킬로미터까지 뻗쳐 있다.

태양의 복사층에서는 무슨 일이 일어나는가?

태양의 중심에서 핵융합으로 인해 생겨나는 에너지는 복사를 통해 바깥으로 이동한다. 다시 말해 광자들은 태양 플라스마를 통과해 나온다. 비록 광자는 빛의 속도로 이동하지만, 별의 플라스마는 밀도가 높아서 광자들은 랜덤 워크random walk라 불리는 불규칙한 양상으로 플라스마 입자들과 충돌하고 튕겨지면서 빠져나온다. 이러한 충돌 현상은 매우 극단적이어서, 40만 km의 복사층radiative zone을 지나오는 데 평균 100만 년이 걸린다. 우주의 진공에서는 빛이 이 거리를 진행하는 데 2초도 걸리지 않는다.

태양의 대류층에서는 무슨 일이 일어나는가?

태양의 대류층convective zone은 태양 표면으로부터 15만 km 깊이에서 시작된다. 대류층에서는 플라스마 안의 원자가 바깥 복사층에서 들어오는 광자를 흡수할 정도의 온도로 충분히 낮춰지는데 대략 100만 K 이하다. 플라스마는 매우 뜨거워지며 태양의 상층부로 떠오르기 시작한다. 플라스마의 운동은 대류의 흐름을 생성하는데, 이는 마치 지구의 대기나 바다에서 일어나는 현상처럼 태양 에너지를 뜨거운 가스로 끓는 광구로 운반하는 역할을 한다.

이것이 대류가 일어나는 원리다. 대류층 바닥에서 에너지를 흡수한 가스의 온도가 올라갈수록 가스는 팽창하여 결과적으로 주변보다 밀도가 낮아진다. 이런 뜨거운 가스 덩어리들은 밀도가 낮기 때문에 대류층 표면으로 떠오르는데 마치 뜨거운 열기구가 차가운 아침 공기 위로 떠오르는 것과 같다. 이 층 꼭대기에서는 초과된 에너지가 방출되어 온도가 낮아져서 밀도가 높아지므로 다시 대류층 아래로 가라앉는다. 이러한 효과는 뜨거운 가스는 위로 올라가고 차가운 가스는 밑으로 내려가는 '컨베이어 벨트'와 같은 연속적인 순환이 된다.

별의 광구에서는 무슨 일이 일어나는가?

광구photosphere는 가시광선을 통해 태양을 보았을 때 보이는 별의 대기층이다. 이는 종종 별의 표면으로 분류되기도 한다. 이 층은 수백 킬로미터의 두께를 가지며, 입상반granule(쌀알 무늬)이라 불리는 고온 가스로 이루어진 행성 크기의 입자들로 구성되어 있다. 이 가스 입자들은 지속적으로 움직이며, 태양의 내부에서 외부로 열과 빛을 운반하면서 지속적으로 크기와 모양을 바꾸게 된다. 태양 흑점은 강한 자기 활동이 일어난 지역으로, 때때로 광구에 나타나는데 수 시간에서 수 주 동안 지속된다.

별의 채층에서는 무슨 일이 일어나는가?

채층chromosphere은 코로나와 광구 사이에 위치한 얇고 투명한 태양의 대기층으로, 간간이 플레어와 플라주plages라고 불리는 밝은 수소 구름을 포함한 백반을 가진 고에너지의 플라스마로 되어 있다. 채층은 일반적으로 자외선이나 엑스선 망원경을 제외하고는 관측이 불가능하다.

채층은 1600~3200km의 두께를 가진다. 이들은 예상 밖의 물리적 성질을 가지고 있다. 예를 들어, 가스의 밀도가 채층 안쪽에서 바깥쪽으로 줄어드는 반면, 가스의 온도는 태양으로부터의 거리가 증가함에 따라 급격하게 올라간다(섭씨 4000도에서 10만 도로 증가한다). 바깥쪽 부분에서 채층은 스피큘spicules이라는 좁은 가스 분사로 쪼개지며 태양의 코로나에 나타나게 된다.

태양의 코로나에서는 무슨 일이 일어나는가?

코로나corona는 아주 희박하면서도 매우 거대한 가스층으로, 별의 광구와 채층으로부터 약 1600만 km의 거리까지 확장된다. 이 층은 태양의 나머지 부분보다 더 희미하기 때문에 코로나그래프라 불리는 과학 장비를 통하거나 자연적으로 일어나는 일식 때와 같이 태양이 시야에서 가려졌을 때만 관측이 가능하다.

비록 이 층은 지구의 실험실에서 얻을 수 있는 최고의 진공보다 더 희박하고 또 태양의 중심핵으로부터 상당히 멀리 떨어져 있지만, 코로나는 매우 활동적이고 뜨거워서 플라스마의 온도는 100만 도까지 올라간다. 천문학자들은 여전히 코로나가 어떻게 그처럼 뜨거워질 수 있는가에 대한 연구를 계속하고 있다. 최근의 연구는 일반적으로 혹은 짧은 시간 동안 형성되었다가 다시 사라지는 특별한 열점hotspots에 의해 태양 주변과 내부에 있는 강한 전류와 자기장이 엄청난 양의 에너지를 코로나에 전달하고 있음을 시사하고 있다.

누가 태양의 채층을 발견했는가?

프랑수아 아라고François Arago(1786~1853)는 19세기 전반에 활동한 프랑스의 선구적인 천문학자였다. 아라고의 업적 중 하나는 태양의 채층을 발견한 것이다. 그는 별들이 반짝이는 현상에 대해 선구적인 설명을 내놓았으며, 그의 조수 중 하나였던 위르뱅 르베리에Urbain Leverrier(1811~1877)가 해왕성을 발견하는 데 도움을 주었다. 또한 아라고는 전자기학과 광학 연구에서도 중요한 공헌을 했다.

별도 핵, 복사층, 대류층, 광구, 채층, 코로나 등의 층을 갖는가?

그렇다. 하지만 이런 층들의 상대적인 두께의 비는 별의 온도와 질량 그리고 나이에 따라 달라진다. 매우 뜨거우면서 어린 별들은 복사층만 있고 대류층이 전혀 없을 수도 있다. 반대로 온도가 매우 낮은 별들은 대류층만 있고 복사층이 없을 수도 있다. 별들 주위의 코로나 역시 별들 주위에 형성되는 자기장의 세기에 따라 크게 달라질 수 있다.

흑 점 , 플 레 어 , 태 양 풍

흑점이란 무엇인가?

흑점은 가시광선으로 보았을 때, 태양의 검은 반점으로 보인다. 대부분의 흑점은 두 가지 물리적 성분을 갖는다. 하나는 본그림자umbra로 작고 어두우며 특징이 없는 핵이다. 다른 하나는 반그림자penumbra로 크고 밝은 주변 부분을 의미한다. 반영 안은 자전거 바퀴의 살처럼 바깥쪽으로 뻗어나가는 은은한 필라멘트와 같다. 흑점들은 다양한 크기를 가지며 무리 지어 형성되는 경향이 있으며 많은 흑점들이 지구보다 크다.

흑점은 아주 강력한 자기 현상이 일어나는 지점이다. 가시광선으로 보았을 때는 고요해 보이지만, 자외선과 엑스선으로 보면 엄청난 양의 에너지를 생산하여 내보내고 있을 뿐 아니라 강력한 자기장이 주변과 내부에 존재하는 것을 알 수 있다.

홍염이란 무엇인가?

홍염solar prominence은 태양 표면(광구)에서부터 코로나 안쪽으로 분출되는 고밀도의 태양 가스 흐름이다. 길이가 16만 km 이상 되기도 하고 흩어지기 전까지 그 형태가 몇 날, 몇 주 혹은 몇 달간 남아 있을 수도 있다.

흑점은 왜 검게 보이는가?

흑점은 주변의 광구 가스보다 온도가 약간(섭씨 1100도 정도) 낮아서, 밝은 배경으로 인해 어둡게 보이는 것이다. 그러나 현혹되지 말아야 할 것은 흑점의 온도는 여전히 높아서 수천 도나 되고, 흑점을 통과하는 전자기 에너지는 엄청나다는 것이다.

태양 플레어란 무엇인가?

태양 플레어solar flare는 태양 표면에서 일어나는 갑작스럽고 강력한 폭발 현상이다. 이들은 보통 뜨겁고 소용돌이치는 태양의 플라스마에 의해 크고 강력한 흑점의 자기장이 비틀리면서 나타나는 현상이다. 갑자기 자기력선들이 풀리고 부서지면서 지니고 있던 물질과 에너지를 태양 바깥쪽으로 격렬하게 토해낸다. 태양 플레어는 수천 킬로미터의 길이에 지구 역사상 인류가 소모한 에너지의 총합보다 훨씬 더 많은 에너지를 가지고 있다.

코로나 질량 방출이란 무엇인가?

코로나 질량 방출coronal mass ejection은 태양 표면에서 발생하는 거대한 폭발을 통해 우주 공간으로 태양 물질 일부를 고에너지 플라스마 형태로 방출하는 것이다. 코로나 질량 방출은 태양 플레어와 관련이 있지만, 두 가지 현상이 늘 같이 일어나는 것은 아니다. 또한 코로나 질량 방출이 지구 근처까지 도달하면, 인공위성들은 이러한 하전된 입자들의 흐름으로 촉발된 갑작스러운 전자기적 충격으로 손상을 입을 수 있다.

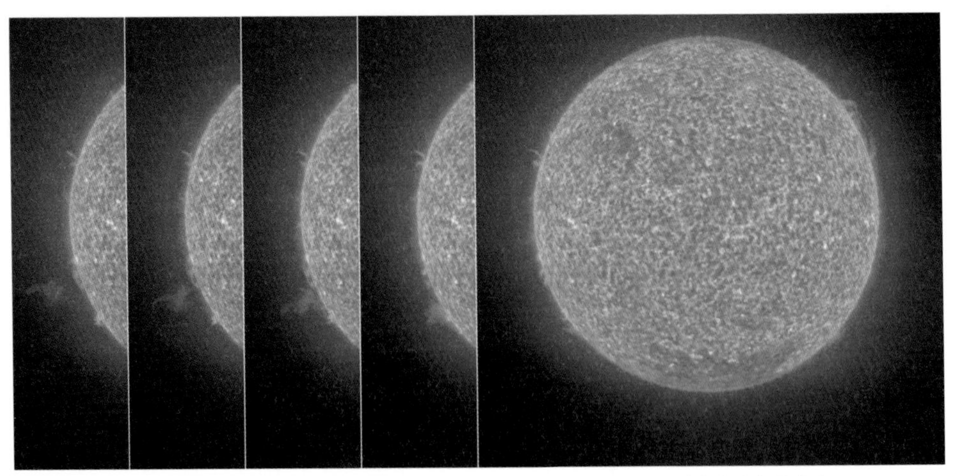

미 항공우주국의 SOHO(Solar and Heliospheric Observatory)에서 관측된 1만 3000km 길이의 태양 플레어.(NASA)

태양풍이란 무엇인가?

태양풍은 태양 바깥으로 움직이는 전기를 띤 입자들의 흐름이다. 태양풍은 태양 플레어와 같은 격렬한 폭발과 다르게 태양의 코로나로부터 태양계 내로 부드럽게 흐른다. 태양풍은 지구의 바람처럼 그 속도나 강도가 변할 수 있다. 하지만 이것은 공기의 움직임이 아니라 플라스마의 흐름이다.

태양계에서 태양풍의 효과를 어떻게 볼 수 있는가?

가장 쉽게 볼 수 있는 태양풍의 가시적 효과는 혜성의 꼬리에서 확인할 수 있다. 혜성이 태양계 안쪽 궤도로 들어오게 되면, 온도 증가로 인해 혜성의 바깥층 부분이 고체 상태에서 기체 상태로 바뀌는 승화 현상이 일어난다. 느슨해진 물질은 태양에서 먼 쪽으로 휩쓸려가 혜성의 꼬리가 형성된다. 전기적으로 중성인 입자들은 태양의 복사 압력(태양 빛 자체의 운동량)으로 인해 뒤로 밀리고, 전기를 띤 입자들은 태양풍에 의해 뒤로 밀리게 된다. 때때로 이 두 가지 성분이 살짝 분리되면 우리는 '먼지 꼬리dust tail'와 '이온 꼬리ion tail' 모두를 볼 수 있다.

태양풍은 얼마나 빠르게 이동하는가?

태양에서 흘러나오는 플라스마의 흐름은 모든 방향으로 연속 퍼져나가며, 초속 수백 킬로미터의 속도로 움직인다. 그러나 코로나 구멍에서 뿜어나올 때는 약 350만 km/h (약 1,000km/s) 이상의 속도를 가질 수 있다. 태양에서 멀어질수록 태양풍의 속도는 증가하지만 밀도는 급격히 떨어진다.

태양풍은 얼마나 멀리 이동하는가?

태양의 코로나는 태양 표면 바깥으로 수백만 킬로미터까지 뻗어 있다. 하지만 태양풍의 플라스마는 수십억 킬로미터 이상으로 뻗어 명왕성 궤도 너머까지 미친다. 여기를 넘으면 플라스마의 밀도는 계속 떨어진다. 그러나 태양풍의 영향이 거의 없게 되는 헬리오포즈heliopause가 존재한다. 헬리오포즈는 태양으로부터 약 130억~220억km 정도에 위치한 것으로 추정되며 이 안의 영역을 태양권heliosphere이라고 부른다.

모든 별에는 흑점, 홍염, 폭발, 질량 방출 그리고 항성풍이 있는가?

물론이다. 정도에 따라 차이는 있지만 모든 별들은 이런 성질을 갖는다. 태양은 우리가 아는 다른 별들과 비교했을 때, 비교적 활동이 조용한 편이다. 이는 지구에 사는 이들에게 좋은 소식이다. 왜냐하면 우리는 일반적으로 더 혹독한 환경을 견뎌내기 어려울 것이기 때문이다. 어떤 별들은 지속적으로 분출하는 엄청난 크기의 플레어가 있는가 하면, 또 어떤 별들은 흑점으로 뒤덮여 있다. 만약 이런 별들 주변을 도는 행성이 있다면, 전자기적으로 이들 행성의 환경에 미치는 영향은 엄청나서 거의 생명이 존재하지 않는다고 결론 내릴 수 있다.

태양의 활동이 지구 생태계에 끼치는 영향은 무엇인가?

태양풍이 지구의 궤도 거리에 다다를 때 그 개수 밀도는 1cm³ 당 몇 개 안 된다.

그렇다 할지라도 만약 지구가 보호하는 자기권을 가지고 있지 않았다면, 수십억 년 동안의 지구 역사에서 생태계는 눈에 띌 정도로 방사능 손상을 입었을 것이다. 태양 활동이 특별히 강할 때, 예를 들어 태양 플레어가 발생했을 때 대전 입자의 흐름은 급격하게 증가할 수 있다. 이런 경우 이온들은 대기 상층의 분자들과 부딪쳐 그들을 빛나게 만들 수 있다. 이런 괴상하게 일렁이는 빛을 북극광Aurora Borealis과 남극광Aurora Australis이라고 부른다. 이 기간 동안, 지구의 자기장은 일시적으로 약해지며 대기의 팽창을 유발한다. 이는 지구 상공에 떠 있는 고지구 궤도high-earth orbit 위성의 움직임에 영향을 끼친다. 태양 플럭스가 더할 수 없이 강한 기간에는 전력 계통도 영향을 받을 수 있다.

별의 진화

별의 진화란 무엇인가?

별의 진화Star Evolution란 별이 나이 먹는 과정을 기술하는 용어다. 별의 진화 이론은 넓고 복잡하며 천문학에서 가장 중요한 개념 중 하나다. 이는 인간이 나이를 먹는 것을 연구하는 것과 매우 흡사하다. 우리는 태어나고, 미성숙한 단계를 지나며, 오랜 기간 동안 성숙 단계를 거치고, 성숙 단계를 지나 죽을 때까지 변화를 겪는다.

주계열성이란 무엇인가?

'주계열성'이란 별의 생애에서 현재 주된 성숙 단계에 있는 별들을 의미한다. 주계열성은 수소를 헬륨으로 바꾸고 있는 중이며 평형 상태에 있다.

주계열이 아닌 별도 있는가?

물론 있다. 대부분의 별들이 별의 일생에서 가장 긴 평형 기간인 주계열에 속해 있지만, 소수에 속하는 일부 별들은 그렇지 않다. 이들은 주계열 전 단계에 있거나 '아기 infant' 별 또는 주계열 단계가 지났거나 나이가 많은 별들이다. 별들은 존재하는 동안 계속 변하면서 나이를 먹는다.

주계열이라는 이름은 어떻게 붙여졌는가?

주계열은 헤르츠스프룽-러셀 도표라고 불리는 천체 진단 도구의 가장 두드러진 특성이다. 천문학자들이 별들의 분포를 연구할 때, 각 별들의 밝기(혹은 플럭스)와 온도(혹은 색깔)를 측정하고 그 결과를 도표로 나타낸다. 아이나르 헤르츠스프룽Ejnar Hertzsprung(1873~1967)과 헨리 노리스 러셀Henry Norris Russell(1877~1957)은 이런 종류의 도표를 처음으로 만들었는데 대부분의 별들이 이 도표상에서 좁은 대각선 지역-'주계열'에 위치해 있었다.

천문학자들은 H-R도를 사용하여 별들의 분포를 어떻게 연구하는가?

H-RHertzsprung-Russell도는 별의 광도 또는 밝기를 세로축으로 하고, 별의 표면 온도나 색깔 또는 별의 분광형을 가로축으로 하여 그래프로 나타낸 것이다. 전형적인 별들의 분포에서 대부분의 별들이 주계열main stream이라 불리는 좁은 대각선 영역 위에 나타난다. 이 계열은 뜨겁고 밝은 별들부터 차갑고 어두운 별들까지 포함한다. 통상적으로 적색 거성이라 불리는 밝지만 온도가 낮은 별은 주계열상에 위치하지 않는다. 또 흔히 백색 왜성이라 불리는 뜨겁지만 어두운 별들 역시 주계열상에 위치하지 않는다. 주계열상에 위치하지 않는 별들은 일반적으로 일생의 막바지에 다다른 별들이며, H-R도에서의 위치는 그들이 현재 수명의 어느 단계에 와 있는지를 보여준다.

H-R도를 분석하는 많은 방법들이 있는데, 예를 들어 주계열의 밝고 어두운 한계를 살펴보는 것은 별 집단의 나이를 측정하는 데 도움이 된다. 또 주계열성이 아닌 다른 유형의 별들의 가짓수는 별 집단의 진화 역사를 알아내는 데 도움이 된다. 그리고 주계열과 나란한 또 다른 별들의 띠가 있다면 이는 1세대 별들과 뒤섞여 있는 2세대 별들의

존재를 가리킨다. H-R도상의 나타나는 점들이 보여주는 거의 모든 양상들이 복잡하게 얽혀 있는 별들의 세대 특성에 관한 귀중한 자료가 된다.

색-등급 도표란 무엇인가?

색-등급 도표color-magnitude diagram는 헤르츠스프룽-러셀 도표의 한 종류로서 별들의 겉보기 밝기를 수직축으로 하고, 별의 색깔을 수평축으로 하여 그린 도표다. 이 도표는 성단 단위의 별들을 연구하는 데 특히 도움을 준다.

볼프·레예 별이란 무엇인가?

볼프·레예 별Wolf-Rayet star은 처음으로 이 유형의 천체를 발견한 두 명의 천문학자의 이름을 딴 것으로, 매우 젊고 질량이 큰 별이다. 이는 주계열성과 거의 비슷하지만 아직 어리기 때문에 정적 평형 상태에 도달하지 않은 별로, 매우 강한 항성풍이 표면에 몰아쳐 거친 흐름과 활동적인 환경이 형성된다.

티 타우리 별이란 무엇인가?

티 타우리 별T Tauri star은 이 유형의 천체로 처음 발견된 별의 이름을 딴 것이다. 이 별은 중간 질량의 별로, 너무 어리기 때문에 별의 중심핵에서 아직 핵융합이 시작도 되지 않았거나 일어난 지 얼마 안 되었을 가능성이 높다. 중심핵 주변의 물질들은 아직 평형 상태에 다다르지 않았으며, 많은 물질들이 여전히 핵의 중심으로 모여들고 있다. 그동안 이런 내부로 모여드는 물질들로 인해 중심 바깥 부분에서부터 강한 항성풍의 형태로 엄청난 에너지가 생겨난다. 이런 항성풍들이 일으키는 가스와 먼지 소용돌이로 인해, 별의 중심이 시야에서 가려져 제대로 관찰하기 어렵다.

원시별이란 무엇인가?

원시별protostar은 주계열상에 도달하지 않은 별이다. 다른 말로 '아기 별'이라고도

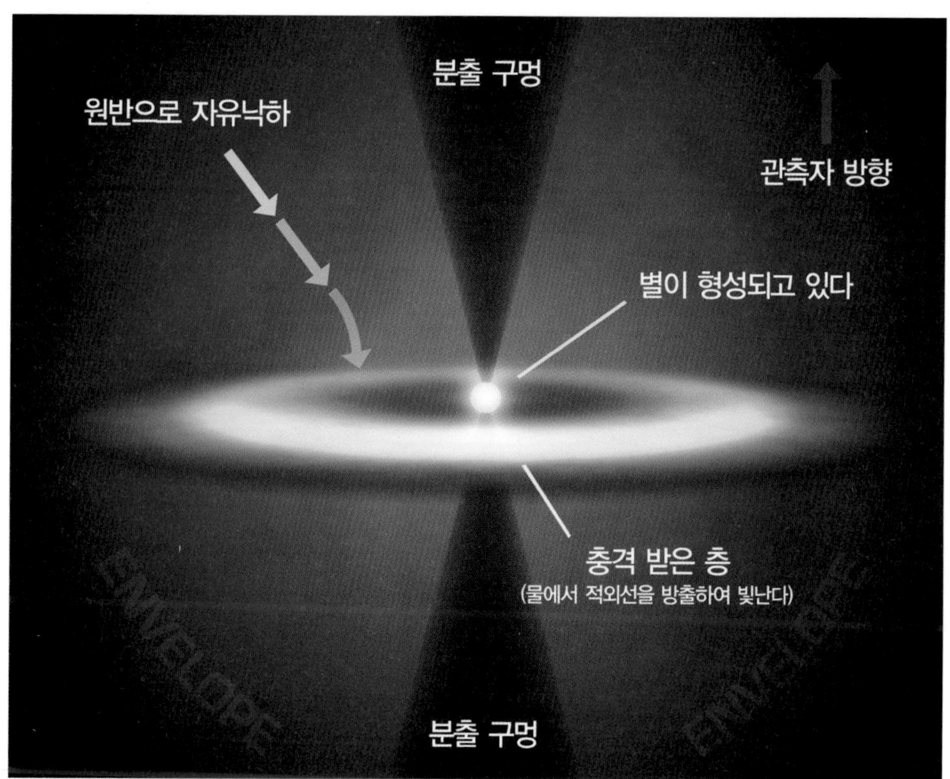

상당한 양의 물을 포함하고 있는 원시 행성 원반의 형성을 표현한 도표. 이러한 디스크는 디스크의 정면이 관측자를 향할 때 보다 쉽게 관측할 수 있다.(NASA/JPL–Caltech/T. Pyle)

하는데, 티 타우리 별은 원시별의 한 예라고 할 수 있다.

원시 행성 원반이란 무엇인가?

별이 중심핵에서 지속된 핵융합을 시작하면, 별의 항성풍은 별을 둘러싸고 있는 먼지와 가스 그리고 다른 잔해들을 치워나가기 시작한다. 그러나 이런 잔해들의 일부는 얇고 소용돌이치는 원반을 형성하여 새로 태어난 별 주변을 돈다. 이러한 구조를 원시 행성 원반protoplanetary disk이라고 한다. 이런 이름이 붙은 것은 이곳이 항성계 안의 행성들의 재료가 되는 물질이 모여 있을 뿐 아니라 행성 자체가 태어날 수도 있는 곳이기 때문이다.

별의 진화에 영향을 미치는 가장 중요한 요인은 무엇인가?

별들의 처음 질량, 다시 말해 별이 태어났을 때의 질량이 단연코 별의 진화(즉 별이 늙어가는 과정)에 영향을 끼치는 가장 중요한 요소다. 매우 일반적으로 말하면 별들은 초소질량(태양 질량의 약 0.01배까지), 소질량(태양 질량의 0.1배), 중간질량(태양 질량의 약 1배), 대량(태양 질량의 10배), 초대질량(태양 질량의 약 100배까지)이라는 다섯 가지 질량 범주로 구분된다. 각 범주에 속하는 별들은 별의 생성에서부터 죽음에 이르기까지 비슷한 경로를 따른다. 태양은 정의에 따라 1태양 질량을 가지므로, 중간질량의 별에 속한다.

별의 초기 질량과 크기, 나이, 밝기는 어떤 관계가 있는가?

별은 삶의 대부분을 주계열상에서 보낸다. 별은 초기 질량이 클수록 주계열상에서의 밝기가 더 밝고 더 뜨겁고 푸른색을 띤다. 별의 지름도 질량에 비례해 더 커지지만, 주계열상의 수명은 더 짧아진다.

초소질량 별very low-mass star은 어떻게 진화하는가?

질량이 매우 작은 별들은 갈색 왜성brown dwarf이라 불린다. 이 별들은 거의 똑같은 형태로 태어나서 살다가 죽는다. 전형적인 갈색 왜성은 태양 질량의 1/100 정도의 질량을 갖고, 태양의 100만분의 1의 밝기를 갖기 때문에 어둡기는 하지만 100조 년 이상 빛난다.

소질량 별low-mass star은 어떻게 진화하는가?

질량이 작은 별은 적색 왜성이라 불린다. 이 별들은 수소를 헬륨으로 융합하면서 생겨난다. 이 별들은 핵융합이 멎을 때까지 이 일을 지속하며, 이 기간 동안 크기나 형태가 변하지 않다가, 백색 왜성으로 삶을 마감한다. 전형적인 소질량 별의 질량은 태양 질량의 1/10이며, 태양의 1/1000의 밝기를 갖고 주계열상의 수명은 1조 년 정도 된다.

중간질량의 별intermediate-mass star은 어떻게 진화하는가?

대략 태양 정도의 질량을 갖는 별을 중간질량의 별이라고 부르는데, 이 별들은 수소를 헬륨으로 융합하면서 생성된다. 이 별들은 주계열 단계를 거친 다음 극적인 변화를 겪는데 상대적으로 짧은 시간에 적색 거성이 된다. 그러다 마침내 적색 거성의 상태를 지나면 별의 외곽부는 우주 공간으로 유출되고 중심부는 백색 왜성으로 수축하게 된다. 1태양 질량과 1태양 밝기를 갖고 있는 우리 태양은 약 100억 년의 수명을 갖는다. 그 후 수명의 1/10 정도 기간 동안은 적색 거성이 된다.

초신성 잔해란 무엇인가?

초신성 잔해는 빛나는 방출 성운으로, 초신성 폭발 이후에 남은 별의 잔해다. 이 잔해는 폭발로 흩어진 질량이 큰 별을 이루고 있던 플라스마다. 폭발 초기에 잔해는 시속 1.6억 km에 달하는 속도로 우주로 흩어졌다. 그리고 시간이 지나면서 잔해 속의 높은 에너지 가스들이 밝은 필라멘트 형태를 형성한다. 이 가스에는 무거운 원소들이 매우 풍부한데, 그것은 별의 일생의 마지막 단계에서 일어난 핵융합의 산물이다. 이 원소들에는 칼슘, 철을 비롯하여 은과 금도 포함되어 있다. 이들이 뭉쳐 성간 물질이 되고 나중에 다음 세대의 별과 행성들을 이루는 재료가 된다. 초신성 잔해의 좋은 예는 겨울밤에 볼 수 있는 황소자리의 게성운이다.

대질량 별high-mass star은 어떻게 진화하는가?

질량이 큰 별은 밝은 주계열성으로 시작하여 나중에는 역시 적색 거성이 된다. 이 별들은 수축하여 백색 왜성으로 퇴화되지 않는 대신, 수소를 헬륨으로 융합하는 데 그치지 않고 헬륨을 탄소로, 탄소를 산소로 융합하는 과정을 계속해나간다. 대질량 별들은 이 과정을 통해 점점 더 무거운 원소들을 만들어내는데 여기에는 네온, 마그네슘, 실리콘, 철 등이 포함되어 있다. 그리고 나서 안쪽으로 끌어당기는 중력과 바깥쪽으로 밀치는 핵융합 에너지의 균형이 깨지게 되면, 별은 자신의 중력으로 인해 1초도 안 되는 짧은 순간에 붕괴되어 거대한 폭발로 자신을 날려버린다. 이러한 폭발을 초신성 폭발이라 부른다. 이런 진화 경로의 마지막 잔해가 중성자별이다. 중성자별은 붕괴된 별의 핵으로서 약 16km의 지름을 갖지만, 여전히 태양보다 질량이 몇 배정도 더 크다. 태양보다 열 배 정도 더 큰 질량을 갖는 별은 주계열 기간 동안 태양보다 1000배나 더 밝게 빛나지만 주계열에 머무는 기간은 태양의 1/100인 1억 년 정도다.

초대질량 별very high-mass star은 어떻게 진화하는가?

초대질량 별들은 빠르고 맹렬하게 수소를 헬륨으로 융합한다. 태양의 100배에 달하는 질량을 갖는 별들은 주계열 수명이 100만 년 정도이고 밝기는 태양의 100만 배에 달한다. 질량이 큰 별들처럼 초대질량 별들도 주계열을 지나면서 점점 더 무거운 원소들을 융합해나간다. 그러나 초신성 폭발이 일어나게 되면, 핵의 붕괴가 중성자별에서 멈추지 않는다. 오히려 핵의 질량이 태양의 10배에서 20배에 달할 만큼 크기 때문에 그 어떤 정상적인 물질도 별의 중력 붕괴를 막을 수 없다. 질량은 특이점으로 붕괴되며, 블랙홀을 형성한다.

행성상 성운이란 무엇인가?

행성상 성운planetary nebula은 이름이 애매하지만 실제로는 가스 성운이다. 이 성운이 '행성상'이라고 불리는 이유는 처음에 발견한 천문학자가 이 성운이 둥글고 다채로운 색깔을 가지고 있다고 보았기 때문이다. 작은 망원경으로 보면 이들은 마치 우리 태양계의 행성처럼 보인다. 행성상 성운은 중간질량의 별, 다시 말해 태양과 같은 별이 일생의 마지막 단계에 만들어낸다. 이 별은 적색 거성 단계로 진화하면, 바깥 가스층이 별의 중심핵으로부터 떨어져나가면서 여러 개의 구름층을 형성한다. 널리 알려진 행성 성운으로는 고리Ring, 고양이 눈Cat's Eye, 모래시계Hourglass, 나선Helix 성운 등이 있다.

초신성이란 무엇인가?

대마젤란성운 안에 위치한 Hodge301은 독거미 성운으로 둘러싸인 죽어가는 별들의 성단이다. Hodge301에 속한 많은 별들이 초신성 폭발을 일으켰거나 나이가 많은 적색 거성으로 곧 폭발을 일으킬 것이다.(NASA, The Hubble Heritage Team, STScI, AURA)

초신성supernova이란 별의 중심핵의 질량이 찬드라세카르의 한계Chandrasekhar limit를 넘어섰을 때 발생하는 엄청난 폭발현상이다. 이때 별의 붕괴는 전자 축퇴electron degeneracy에 의해 멈추지 않는다. 초신성 폭발이 일어나면, 불과 몇 분의 1초도 안 되는 시간에 별의 핵은 붕괴되어 약 16km 크기의 조밀한 구로 바뀐다. 온도와 압력은 거의 측정할 수 없을 정도로 뜨거워지고 높아진다. 이러한 붕괴의 반동으로 별은 엄청난 폭발을 일으킨다. 폭발 후 10초 동안 방출하는 에너지의 양은 태양이 전 생애인 100억 년 동안 방출하는 양보다 더 많으며, 별의 잔해들은 성간 공간으로 흩어진다.

일반적으로 초신성의 유형에는 두 가지가 있다. 제1형 초신성은 나이가 많은 백색 왜성이 주변의 별로부터 끌어모은 질량이 찬드라세카르의 한계를 넘어서서 폭발하는 것이다. 반면에 제2형 초신성은 그 자신의 무게로 인해 중심핵이 찬드라세카르의 한계를 초과하는 강한 중력을 갖는 대질량 별에서 발생한다.

태 양

다른 별들과 비교할 때 태양은 얼마나 밝은가?

태양의 겉보기 밝기는 매우 큰 음의 등급으로, 가시광선으로 볼 때 m=-26.7등급의 밝기를 갖는다. 태양이 이렇게 밝은 이유는 다른 별들에 비해 지구에 매우 가까이 있기 때문이다. 태양의 절대 등급은 가시광선으로 볼 때 4.8이다. 이 값은 별들의 절대 등급의 대략 중간 범위에 해당한다.

태양은 얼마나 오랫동안 빛나고 있는가?

태양은 46억 년 동안 빛을 발해왔다. 우리는 다양한 과학적 연구를 통해 이를 알고 있다. 가장 설득력 있는 증거는 운석의 연구에서 비롯된다. 다양한 연대 추정 방법을 통해, 이러한 운석들 중 일부는 태양이 빛나기 시작했을 때 형성되었음이 밝혀졌다. 이 운석들의 나이가 46억 년으로 추정되었으므로 태양의 나이 또한 46억 년이 될 것으로 추정된다.

태양은 앞으로 얼마나 더 오랫동안 빛날까?

과학적으로 이해하게 된 별이 빛을 내는 원리에 따르면, 우리 태양은 앞으로도 50억~60억 년간 핵융합을 계속할 것으로 보인다.

태양의 크기와 구조는 어떻게 되는가?

태양은 중심에 핵이 있고, 핵 주위를 복사층이 둘러싸고 있다. 복사층은 다시 대류층으로 둘러싸여 있으며, 그 바깥에는 태양의 표면인 얇은 광구가 있다. 광구 표면 바깥으로는 채층과 코로나가 펼쳐져 있다. 전체적으로 태양은 약 137만 km의 지름을 갖는데, 이는 지구 지름의 109배에 해당한다. 태양 내부와 주위에 존재하는 각기 다른 층은 태양의 물리적(대부분은 온도와 압력) 조건이 태양 중심으로부터의 거리에 따라 변하기 때문에 생긴다. 예를 들어 태양의 중심에서는 온도가 1500만 K를 넘고, 내부의 대류층에서는 100만 K 바로 아래다. 그리고 광구에서는 5800K 정도가 된다.

태양은 무엇으로 구성되나?

태양은 질량으로 볼 때 71%의 수소와 27%의 헬륨 그리고 2%의 다른 원소들로 구성되어 있다. 하지만 태양 안에 있는 원자들의 수로 보면, 91%는 수소 원자이고 9%는 헬륨 원자다. 그리고 그 밖의 다른 원자들의 수는 모두 합해도 0.1%에도 미치지 못한다. 우주에 존재하는 대부분의 별들도 이와 유사한 화학 조성을 갖는다.

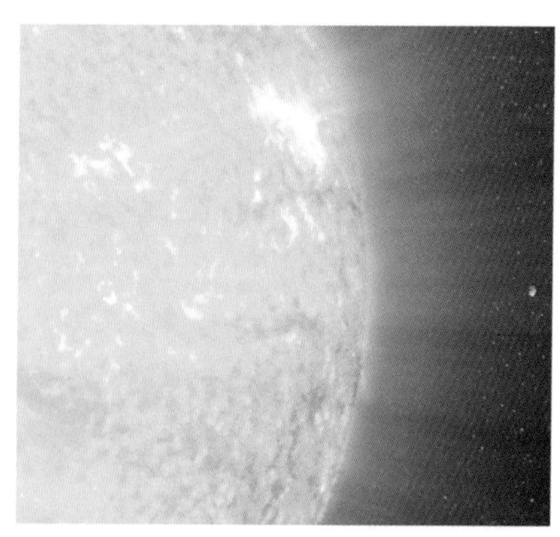

태양은 지구에서 가장 가까운 항성으로 9300만 년 광년 떨어져 있으며, 지구보다 100배 더 크다. (NASA/JPL-Caltech/R. Hurt)

태양의 질량은 얼마나 되나?

태양은 199만조의 1조 배 kg의 질량을 가진다. 가장 질량이 큰 초거성은 대략 태양 질량의 100배 정도이다. 가장 질량이 작은 왜성이나 갈색 왜성은 태양 질량의 약 1/100배 정도이다.

태양은 우리 우주나 우리은하 안의 다른 별들과 비교할 때 특별한 별인가?

우주 안의 다른 별들과 비교했을 때 태양은 상당히 평범한 별이라는 것이 밝혀졌다. 우리은하 안에는 태양과 같은 별들이 수십억 개나 있고, 이런 은하는 우주 도처에 있다. 이는 천문학자들에게 반가운 소식이다. 왜냐하면 태양을 일반적인 별들의 본질을 이해하는 모델, 다시 말해 미리 만들어진 실험실로 삼을 수 있기 때문이다. 태양은 지구에서 겨우 1억 4960만 km밖에 떨어져 있지 않은 데다, 굉장히 밝아서 우리는 태양을 상세하게 연구할 수 있다.

태양은 얼마나 뜨거운가?

태양의 중심 온도는 약 1500만 K이다. 이 온도는 양성자-양성자 연쇄반응을 통해 수소에서 헬륨으로 변환하는 별들에게 있어 전형적인 온도이지만, 어떤 별들은 이보다 더 뜨겁고 어떤 별들은 덜 뜨겁기도 하다. 특히 양성자-양성자 연쇄반응 이외의 다른 핵융합, 예를 들면 탄소-질소-산소 순환 반응 또는 삼중 알파 반응triple-alpha reaction 과정을 거칠 경우에는 더 그렇다. 태양 표면에서의 온도는 약 5800K다. 별들의 표면 온도는 전형적으로 약 3000K에서 3만 K 범위에 있다. 일부의 특별한 별들만 표면 온도가 이보다 더 높거나 낮을 수 있다.

태양은 자전을 하는가?

태양은 실제로 자전을 한다. 태양은 자전축에 대해 서쪽에서 동쪽으로 회전하는데, 이 방향은 태양 주위를 도는 행성들의 공전 방향과 같다. 태양은 단단한 고체가 아니라 전기적으로 대전된 가스로 이루어진 커다란 구체이기 때문에, 위도에 따라 각기 다른 속도로 자전한다. 태양의 적도 부근은 약 25일에 한 번꼴로 자전하는 반면, 태양의 남극과 북극 부근은 약 35일에 한 번꼴로 자전한다. 이렇게 부분적으로 다른 속도로 자전하는 것을 두고 차등 회전differential rotation이라고 부른다.

태양이 자전함으로써 어떤 결과가 생기는가?

태양의 자기장은 강한 전류에 의해 만들어지는데, 태양의 자전에 의해 생성된다. 태양은 차등 회전을 하므로 태양의 내부는 엄청난 열과 에너지로 소용돌이친다. 이는 태양의 자기력선을 휘거나 꼬이게 하고, 때로는 뭉치고 끊어지게 만들기도 한다. 태양 흑점과 홍염, 태양 플레어 그리고 코로나 질량 분출은 이로 인한 결과다.

다른 별들도 자전을 하는가?

모든 별들은 어느 정도 자전을 한다. 태양의 경우 축 주위로 한 번 자전을 하는 데 몇 주가 걸리는 반면, 어떤 별들은 며칠에 한 번꼴로 자전을 한다. 별의 잔재인 백색 왜성과 중성자별은 이보다 훨씬 더 빠르게 자전한다. 일부 중성자별들은 초당 수백 번씩 자전하기도 한다.

왜 성 과 거 성

갈색 왜성이란 무엇인가?

갈색 왜성brown dwarf은 초저질량 별의 다른 이름이다. 갈색 왜성은 핵융합이 거의 일어나지 않을 정도로 질량이 작은 별이지만, 여전히 우리 태양계의 어떤 행성들보다 훨씬 많은 질량을 갖고 있다. 갈색 왜성의 존재는 1990년대까지 확증되지 않았다. 그 이유는 이들의 광구 온도가 너무 낮기 때문에 매우 어두운 데다 거의 가시광선을 내지 않기 때문에 적외선 망원경 기술을 사용해야 관측이 가능하기 때문이었다. 이들이 발견된 이후, 적외선 망원경과 적외선 천문 카메라들은 엄청난 발전을 이루었다. 그 결과, 최근에 엄청나게 많은 갈색 왜성들이 발견되었다. 사실상 엄청나게 많은 수의 갈색 왜성들이 발견되어 이제는 우리은하에 존재하는 다른 모든 별들을 합친 수보다 이들이 더 많을 것으로 추측하게 되었다.

맨 처음 발견된 백색 왜성은 무엇인가?

20세기 초에, 시리우스(개의 별, 지구에서 볼 때 밤하늘에서 가장 밝은 별)에 대해 연구하던 천문학자들은 밝은 별 가까이에서 아주 작은 동반성을 발견했다. 이 동반성 시리우스 B는 아주 가까운 거리에서 시리우스 주변을 돌고 있었다. 이들의 공동 궤도의 작은 흔들림을 측정하여, 천문학자들은 시리우스 B가 태양보다 질량이 더 크지만 지구보다 더 작다는 결론을 내렸다. 시리우스 B는 처음으로 발견된 백색 왜성이며, 천문학자들에게 알려진 백색 왜성들 중에서 가장 질량이 큰 백색 왜성의 하나로 남아 있다.

이 가상 그림에서는 우리 태양계를 갈색 왜성의 항성계와 비교 묘사하고 있다.(NASA/JPL-Caltech/T. Pyle)

적색 왜성이란 무엇인가?

적색 왜성red dwarf은 소질량 주계열성의 다른 이름이다. 이들은 다른 대부분의 별들에 비해 상대적으로 온도가 낮기 때문에(이들의 광구 온도는 약 3000K다), 흐릿한 붉은색으로 빛난다. 적색 왜성들은 다른 대부분의 별들에 비해 작고 희미하다.

적색 거성이란 무엇인가?

적색 거성red giant은 중간질량과 대질량 별이 자신의 주계열 수명을 다하고 난 다음에 맞게 되는 진화 단계의 별이다. 태양과 같은 별이 적색 거성이 되면, 별의 중심에서 새로운 에너지 핵융합 과정이 일어난다. 이러한 새로운 내부 폭발은 별의 플라스마를 바깥으로 밀어낸다. 별의 내부와 외부의 평형이 회복되었을 때는, 별은 원래 지름의 100배에 달하는 크기로 부풀어 오른다. 이렇게 팽창한 별은 굉장히 커서 별의 바깥층이 더 이상 이전과 같은 양만큼 별의 물질을 가지고 있지 않으며, 표면 온도는 적색 왜성과 같은 정도의 온도(3000K)로 떨어지게 된다. 태양은 적색 거성이 될 운명이며, 앞으로 50억 년 후에 적색 거성이 되면, 수성과 금성을 삼키고 지구 역시 파괴하게 될 것이다.

백색 왜성이란 무엇인가?

백색 왜성white dwarf은 별의 '시체' 중 하나다. 중간질량이나 소질량 별들은 백색 왜성으로 그 삶을 마감한다. 별의 중심에서 생성되는 핵융합이 줄어듦에 따라 별은 자기 무게에 의해 붕괴되어 플라스마 안에 있는 원자핵이 서로 충돌하게 될 때까지 수축된

이 가상 그림은 쌍성계 4U 0614+091이며, 백색 왜성의 물질이 펄서의 중력에 의해 빨려들어가는 것을 묘사하고 있다.(NASA/JPL-Caltech/R. Hurt)

다. 가까워진 원자가 서로를 밀쳐내면서 붕괴는 더 이상 진행되지 않고 멈추게 된다. 이러한 상황을 전자 축퇴라고 부른다. 별의 붕괴는 죽어가는 별의 남은 에너지를 좁은 공간에 모아서 백색으로 뜨겁게 빛나게 만든다. 태양 질량의 백색 왜성은 겨우 지구 크기만 하게 된다. 지름은 100분의 1로 수축되고, 부피는 100만분의 1로 줄어들 것이다. 또 백색 왜성 물질은 한 티스푼의 부피가 몇 톤이나 나간다.

백색 왜성의 특성을 처음 설명한 사람은 누구인가?

영국의 이론천문학자인 아서 스탠리 에딩턴Arthur Stanley Eddington(1882~1994)은 당대에 가장 뛰어난 천체물리학자였다. 그는 별의 핵에서 생성되는 엄청난 양의 열이 자체 중력에 의해 별이 붕괴되는 것을 가로막는다는 생각을 처음 주장했다. 그의 저서《별의 내부 구조*The Internal Constitution of the Stars*》는 별의 진화에 대한 새로운 이론 연구의 시발점이 된 것으로 평가받고 있다. 천문학자들이 시리우스 B의 성질에 대해 당혹스러워하고 있을 때, 에딩턴이 내놓은 설명이 결국 옳다는 것이 밝혀졌다. 시리우스 B의 물질은 전자 축퇴 상태에 있다는 것이었는데, 이는 지구 상 어디에서도 찾아볼 수 없는 특별한 상태였다.

어떤 별들은 백색 왜성으로 별의 수명을 마치지 않는다는 것을 처음 주장한 사람은 누구인가?

인도계 미국인 천체물리학자 수브라마니안 찬드라세카르Subramanyan Chandrasekhar(1910~1995)가 처음으로 이러한 아이디어를 내놓았다. 1936년에 찬드라세카르는 시카고 대학에서 강의를 하고 위스콘신의 여키스 천문대에서 연구했다. 그는 오랫동안 시카고 대학에 있으면서 이론천체물리학 발전에 중요한 공헌을 했는데, 여기에는 별 내부와 우주 안에서의 에너지 전달에 대한 연구가 포함된다. 그는《천체물리학 저널*Astrophysical Journa*》의 편집장으로 일하기도 했다. 그러나 찬드라세카르의 업적으로 가장 유명한 것은 별들이 백색 왜성을 지나 다른 물질, 즉 물질이 더 조밀한 상태로 진화할 수 있다는 사실을 발견한 것이다. 그는 당대의 선도적인 천체물리학자로 널리 평가받고 있다.

찬드라세카르의 한계는 무엇인가?

1930년 찬드라세카르는 아인슈타인의 특수상대성이론과 더불어 아서 에딩턴에 의해 처음 제기된 이론을 이용해 어떤 한계 질량 이상의 별은 백색 왜성으로 삶을 마감하지 않는다는 결과를 얻었다. 다른 말로 하면, 별의 핵의 붕괴를 중지시키는 전자 축퇴가 멈출 것이라는 주장인데, 그 이유는 압력이 너무 커지는 바람에 전자들이 너무 빨리 움직이기 시작해 바깥으로 압력을 작용하기 때문이다. 1934년과 1935년에, 그는 태양 질량의 1.4배를 넘는 경우, 별의 핵은 붕괴하여 백색 왜성의 단계를 지나 보다 밀도가 높고 보다 압축된 무언가로 바뀔 것이라는 계산을 보여주었다. 비록 이런 특별한 발견은 천체 물리학자들 사이에서 곧바로 받아들여지지 않았으나, 게성운 펄서가 발견으로 어떠한 백색 왜성보다도 작고 밀도가 높다는 사실은 찬드라세카르의 계산을 입증해주었다. 이러한 질량의 한계를 오늘날 그의 이름을 기려 찬드라세카르의 한계라 부르고 있다.

청색 거성이란 무엇인가?

청색 거성blue giant은 그 이름에서 짐작할 수 있듯이 크고 푸른 별이다. 이런 별은 일반적으로 주계열상에 위치하는 질량이 큰 별이다. 청색 거성은 100만 년 정도의 수명을 가지며, 거대한 초신성 폭발로 날아가버리기 전까지 태양보다 100만 배나 더 밝게 빛난다.

중 성 자 별 과 펄 서

중성자별이란 무엇인가?

중성자별neutron star은 초신성 폭발 후에 남은 별의 붕괴된 핵이다. 이 별은 말하자면, 중력에 거스르는 물질의 마지막 저항선이다. 천체가 내부적으로 지지를 받고 특이점으로 붕괴되지 않으려면, 중성자들이 서로 맞대고 있는 중성자 축퇴neutron degeneracy 상태에 있어야 한다. 이 상태는 원자핵 안의 상태와 비슷하며 우주에서 알려진 물질의 가장 조밀한 형태다.

중성자별은 얼마나 밀도가 높은가?

중성자별은 중성자 자체와 같은 밀도다. 달리 말하면 태양보다 질량이 큰 천체이지만, 지름이 겨우 16km밖에 되지 않는다. 이는 중성자별이 물보다 10조 배나 밀도가 높다는 의미다. 중성자별의 물질 한 티스푼은 약 50억 톤에 달한다. 동전 한 개 크기의 중성자별 물질은 지구 상에 있는 모든 남자, 여자 그리고 아이의 질량을 합친 것보다 더 무겁다. 만약 중성자별 물질로 된 덩어리 하나가 땅바닥에 떨어지면, 우리 행성의 중심을 통과해 다른 쪽으로 나오는 현상을 반복하며 수십억 년 동안 지구 중심부를 드나들면서 우리 행성을 마치 스위스 치즈의 형태처럼 만들어버릴 것이다.

마그네타란 무엇인가?

마그네타magnetar는 특이하고 매력적인 물리적 성질을 띤 엄청난 자기장을 가진 중성자별을 의미한다. 이 중성자별은 여태껏 발견된 최대의 자기체 천체이며, 이들의 자기장 강도는 태양보다 수조 또는 1000조 이상으로 강하다. 이 자기장은 매우 강하기 때문에 별의 성진을 유발하거나, 우주로 감마선 복사를 분출해 극적인 폭발을 야기시키는 혼란을 유발할 수 있다.

마그네타 현상은 모든 중성자별의 생애에서 작은 부분을 차지하는 매우 에너지가 높고 수명이 짧은 단계다. 이들은 '약한 감마 연발기soft gamma repeaters'라고도 불리지만, '감마선 폭발gamma-ray burst'과는 다르다. 오히려 이들은 빠르게 회전하는 고질량 별 안의 초신성에 의해 생겨난 감마선 폭발로 남은 것일 수도 있다. 그러나 이 가설은 아직 확증된 것은 아니다.

중성자별의 주변은 어떤가?

중성자별의 중력은 매우 강력하다. 중성자별 표면 주변의 시공간 효과는 그로 인해 매우 중요하다. 하늘의 천체들은 휘어져 보이고 떨어져 보이며, 이들의 색상은 중력 적색 편이 현상을 보인다. 물질이 중성자별로 떨어져 발생하는 일은 물질이 블랙홀에 떨어지는 것과 매우 비슷하다. 이 물질은 영원히 사라지지 않지만, 매우 뜨거워지면서 엑스선과 자외선 그리고 전파를 방출하며 빛을 낸다. 만약 중성자별이 회전하고 있다면 지구의 자기장보다 수십억 배 더 강한 자기장이 형성될 수 있으며, 높은 에너지와 복사 효과를 일으킨다.

펄서란 무엇인가?

중성자별이 회전을 하면, 때때로 믿을 수 없을 정도로 빨리 회전하는데 초당 수백 회 이상 회전하기도 한다. 그 결과, 자기장의 강도가 지구가 형성할 수 있는 것보다 수십억 배나 더 강해진다. 만약 자기장이 대전된 주변 물질과 상호작용하면, 싱크로트론 복사synchrotron radiation라고 부르는 엄청난 양의 에너지가 우주로 방출되는 결과를 초래할 수 있다. 이런 경우 중성자별의 표면에 약간의 불균형이나 특징이 있으면 방출되는 복사에 특징적인 '광점blip'이나 '펄스pulse'가 나타날 수 있다. 중성자별이 한 번 회전할 때마다 복사 펄스가 방출된다. 이러한 천체를 펄서pulsar라고 부른다.

펄서를 처음 발견한 사람은 누구인가?

1960년대에 케임브리지 대학의 천문학과 대학원생이던 조슬린 수전 벨 버넬Jocelyn Susan Bell Burnell(1943~)과 지도 교수 앤서니 휴이시Antony Hewish(1924~)는 커다란 전파 망원경을 사용하여 연구하고 있었다. 거대한 전파 망원경은 와이어로 연결된 들쭉날쭉한 안테나로 이루어져 약 1만 6000m²의 들판에 펼쳐져 있었다. 이 전파 망원경은 희미하고 빠르게 변화하는 에너지 신호를 감지하여 길게 말아놓은 종이 위에 기록할 수 있게 되어 있었다. 1967년에 버넬은 특이한 신호가 기록되고 있음을 알아차렸다. 그것은 하늘의 특정한 위치에서 오고 있는 주기적인 전파 펄스였다. 그녀는 네 개의 맥동 전파원을 찾아냈다. 당시 이 신호들을 매우 신비하게 여겼는데, 그 이전까지 보고된 우주로부터 오는 전파 신호는 모두 연속적인 신호였기 때문이다. 버넬과 휴이시는 이 '펄서'가 빠르게 회전하는 백색 왜성이거나 중성자별일 것이라고 생각했다. 분석 결과, 중성자별이라는 것이 최종적으로 확인되었다.

얼마나 많은 펄서가 발견되었는가?

2008년을 기준으로 1000개 이상의 펄서들이 우리은하 안에서 발견되었다. 이들 가운데 가장 널리 알려진 것은 게성운 펄서다. 이 펄서는 게성운의 중심부에 위치하며, 1054년에 처음 관측된 초신성의 잔해로 매 33밀리초(ms)마다 펄스를 내보내는데, 그야말로 놀라운 것이었다. 태양 질량의 천체가 초당 30번의 회전을 한다고 상상해보라!

복 사 성

엑스선 별이란 무엇인가?

엑스선 별은 그 이름이 암시하듯 엄청난 양의 엑스선 복사를 방출하는 별이다. 우리 태양은 다른 일반 별들과 같이 지구의 어떤 엑스선 원보다 많은 엑스선을 방출한다. 태양이 방출하는 전체 복사량을 기준으로 볼 때 엑스선 방출량은 매우 작다. 하지만 엑스선 별은 가시광선보다 엑스선을 수천 배 더 많이 방출한다.

엑스선 별들은 거의 대부분 연성계이거나 다중성계에 속한다. 둘 혹은 그 이상의 별들과의 상호작용은 강한 엑스선 방출을 유도한다(보통 이들 중 하나는 밀접성인 백색 왜성, 중성자별 혹은 블랙홀이다). 천문학자들은 엑스선 항성계를 두 부류, 다시 말해 '소질량 엑스선 연성LMXRB'과 '대질량 엑스선 연성HMXRB'으로 구분한다.

소질량 엑스선 연성과 대질량 엑스선 연성의 차이는 무엇인가?

그 이름이 의미하듯 소질량 엑스선 연성은 상대적으로 낮은 질량의 별들, 즉 중간 질량이나 그보다 낮은 질량의 별들을 포함하며 밀집 동반성으로 백색 왜성을 갖는다. 반대로, 대질량 엑스선 연성은 보통 하나 또는 두 개의 대질량 별이나 초대질량 별을 가지며, 동반 천체는 일반적으로 중성자별 혹은 블랙홀이다. 비록 두 가지 연성계는 모두 많은 양의 엑스선 복사를 방출하지만, 이들의 엑스선 스펙트럼은 확연히 다르다. 왜냐하면 이 연성계의 물리적 조건이 별들의 질량에 따라 다른 영향을 받기 때문이다.

엑스선 연성이 첫 번째 항성 블랙홀로 어떻게 확증되었는가?

백조자리 방향에 있는 가장 강력한 엑스선 원은 백조자리 X-1Cygnus X-1이다. 이것이 발견된 이후, 천문학자들은 다양한 관측 방법을 통해 이 수수께끼의 천체를 연구했다. 백조자리 X-1은 질량이 큰 엑스선 연성임이 밝혀졌으나, 짝을 이루는 천체는 보이지 않았다. 뿐만 아니라, 연성을 이루는 다른 별의 움직임을 측정했을 때 짝을 이루는 천체가 물리 법칙을 거스르지 않는 한도 내의 어떠한 백색 왜성이나 중성자별의 질량을 훨씬 능가한다는 것을 알아냈다. 결과적으로 백조자리 X-1은 최소한 태양의 열 배의 질량에 달하는 항성 블랙홀을 포함한다는 증거가 지배적이다.

첫 번째 엑스선 연성은 언제 발견되었는가?

천체로부터 오는 엑스선은 1962년 엑스선 망원경을 우주로 발사하면서부터 본격적으로 감지되기 시작했다. 엑스선은 전갈자리 방향에서 오는 듯했으나, 천문학자들은 별자리 어느 부분에서 엑스선이 오는지는 정확히 알 수 없었다. 이 엑스선 원을 전갈자리X-1Scorpius X-1으로 명명했다. 이 기호의 의미는 전갈자리 방향에 근원을 둔 첫 번째 엑스선이라는 뜻이다. 시간이 지나 측정 기술의 발달과 정밀한 관측 결과, 이 엑스선은 엑스선 연성에서 오고 있다는 것을 알아냈다.

극성이란 무엇인가?

'극성polar'은 '북극곰polar bear'을 의미하는 극polar이 아니라 높은 단계로 편광된 빛을 내는 별을 가리키는 이름이다. 우주 안의 수많은 먼지 알갱이 결정들이 강한 자기장에 의해 한 방향으로 정렬될 때 빛이 편광된다. 이들 덩어리는 미시적인 거울로 이루어진 거대한 구름처럼 작용하며 특정 비율로 편광된 빛을 반사한다. 편광된 빛과 편광되지 않은 빛의 양과 방향을 비교함으로써, 이러한 현상을 가능하게 하는 별 주변의 초강력 자기장의 배열을 알아내는 것이 가능해진다.

극성은 연성계이고, 일반적으로 격변 변광성 혹은 저질량 엑스선 쌍성임이 밝혀졌다. 편극 현상을 만들어내는 자기장은 태양 자기장 강도의 수백만 내지 수십억 배 수준이며, 연성계에서 대단히 흥미로운 물리적 결과를 유발한다.

감마선 폭발이란 무엇인가?

감마선 복사는 하루에 한 번 정도 우주에서 지구로 도달한다. 이러한 감마선 폭발의 일부는 우리은하로부터 오는 것이고 다른 일부는 멀리, 아주 멀리 있는 은하로부터 오는 것이다. 어떤 감마선 폭발은 100억 광년 떨어진 곳에서 오기도 한다. 감마선은 전자기 복사 중에서 가장 에너지가 높은 것이며, 별들은 많은 양의 감마선을 방출하지 않는다.

일부 감마선 폭발은, 특히 우리은하 안에서 일어나는 것은 어떤 유형의 연성계의 격정적인 폭발로 나타나는 것처럼 보인다. 보통은 연성 중의 한 별 혹은 두 별 모두는 밀도가 높고 질량이 큰, 생의 마지막 단계의 별들인 백색 왜성, 중성자별 또는 블랙홀이다. 감마선은 먼 은하에서도 관측이 가능하고 중성자별 혹은 블랙홀의 충돌에 의해 생겨날 수 있다. 밀도가 높은 별이 빠르게 회전하면서 초신성으로 폭발하면, 별의 붕괴와 별의 회전이 합쳐 두 개의 강력하고 밀집된 감마선 빔을 우주로 내뿜을 수 있다. 이 빔은 태양이 수백만 년간 혹은 수십억 년간 만들어내는 복사 에너지의 양을 뛰어넘는다.

연 성 계

연성이란 무엇인가?

연성은 서로 가까이 있어 밀접하게 연계된 것처럼 보이는 별들의 쌍이다. 어떤 연성들은 겉보기 쌍성apparent binaries이라고 불리는데, 지구에서 보았을 때 바로 옆에 있는 것처럼 보이기 때문이다. 물론 이들은 물리적으로 연관이 없다. 두 개의 별이 물리적인 연계를 가질 때 비로소 연성이라 불리며, 두 별은 하나의 중력 점에 대해 서로의 주위를 돌게 된다.

물리적으로 연관을 가진 연성은 더 세분된다. 실시 쌍성visual binary은 각 별들이 망원경이나 맨눈으로 뚜렷하게 관측되는 쌍성을 말한다. 측성 쌍성astrometric binary은 두 개의 별들이 시각적으로 구분되기는 어렵지만, 한 별의 궤도의 흔들림을 통해 다른 별이 주변에 존재한다는 것을 보이는 쌍성이다. 식쌍성eclipsing binary은 별의 궤적이 거의 우리 시야에 나란하여 주기적으로 별들이 서로를 일부 가리거나 혹은 완전히 가리게 된다. 분광 쌍성spectroscopic binary은 두 쌍의 별들이 분광 측정으로 인해 도플러 편이 혹은 다른 분광 표시를 갖는 쌍성을 말한다.

비록 흔하지도 않고 오랜 기간 동안 안정된 궤도를 돌지도 않지만, 세 개나 네 개의 별들이 하나의 중력 중심점 주위로 서로서로 회전하는 다중성계도 존재한다.

누가 처음 연성 목록과 표를 만들었는가?

영국에서 거주하며 연구한 독일계 천문학자 윌리엄 허셜은 848쌍의 쌍성을 찾아내, 뉴턴이 제시한 바와 같이 별들 사이에 중력이 작용하고 있음을 입증했다. 그는 별들이 처음에는 우주에 무작위로 퍼져 있었으나 시간이 가면서 쌍을 이루거나 무리를 이룬다는 가설을 세웠다.

천문학자들은 안정적이고 성숙한 항성계는 쌍성 주변에서 보다 흔할 것이라는 것을 배웠다. 따라서 이 그림에서와 같은 일출은 우리가 생각했던 것보다 이국적이지 않을 수도 있다.(NASA/JPL-Caltech/R. Hurt)

쌍성과 다중성은 얼마나 흔한가?

태양이 있는 은하수 주위의 별들은 최소한 절반은 쌍성binary star과 다중성multiple star으로 알려졌다. 연성이나 다중성인 별들의 비율은 정확히 알려지지 않았으며, 여전히 천문학자들이 풀어야 할 숙제로 남아 있다. 그러나 이들이 차지하는 비율은 높기 때문에 천문학자들이 별의 탄생과 생애를 연구할 때 중요한 고려 인자가 된다.

에이엠 헤르쿨리스 별이란 무엇인가?

에이엠 헤르쿨리스 별AM Herculis star은 이런 유형의 천체 중에서 처음 발견되어 붙인 이름이다. 이 별은 특별한 유형의 연성으로, 매우 강한 자기장을 가진 극성polar이다. 백색 왜성 주변의 자기장은 아주 강력해서 주계열성을 왜곡시켜 짝을 이루는 별을 달걀형 배열로 가지게 되며, 쌍성의 궤도를 일치시켜 별의 같은 면이 항상 백색 왜성을 보도록 했다. 에이엠 헤르쿨리스는 높은 에너지를 갖는 폭발 변광성이다.

폭발 변광성이란 무엇인가?

폭발 변광성cataclysmic variable은 연성을 이루는 별들 중 하나의 별 표면에서 주기적으로 거대한 폭발이 일어나는 쌍성이다. 대개 폭발 변광성은 하나의 백색 왜성과 하나의 주계열성을 포함한다. 보다 크고 팽창한 주계열성의 물질은 백색 왜성 표면으로 흘러든다. 이렇게 모인 물질이 어떤 임계 질량critical mass에 도달하면 강력한 열 핵폭발을 일으킨다. 그러나 이때 별이 붕괴되지는 않는다. 이러한 큰 폭발 후에 물질이 모이고 다시 폭발하는 순환이 계속되는데, 다음 폭발은 몇 시간 후에 일어나기도 하고 수백 년 후에 일어나기도 한다.

특정 유형의 폭발 변광성은 고전적 초신성classical nova이라 불리는데 별의 흔적을 없애는 폭발인 초신성supernova과 혼동하면 안 된다. 비록 고전적 초신성classical nova은 거대하지 않을지라도 매우 강하고 인상적이다.

태양의 동반성이 있는가?

태양의 동반성이 발견된 적은 없지만 프록시마 센타우리Proxima Centauri가 알파 센타우리Alpha Centauri A와 B를 도는 것처럼 아주 희미하고 먼 거리에서 태양계 주변을 돌 가능성이 아주 약간 존재한다. 이러한 주장은 과학 소설에서 다루어졌으며, 이런 아주 작은 동반성의 별명은 고대 그리스 신화에 나오는 밤의 신의 딸이기도 한 복수의 여신 네메시스Nemesis라고 붙였다. 어떤 사람들은 이 동반성이 종종 먼 거리에 있는 혜성의 궤도를 바꾸어 이들이 우리 태양계의 중심을 거쳐 지구에 떨어질 것이라고 얘기한다. 그러나 이러한 가설을 뒷받침할 만한 과학적 증거는 없다.

세페이드 변광성이란 무엇인가?

세페이드 변광성Cepheid variable은 폭발 변광성과 같은 연성이 아니다. 이들은 오히려 맥동pulsate하는 단독성이다. 이들은 내부의 과정에 의해 크기가 커졌다 작아졌다 하며 광도가 변한다. 세페이드 변광성은 우주를 연구하는 데 중요한 역할을 해왔다. 그 이유는 이들의 맥동이 주기적 광도 관계를 만들어내어 거리를 측정하는 표준 촉광으로 사용되기 때문이다.

거문고자리 RR 변광성이란 무엇인가?

거문고자리 RR 변광성RR Lyrae은 세페이드 변광성과 같이 내부 과정에 의해 맥동한다. 이 별도 주기-광도 관계를 따르기 때문에 표준 촉광으로 사용될 수 있다. 사실 이러한 유형의 변광성들은 세페이드 변광성 이전에 표준 촉광으로 사용되었다. 이들은 천문학자들로 하여금 우리은하 주변을 도는 성단들까지의 거리를 측정함으로써 우리은하의 크기를 측정하는 데 도움을 주었다. 거문고자리 RR 변광성은 세페이드 변광성만큼 유명한 표준 촉광은 아니다. 왜냐하면 세페이드보다 어두워서 먼 거리(은하 사이의 거리)를 측정하는 데 사용하기가 쉽지 않기 때문이다. 그러나 이들은 세페이드 변광성보다 훨씬 나이가 많기 때문에 고유한 가치가 있다. 이들은 나이가 더 많은 별들로 이루어진 천체(이를테면 구상 성단)까지의 거리를 잴 때 유용하다.

거문고자리 RR 변광성과 세페이드 변광성은 왜 맥동하는가?

거문고자리 RR 변광성과 세페이드 변광성은 밝기와 온도에 의해 내부가 세게 흔들리기 때문에 진동한다. 이 별들은 바깥으로 조금씩 팽창하면서 밝아지지만, 그와 동시에 내부의 핵융합이 줄어들어, 이들이 천천히 축소하면서 식게 된다. 그로 인해 이들이 특정 시점에 붕괴하면, 강한 핵융합 에너지가 폭발하면서 다시 바깥으로 팽창하게 된다. 밝아졌다가 흐려지고 다시 밝아지는 주기는 거문고자리 RR 변광성의 경우 몇 시간에서 며칠씩 걸리고, 세페이드 변광성의 경우 몇 주에서 몇 달까지 걸린다.

성 단

성단이란 무엇인가?

별들은 종종 우주에서 무리를 이룬다. 이러한 무리들을 일컬어 성단star cluster이라고 하는데, 이들이 별자리와 다른 점은 단순히 무리 지어 보이는 것 외에도 물리적인 연관성을 갖는 것이다. 가장 잘 알려진 성단의 유형은 구상 성단과 산개 성단이다.

성단은 어떻게 형성되는가?

현재의 이론과 관측은 성단이 하나의 매우 큰 가스 구름으로부터 형성되었음을 시사하고 있다. 성단 안의 모든 별들은 아주 짧은 기간에 형성된다(약 수천 년에서 수백만 년 사이). 산개 성단은 매우 어린 구조로, 수백만 년 혹은 최대 수십억 년 후에 제멋대로의 운동으로 인해 뿔뿔이 흩어진다. 그에 반해 구상 성단은 서로 밀집되어 붙어 있으며 수십억 년 동안 지속될 수 있다.

산개 성단은 어떻게 형성되나?

산개 성단open cluster은 빠르게 그리고 자주 형성된다. 이들은 구상 성단에 비해 훨씬 작다. 또 보통 수십 개에서 수백 개에 달하는 별들을 포함하고 있으며 특정 모양으로 형성되지 않고 그 이름이 암시하듯 불규칙적이고 열린 형태를 띤다.

산개 성단은 얼마나 많은가?

우리은하 안에서는 1000개 이상의 산개 성단이 발견되었다. 은하의 가스 먼지구름이 우리의 시야를 가린다는 점을 고려하면 더 많은 산개 성단이 존재할 가능성도 있다.

잘 알려진 산개 성단들에는 어떤 것이 있나?

남반구에서 볼 수 있는 보석 상자 성단Jewel Box은 반짝이는 다양한 색깔의 별들을 포함한 듯 보이는, 특히나 아름다운 산개 성단이다. 북반구에서는 히아데스성단(벌집 성단으로도 알려짐)이 잘 알려진 산개 성단이다. 황소자리 방향에 있는 히아데스의 약간 동쪽에는 밤하늘에서 가장 잘 알려진 산개 성단이 존재하는데, 바로 플레이아데스(일곱 자매)성단이다.

잘 알려진 성단들은 어떤 것이 있나?

다음의 목록은 널리 알려진 성단들이다.

알려진 성단들

학 명	목록 이름	성단 유형
47 투카나	NGC104	구상 성단
벌집 성단	Messier 44	산개 성단
크리스마스트리 성단	OC NGC2264	산개 성단
헤르쿨레스 성단	Messier 13	구상 성단
히아데스	Mellotte 25	산개 성단
보석 상자	NGC4755	산개 성단
메시에 3	NGC5272	구상 성단
오메가 센타우리	NGC5139	구상 성단
플레이아데스	Messier 45	산개 성단
트라페지움 성단	Orion Trapezium	성운 속에 박혀 있는 성단

플레이아데스 성단이란 무엇인가?

플레이아데스Pleiades는 지구에서 약 400광년 떨어져 있는 산개 성단으로, 수십 개의 별들을 가지고 있다. 이 별들 중에서 일곱 개의 가장 밝은 별들, 다시 말해 알키오네Alcyone, 아틀라스Atlas, 엘렉트라Electra, 마이아Maia, 메로페Merope, 타이게타Taygeta 그리고 플레이오네Pleione는 맨눈으로 관측이 가능하다. 이 별들은 작지만 밝은 반사 성운에 둘러싸여 있어 관측하기가 매우 쉽다. 플레이아데스는 또한 유럽과 미국에서 아틀라스의 일곱 자매Seven Sisters라고도 알려져 있으며, 여러 고대 문화권에서 전설의 소재로 사용되었다.

고대인들은 플레이아데스를 사용하여 계절과 달력 주기를 어떻게 표기했는가?

많은 고대 문화권에서, 플레이아데스는 계절의 변화와 연관되어 있다. 그것은 지구의 북반구에서 플라이아데스가 봄철에는 동틀 무렵에, 가을에는 해질녘에 보였기 때문이다. 그래서 플레이아데스는 파종과 수확의 상징이 되었다. 고대 멕시코의 아즈텍 문명은 52년 주기의 달력의 근거를 플레이아데스의 위치에 두고 있다. 그들은 새로운 주기의 시작을 플레이아데스가 하늘의 천정, 바로 머리 위에 오를 때로 정했다. 그날 자정에 아즈텍인들은 하늘과 땅을 기념하는 신성한 의식을 치렀다.

플레이아데스 성단.(NASA/JPL-Caltech/J. Stauffer)

구상 성단이란 무엇인가?

구상 성단은 별들이 거의 구 형태로 분포되어 있으며, 수십에서 수백 광년의 지름을 가진다. 이들은 수천 개에서 수백만 개의 별들을 포함하며, 보통 서로의 간격이 좁다.

별들은 중력에 의해 서로 거리를 유지하며 성단 중심부에 별들이 많이 몰려 있다. 예를 들어 G1 성단은 안드로메다은하 주변을 도는 구상 성단으로 가운데에 블랙홀이 있는 것처럼 보인다.

플레이아데스에 숨어 있는 신화는 무엇인가?

그리스 신화에 따르면, 플레이아데스는 티탄 신인 아틀라스(신들에 대항한 벌로 지구를 어깨로 떠받치고 있는)의 부인인 플레이오네와 그 딸들이라는 것이다. 플레이아데스가 사냥꾼인 오리온에게 쫓기자 제우스 신이 이들의 탈출을 도와주었다. 제우스는 먼저 이들을 비둘기로 변하게 하여 오리온으로부터 달아나게 했고, 그다음에는 하늘로 들어 올려 별이 되도록 했다.

한편 지구 반대편의 오스트레일리아 전래 동화에서는 플레이아데스가 쿠루Kulu라고 불리는 사람에게 쫓기던 한 무리의 여자들로 비유된다. 와티-쿠티아라Wati-Kutjara라고 불리는 두 도마뱀 인간이 여자들을 구하기 위해 나타나 부메랑을 던져 쿠루를 죽이자 쿠루의 얼굴에서는 핏기가 사라져 하얗게 된 다음 하늘로 올라가 달이 되었다고 한다. 두 도마뱀 인간은 하늘로 올라가 쌍둥이자리가 되었고, 여자들은 플라이아데스가 되었다.

구상 성단은 얼마나 많은가?

큰 은하들은 각각의 구상 성단들을 갖고 있다. 은하수 주위에는 150~200개의 구상 성단들이 있다. 우리은하의 가장 가깝고 큰 이웃 은하인 안드로메다은하에는 우리은하의 약 두 배에 달하는 구상 성단들이 있다. 거대 타원 은하 주위에는 수천 개의 구상 성단들이 발견되고 있다.

구상 성단은 얼마나 오래 존재할 수 있는가?

현재의 천문학적인 증거는 일부 구상 성단들이 우주 초기에 형성된 별들의 집단일 가능성을 시사한다. 구상 성단의 색등급 도표 color-magnitude diagram를 연구함으로서, 천문학자들은 이들 중 일부는 형성된 지 최소한 120억 년 정도 된다고 결론지었는데, 이는 우리가 관측한 가장 먼 은하들의 나이와 같다.

M80은 구형의 성단으로 지구로부터 2만 8000광년 정도 떨어져 있는 곳에 위치하며, 수백에서 수천 개의 별들을 포함한다.(NASA, The Hubble Heritage Team, STScI, AURA)

잘 알려진 구상 성단들에는 어떤 것이 있나?

북반구에는 헤르쿨레스 성단이 유명한데 쌍안경이나 작은 망원경으로 쉽게 관측된다. 남반구에는 두 개의 유명한 구상 성단이 있는데, 이 성단들은 어두운 밤에는 맨눈으로도 관측된다. 이들은 큰부리새자리 47 47 Tucanae 성단과 오메가 센타우리Omega Centauri 성단이다.

큰 성단과 작은 은하의 차이는 무엇인가?

천문학자들은 이 질문에 대답하기 위해 많은 세월을 보냈다. 예를 들어 오메가 센타우리의 경우 수백만 개의 별들을 포함하며, 큰부리새자리 47 성단 역시 마찬가지이다. 많은 왜소 은하들 역시 비교될 만한 수준의 별들을 가지고 있으므로, 별들의 집합을 분류할 때 어디까지가 성단이고 어디서부터 은하가 되는지 그 경계를 완벽하게 구분짓기는 어렵다. 지름이 다를지도 모르고 어쩌면 암흑 물질의 양이 다를지도 모른다. 언젠가는 이러한 양들이 두 종류의 천체들을 분명하게 구분하는 데 도움이 될 것이다.

제 5 장
태양계

행 성 계

행성계란 무엇인가?

행성계planetary system는 별 주변에 모여 있는 천체들의 체계다. 여기에는 행성, 소행성, 혜성과 같은 천체들과 행성 간 먼지 등이 포함된다. 보다 일반적 개념으로는 여기에 별 그 자체와 별의 자기장, 항성풍 그리고 이들의 물리적 효과, 다시 말해 이온화 경계와 충격파 면이 포함된다.

우리가 속한 행성계를 무엇이라 부르는가?

태양은 우리가 살고 있는 행성계의 중력 중심이다. 태양계Solar system라고 말할 때의 '태양solar'은 태양sun을 의미한다. 그래서 우리 행성계를 태양계라고 부르는 것이다. 간혹 천문학자들이 다른 행성계 역시 태양계라 부르기도 하는데, 전문적으로 옳은 표현이 아니다.

태양계는 어떻게 형성되었는가?

태양계는 18세기에 피에르 시몽 라플라스Pierre Simon Laplace(1749~1827)가 주장한 성운설nebula hypothesis의 기본 개념에 따라 생겨났을 가능성이 크다. 약 46억 년 전에, 태양은 자신의 중력 불안정으로 붕괴된 커다란 가스와 먼지 구름에 의해 형성되었다. 태양이 생겨났을 때, 중력에 의해 모인 가스와 먼지 성운이 태양만을 형성한 것은 아니다. 일부는 궤도를 도는 물질의 띠를 이루었다. 이 물질들이 원시 행성 원반을 이루고 돌면서, 작은 알갱이들끼리 수많은 충돌이 일어나 일부 덩어리들이 합치기 시작하면서 큰 몸체를 형성했다. 그리고 수백만 년 후에 가장 큰 덩어리들(미행성들)이 다른 덩어리를 끌어당길 만큼 충분한 질량(중력)을 가지게 되었다. 이러한 미행성들이 점점 커져서 원시 행성이 되었다. 가장 큰 원시 행성들은 계속 커져 마침내 행성이 되었다. 태양풍은 주변에 있던 대부분의 잔재들을 없애버렸으나 처리되지 못한 가스와 먼지들과 수많은 작은 천체들(그리고 일부의 가스와 먼지)은 오늘날까지 남아서 45억 년 이상 태양계에 꽤 다양한 천체와 현상들을 제공해왔다.

우리 태양계는 얼마나 큰가?

우리 태양계는 태양에서 가장 먼 행성인 해왕성 궤도 너머, 약 50억 km까지 뻗어 있다. 해왕성 너머에는 카이퍼 대Kuiper Belt가 있는데, 카이퍼 대는 작은 얼음덩어리들로 이루어진 두꺼운 도넛 모양의 구름으로 약 120억 km까지 뻗어 있다. 그 너머에는 오르트 구름Oort Cloud이 있다. 오르트 구름은 거대하고 두꺼운 구 껍질 모양을 하고 있는데, 그 안에는 수조 개의 혜성과 혜성 비슷한 천체들이 있을 것으로 생각된다. 오르트 구름은 태양으로부터 약 1광년, 약 9조 6000억 km까지 뻗어 있다.

성운설의 기원은 무엇인가?

성운설은 1755년에 독일의 철학자 이마누엘 칸트에 의해 처음 제안되었고, 후에 프랑스의 수학자이자 과학자인 피에르 시몽 라플라스에 의해 발전되었다. 개념은 현재의 태양 형성 이론과 비슷하지만, 행성들이 형성되는 추정 과정이 다르다. 라플라스는 태양이 회전하는 성운을 형성하고, 성운이 태양 쪽으로 수축할 때 가스 고리를 내보낸다

이 가상 그림에서는 곧 공전하는 행성들로 합치게 될 물질에 둘러싸인 항성을 묘사하고 있다.(NASA/JPL–Caltech/T. Pyle)

고 했다. 이와 같이 궤도 운동하는 고리 안의 물질들이 충돌과 중력 작용으로 행성으로 뭉치게 된다. 이러한 성운설은 1796년 《우주의 체계*the system of the world*》라는 라플라스의 책을 통해 소개되었다. 비록 세부 사항에서 올바르진 않았으나, 이는 우리가 천체물리학 기원을 좇는 데 커다란 선구적 역할을 했다.

미행성체란 무엇인가?

미행성체planetesimal들이란 초기 태양계 천체들로, 약 1~100km정도의 지름을 가지는 천체들이다. 이 정의는 많은 다른 과학 용어들처럼 정확한 것은 아니다. 일반적으로 충돌에 의해 생성된 원시 행성계 성운 속의 천체들로, 중력을 통해 더 많은 물질들을 끌어모을 수 있다.

원시 행성이란 무엇인가?

원시 행성protoplanet은 초기 태양계 천체들로, 100~1만 km 정도의 지름을 갖는다. 이 정의 역시 미행성체와 같은 다른 과학 용어들처럼 정확한 정의가 아니다. 일반적으로 원시 행성은 원시 행성계 성운 속의 천체들이 다른 작은 천체들을 중력으로 끌어들일 만큼 충분히 커서 크기와 질량이 커진 천체다.

태양계의 핵심 지역major zones은 어디인가?

과학자들은 일반적으로 태양계를 다섯 개의 지역, 다시 말해 내행성(지구형 행성) 지역, 소행성대, 외행성(거대 가스 행성) 지역, 카이퍼 대, 오르트 구름으로 구분한다. 이 지역 구분에 대한 정확한 경계는 없고, 이들의 크기도 결정되지 않았다. 천체가 한 지역에서 다른 지역으로 나타날 수 있다는 점에서 중복될 수도 있다.

행 성 의　기 초

행성이란 무엇인가?

수세기 동안 행성이란 용어를 정의하기 위해 많은 노력이 있었지만, 여전히 오늘날까지도 보편적으로 동의할 만한 과학적 정의는 없다. 그러나 일반적으로 말하면 행성은 일반 별이 아닌 천체(즉 중심핵에서 핵융합이 일어나지 않는 것을 말한다)로서, 별 주위를 공전하고, 자신의 중력으로 모양을 둥글게 만들어 거의 완전한 구형의 천체를 의미한다.

우리 태양계 행성들의 일반적인 특징은 무엇인가?

현재의 과학적 분류 체계에 따르면, 우리 태양계의 행성들은 다음과 같은 세 가지 조건을 충족시켜야 한다.

첫째, 행성은 반드시 정역학적 평형을 이루어야 한다. 즉 안쪽에서 잡아당기는 중력과 바깥쪽으로 밀어내는 힘이 균형을 이루어야 한다. 이런 평형 상태의 천체는 거의 대부분 구형이거나 구에 가깝다.

우리 태양계는 공식적으로 여덟 개의 행성을 포함하고 있으며 (왼쪽 위부터) 수성, 금성, 지구(달과 같이 나와 있음), 화성, 목성, 토성, 천왕성 그리고 해왕성 순이다.(NASA)

둘째, 행성의 주 궤도는 반드시 태양을 기준으로 돌아야 한다. 이 조건은 달이나 타이탄, 가니메데Ganymede 등은 행성이 아니라는 것을 의미한다. 이들은 정역학적 평형에 의해 구의 형태를 이루고 있지만 이들의 주 궤도가 행성 주위를 돌기 때문이다.

셋째, 행성은 반드시 자신의 궤도 안에 있는 다른 작은 천체들을 배제해야 한다. 다시 말해 궤도 주변을 통틀어 유일하게 큰 천체여야 한다. 이 조건은 명왕성Pluto이 행성이 아님을 의미한다. 명왕성은 앞의 다른 두 조건을 충족하지만 명왕성 궤도에는 수천 개의 플루티노Plutinos 천체가 존재하고, 명왕성 궤도는 훨씬 더 크고 무거운 해왕성 궤도와 교차하고 있다.

우리 태양계에는 위의 세 가지 조건을 충족하는 여덟 개의 천체가 있는데, 바로 해왕성, 천왕성, 토성, 목성, 화성, 지구, 금성 그리고 수성이다.

우리 태양계 행성들의 질량과 공전 주기 그리고 위치는 어떻게 되나?

다음 목록은 우리 태양계 내의 행성들에 대한 기본 정보들이다.

우리 태양계의 행성들

이름	질량(지구 질량*)	지름(지구 직경**)	거리(AU***)	공전 주기(지구년)
수성	0.0553	0.383	0.387	0.241
금성	0.815	0.949	0.723	0.615
지구	1	1	1	1
화성	0.107	0.532	1.52	1.88
목성	317.8	11.21	5.20	11.9
토성	95.2	9.45	9.58	29.4
천왕성	14.5	4.01	19.20	83.7
해왕성	17.1	3.88	30.05	163.7

* 1지구 질량은 5.98×10^{24}kg이다.

** 1지구 직경은 1만 2756km다.

***1AU(천문 단위)는 지구와 태양 사이의 거리이며 대략 1.5×10^{8} km이다.

행성인지 아닌지 누가 결정하는가?

국제천문학연맹IAU, International Astronomical Union은 거의 2세기에 걸쳐 세계 천문학자들의 공식 표준 기관이 되고 있다. 우주 안의 천체들의 공식적인 이름(예를 들어 소행성, 혜성, 행성과 같은)이 제출되면 IAU 위원회는 그 이름과 명명법에 대해 승인을 하거나 거부하게 된다. IAU는 특별 위원회를 소집하여 우리 태양계의 행성들을 분류하는 방법을 결정하도록 했다. 그 이유는 명왕성과 다른 카이퍼 대 천체들KBOs, Kuiper Belt Objects을 과학적으로 타당하면서 현실적으로 받아들일 수 있는 방식으로 분류해야 했기 때문이다.

현재의 공식적인 행성 분류 체계는 어떻게 되는가?

2006년 8월 24일에 개최된 IAU 총회에서 현재의 우리 태양계 행성 분류 체계가 채택되었다. 이 분류 체계에는 행성 개념에 특별한 과학적 조건이 추가되었는데, 행성은 반드시 자신의 궤도나 주변에서 충분히 큰 크기의 천체를 배제해야(아마도 충돌이나 중력으로 끌어당겨서) 한다는 것이다. 또한 이 분류 체계는 '왜소 행성dwarf planet'이라는 새로운 명칭을 만들어, 이 조건을 제외한 다른 조건을 충족하는 천체를 지칭하도록 했다. 이 분류 체계는 이전의 다른 분류 방법처럼 강점과 약점이 있다. 그러나 어찌 되었든 이는 사람들로 하여금 행성이 무엇인지에 대해 배우게 했다.

현재의 분류 체계는 공식적으로 우리 태양계에 여덟 개의 행성, 다시 말해 수성, 금성, 지구, 화성, 목성, 토성, 천왕성, 해왕성이 있으며, 명왕성, 카론Charon, 세레스Ceres, 에리스Eris, 콰오아Quaoar 같은 수많은 왜소 행성들이 있다고 말한다.

이전의 행성 분류 체계는 어떻게 되었나?

이전의 행성 분류 체계는 역사적인 지식과 천체의 크기에 기초하고 있었다. 현재 태양계의 여덟 개 행성과 명왕성은 과학자들에게 알려져 있었고, 크기가 크다고 믿었다(적어도 이들은 모두 지구의 위성인 달보다 크다고 믿었다). 그리고 태양 주위를 도는 것으로 알려진 다른 천체들, 다시 말해 지름이 약 3200km보다 작은 천체들은 소행성으로 불렸다. 그러므로 2006년 8월 24일까지, IAU는 명왕성을 공식적으로 아홉 번째 행성으로 인정했다. 하지만 이제는 그렇지 않다.

이전에도 행성에 대한 재분류가 있었는가?

그렇다. 그리고 언젠가는 다시 생길 수도 있다. 고대에는 행성이 하늘을 가로질러 배경 별에 대해 자연적으로 움직이는 천체를 의미했다. 여기에는 태양과 달을 비롯하여 수성, 금성, 화성, 목성 그리고 토성 모두가 포함되었다. 시간이 지나 1700년대 후반에 천왕성이 발견되어 행성에 추가되었으나, 태양과 달은 이 부류에서 제외되었다. 1800

년대에는 태양 주위를 도는 10여 개의 작은 천체들도 행성으로 여겼다. 그 후 이들은 소행성으로 재분류되었지만, 해왕성은 그렇지 않아서 행성으로 남게 되었다. 명왕성은 바로 최근에 재분류된 것이다.

비공식적인 행성 분류에는 어떤 것이 있는가?

우리 태양계의 행성들에 대한 비공식적인 분류로 지구형 행성, 거대 행성, 주행성, 소행성, 내부 행성, 외행성, 얼음 행성으로 구분하는 것이 있다. 그리고 현재 우리 태양계 밖에서 발견된 200개 이상의 행성들이 알려져 있다는 점을 생각하면 비공식적인 행성 범주에는 외계 행성exoplanet, 뜨거운 목성hot Jupiter(0.1AU 이하의 가까운 거리에서 다른 항성 주위를 매우 빠른 속도로 공전하는 목성 정도 질량의 외계 행성) 그리고 떠돌이 행성rogue planet(어떤 항성의 중력에도 속박되지 않고 우주 공간을 움직이는 행성 정도 질량의 천체)도 있다.

행성의 고리란 무엇인가?

행성의 고리는 엄청나게 많은 작은 물체들의 집합체다. 크기는 모래 알갱이 크기에서부터 집채만 한 반석에 이르기까지 다양하고, 행성 주변에서 일관된 고리 형태의 궤도를 돈다. 태양계에서 가장 뚜렷한 행성 고리는 토성 주위에 있다. 이 고리의 지름은 약 27만 km가 넘고, 두께는 약 1km가 안 된다.

내 부 태 양 계

내부 태양계에는 어떤 행성들이 포함되는가?

내부 태양계inner solar system에 속하는 행성들은 수성, 금성, 지구, 화성이다.

지구형 행성 지역은 무엇이며 무엇을 포함하는가?

지구형 행성 지역terrestrial planet zone은 일반적으로 내부 태양계의 수성, 금성, 지구 그리고 화성을 포함한 부분을 의미한다. 이 네 개의 천체는 지구형 행성terrestrial planet이라 불린다. 왜냐하면 이들은 구조적으로 서로(특히 지구와) 닮았기 때문이다. 이들은 중심에 금속 핵이 있고 단단한 맨틀과 얇은 지각으로 둘러싸여 있다. 지구형 행성 지역에는 지구의 위성인 달과, 화성의 두 위성인 포보스Phobos와 데이모스Deimos, 이렇게 세 개의 위성이 존재한다.

수성의 물리적 특성은 무엇인가?

수성Mercury의 지름은 지구의 1/3보다 약간 더 크고, 질량은 지구의 5.5%에 불과하다. 평균적으로 태양에서 5800만 km 떨어져 있는데, 태양에 너무 가까워 수성의 궤도가 타원형 형태로 기울게 되었다. 수성은 지구의 날수로 88일 만에 태양 주위를 한 바퀴 회전하지만, 자진은 59일에 한 번꼴로 일어난다.

수성 표면은 큰 크레이터crater로 덮여 있으며, 평원과 커다란 절벽들로 구분되어 있다. 물은 전혀 존재하지 않는다. 수성에서 가장 눈에 띄는 표면 지형은 오래된 분화구인 칼로리스 분지Caloris Basin다. 크기는 뉴잉글랜드 주의 5배 정도 되는데, 작은 행성에 굉장히 큰 구덩이가 있는 셈이다. 수성에는 매우 희박한 대기층이 있고 주로 헬륨, 수소, 나트륨, 칼륨으로 되어 있다. 낮이 되는 곳(태양을 마주하는 부분)의 온도는 약 섭씨 430도에 이르고 밤이 되면 열이 얇은 대기층을 빠져나가기 때문에, 온도가 약 영하 170도로 떨어진다.

지구에서 수성을 관측하는 일이 쉬운가?

수성은 태양에 너무 가까워 태양의 강렬한 빛 때문에 지구에서 수성을 관측하기가 어렵다. 따라서 주기적으로만 수성을 관측할 수 있다. 다시 말해 수성이 지평선 바로 위에 있을 때인데, 이 시간은 해가 뜨기 직전과 직후인 한 시간 정도에 불과하다. 또한 수성은 다른 행성들보다 하늘에서 빠르게 움직인다. 그러나 수성이 눈에 보일지라도, 하늘이 너무 밝아서 배경과 구분하기는 쉽지 않다.

1974년에 Mariner 10호가 촬영한 수성의 사진(NASA)

수성의 역사는 어떻게 되는가?

천문학자들은 수성이 달처럼 암석으로 되어 있었는데 행성이 식으면서 단단하게 굳어져 형성되었을 것으로 생각한다. 행성이 식는 단계에서 일부 운석들이 충돌하며 크레이터를 만들었다. 그러나 다른 운석들은 식어가는 지각을 뚫을 수도 있었다. 이런 충돌로 인해 용암이 흘러나와 오래된 크레이터를 덮고, 평원을 형성했다.

금성의 물리적 특성은 무엇인가?

금성은 여러 모로 지구와 닮아 있다. 다른 어떤 행성들보다 지구와 가까울 뿐 아니라 크기나 조성도 지구와 비슷하다. 그러나 표면의 특성은 크게 다르다.

지구의 1년이 365일인 데 비해, 금성의 1년은 225지구 일에 해당한다. 더구나 금성은 지구와 반대 방향으로 자전을 하고 있다. 때문에 금성에서는 태양이 서쪽에서 뜨고 동쪽으로 진다. 뿐만 아니라 금성의 하루는 지구의 날수로 243일이나 되는데, 이는 금성의 한 해보다 더 긴 것이다.

금성의 표면 환경은 우리 행성의 표면과는 완전히 다르다. 금성 표면은 두꺼운 대기로 덮여 있는데 대기 밀도가 지구보다 거의 100배나 높다. 금성 대기의 대부분은 이산화탄소이고 나머지는 질소이며, 그 밖에 소량의 수증기, 산, 중금속이 포함되어 있다. 금성의 구름은 독성이 있는 이산화황이 섞여 있고, 표면 온도는 혹독하여 섭씨 500도에 이른다. 흥미롭게도, 금성 표면의 온도는 금성보다 태양에 더 가까운 수성 표면보다 훨씬 더 높다. 이러한 적대적인 환경은 오늘날까지 계속되고 있는 금성의 온실 효과 폭주에 기인하고 있다.

온실 효과란 무엇인가?

이름에서부터 알 수 있듯이 온실 효과는 대기를 가진 행성에서 일어나며, 행성의 표면 온도를 대기가 없을 때보다 높여준다. 우리가 아는 온실은 투명한 유리벽과 문 그리고 지붕이 가시광선을 통과시켜 온실 안의 물체에 닿아 열로 변환시킨다. 열은 보이지 않는 적외선으로 바뀌어 온실 밖으로 빠져나가려 하지만, 유리가 적외선을 차단한다. 따라서 열은 온실 안에 쌓이게 되어 온실 내부의 기온은 외부의 공기보다 훨씬 따뜻해진다. 행성 표면에서 온실 효과가 일어날 때 행성 대기 안의 기체는 마치 온실의 유리처럼 적외선이 행성의 표면을 빠져나가는 것을 막는다. 이산화탄소와 수증기는 열을 매우 효과적으로 가두어두는 기체다. 따라서 이들을 많이 포함한 두꺼운 대기는 다른 대기에 비해 훨씬 온도가 높다.

온실 효과 폭주란 무엇인가?

금성에서는 온실 효과가 폭주하고 있다. 금성의 대기에 의해 갇힌 열이 표면 온도를 너무 높여서 지각의 암석들이 이산화탄소 같은 온실가스를 내보내기 시작했다. 결과적으로 대기의 단열층이 더 두꺼워져서 더 많은 열이 갇히게 되었고, 온도는 한층 더 치솟으며 더 많은 온실가스가 배출되었다. 마침내 열평형을 이루었을 때, 금성은 오늘날 우리가 보는 것처럼 지옥이 되었다.

금성 표면은 어떻게 보이는가?

금성은 화산으로 뒤덮인 암석질 표면을 가진 것으로 보이는데, 일부 지역은 오늘날까지도 활동하고 있다. 용암 대지와 같은 화산 지형, 메마른 강바닥처럼 보이는 협로, 산맥 그리고 큰 크레이터와 중간급 크레이터들이 있다. 작은 크레이터는 존재하지 않는다. 아마도 작은 운석은 금성의 대기를 뚫고 들어와 표면과 충돌하여 크레이터를 만들기가 어려웠기 때문일 것이다. 금성 표면에서 볼 만한 흥미로운 지형은 아라크노이드arachnoids다. 이것은 동심원과 바깥으로 뻗은 '바퀴살spokes'로 채워진 지름 50~220km의 원형 모양 지형이다.

금성의 지도는 마젤란 궤도선orbiter(행성이나 위성 주위를 도는 궤도 선회 우주선)에 의해 작성되었는데, 지질학적으로 금성 표면이 상대적으로 젊다. 그리 오래되지 않은 과거에, 어디선가 용암이 분출해 행성 전체를 덮어 이 같은 새로운 표면이 형성된 것으로 보인다. 이러한 가설을 뒷받침하는 한 가지 증거는 금성의 크레이터나 지질 지형에는 오랜 풍파의 현상이 보이지 않는다는 것이다. 또 다른 증거는 행성의 크기에 비해 크레이터의 수가 매우 드물다. 실제로 작은 망원경으로 달을 관측했을 때 볼 수 있는 크레이터의 수가 금성 표면 전체에 있는 것보다 더 많다.

지구에서 볼 때 금성은 어떻게 보이는가?

금성은 지구보다 태양 가까이 있기 때문에, 한밤중에 하늘 높이 보이는 일이 없다. 오히려 계절에 따라 해뜨기 바로 전이나 해가 진 직후에 보인다(금성은 이와 같은 패턴으로 보이기 때문에 고대 천문학자들은 금성을 '저녁 별' 혹은 '아침 별'로 부르게 되었다).

지구와 가깝고 또 구름층의 반사도가 높은 이유로 인해, 금성은 밤하늘에서 놀랍도록 밝고 또 아름답게 빛난다. 금성은 가장 밝을 때는 하늘에서 세 번째로 밝은 천체다. 다시 말해 태양과 달 다음으로 밝게 빛난다. 금성은 달처럼 가끔 낮에도 볼 수 있는데, 물론 하늘 어디를 관측해야 하는지 알고 있을 경우에 한한다. 금성이 로마 신화의 사랑과 아름다움을 상징하는 베누스Venus 여신의 이름을 얻게 된 것은 놀라운 일이 아니다.

작은 망원경으로 보면 금성의 상 변화를 관찰하는 것이 가능하다. 이런 일이 일어나는 이유는 지구에서 볼 때 우리는 금성의 일부, 다시 말해 태양 빛을 반사하여 밝게 빛나는 부분만을 보기 때문이다. 그런데 달과는 다르게, 금성은 보름달 모양으로 완전히 둥글게 보일 때보다 초승달 모양일 때가 더 밝게 보인다. 가장 밝을 때는 우주선이나 UFO와 같은 물체로 오인될 가능성이 높다.

화성은 왜 붉은가?

화성이 붉은 행성으로 알려지게 된 것은 우리 지구에서 보았을 때 붉게 보이기 때문이다. 고대 그리스와 로마의 천문학자들은 붉은색을 피와 연관지었고, 그래서 화성은 그들 신화에 나오는 전쟁의 신으로 인식되었다. 오늘날 우리는 화성이 붉은 이유는 화성 표면에 있는 암석들 속에 포함된 높은 농도의 산화철 혼합물, 다시 말해 녹 때문이라는 것을 알고 있다.

화성의 물리적 특성은 무엇인가?

화성은 우리 태양계에서 태양으로부터 네 번째로 멀리 떨어져 있는 행성이다. 지름은 지구의 절반 정도이고, 공전 주기는 지구의 날수로 687일 정도 된다. 이는 화성에서 한 계절의 길이는 지구 계절의 두 배가 된다는 의미다. 그러나 화성의 하루는 지구의 하루와 거의 같은데, 조금 더 정확히 말하면 지구의 하루보다 20분 정도 길다.

화성의 대기층은 매우 희박하여 지구 대기 밀도의 약 7/1000밖에 되지 않는다. 대기는 대부분 이산화탄소로 되어 있으며, 소량의 산소, 질소 그리고 다른 기체들을 포함한다. 화성의 여름 중 가장 더울 때 적도 지방의 온도는 영하 18도 정도가 된다. 극지방에서는 화성의 겨울 중 가장 추운 시기에 영하 85도 이하로 떨어진다.

화성의 표면은 대단히 흥미로운 지질학적 특징을 띠는데 산과 크레이터, 협로와 협곡, 고지대와 저지대 그리고 극관의 얼음 등 다양한 종류로 덮여 있다. 과학적 증거는 수십억 년 전의 화성은 현재보다 훨씬 따뜻하고 활동적인 행성이었음을 가리키고 있다.

누가 화성의 극관을 발견했는가?

이탈리아의 천문학자 조반니 도메니코 카시니Giovanni Domenico Cassini(1625~1712)는 여러 가지 중요한 발견을 많이 했는데 가장 널리 알려진 것이 토성의 고리 사이의 간극 발견이다. 또한 화성을 정밀하게 관측하여 화성의 북극과 남극 부분에 밝은 색으로 빛나는 부분을 발견했다. 이 극관들은 계절에 따라 크기가 변했다. 화성의 겨울 기간에는 늘어나고, 화성의 여름 기간에는 줄어들었다.

화성의 얼음 극관은 무엇으로 되어 있는가?

오늘날 연구에 의하면, 화성의 얼음 극관polar ice caps은 대부분 '드라이아이스'라고도 알려진 얼어붙은 이산화탄소로 이루어져 있다. 일부는 물이 언 것, 다시 말해 그냥 얼음도 극관에 포함되어 있다. 그러나 화성 표면의 대기 상태로 인해(압력이 매우 낮다), 얼음이든 드라이아이스든 모두 온도가 올라갔을 때 물이나 액체 이산화탄소로 바뀌지는 않는다. 오히려 승화하여 바로 기체로 바뀐다. 때문에 이곳 지구와는 다르게, 화성

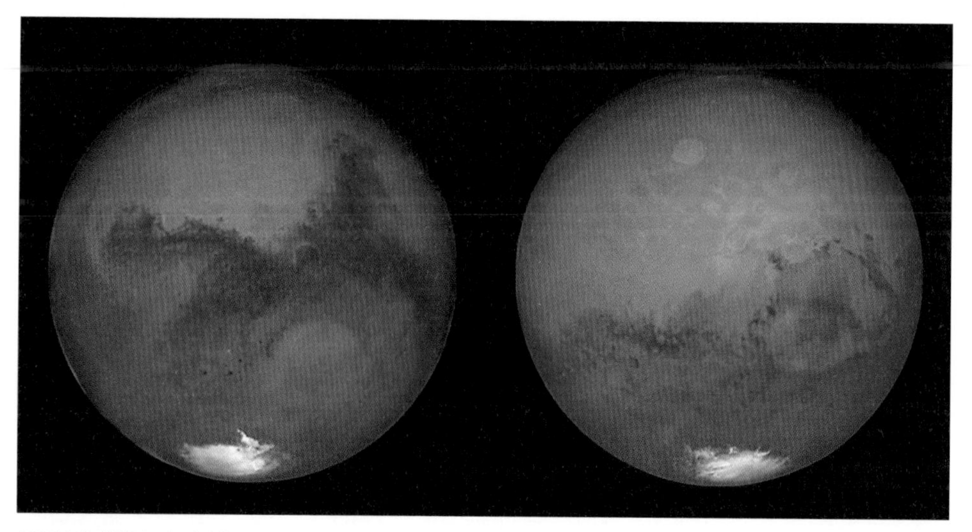

2003년에 촬영된 이 사진은 화성의 두 측면을 보여주고 있는데 올림푸스 산이 오른쪽 그림의 행성 북쪽에 나타나 있다. 남쪽의 빙원 역시 눈으로 확인할 수 있다.(NASA and Space Telescope Science Institute)

의 얼음 극관은 액체인 물의 원천이 될 수 없다.

화성의 가장 흥미로운 지질학적 특징은 무엇인가?

화성은 풍부하고 다양한 지질학적 특징을 갖는다. 거대한 크레이터들, 넓은 평원과 높은 산, 깊은 협곡 등이 많은데, 모두 다채로운 이름을 갖고 있다. 태양계에서 가장 높은 산은 사화산인 올림푸스 화산Olympus Mons이고, 화성 표면 위로 24km 높이로 솟아 있다. 광대한 협곡인 마리너 협곡은 북반구를 가로질러 3200km나 뻗어 있다. 이 협곡은 그랜드 캐니언보다 세 배나 더 깊다. 마리너 협곡이 지구에 있다면 애리조나에서 뉴욕까지 뻗어 있는 셈이 된다. 남반구에선 헬라스 분지Hellas basin가 눈에 띄는데, 오래전에는 용암으로 채워진 고대의 협곡이었을 것으로 보이지만 현재는 먼지로 덮인 넓고 밝은 지역이다.

화성의 지질학 역사는 어떻게 되는가?

화성은 수십억 년 전에 오늘날보다 더 따뜻했을 것으로 보인다. 물은 아마도 오늘날 지구 표면처럼 강과 개울을 이루어 화성 표면을 가로질러 흘렀을 것이며, 충적 평야alluvial plains, 삼각주, 호수 그리고 바다와 대양 역시 존재했을 것으로 보인다. 화성의 지각 아래 있는 내부의 열이 화산 활동을 불러일으키고 커다란 마그마와 용암의 흐름을 유도했을 것으로 보인다. 뿐만 아니라 화성 표면에서의 중력은 지구의 약 1/3밖에 되지 않으므로, 화구구volcanic cone와 다른 산들이 지구보다 훨씬 높게 만들어질 수 있었고, 협곡도 산사태나 부식에 크게 영향받지 않았기 때문에 더 깊게 파였을 것이다.

화성에 한때 액체의 물이 존재했다는 사실을 어떻게 아는가?

화성 표면에는 분명 액체가 흐른 흔적이 남아 있다. 예를 들어 강바닥, 지류 구조, 낮은 고도에 형성된 삼각주 등이 있다. 일부 가파른 크레이터 측면을 찍은 사진을 보면 물이 지각을 뚫고 나왔던 흔적과 물이 얼어붙거나 증발한 흔적들이 남아 있다. 2005년에는 또 다른 증거로, 표면 아래에 얼어버린 물의 존재가 제시되기도 했다. 마르스 오비터Mars Orbiter(지구 주위를 도는 기상위성과 비슷하나, 화성의 지질 조사를 위해 적용되었다)에서 도플러 지도 작성 기술을 적용해 수십 센티미터에서 수십 미터 깊이 아래에 얼음덩어리가 존재하는 것을 확인했다. 발견된 지역의 넓이는 뉴욕, 뉴저지, 펜실베이니아, 오하이오 그리고 인디애나를 합친 것보다 더 크다.

화성 운석 ALH84001에 얽힌 이야기는 무엇인가?

ALH84001이란 이름은 1984년에 남극의 앨런 힐스Allan Hills에서 남극 운석 조사ANSMET, Antarctic Search for Meteorites 팀의 일원인 러버터 스코어Roberta Score에 의해 발견되어 붙여졌는데 수백만 년 전에 화성 표면의 일부였던 것으로 보이는 운석들 중 가장 유명한 것이다. 이들은 아마도 커다란 혜성이나 운석의 강력한 충돌로 생긴 파편이 우주 공간에 떨어져나가 태양 주위를 돌다가 나중에 지구로 떨어졌을 것으로 본다. 운석은 여러 종류의 과학적 증거를 통해 어디서 왔는지 조사된다. 여기에는 운석이 결정화되는 시기와 운석의 화학적 물리학적 조성, 운석 표면에 남아 있는 우주선cosmic rays효과, 그리고 운석 안에 있는 작은 균열과 거품 속에 갇힌 기체의 조성과 농도 등이 포함된다. 이러한 증거를 통해 ALH84001이 화성에서 온 것으로 판명되었다.

화성 표면에 한때 액체의 물이 있었다는 증거는 무엇인가?

화성 탐사 로버Mars Exploration Rovers인 스피릿과 오퍼튜니티는 화성의 여러 지역을 탐사한 지질학 로봇이다. 이들이 발견한 것 중에는 오랜 기간 동안 존재한, 물속에서만 형성되는 미네랄도 포함된다. '블루베리'라는 별칭으로도 불리는 미시적인 미네랄 구조는 습기가 있을 때만 형성된다. 화성 암석 안에 화학적 비율과 동위원소 비율이 맞아야 하고 주변에 액체 상태의 물이 있어야만 형성이 가능하다. 과학적 결론은 지금은 화성이 메마른 표면을 가지고 있으나, 항상 이랬던 것은 아니며, 수십억 년 전에는 물로 뒤덮여 있었을지도 모른다는 것이다.

거 대   가 스   행 성 들

거대 가스 행성이란 무엇인가?

거대 가스 행성Gas Giant은 지구형 행성보다 훨씬 크고, 또 대기가 아주 두꺼워 가스가 행성 구조의 대부분을 차지하기 때문에 붙인 이름이다.

우리 태양계의 거대 가스 행성에는 어떤 것이 있는가?

목성과 토성 그리고 천왕성과 해왕성이 거대 가스 행성이다.

거대 가스 행성 지역이란 무엇인가?

거대 가스 행성 지역은 태양계의 일부로서, 대략 목성 궤도와 명왕성 궤도 사이 부분이다. 이 지역은 외행성(거대 가스 행성)인 목성과 토성, 천왕성 그리고 해왕성을 포함한다. 각각의 가스 행성은 많은 위성들과 고리를 갖고 있다.

목성의 물리적 특성은 무엇인가?

목성은 우리 태양계에서 가장 큰 행성이다. 목성의 질량은 태양계의 행성들과 위성들 그리고 소행성들을 모두 합친 질량보다 두 배가량 더 크다. 그러나 목성의 하루는 약 열 시간밖에 되지 않으며, 이는 지구의 반나절도 채 되지 않는다. 태양에서 다섯 번째로 떨어져 있는 목성의 부피는 지구 부피의 1300배에 달하고 질량은 지구 질량의 320배에 달한다.

목성 질량의 90% 이상이 소용돌이치는 가스로 되어 있는데, 대부분 수소와 헬륨이다. 놀랄 정도로 두껍고 조밀한 목성의 대기 속에서는 믿을 수 없을 정도로 격렬한 폭풍이 소용돌이치고 있다. 이러한 폭풍 중에 가장 큰 폭풍이 대적반Great Red Spot인데, 이것은 지구에서 가장 작은 망원경으로도 관측할 수 있다.

목성은 암석질 핵을 갖는데, 구성 물질은 지구의 지각이나 맨틀과 비슷할 것으로 생각된다. 그러나 목성의 핵은 아마 지구의 크기와 비슷하고, 온도는 1만 도 정도 되고 압력은 지구 대기압의 200만 배 정도 될 것으로 추정된다. 이 핵 주변의 극한의 조건에서는, 압축된 두꺼운 층의 수소가 존재할 가능성이 높다. 이 층의 수소는 아마 금속처럼 작용할 것이고, 태양보다도 다섯 배나 강한 목성의 강한 자기장을 유발하는 원인으로 추정된다.

적어도 목성 주위에는 30개(2011년 현재 목성의 공식적인 위성의 수는 63개다-옮긴이 주)의 위성이 있다. 이 중 많은 위성들의 반경이 수 킬로미터 정도인데 이들은 붙들린 소행성일 가능성이 있다. 그러나 네 개의 위성, 다시 말해 이오IO, 유로파Europa, 가니메데Ganymede 그리고 칼리스토Callisto는 지구의 위성인 달과 비슷한 크기이거나 그 이상이다.

목성의 대기의 다른 특성은 무엇인가?

1995년에 갈릴레오 우주선에서 발사된 소탐사선은 목성의 최상층 구름 아래 약 150km까지의 대기를 측정했다. 그 결과, 목성의 깊고 조밀한 최상층 대기 속에는 수증

보이저 2호가 이 가스 행성들의 사진을 촬영했다. (왼쪽부터) 해왕성, 천왕성, 토성 그리고 목성.(NASA)

기와 헬륨, 수소, 탄소, 황, 네온이 이전에 예측했던 수치보다 낮다는 것이 밝혀졌다. 반대로 다른 기체들, 예를 들어 크립톤이나 제논 같은 기체의 농도는 예상보다 더 높았다.

과학자들은 또한 탐사선이 찾아내지 못한 것에 대해 놀랐다. 높은 밀도로 존재할 것이라 예측한 몇 가지 구름층, 예를 들어 암모니아, 황화수소, 수증기 층을 발견하는 대신 얇고 흐릿한 구름을 발견했다. 그리고 과학자들은 엄청난 양의 번개 방전을 예상했지만, 적어도 900km 이상 떨어진 곳에서 희미한 번개 흔적만 감지되었다. 이는 이 정도의 대기 깊이에서 번개는 지구의 1/10 정도 빈도로 일어난다는 것을 의미했다. 이 놀라운 결과는 단지 목성 대기층의 한 지역을 조사한 소탐사선을 통해 얻은 것이다. 이러한 목성 대기 상태가 목성 대기 전체를 대표하는 것은 아닐 가능성도 있다.

보이저 1호가 촬영한 목성의 대적점 사진으로, 다양한 구름의 색깔을 나타내고 있다.(NASA)

우리는 목성의 대적반에 대해 무엇을 아는가?

대적반은 1만 4000km 이상의 너비와 2만 6000km 이상의 길이를 가지는 거대한 폭풍으로, 그 안에 지구와 금성을 나란히 넣을 수 있다! 이 영속되는 폭풍은 목성 대기 깊은 안쪽에서 상승하는 뜨겁고 활동적인 가스에 의해 동력을 얻는 것으로 보이는데, 이 폭풍은 반시계 방향으로 시속 약 400km의 속도로 분다. 대적반의 붉은색은 황 또는 인으로부터 얻었을 가능성이 높지만, 결정적인 것은 아니다. 이 아래에는 세 개의 흰 타원형 지역이 있다. 각 폭풍은 대략 화성 크기만 하다. 목성 안에는 수천 개의 거대하고 강력한 폭풍이 있으며, 이 중 대다수의 폭풍이 오랜 기간 동안 존재한다. 그러나 갈릴레오 갈릴레이에 의해 처음 연구된 대적반은 최소한 400년 이상 지속되고 있으며, 목성의 폭풍 중에서 가장 크고 가장 잘 보이는 폭풍으로 기록되고 있다.

목성은 어떻게 형성되었는가?

목성은 전형적인 거대 가스 행성이다. 때문에 거대 가스 행성들은 종종 목성형 행성이라고도 불린다. 그래서 목성은 모든 다른 가스 행성이 생겨나는 방식으로 생겨났을 것으로 보인다. 비록 상세한 부분은 별로 알려지지 않았지만 과학자들은 목성은 태양을 갖추고 얼마 지나지 않아 생겨났을 것으로 생각한다. 태양 성운의 소용돌이치는 가스와 먼지 그리고 작은 입자들이 수백 년간 합쳐 결과적으로 미행성들을 형성했고, 이 미행성들이 합쳐 목성의 핵을 형성했을 것이다. 행성의 핵은 궤도 주변의 가스를 끌어들였을 것이며, 이들이 모여 엄청난 질량의 목성 대기로 합쳤을 것이다.

목성의 크기를 처음으로 측정한 사람은 누구인가?

1733년에 영국의 천문학자 제임스 브래들리가 목성의 지름을 측정하는 데 성공했으며, 목성의 크기에 대한 뉴스는 당시 과학계를 충격에 빠뜨렸다.

목성에는 자기장이 있는가?

그렇다. 목성의 자기장은 태양 자기장의 약 다섯 배 강도를 지닌다. 목성의 자기권은 너무 커서 밤하늘의 큰 부분을 차지한다. 목성 자기장을 우리 눈으로 볼 수 있다면 보름달보다 훨씬 크다. 또 목성 주변에는 고에너지 대전 입자들을 붙들어 거대한 고리를 형성한다. 이러한 '밴앨런대van Allen帶'는 목성의 자기장을 통해 자연적으로 형성된 자기력선들에 의해 제한된다.

> **빛의 속도를 측정하는 데 목성은 어떻게 이용되었는가?**
>
> 볼로냐 대학의 천문학 교수로 있던 이탈리아의 천문학자 조반니 도메니코 카시니는 목성의 위성들의 궤도를 오랫동안 추적한 결과를 표로 정리하여 발간했다. 나중에 카시니의 자료를 사용하던 천문학자들은 지구와 목성이 가장 멀리 떨어져 있을 때 위성들이 목성 앞을 지나가는 데 걸리는 시간이 카시니 표의 값보다 더 걸리는 것을 발견했다. 하지만 과학자들은 카시니의 표가 틀리지 않았으며, 이러한 불일치는 지구와 목성 사이의 거리가 멀어짐에 따라 위성에서 나온 빛이 지구에 도달하는 데 시간이 더 걸리기 때문에 일어나는 현상이라는 것을 알게 되었다. 1676년, 올라우스 뢰머는 이러한 착상과 카시니의 자료를 사용해 빛의 속도를 계산해냈다. 그가 얻은 결과는 시속 약 22만 7000km였는데 현재의 측정값에 매우 근사하다.

목성 주위에 고리가 있는가?

그렇다. 목성은 몇 개의 매우 희미한 고리를 갖고 있다. 이들은 토성의 고리처럼 거대하고 아름답지는 않지만 허블 우주 망원경과 같은 관측 장비를 이용해 주의 깊게 관찰하면 발견할 수 있다.

토성의 물리적 특성은 무엇인가?

토성은 질량이 목성의 약 1/3밖에 되지 않지만 목성과 흡사하다. 그래도 질량은 커서 지구의 약 95배에 이른다. 토성의 평균 밀도는 물의 밀도보다 작다. 토성의 하루는 10시간 39분밖에 되지 않는다. 토성은 매우 빨리 회전하기 때문에 양극의 지름보다 적도 지름이 10% 정도 더 길다.

토성은 고체 핵을 갖는데, 이 핵은 암석과 얼음으로 이루어졌을 가능성이 높고 지구의 질량보다 몇 배나 더 클 것으로 예상된다. 이 핵을 덮고 있는 것은 액체 금속 수소층이며, 이 층 위에는 액체 수소와 헬륨으로 이루어진 층이 있다. 이 층들은 강한 전류가 흐르고 있어 토성에는 강력한 자기장이 생성된다.

우리 태양계의 다른 행성들도 고리를 가지고 있지만, 토성이 가장 눈에 띄는 고리를 가지고 있다. 이 사진은 보이저 2호가 전송해온 것이다.(NASA)

토성은 수십 개의 위성을 갖는데 그중 가장 큰 것이 타이탄이다. 타이탄은 지구의 위성인 달보다 크며 두껍고 불투명한 대기를 가진다. 토성에서 장관인 부분은 장대한 고리계인데 지름이 약 30만 km나 된다.

토성의 대기는 어떤가?

토성은 주로 결정화된 암모니아로 이루어진 흐릿하고 노란 구름을 갖고 있다. 구름들은 소용돌이 바람에 의해 휩쓸리게 되는데, 적도에서 시속 약 1800km 속도를 갖는다. 토성의 극 부분에서 일어나는 바람은 훨씬 잔잔하다. 또한 목성과 같이 가끔 강력한 소용돌이 폭풍이 일어난다. 예를 들면 약 30년에 한 번꼴로, 거대한 흰색으로 보이는 강한 회오리가 나타난다. '대백점Great White Spot'이라고 알려져 있는 이 회오리는, 매번 같은 회오리는 아니지만 약 한 달간 지속적으로 보이기도 하며, 흩어지기 전에 마치 조명을 받은 듯 반짝이기도 한다. 이렇게 반복되는 폭풍은 토성의 여름 끝 무렵의 높은 온도 때문이라고 생각되며, 이 기간 동안 대기층 안의 암모니아가 구름 위로 올라와 행성의 강한 바람에 의해 행성 전체에 퍼지게 된다.

토성의 고리는 어떠한가?

토성의 고리계는 세 개의 주요 부분으로 구분된다. 밝은 A, B고리와 어두운 C고리로 되어 있다(더 흐린 고리들도 많다). A, B고리는 조반니 도메니코 카시니의 이름을 따서 카시니 간극Cassini Division이라 불리는 커다란 틈에 의해 나뉘어 있다. A고리 안에는 엥케 간극이라는 또 다른 간극이 있는데, 1837년에 이를 처음 발견한 요한 엥케Johann Encke(1791~1865)의 이름을 따서 붙인 것이다. 간극들은 완전히 빈 공간처럼 보이지만, 사실 작은 입자들로 채워져 있으며, 카시니 간극의 경우 수십 개의 작은 고리ringlet들로 채워져 있다.

토성의 고리는 약 16만 km 이상의 지름을 가지는 것으로 측정되나, 두께는 약 1~2km 정도밖에 되지 않는다. 이런 이유로 인해 지구에서 보았을 때 고리가 없어진 것처럼 보이기도 한다. 토성의 궤도가 우리의 시선과 나란히 놓이면 고리는 가느다란 선처럼 보여서 거의 보이지 않는다.

누가 토성의 고리를 발견했는가?

갈릴레이는 토성의 고리를 처음 발견했지만, 그것이 무엇인지 알아보지 못했다. 그에게 토성의 고리는 '손잡이'처럼 보였다. 그는 자신의 발견을 유럽의 다른 과학자들과 논의했는데, 그중 한 사람이 네덜란드의 과학자 크리스티안 하위헌스Christian Huygens(1629~1695)였다. 하위헌스는 자신의 망원경을 사용하여, 마치 토성의 위성처럼 보이는 이 손잡이가 원반형 고리라는 것을 밝혀냈다. 하위헌스는 토성에 대해 오랜 기간 연구하여, 토성이 보이는 각도에 따라 고리의 모양이 변하는 것을 알아냈다. 그는 1671년 여름에 토성의 고리가 지구에서의 시각과 나란히 놓이게 되어 보이지 않을 것을 예측했다. 그의 예측은 옳았으며, 그의 토성 고리 이론을 확인해주었다.

양치기 위성은 토성의 고리와 어떤 관련이 있는가?

카시니Cassini 탐사선을 통해 수집된 자료는 어떻게 토성의 고리가 그토록 완전하며 오랫동안 질서 정연하게 돌 수 있는지를 설명하는 오래된 가설을 확증시켜주었다. 토성의 여러 작은 위성들은 적당한 속도와 거리에서 토성 주위를 돌며 훨씬 작은 고리 입자들에 중력적으로 안정된 지역을 만든다. 이런 '양치기 위성'들은 고리와 함께 회전하면서 고리의 입자들이 부드럽게 회전할 수 있도록 해주고 고리 구조를 안정적으로 유지한다. 컴퓨터 시뮬레이션과 이론적 계산에 따르면, 이들은 이런 상태를 약1억 년 이상 유지할 수 있다.

토성의 고리는 어떻게 형성되었는가?

우리는 토성의 고리가 어떻게 형성되었는지 아직도 확신할 수 없다. 한 가지 주장은 고리들이 한때 큰 위성의 충돌이나 토성 중력의 조석 작용을 받아 깨어진 잔해라는 것이다. 이 위성이 깨어진 파편의 잔해가 남아서 토성의 고리를 이루었다고 한다.

천왕성의 물리적 특성은 어떠한가?

천왕성은 태양계의 일곱 번째 주요 행성이며, 네 개의 가스 행성 중에서는 세 번째로 먼 거리에 있다. 이 행성은 지름이 5만 1200km인데, 이는 지구 지름의 네 배에 약간 못 미치는 값이다. 천왕성은 다른 가스 거대 행성들처럼 대부분 가스로 이루어져 있다. 옅은 청록색 구름이 보이는 천왕성의 대기는 83%의 수소와 15%의 헬륨 그리고 소량의 메탄과 다른 가스들로 구성되어 있다. 천왕성은 대기의 메탄이 붉은색을 흡수하고 청록색 빛을 반사하기 때문에 이러한 색깔을 띤다. 대기의 아래층에는 얼음, 암모니아 그리고 메탄이 슬러시 형태의 암석으로 이루어진 핵 주변을 감싸고 있는 것으로 추정된다.

천왕성은 태양 주위를 규칙적이고 거의 원에 가까운 타원 궤도를 따라 84일에 한 번꼴로 공전하고 있지만, 다른 행성들과 비교했을 때 굉장히 특이한 회전을 하고 있다.

천왕성은 볼링공이 레인을 따라 굴러가는 것처럼 옆으로 회전하며, 극축은 궤도 평면에 수직한 것이 아니라 나란하다. 이 때문에 천왕성의 한쪽 끝이 공전 주기의 절반 기간 동안 태양을 향하고 다른 쪽 끝은 반대쪽을 향한다. 따라서 천왕성의 '하루'는 지구의 42년에 해당한다. 대부분의 천문학자들은 천왕성이 과거 어느 시점에 큰(적어도 행성 크기) 천체가 옆면에서 충돌하여 이 같은 특이한 운동을 하게 되었다고 생각한다.

천왕성 주위에는 15개의 알려진 위성과 11개의 가느다란 고리가 있다. 보이저 2호 탐사선은 천왕성을 접근 통과하는 동안, 천왕성 주변에서 크고 특이한 형태의 자기장을 발견했으며(아마도 행성의 특이한 회전 운동 때문일 것이다), 차가운 구름 윗부분의 온도가 영하 210도 정도가 된다는 것을 발견했다.

해왕성은 어떤 방법으로 발견되었나?

해왕성은 먼저 그 존재가 수학적으로 예측되고 나서 발견된 첫 번째 행성이다. 1781년 윌리엄 허셜이 천왕성을 발견한 직후, 천문학자들은 천왕성의 궤도에서 특이한 점을 찾아냈는데, 마치 조금 떨어진 위치에서 큰 질량의 천체가 때때로 천왕성을 끌어당기는 듯했다. 독일의 수학자 카를 프리드리히 가우스Carl Friedrich Gauss(1777~1855)는 이러한 행성들의 운동에 기초한 계산을 했는데 이 연구는 보다 멀리 떨어진 거리의 행성의 발견으로 이어졌다. 1843년에 독학으로 공부한 천문학자 존 카우치 애덤스John Couch Adams(1819~1892)는 일련의 복잡한 계산을 시작하여 1845년에 계산을 끝낸 뒤 그러한 행성의 위치를 찾아냈다. 프랑스의 천문학자 르베리에 역시 1846년에 이 행성의 위치를 계산해냈다. 애덤스의 계산은 르베리에의 것과 일치했다. 그러나 이 두 학자는 서로의 연구에 대해 당시에는 알지 못했다. 1846년 9월 23일, 요한 갈레Johann Galle(1812~1910)와 하인리히 다레스트Heinrich d'Arrest(1822~1875)는 베를린에 있는 우라니아 천문대에서 르베리에의 계산을 토대로 행성을 발견했다. 이 결과는 두 사람 모두의 발견을 확증하는 것이었다.

누가 천왕성을 발견했으며, 그는 우주에 대한 우리의 이해에 어떻게 기여했는가?

독일 태생의 천문학자 윌리엄 허셜은 자신의 생애를 대부분 영국에서 보냈다. 어렸을 때부터 열정적인 천체 관측자였던 허셜이 1781년에 쌍둥이자리 방향에 원반 형태의 천체를 관측했을 때는 별들과 행성에 대한 기본적인 연구를 수행하고 있던 중이었다. 처음에 허셜은 이 천체가 혜성이라고 생각했다. 그러나 시간이 지나면서 이 천체가 혜성과 같이 긴 궤도가 아닌, 행성과 같은 원형 궤도라는 것을 발견했다. 그는 이 새 행성의 이름을 영국 왕 조지 3세의 이름을 따서 조지George라고 붙이기를 원했으나 그 이름은 오래가지 못했다. 결국 천문학자들은 이 행성에 천왕성Uranus이라는 이름을 붙였다. 로마 신화의 토성Saturn(토성)의 아버지 이름을 딴 것이다. 1787년에 허셜은 천왕성의 위성들 중에서 가장 큰 두 개의 위성을 발견했다.

천왕성의 고리는 어떻게 생겼는가?

천왕성의 처음 아홉 개의 고리는 1977년 발견되었다. 보이저 2호가 1986년 천왕성 주변을 지나가면서 두 개의 고리를 더 발견하여 모두 11개의 고리가 발견되었다. 또한 일부 고리 조각들도 찾았다. 이들 모두는 작은 입자의 먼지, 암석 입자 그리고 얼음으로 구성되어 있다. 11개의 고리들은 행성의 중심에서 3만 8600~5만 1500km 사이의 지역을 차지하고 있다. 각 고리는 1~2500km의 너비를 차지한다. 고리 조각의 존재는 고리의 나이가 행성의 나이보다 훨씬 젊다는 것을 말해준다. 고리는 부서진 위성에 의해 만들어졌을 가능성이 크다.

가장 바깥쪽 고리는 엡실론 고리epsilon ring라고 불리는데 특히 흥미롭다. 이 고리는 매우 좁으며 얼음 반석으로 이루어져 있다. 천왕성의 두 개의 작은 위성인 코델리아Cordelia와 오필리아Ophelia는 엡실론 고리의 양치기 위성 역할을 한다. 이들 고리와 함께 행성 주위를 돌며, 아마도 반석들을 고리의 패턴에 제한하는 중력장을 형성할 것이다.

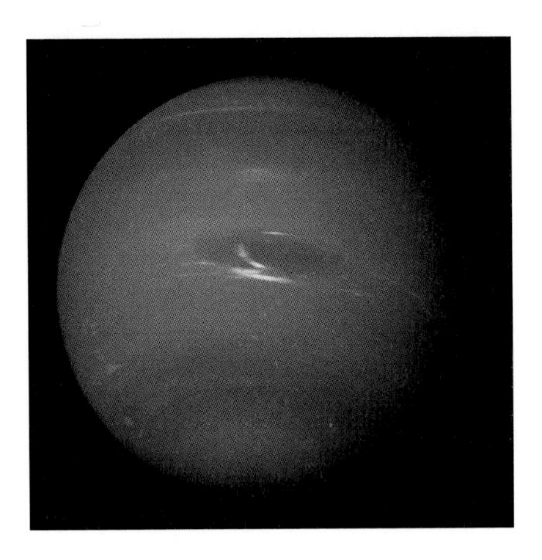

해왕성의 파란색은 헬륨, 수소 그리고 메탄으로 이루어진 대기에 의한 것이다.(NASA)

해왕성의 물리적 특성은 무엇인가?

해왕성은 우리 태양계의 여덟 번째 주요 행성이며, 지구와 비교했을 때 질량은 약 17배, 지름은 약 네 배 정도 더 크다. 해왕성은 우리 태양계의 네 개의 가스 행성 중 가장 먼 거리에 있는 행성으로, 태양을 한 바퀴 도는 데 165년이 걸린다. 그러나 해왕성의 하루는 16시간밖에 되지 않는다. 해왕성의 구름 대기의 온도는 천왕성과 비슷하게 영하 210도 정도 된다.

해왕성은 청록색을 띠고 있어, 로마 신화에 등장하는 바다의 신의 이름에 적합한 행성처럼 보인다. 하지만 색깔은 물로부터 오는 것이 아니라 해왕성의 대기 가스들이 태양 빛을 우주로 반사하는 데서 온다. 해왕성의 대기는 수소와 헬륨, 메탄으로 이루어져 있다. 과학자들은 이 대기 밑에 두꺼운 층의 이온화된 물과 암모니아 그리고 메탄 얼음이 있다고 생각하며, 더 깊은 곳에는 지구 질량의 몇 배나 되는 암석 핵이 존재할 것으로 여기고 있다.

해왕성은 매우 멀리 있기 때문에 1989년에 보이저 2호 우주선이 해왕성 주변을 지나며 이 신비스러운 가스 행성에 대한 경이로운 자료를 얻을 때까지 그다지 알려지지 않았다. 오늘날 우리는 해왕성이 적어도 네 개의 작은 고리ringlets와 11개의 위성을 갖고 있다는 것을 알고 있다.

해왕성의 대기는 어떠한가?

해왕성은 태양으로부터 먼 거리에 있음에도 불구하고, 대기는 놀라울 정도로 활동적이고 에너지가 넘친다. 이는 극도로 낮은 온도 환경에서 기대되는 조건이 아니다. 해왕성은 태양계에서 바람이 맹렬한 행성 중 하나인데, 풍속은 시속 1100km이나 된다. 파란색 표면 구름층은 바람에 의해 휩쓸리게 되는 반면, 위층의 하얀 구름은 메탄 결정으로 구성되었을 것으로 보이는데 행성과 함께 회전하고 있다. 메탄 밑에는 보다 어두운 구름층이 있는데 황화수소로 이루어진 것으로 보인다. 해왕성을 접근 통과한 보이저 2호는 행성 대기에서 세 개의 눈에 띄는 폭풍을 발견했다. 이들은 대암점(대략 지구 크기)과 소암점(대략 달 크기) 그리고 작고 빠르게 움직이는 하얀색 폭풍인 스쿠터Scooter다. 스쿠터는 마치 다른 폭풍들을 쫓아가는 듯 보인다. 그러나 1994년에 허블 우주 망원경으로 관측한 결과, 대암점은 사라지고 없었다.

해왕성의 고리는 어떠한가?

1989년에 해왕성을 지나간 보이저 2호는 그 주위에서 토성과 목성 그리고 천왕성의 고리보다 더 엷은 네 개의 고리를 발견했다. 고리들은 다양한 크기의 먼지 입자로 구성되었다. 가장 바깥쪽 고리의 입자들은 세 군데에 몰려 있어 상대적으로 밝았고, 고리 위의 다른 세 점에서는 굽은 조각을 형성하고 있었다. 이는 태양계의 여느 행성들의 고리와 다른 점인데, 이런 현상이 왜 일어나는지에 대해서는 아직까지 알려지지 않았다.

위 성 들

위성이란 무엇인가?

위성moon이란 행성 주변을 도는 자연 위성을 말한다. 행성처럼 위성이 어떤 상황에 있는지 정확하게 아는 것은 어렵다. 예를 들어 많은 위성들(지구의 달)은 그들이 돌고 있는 행성과 거의 동일한 시기에 형성되었지만, 아마도 독립적으로 형성된 천체가 행성의 중력장 안에 들어와 포획된 것으로 보이는 위성들도 많다.

포보스와 데이모스는 어떻게 화성의 위성이 되었는가?

포보스와 데이모스의 물리적인 외관은 작은 소행성과 매우 흡사하다. 이렇듯 화성이 소행성대에 가깝다는 사실은 이 위성들이 정말로 이전에는 화성 가까이를 돌던 소행성이었을 가능성을 시사한다. 궤도 조건은 화성의 중력이 이들을 자신의 중력장으로 끌어들이기에 적합했고, 이로 인해 이들이 화성 주위의 안정된 궤도로 들어오게 되었을 것이다.

화성은 몇 개의 위성을 갖는가?

화성은 두 개의 위성, 포보스Phobos와 데이모스Deimos를 갖는다. 이들은 미국의 천문학자 아삽 홀Asaph Hall(1829~1907)에 의해 1877년에 발견되었다.

포보스와 데이모스는 어떤 위성인가?

포보스와 데이모스는 불규칙한 형상을 가진 암석질 천체다. 이들은 소행성과 매우 비슷해 보인다. 포보스의 지름은 약 16km이고, 데이모스의 크기는 포보스의 절반 정도다.

목성의 위성들의 특징은 무엇인가?

목성의 수십 개 위성들(2008년 기준으로 약 30개 이상)은 대부분 지름이 몇 킬로미터에 불과하다, 이들은 중력에 끌려온 소행성들일 가능성이 높다. 하지만 목성의 위성들 중 네 개는 눈에 띄게 크다. 갈릴레이가 1609년에 처음 발견했기 때문에 이들은 갈릴레오 위성Galilean moons이라 불린다. 갈릴레오Galileo라는 이름의 우주선이 이 위성들을 가장 가까운 거리에서 촬영하여 우리에게 그 모습을 보여주었는데, 그 자체로도 대단히 복잡한 세계다.

목성의 위성 이오는 어떠한가?

이오Io는 갈릴레오 위성들 중에서 목성에 가장 가깝고, 목성과 다른 위성들에 의해 강력한 조석력을 받기 때문에 우리 태양계에서는 지질학적으로 가장 활동적인 위성이다. 보이저 탐사선이 처음으로 거대한 화산이 우주 공간으로 용암과 재를 분출하는 것을 확인했는데, 표면은 수십 년에 한 번 꼴로 새로운 용암으로 완전히 다시 덮인다.

목성의 위성 이오의 표면에 많은 활화산들이 있다.(NASA)

목성의 위성 유로파는 어떠한가?

유로파 Europa는 갈릴레오 위성들 중에서 목성에 두 번째로 가까운 위성이다. 유로파의 표면은 얼어붙은 물의 얼음으로 덮여 있다. 갈릴레오 우주선에 의한 탐사로 이 얼음이 지구 극지방의

목성의 가장 큰 위성들은 갈릴레이에 의해 발견되어 갈릴레오 위성들이라고 불린다. 이들은(왼쪽에서 오른쪽으로) 이오, 가니메데, 유로파 그리고 칼리스토라고 불린다.(NASA)

빽빽이 다져진 얼음처럼 움직이거나 이동하고 있다는 것이 밝혀졌다.

목성은 위성들의 조건에 어떠한 영향을 끼치는가?

목성이 주변에 끼치는 엄청난 중력 영향의 하나는 갈릴레오 위성들에 조석 현상을 유발하는 것이다. 조석은 교대로 이들 위성의 핵을 잡아 늘렸다가 압축하는데, 이는 마치 부드러운 고무공을 손안에서 반복적으로 주무르는 것과 같다. 결국 공은 물리적 변형에 의해 열이 발생한다. 이러한 현상이 목성과 목성의 위성 사이에서 행성 규모로 일어난다. 목성이 위성들에 미치는 또 다른 영향은 거대 행성의 자기장으로부터 비롯된다. 목성은 매우 빠르게 회전하고 큰 질량을 갖고 있기 때문에, 이로부터 발생되는 자기장은 주변 위성을 완전히 에워싸 이들 위성을 이온화하고 대전된 입자로 둘러싼다. 한편이오의 표면에서 분출되는 강력한 화산 활동은 많은 입자들을 우주로 내뿜는다. 이들 중 대부분은 목성의 자기권에 휩쓸리게 되며, 목성 환경 주변에 화산 입자들이 도넛 형태의 토러스를 형성한다. 이러한 구조는 이오 토러스torus라 불린다.

목성의 위성 가니메데는 어떠한가?

가니메데Ganymede는 태양계에서 가장 큰 위성으로, 지구의 위성인 달 지름의 1.5배 정도 되며 매우 엷은 대기와 자기장을 갖고 있다. 갈릴레오 우주선은 원자 수소 가스가 가니메데의 표면에서 빠져나가는 현상을 감지했다. 또 허블 우주 망원경의 관측으로 가니메데의 두꺼운 얼음 표면에서 여분의 산소가 발견되었다. 과학자들은 수소와 산소는 가니메데 표면의 얼음 분자로부터 나왔다고 생각한다. 이들 입자들은 태양 복사에 의해 구성 원자로 분리된다고 생각된다. 이러한 사실과 또 다른 관측을 통해 유로파처럼 가니메데 역시 내부에 거대한 물의 바다가 존재할 것으로 추측하고 있다.

목성의 위성 칼리스토는 어떠한가?

칼리스토Callisto는 목성의 네 개의 갈릴레오 위성들 중에서 목성으로부터 가장 멀리 있는 위성으로, 오래된 크레이터로 덮여 크다. 칼리스토의 표면은 태양계에 존재하는 모든 고체 표면 중에서 가장 오래되었을 가능성이 있다. 또한 비록 유로파와 가니메데보다는 약하지만 자기장이 칼리스토 주변에 존재할 가능성이 있는데, 이는 아마도 그 표면 아래 깊은 곳에 존재하는 소금기를 머금은 액체 상태의 대양에 의해 생겨났을 가능성이 있다.

토성의 위성의 특성들은 무엇인가?

토성도 수십 개의 위성을 갖고 있다. 이들 작은 위성들은 토성의 중력장 안에 포획된 소행성일 가능성이 높다. 하지만 큰 위성들은 매력적인 특성들을 가지고 있다. 미마스Mimas는 오래전의 커다란 운석 충돌의 희생자로서 영화에 등장하는 '죽음의 별'에 딱 들어맞는 위성이라고 할 수 있다. 엔켈라두스Enceladus는 최근 표면에서 물을 뿜어내는 현상이 발견되었는데, 이는 이 위성의 핵 부근에 물이 존재한다는 것을 의미한다. 그러나 토성의 가장 복잡한(아마도 전 태양계에서 가장 복잡한) 위성은 바로 토성의 가장 큰 위성인 타이탄이다.

토성의 위성인 타이탄은 어떠한가?

타이탄Titan은 1655년경 크리스티안 하위헌스에 의해 발견되었다. 몇 세기가 지난 후 천문학자들은 토성의 위성들 중 가장 큰 이 위성이 태양계 위성 중 유일하게 확연한 대기를 가지고 있다는 사실을 발견했다. 이 위성의 대기 밀도는 지구 대기 밀도보다 더 높다. 타이탄의 대기는 주로 질소와 메탄으로 구성되어 있으며, 그 외에 다른 많은 성분들을 포함하고 있다. 외행성 탐사선 보이저 1호의 관측과 다른 망원경 관측에 의하면, 타이탄 표면에는 액체 질소와 메탄이 포함되어 있는 것으로 나타났는데, 아마도 표면에 바다와 호수가 존재하고 거기서 형성된 구름이 화학 비와 다른 기후 변화를 일으킬 것으로 예측된다. 그러나 보다 자세한 내용은 두껍고 불투명한 대기에 가려 있어 확인할 수 없다.

카시니 우주선은 2005년 1월에 탐사선 '하위헌스'를 타이탄의 대기로 발사했다. 섭씨 영하 300도에 이르는 엄청 낮은 온도에도 불구하고, 높은 산과 암벽 해변, 강, 호수 그리고 바다와 해변처럼 보이는 기하학적 구조들이 발견되었다. 액체는 타이탄 표면에 널린 듯하지만, 물은 아니었다. 이 온도에서 물은 화강암처럼 단단하게 언다. 그것은 아마도 액체 상태의 천연가스인 메탄일 것이다.

천왕성의 위성들의 특성은 어떠한가?

천왕성의 위성들은 얼음과 암석으로 이루어진 자그마한 구조물로 지름이 약 25 ~ 1600 km 정도 된다. 가장 큰 두 위성은 오베론Oberon과 티타니아Titania인데, 윌리엄 허셜에 의해 발견되었다. 그다음으로 큰 두 위성은 움브리엘Umbriel과 아리엘Ariel로, 1851년 윌리엄 라셀William Lasse(1799~1880)에 의해 발견되었다. 천왕성의 다섯 번째로 큰 위성은 1948년 제러드 카이퍼Gerard Kuiper(1905~1973)가 발견할 때까지 알려지지 않았다. 보이저 2호는 1986년 1월과 2월에 천왕성을 지나면서 적어도 열 개의 새로운 위성을 발견했는데, 이들은 모두 지름이 145km 이하다.

이들 다섯 위성은 토성과 목성의 커다란 위성들처럼 다양한 지질학적 특징을 가지고 있는데, 여기에는 크레이터와 절벽 그리고 협곡이 포함된다. 예를 들어 오베론은 오래된 크레이터로 덮인 표면을 가지고 있는데, 이는 지질학적 활동이 적었음을 보여준다. 크레이터는 처음 형성된 형태로 남아 있고, 용암으로 내부가 채워지지도 않았다. 반대로 티타니아는 커다란 협곡과 단층선들로 가득했는데, 이것은 지각이 시간에 따라 크게 움직였음을 보여주는 증거다.

위성 트리톤의 특이한 점은 무엇인가?

트리톤Triton은 태양계에서 가장 차가운 천체의 하나로 표면 온도가 영하 235도로 낮지만 매우 활동적인 환경을 가졌다는 점에서 흥미롭다. 트리톤의 표면에는 많은 화산들이 있는데, 이 화산들은 재를 뿜어내는 것이 아니라 얼음 상태의 질소 결정들을 표면 위 약 10km 상공까지 쏟아낸다. 이러한 분출로 트리톤 표면에는 일시적으로 안개와 구름층이 만들어진다. 과학자들은 트리톤의 화산들은 한때 이 위성의 표면이 슬러시 상태의 암모니아 – 물 – 얼음의 '용암' 으로 뒤덮였는데, 이것이 얼어붙어 현재의 산등성이와 계곡들이 형성되었다고 생각한다. 트리톤은 태양계의 큰 위성들 중에서 유일하게 모행성과 반대 방향으로 공전하는 위성으로, 해왕성 주위를 6일에 한 번꼴로 공전한다. 트리톤은 한때 명왕성처럼 혜성과 같은 천체였다가 해왕성의 중력장에 붙들렸을 가능성이 있다.

해왕성의 주요 위성들은 무엇인가?

트리톤은 해왕성의 가장 큰 위성이다. 이 위성은 해왕성이 발견된 직후에 발견되었다. 해왕성에서 두 번째로 큰 위성은 네레이드Nereid로, 1949년 네덜란드 태생의 미국인 천문학자 제러드 카이퍼에 의해 발견되었다. 1989년 해왕성을 근접 통과하던 보이저 2호는 여섯 개의 다른 위성들을 발견했는데, 이들의 지름은 50 ~ 400km 범위에 있다. 이후 적어도 세 개의 위성이 더 발견되었는데 이들은 모두 크기가 매우 작다.

명왕성의 위성들은 어떠한가?

명왕성의 가장 큰 위성은 카론Charon으로 수백 킬로미터의 지름을 갖는다. 명왕성과 카론은 서로에게 조석적으로 고정되어 있어, 회전하는 동안 서로 같은 면만 보게 된다. 명왕성의 또 다른 두 위성은 2005년에 발견되었으며, 2006년에 공식적으로 인정되었다. 이 두 위성은 지름이 약 16km밖에 안 된다.

태양계 안에서 가장 큰 위성들은 무엇인가?

다음 표는 우리 태양계 내의 일부 큰 위성들의 목록이다.

태양계의 큰 위성들

이름	행성	행성으로부터의 거리(km)	직경(km)	공전 주기(지구년)
달	지구	384,000	3,476	27.32
포보스	화성	9,270	28	0.32
데이모스	화성	23,460	8	1.26
아말테아	목성	181,300	262	0.50
이오	목성	421,600	3,629	1.77
유로파	목성	670,900	3,126	3.55
가니메데	목성	1,070,000	5,276	7.16
칼리스토	목성	1,883,000	4,800	16.69
미마스	토성	185,520	398	0.94
엔켈라두스	토성	238,020	498	1.37
테티스	토성	294,660	1,060	1.89
레아	토성	527,040	1,528	4.52
디오네	토성	377,400	1,120	2.74
타이탄	토성	1,221,850	5,150	15.95
히페리온	토성	1,481,000	360	21.28
이아페투스	토성	3,561,300	1,436	79.32
미란다	천왕성	129,780	472	1.41
아리엘	천왕성	191,240	1,160	2.52
움브리엘	천왕성	265,970	1,190	4.14
티타니아	천왕성	435,840	1,580	8.71
오베론	천왕성	582,600	1,526	13.46
프로테우스	해왕성	117,600	420	1.12
트리톤	해왕성	354,800	2,705	5.88
네레이드	해왕성	5,513,400	340	360.16

카 이 퍼   대 와   그   너 머

카이퍼 대란 무엇인가?

카이퍼 대Kuiper Belt(카이퍼-에지워스 대라고도 불린다)는 태양으로부터 약 50억 ~ 120억 km 사이에 있는 도넛 형태의 지역이다(안쪽 경계는 해왕성의 궤도 근처에 있고, 바깥쪽 경계는 안쪽 지름의 약 두 배 정도 거리에 있다).

카이퍼 대 천체란 무엇인가?

카이퍼 대 천체들KBOs, Kuiper Belt Objects은 그 이름에서 알 수 있듯이, 카이퍼 대에서 생겨났거나 혹은 그 주변을 도는 천체들을 의미한다. 카이퍼 대 천체들 중에서 유일하게 하나만 60년 이상 알려져 있었는데, 바로 명왕성이다. 그러나 1992년 이후 많은 카이퍼 대 천체들이 발견되었고, 현재의 추산으로는 수백만 개에서 수십억 개의 카이퍼 대 천체들이 있을 것으로 보인다.

카이퍼 대 천체들은 기본적으로 꼬리가 없는 혜성이다. 다시 말해 수십억 년간 모인 얼음 먼지 덩어리다. 이들이 충분히 커지면 명왕성처럼 질량이 큰 행성과 같은 천체로 진화한다. 이들은 그 위에 있는 맨틀이나 지각과는 다른 물리적 조성을 갖는 조밀한 핵을 형성한다. 대부분의 단주기 혜성, 그러니까 주기가 수년에서 수백 년 정도로 상대적으로 주기가 짧은 혜성들은 카이퍼 대에서 왔다고 생각된다.

플루티노 천체란 무엇인가?

플루티노Plutino 천체는 명왕성보다 작은 카이퍼 대 천체들로, 물리적 특성이 명왕성과 많이 비슷할 뿐 아니라 명왕성과 비슷한 방식으로 태양 주위를 돈다. 플루티노 천체의 발견은 카이퍼 대가 밀집된 지역이라는 인식으로 이어졌으며, 명왕성도 카이퍼 대의 천체 중 하나로 인식하게 했다.

명왕성 탐색은 왜 시작되었는가?

1846년 해왕성이 발견된 이후, 천문학자들은 해왕성의 궤도를 측정하던 중 이상한 점을 발견했다. 이는 수십 년 전 해왕성의 발견으로 이어졌던 천왕성 궤도에서 발견되었던 것과 같은 종류의 것이었다. 1900년대 초에 미국의 천문학자 퍼시벌 로웰Percival Lowell(1855~1916)은 애리조나의 플래그스태프 근처에 있던 자신의 천문대에서 이 같은 해왕성의 이상한 궤도를 유발하는 신비의 행성 '행성 X' 를 찾기 시작했다. 로웰은 이미 화성에서 관측된 수로가 지적 생명체에 의해 설계된 것이라는 주장을 펼쳐 악명이 높았다. 불행히도, 그는 생전에 명왕성의 발견을 보지 못했다. 그러나 1984년 플래그스태프에 세워진 로웰 천문대는 여전히 존재하며, 천문 연구와 교육에 오늘날까지 중요한 공헌을 하고 있다.

명왕성의 특성들은 무엇인가?

다른 카이퍼 대 천체들과 같이, 명왕성은 매우 멀리 있는 작은 왜소 행성이지만, 여러 가지 면에서 여전히 신비스럽다. 우리는 명왕성이 약 2250km의 지름을 갖는다는 사실을 알고 있는데, 이는 지구의 1/5밖에 되지 않으며 태양계의 가장 큰 일곱 개 위성보다 작은 것이다. 명왕성은 대부분 얼음과 암석으로 이루어져 있으며, 표면 온도는 영하 210도 ~ 영하 230도 범위에 있다. 명왕성에서 관측되는 밝은 부분은 대부분 고체 질소와 메탄 그리고 이산화탄소로 되어 있다. 어두운 점들은 메탄이 화학적으로 분해되거나 얼어붙어 만들어진 탄화수소 화합물을 포함한 것일 수 있다. 명왕성의 '하루'는 대략 지구의 6일에 해당하고, 명왕성의 '1년'은 지구의 248년에 해당한다. 명왕성은 다른 지구형 행성이나 거대 가스 행성에 비해 긴 타원 궤도를 따라 태양 주변을 돌고 있다. 248년의 공전 주기 중 20년 동안은 실제로 해왕성보다 태양에 더 가깝다(이러한 현상은 1979년에서 1999년 사이에 일어났다). 명왕성이 태양에 더 가까울 때는 얇은 대기층이 가스 형태로 존재하는데 주로 질소와 이산화탄소 그리고 메탄으로 이루어져 있다. 그러나 매우 멀리 있는 대부분의 궤도상에서는 모든 것이 얼어

표면으로 떨어지기 때문에 대기가 존재하지 않게 된다. 명왕성에는 고리가 존재하지 않으며 세 개의 알려진 위성이 있다(물론 왜소 행성뿐 아니라 소행성도 위성을 가질 수 있다). 가장 큰 위성은 카론인데, 왜소 행성으로 간주될 만큼 크다.

클라이드 톰보는 어떻게 명왕성을 발견했는가?

클라이드 톰보의 임무는 하늘을 작은 지역으로 나누어 사진을 찍은 뒤 지구의 궤도 밖에 다른 천체가 존재하는지 확인하는 작업을 통해 아홉 번째 행성을 찾는 일이었다. 그가 사용한 주요 도구는 반짝임 비교기blink comparator였는데, 그는 이 장비를 이용해 같은 지역을 찍은 두 사진 사이를 앞뒤로 살피면서 특정 천체가 움직였는지 확인하는 일을 되풀이했다.

톰보가 이 프로젝트를 10개월간 진행했을 때인, 1930년 2월 18일 마침내 그의 고된 작업은 보상을 받았다. 태양계 안에서 움직이는 작은 천체를 발견했던 것이다. 그는 같은 지역을 찍은 또 다른 사진과 비교함으로써 이 천체가 혜성이나 소행성일 가능성을 배제할 수 있었다. 로웰이 수년 전에 찍은 사진과 비교하며 톰보는 천체가 그곳에 존재함을 재차 확인했다. 사실 로웰은 이 천체를 이미 발견했지만 천체가 굉장히 작았기 때문에 로웰의 조수들이 의도적으로 무시했던 것이었다.

누가 명왕성을 발견했나?

겸손하게 자기 자신을 낮추어 "대학 교육을 받지 못한 농촌의 아마추어 천문학자"라고 말했던 미국의 천문학자 클라이드 톰보Clyde Tombaugh(1906~1997)는 '행성 X'에 대한 탐사가 시작되었을 때 로웰 천문대에서 일하고 있었다. 그가 하는 일은 이 행성이 존재할 것이라고 여기는 위치의 사진을 지속적으로 찍는 일이었다. 톰보는 1930년 명왕성 발견을 통해 유명 인사가 되었으며, 자신의 연구 결과로 대학 장학금을 얻었다. 그 뒤로도 그는 천문학자로서 특출한 경력을 쌓아나갔다.

에리스는 무엇이며 왜 중요한가?

2005년에 천문학자 마이클 브라운Michael Brown(1965~)과 채드윅 트루히요Chadwick Trujillo(1973~) 그리고 데이비드 라비노위츠David Rabinowitz(1960~)는 톰보의 기술보다 정교하고 현대적인 방식을 사용하여 명왕성 너머의 태양계 천체를 찾는 연구를 했다. 처음에 2003UB 313이라고 불렸던 이 천체는 명왕성이 카이퍼 대 천체들 안에서 가장 큰 천체인가 아닌가에 대한 물음에 확실한 대답을 해주었다. 그 대답은 아니라는 것이다. 추가 관측을 통해 2003UB 313이 위성을 갖는다는 것이 밝혀졌다. 일시적으로 이 새로운 KBO와 위성은 발견자들에 의해 장난스럽게 '제나Xena'와 '가브리엘레Gabrielle'로 불렸는데, 이들은 텔레비전에 등장하는 신화 속의 여주인공과 그 동반자다.

2003UB 313의 발견은 행성천문학자들에게 '행성'에 대한 새로운 과학적 정의가 필요하다는 생각을 하게 했다. 이 천체가 명왕성보다 더 크고 더 먼 거리에 있었으므로,

카이퍼 대 천체의 커다란 천체들인 명왕성, 세드나(Sedna), 콰오아(Quaoar)를 지구 그리고 달과 비교한 그림.(NASA)

명왕성이 행성이 아니라고 판명되지 않은 이상, 에리스Eris는 열 번째 행성으로 인정되어야 했다. 논쟁을 거친 후, 2006년 8월에 IAU에 의해 천체들은 다시 분류되었다. 오늘날 우리의 태양계에는 단지 여덟 개의 행성만 있고, 명왕성이 그중에 포함되지 않은 것은 이 때문이다.

이러한 결정이 내려지고 얼마 되지 않아, IAU 위원회는 2003UB 313과 그 위성에 대해 발견자들이 제안한 이름을 받아들였다. 오늘날 이들의 공식 이름은 에리스Eris와 디스노미아Dysnomia로 논쟁과 불화의 여신들이다.

카이퍼 대의 천체들 중에 가장 큰 것들은 무엇이며 크기는 얼마나 될까?

다음은 오늘날 알려진 가장 큰 KBO 천체들의 목록이다.

카이퍼 대의 큰 천체들

이 름	기하학적 평균 직경(km)
에리스	2,600
명왕성	2,390
세드나	1,500
콰오아	1,260
카론	1,210
오르쿠스	940
바루나	890
익시온	820
카오스	560
후야	500

소 행 성 들

소행성이란 무엇인가?

소행성asteroid은 상대적으로 작고, 암석질 또는 금속질의 물질 덩어리로 태양 주위를 도는 천체다. 이들은 행성과 비슷하나 크기가 훨씬 작다. 가장 큰 소행성인 세레스Ceres의 지름도 겨우 930km에 불과하고, 지름이 250km 이상인 소행성은 태양계 내에 단 열 개만 있는 것으로 알려져 있다. 대부분의 소행성들은 탄소가 많은 암석으로 이루어져 있으나, 일부는 철과 니켈을 부분적으로 포함한다. 가장 큰 것을 제외하면 소행성들은 모양이 불규칙하고, 태양계 내를 움직이면서 회전하고 공중제비를 넘고 있다.

모든 소행성들은 소행성대에 있는가?

그렇지 않다. 태양계 내의 다른 지역에도 많은 소행성들이 있다. 예를 들어 1977년에 발견된 키론Chiron은 토성과 천왕성 사이의 궤도를 돈다. 또 다른 예로는 라그랑주Lagrange 점 근처에서 목성 궤도를 따라 도는 트로이군 소행성Trojans이 있다. 한 그룹은 행성 앞쪽에 있고, 다른 그룹은 뒤쪽에 있다. 이들은 목성과 충돌하지 않고 안전하게 공전할 수 있다.

소행성대란 무엇인가?

소행성대asteroid belt는 화성 궤도와 목성 궤도 사이에 있는 지역으로, 태양으로부터 약 2억 4000만 ~ 8억 km 사이에 있다. 알려진 소행성들의 대부분이 이 안에서 돌고 있다. 소행성대 자체도 얇은 띠로 나뉘어 있는데, 커크우드 간극Kirkwood Gaps이라 불리는 천체가 없는 지역object-free zones에 의해 나뉘어 있으며 간극을 처음 발견한 미국의 천문학자 대니얼 커크우드Daniel Kirkwood(1814~1895)의 이름을 딴 것이다.

소행성대에서 가장 큰 소행성들은 무엇인가?

가장 큰 소행성은 왜소 행성으로 분류된 세레스를 비롯하여, 팔라스Pallas, 베스타Vesta 그리고 히기에이아Hygiea 등이 있다. 그 밖에 다른 소행성들은 에로스Eros, 가스프라Gaspra, 이다Ida, 댁틸Dactyl을 포함한다. 다음은 다른 소행성들에 대한 목록이다.

카이퍼 대의 큰 천체들

이름	기하학적 평균 직경(km)
세레스	950
베스타	530
팔라스	530
히기에이아	410
다비다	330
인터람니아	320
유로파 52	300
실비아	290
헥토르	270
유프로시네	260
유노미아	260
키벨레	240
주노	240
프시케	230

소행성대 안의 소행성들은 얼마나 멀리 떨어져 있는가?

소행성대 안에는 적어도 수백만 개 혹은 그 이상의 소행성들이 존재하지만, 전형적인 소행성들 사이의 거리는 엄청나다. 간격은 수천에서 수백만 킬로미터다. 그러므로 소행성대 내에서 우주 추적에서 날아오는 소행성을 피한다는 것은 완전히 허구다.

지구 근접 천체들이란 무엇이며, 이들은 왜 위험한가?

지구 주변에는 수백 개 혹은 수천 개의 지구 근접 천체들NEO, Near-Earth Objects이 존재한다. 이들은 지구 궤도를 가로질러 태양 주위를 도는 소행성들로, 지구 근접 천체는 우리 행성과 충돌할 수 있으며, 이는 우주적 파멸을 불러일으킬 수 있다.

세레스는 무엇이며 왜 중요한가?

세레스는 1801년 1월 1일 이탈리아의 성직자 주세페 피아치Giuseppe Piazzi (1746~1826)에 의해 발견되었다. 피아치가 발견한 별과 비슷한 천체는 당시의 항성 목록에 포함되어 있지 않았다. 그가 며칠에 걸쳐 천체를 관측하자 목성보다는 빠르지만 화성보다는 느린 움직임이 보였다. 피아치는 이 천체가 목성과 화성 사이에 존재하는 새로운 행성이라고 생각했다. 그는 이 행성의 이름을 고대 로마 신화에 나오는 농업의 신 케레스Ceres에서 빌려와 붙였다. 독일인 수학자 카를 가우스는 세레스의 궤도를 1년 후에 확증했다. 세레스는 수많은 작은 행성들이 화성과 목성 사이에서 발견되어 새로운 분류가 필요하다고 생각될 때까지, 수십 년간 행성으로 받아들여졌다가 가장 작은 행성에서 첫 번째 소행성으로 분류되었다. 세레스는 여전히 가장 큰 소행성이다. 또한 최근에 명왕성이 조정되었던 것처럼, 세레스 역시 조정되어 이제는 가장 큰 소행성이자 왜소 행성으로 구분되었다.

천문학자들이 소행성이 무엇인지 알게 된 것은 언제인가?

처음 발견된 소행성들은 세레스Ceres(1801), 팔라스Pallas(1802), 주노Juno(1804) 그리고 베스타Vesta(1807)다. 수십 년이 지나 망원경 기술이 꽃을 피우면서 목성과 화성 사이에서 발견된 작고 행성처럼 보이는 천체들의 수는 수십 개가 되었다가 다시 수백 개가 되었다. 19세기 중반에 이르러 천문학자들은 이들이 '작은' 행성이라는 사실을 인식하게 되었다.

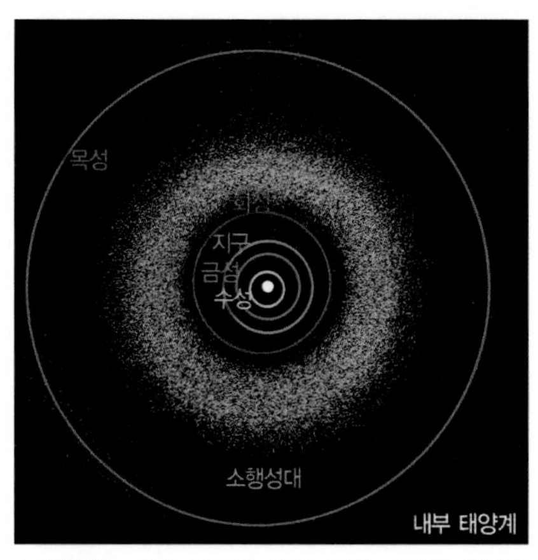

소행성대는 화성 궤도와 목성 궤도 사이에 존재한다.(NASA/JPL-Caltech/R. Hurt)

소행성들은 어디서 왔는가?

소행성들의 기원은 과학적 연구의 주제로 남아 있다. 오늘날 천문학자들은 대부분의 소행성들이 다른 행성을 형성할 만큼 커지지 않은 원시 행성들이라고 생각한다. 반면에 일부 소행성들은 행성들의 잔해 혹은 커다란 충돌을 통해 여러 조각 난 원시 행성이라고 생각된다.

소행성들은 얼마나 많은가?

오늘날 수천 개의 소행성들이 주기적으로 추적되고 있으며, 수만 개의 소행성들이 확인되어 목록에 올랐다. 적어도 100만 개의 소행성들이 존재한다고 여기고 있다. 천문학자들은 이들 중 약 1/10 정도만 지구에서 관측할 수 있을 것으로 추산하고 있다.

혜 성 들

혜성이란 무엇인가?

혜성은 쉽게 말하자면 '눈 덮인 먼지 덩어리' 혹은 '먼지투성이의 눈 덩어리'다. 혜성은 암석질 물질과 먼지, 물과 얼음과 메탄 그리고 암모니아로 이루어지며 아주 긴 타원 궤도를 따라 태양 주위를 돈다. 이들이 태양에서 멀어지면 단순히 고체 덩어리에 불과하지만 태양에 가까워지면서 온도가 상승하여 혜성 겉 표면의 얼음들이 기화하기 시작한다. 이들이 '코마coma'라고 불리는 구름을 형성하며 혜성의 '핵'으로 불리는 혜성의 고체 부분을 둘러싼다. 떨어져나가는 혜성의 기체는 길게 '꼬리'를 형성하는데 길이가 160만 9344km 이상이 될 수도 있다.

혜성이 처음 발견된 때는 언제인가?

혜성은 맨눈으로도 관측이 가능하고 때론 밝고 아름다운 광경을 연출하므로 사람들은 의심할 여지 없이 태곳적부터 혜성을 관측해왔다고 믿어진다. 다른 한편으로 혜성은 아주 짧은 기간, 즉 며칠에서 몇 주간만 관측되기 때문에 대부분의 혜성은 기록되지 않았으며, 인류 역사 대부분의 기간 동안 혜성은 잘못 이해되어왔다. 이런 이유와 또 다른 이유로 인해 여러 시대에 걸쳐 많은 미신과 신화가 혜성과 관련되어 있다.

천문학자들이 혜성이 태양 주위를 어떻게 도는지 계산한 것은 언제인가?

1600년대에 이르러, 천문학자들은 혜성이 우주, 즉 지구 대기 바깥에 존재한다는 것을 알았으며, 혜성의 여정이 어디서부터 시작해 어디서 끝나는지에 대해 알아내려고 했다. 요하네스 케플러는 1607년에 혜성을 관측했으며, 혜성은 직선 궤도를 따라 무한히 먼 곳에서 와서 지구를 지나 영원히 멀어진다고 결론 내렸다.

어느 정도 시간이 흐른 후, 폴란드의 천문학자 요하네스 헤벨리우스Johannes Hevelius(1611~1687)는 혜성이 약간의 곡선 궤도를 따른다고 주장했다. 1600년대 후반에 이르러, 조지 새뮤얼 도어펠George Samuel Doerffel(1643~1688)은 혜성이 포물선 궤도를 갖는다고 주장했다. 1695년에 에드먼드 핼리Edmund Halley(1656~1742)는 혜성이 태양 주변을 타원형 궤도로 돈다고 올바로 추론해냈다.

영속적인 이름을 얻은 첫 번째 혜성은 무엇인가?

영국인 천문학자 에드먼드 핼리는 뉴턴과 친분 있는 사람으로, 당시 유명한 천문학자였다. 일생 동안 핼리는 뛰어난 업적을 남겼고, 최초의 기상 지도와 처음으로 지구의 나이를 과학적으로 계산하기도 했다. 그는 1719~1742년까지 당시 과학자로서 최대 영예인 영국의 왕실 천문학자를 지냈다.

핼리의 가장 위대한 발견들 중 하나는 천문학자들이 수년간 기록한 24개의 혜성의 경로를 계산하던 중에 찾아왔다. 그는 이 기록들 가운데 세 개의 혜성, 즉 1531년,

1607년 그리고 핼리 자신이 발견한 1682년의 혜성들이 거의 동일한 경로를 따라 하늘을 가로지른다는 사실을 발견했다. 이 발견은 그로 하여금 혜성은 태양 주위의 궤도를 따라 돌기 때문에 주기적으로 다시 나타날 수 있다는 결론을 내리게 했다. 1695년에 핼리는 뉴턴에게 편지를 보냈다. "나는 1531년 이래로 우리가 같은 혜성을 세 번 관측했다고 점점 더 확신하게 된다." 핼리는 같은 혜성이 76년 후인 1758년에 돌아올 것으로 예측했다.

불행하게도 핼리는 자신이 옳았다는 것을 증명하기 전에 죽었다. 그 혜성은 그의 이름을 기려 오늘날 핼리혜성이라 불리며, 세계에서 가장 유명한 혜성으로 남아 있다. 핼리혜성은 마지막으로 1986년에 지구를 지나갔으므로, 2062년에 다시 돌아올 것이다.

하인리히 올베르스는 혜성의 궤도를 계산하는 데 어떻게 기여했나?

혜성은 긴 타원 궤도를 돌기 때문에, 행성들이나 대부분의 소행성보다 궤도를 계산하기가 훨씬 어렵다. 1700년대 후반, 프랑스의 수학자이자 과학자인 피에르 시몽 라플라스는 이를 계산하기 위한 일련의 방정식을 내놓았지만 너무 복잡하고 어려웠다. 1797년에 독일의 천문학자이자 물리학자인 하인리히 올베르스는 라플라스의 방법보다 더 정확하고 사용하기 쉬운 혜성 궤도 계산 방법을 발표해 당대의 선구적인 천문학자라는 명성을 얻었다.

올베르스는 널리 존경받는 물리학자로, 백신 캠페인과 콜레라가 퍼졌을 때 영웅적으로 사람들을 돌보아 칭송을 받았다. 그는 1781년 자기 집 2층에 관측소를 설치한 뒤 1780년에 첫 번째 혜성을 발견했는데 당시 나이는 스물두 살이었다.

그는 일생 동안 다섯 개의 혜성을 발견하고, 18개의 다른 혜성들의 궤도를 계산했다. 또한 태양 에너지에서 혜성의 핵 표면이 녹아내려 혜성의 꼬리를 만들 것이라는 올바른 가설을 세웠다. 그리고 1802년 3월에 팔라스Pallas를 발견했고, 1807년 3월에 베스타Vesta를 발견해 올베르스는 두 번째와 세 번째 소행성의 발견자가 되었다.

혜성 73P/Schwassaman-Wachmann 3는 태양을 5년 반에 한 번꼴로 공전하며, 1995년에 네 조각으로 분해되었는데, 이 중 세 개는 2006년에 스피처 우주 망원경으로 촬영된 이 사진에서 확인할 수 있다.(NASA/JPL-Caltech/W. Reach)

혜성은 어디서 오는가?

태양 주위를 도는 대부분의 혜성은 해왕성 궤도 너머에 존재하는 태양계의 두 주요 지역인 카이퍼 대와 오르트 성운에 그 기원을 두고 있다. '단주기 혜성'은 보통 카이퍼 대에 기원을 두고 있다. 그런데 일부 혜성과 혜성 비슷한 천체들은 이보다 훨씬 작은 궤도를 갖기도 한다. 이들은 카이퍼 대나 오르트 구름에서 기원했지만 목성과 다른 행성들의 중력 상호작용으로 궤도가 바뀐 것이다.

오르트 구름이란 무엇인가?

오르트 구름Oort cloud은 태양 주위를 둘러싸고 있는 구형의 지역으로, 공전 주기가 수백 년 이상인 혜성들의 기원이 되는 지역이다. 오르트 구름의 크기는 측정되지 않았으나, 수조 킬로미터 혹은 그 이상의 지름을 가질 것으로 추측된다. 과학자들은 수십억 혹은 수조 개의 혜성들과 혜성 비슷한 천체들이 오르트 구름에 있을 것으로 생각하고 있다. 세드나Sedna는 아마도 최초로 발견된 오르트 구름 천체일 것이다.

18세기 프랑스의 혜성 사냥꾼으로 유명한 사람은 누구인가?

메시에 목록의 창시자로 유명한 샤를 메시에Charles Messier(1730~1817)는 18세기에 가장 널리 알려진 프랑스의 혜성 사냥꾼이었다. 그의 첫 번째 직업은 천문학자 조제프 니콜라 드릴Joseph Nicolas Delisle(1688~1768)의 제도사로, 드릴은 메시에에게 천문 장비 다루는 방법을 가르쳐주었다. 메시에는 파리의 마린Marine 관측소 서기로 가서, 파리의 드 클뤼니De Cluny 호텔의 망루 관측소에서 일했다. 그곳에서 그는 최소한 15개의 혜성을 발견했으며 수많은 일식과 일면 통과transits 그리고 태양 흑점을 기록했다. 1770년에는 프랑스의 왕실 연구소에 발탁되었고, 이어 유명한 밤하늘의 천체 목록 첫 번째 부분을 출판했다. 그가 발견한 천체들은 게성운과 같은 천체는 물론 수많은 혜성들도 포함된다.

얀 오르트는 누구인가?

오르트 성운은 얀 오르트Jan Oort(1900~1992)의 이름을 따서 붙인 것인데, 그는 당시 네덜란드의 선구적인 천문학자로 알려져 있었다. 그의 과학 연구는 다양한 분야에 걸쳐 있었는데, 은하의 구조에서 혜성이 형성되는 방법에 이르기까지 다양했다. 또한 그는 전파천문학의 선구자이기도 했다.

1927년에 오르트는 당시로서는 혁신적인 개념이던 우리은하가 중심 주위로 도는가에 대한 연구를 시작했다. 오르트는 태양 주변을 도는 별들의 움직임을 연구하여 우리 태양계는 그동안 믿고 있던 대로 우리은하의 중심이 아니라 은하계 바깥쪽 어딘가에 위치한다고 결론 내렸다. 오르트는 전파천문학 기술과 이론 모델을 사용하여 우리은하의 구조를 판독해냈다.

오르트는 혜성의 기원에 대해 연구하여, 1950년 명왕성의 궤도 훨씬 너머에 태양에서부터 사방으로 수조 킬로미터에 달하는 거대한 껍질 모양의 지역이 있는데, 이곳엔 비활성 상태에 있는 수조 개의 혜성들이 천천히 회전하고 있다는 가설을 발표했다. 이들 혜성들은 지나가는 가스 성운이나 별이 혜성의 궤도를 바꾸지 않는 이상 그곳에 존재하면서, 때때로 섭동에 의해 태양과 내부 태양계를 향해 긴 타원 궤도를 따라 혜성들을 보내고 있다고 주장했다. 오늘날 이 지역은 장주기 혜성의 근원으로 생각되며 얀 오르트의 이름을 따서 오르트 구름이라 불리고 있다.

현재 알려진 유명한 혜성들은?

핼리혜성이 인류 역사에서 가장 잘 알려진 혜성일 것이다. 이 혜성은 지난 1986년에 마지막으로 지구를 지나갔다. 최근에 잘 알려진 혜성으로는 슈메이커-레비Shoemaker-Levy 9 혜성이 있는데, 여러 조각으로 깨어져 1994년에 목성으로 떨어져 충돌했다. 또 다른 유명한 혜성으로는 1996년에 지구를 지나간 햐쿠다케Hyakutake, 百武와 1997년에 지구를 지나간 '20세기 최대의 혜성'으로 여겨진 헤일-밥Hale-Bopp이 있다.

핼리혜성의 특성들은 무엇인가?

과학자들은 핼리혜성이 다른 혜성들과 비슷하지만 태양 가까이를 지나는 큰 혜성으로 생각한다. 1986년에 유럽 우주국ESA의 지오토Giotto 탐사선이 핼리혜성 중심의 사진을 찍고 다른 자료들을 수집했다. 이 사진에 의하면, 핼리혜성은 길이가 약 15km이고 폭이 약 10km이며, 표면은 석탄처럼 검고 감자 모양을 하고 있으며 언덕과 계곡처럼 보이는 기하학적 특성을 가지는 것으로 보인다. 혜성 표면에서는 두 줄기의 밝은 가스와 먼지 분출이 있었는데 그 길이는 각각 약 14km 정도 되었다. 혜성의 표면 그리고 혜성의 코마coma와 꼬리의 가스는 물, 탄소, 질소 그리고 황 입자들을 포함하고 있었다.

사람들은 얼마나 오랫동안 핼리혜성을 관측해왔는가?

사람들은 핼리혜성이란 이름이 붙기 오래전부터 핼리혜성을 관측해왔다. 이 혜성에 대한 첫 번째 기록은 2200년 이전에 시작되었으며, 이후 한 문명이 지날 때마다 이에 대한 관측이 전해진다. 기원전 240년경 중국인 천문학자는 혜성이 나타난 것에 주목하고, 황후의 죽음을 혜성 탓으로 돌렸다. 바빌로니아의 천문학자들은 기원전 164년과 기원전 87년에 그 출현을 기록하고 있다. 그리고 기원전 12년에 로마인들은 정치가인 마르쿠스 비프사니우스 아그리파Marcus Vipsanius Agrippa의 죽음이 혜성과 관련되어 있다고 생각했다.

헤일-밥 혜성의 접근 통과는 무엇이었나?

헤일-밥Hale-Bop 혜성은 같은 날 두 명의 천문학자에 의해 발견되었다. '헤일-밥'으로 두 사람의 이름을 합친 이유는 이 때문이다. 1995년 7월 22일, 앨런 헤일Alan Hale(1958~)은 뉴멕시코 남쪽에 있는 자기 집에서 혜성을 발견했고, 토머스 밥Thomas Bopp(1949~)은 애리조나에서 혜성을 발견했다. 헤일-밥 혜성은 1996년 8월에 처음으로 맨눈으로 관측이 가능해졌다. 혜성은 1997년 3월과 4월, 거의 두 달 동안 내내 밝게 빛났다. 헤일-밥 혜성은 이보다 1년 전에 지구를 지나간 하쿠다케 혜성처럼, 파란색 이온 꼬리와 곡선으로 휘어진 황백색의 먼지 꼬리를 가지고 있다.

슈메이커-레비 9 혜성에 무슨 일이 일어났나?

슈메이커-레비Shoemaker-Levy 9 혜성과 행성인 목성의 충돌은 사람들에게 목격된 태양계 천체들 사이의 최초의 충돌이었다. 1994년 봄에 목성에 접근한 혜성이 깨어져 그 조각들이 긴 사슬 모양을 이루었다. 1994년 7월에 천문학자들은 혜성 조각들이 차례차례 거대 행성의 두꺼운 대기 속으로 충돌하는 놀라운 장면을 관측할 수 있었다.

제 6 장
지구와 달

지 구

지구란 무엇인가?

지구는 태양계의 세 번째 행성으로, 태양으로부터 약 1억 5000만 km 떨어진 곳에서 태양 주위를 돌고 있다. 지구는 지구형 행성 가운데 크기가 가장 크고 질량도 가장 크다. 지구의 내부 구조는 중심에 금속 핵이 있는데 액체와 고체의 성분을 모두 갖고 있다. 바깥에는 두꺼운 암석질 맨틀과 얇은 암석질 지각이 있다.

지구는 어떻게 측정되었나?

지구의 크기와 형태를 연구하는 학문을 측지학geodesy이라고 한다. 수천 년 동안 사람들은 측지학을 연구해왔다. 일찍이 2000년 전에 이집트에서 활동한 그리스의 천문학자이자 수학자인 에라토스테네스Eratosthenes(B.C 276~194)는 태양의 그림자를 이용해 지구의 둘레가 약 4만 km인 구라는 계산을 얻었다. 이 값은 오늘날 알고 있는 값과 놀라울 정도로 가깝다.

이러한 과학적 지식은 역사의 흐름과 문명의 흥망에 따라 잃어버리기도 하고 다시 발견되기를 여러 차례 되풀이했다. 예를 들어 15세기 중반쯤 바다에서 멀리 떨어진 곳에 사는 대부분의 유럽인들은 지구가 평평하다고 생각했다. 하지만 항해사와 학자들은 이미 지구가 둥글다는 것을 충분히 인식하고 있었다. 그러나 지구의 크기는 여전히 불확실했다. 크리스토퍼 콜럼버스는 실제보다 지구를 훨씬 작게 생각했다. 그는 스페인 서쪽으로 운항하면 동쪽으로 운항할 때보다 인도에 훨씬 더 빨리 도달할 수 있다고 생각했다(물론, 그는 인도 대신 카리브 해안에 도착했다). 17~18세기에 이르자 마침내 유럽인들은 지구의 정확한 크기와 형태를 측정할 수 있는 기술을 발전시켰다. 네덜란드의 물리학자이자 천문학자이며 수학자인 빌레브로르트 스넬Willebrord Snell(1580~1626)은 수학적 아이디어를 확장하여 삼각법을 사용해 거리를 측정하는 방법을 알아내고 지구 원주의 1/4을 이용하여 두 점 사이의 각도 차이를 측정했다. 이를 통해 이들 사이의 거리를 계산했고 지구의 반지름을 측정했다. 오늘날 그는 스넬 법칙(빛이 다른 물질을 통과할 때 굴절되는 각도를 설명한 법칙)으로 잘 알려져 있다.

독일의 수학자이자 과학자인 가우스 역시 이 문제를 연구했다. 1807년에 괴팅겐 천문대장이 된 후부터 죽을 때까지, 가우스는 측지학에 관심을 보였다. 1821년 그는 태양을 커다란 거리에 반사시켜 정확한 거리를 측정하는 회광기heliotrope를 고안했다.

우주로부터 지구와 충돌한 물체가 있는가?

지구 바깥의 외계에서 날아온 입자와 물체들은 끊임없이 지구와 충돌하고 있다. 매일 100톤 이상의 물질이 외계에서 지구로 유입되고 있는 것으로 추정된다. 이 물질들의 대부분은 모래알보다 더 작은 행성 간 먼지로 이루어져 있다. 다른 종류의 물질들 역시 지구와 부딪히고 있는데, 이들은 중성미자와 우주선 등과 같은 아원자 입자에서 커다란 암석 파편이나 금속으로 이루어진 운석까지 다양하다. 지구 역사를 거슬러 올라가면 오래전에 매우 큰 충돌도 있었다. 수십억 년 전, 적어도 수천 킬로미터의 크기를 가진 원시 행성 하나가 우리 행성과 충돌했다. 많은 과학자들은 이 사건으로 인해 달이 형성되었다고 믿고 있다.

궤 도 와 　자 전

지구는 어떻게 회전하는가?

지구의 회전은 지구가 형성되는 과정에서 남은 각운동량의 결과다. 여기에는 세 가지 확연히 구별되는 운동이 있는데, 가장 눈에 띄는 것은 지구의 자전이다. 지구는 약 23시간 56분에 한 번꼴로 자전을 하며, 이로 인해 낮과 밤이 생긴다. 또 지구는 세차운동precession(회전축의 흔들림)과 장동nutation(지구의 축이 앞뒤로 움직이는 현상)이 있고, 달이 지구를 돌면서 지구를 중력으로 당기는 역할을 한다. 세차운동과 장동은 오랜 시간이 지나면서 지구의 남극과 북극이 서로 다른 위치의 별을 가리키도록 했다.

지구의 자전을 과학자들은 어떻게 증명했는가?

1742~1762년 동안 영국의 왕실 천문학자를 지낸 제임스 브래들리는 처음으로 지구가 공전과 자전을 하는 증거를 제시했다. 브래들리가 별들의 시차(지구의 공전으로 인해 관측되는 별들의 각운동)를 측정하려 했을 때, 그는 밤하늘의 모든 별들의 위치가 1년 내내 정확히 같은 크기만큼 이동하는 현상을 발견했는데, 이는 지구가 움직이는 방향과 일치했다. 1728년에 브래들리는 자신이 관찰한 별들의 움직임이 지구가 별빛에 대해 앞쪽으로 움직이기 때문에 생겨난다고 확신했다. 이 효과는 별빛의 광행차aberration of starlight 현상이라 불리는데, 이는 관측자가 폭우 속을 걸을 때 빗방울이 약간 비스듬히 떨어져 사람들이 우산을 약간 앞쪽으로 기울여 쓰는 것과 같은 현상이라고 할 수 있다. 이는 명백히 지구가 움직이고 있다는 사실을 입증하는 것이며, 지구가 회전하고 있음을 말하는 것이기도 했다.

1852년에 프랑스의 과학자 장 베르나르 레옹 푸코Jean Bernard Léon Foucault(1819~1868)는 파리에 있는 판테온 기념관Pantheon monument의 돔형 천장에 길이 60m짜리 쇠줄에 커다란 쇠공을 매달아 진동시키는 진자 실험을 통해 지구가 회전하고 있음을 증명했다. 그는 공 밑바닥에 작은 바늘을 붙여 공의 움직임을 평평한 모래 면에 기록하게 했다. 하루가 지났을 때 공의 궤적은 처음 흔들리던 그대로였지만 바늘이 그린 선은 천천히 그리고 지속적으로 오른쪽으로 회전하고 있었다. 바늘이 그린 선은 원을 그리고 있었는데 반나절이 지나자 완전한 원이 되었다. 푸코의 추는 매우 간단하면서도 지구 상에서, 지구의 자전이 사실이며 태양이나 별이 그 주위를 회전하여 생기는 광학적 착각 현상이 아니라는 것을 증명했다.

유명한 지구의 사진으로, 아폴로 17에 탑승한 우주 비행사들에 의해 촬영되었다.(NASA)

지구는 얼마나 빠르게 자전하는가?

지구는 23시간 56분마다 한 번씩 자전을 한다. 물론 정확히 24시간이 아니다. 그러나 매우 정확한 근삿값이기 때문에 우리는 달력과 시계를 하루 24시간을 기준으로 만들고, 이로 인한 오차를 다른 방법으로 메우는 방식을 택하고 있다.

지구는 대부분이 고체로 된 천체이기 때문에, 지구의 모든 부분은 자전하는 데 같은 시간이 소요된다. 이 의미는 예를 들어 지구의 적도에 서 있는 사람은 시속 1670km의 속도로 움직이게 되는 것이다. 이는 일반 항공기의 거의 두 배나 되는 속도다! 이 속도는 남극이나 북극 쪽으로 가면 사실상 줄어든다. 극에서의 회전 속도는 0이 된다.

푸코는 누구이며 어떻게 푸코 진자를 고안했는가?

푸코는 선구적인 과학자였다. 푸코는 자신이 만든 유명한 진자 이외에도 자이로스코프gyroscope를 개발했다. 또 당시로서는 가장 정확하게 빛의 속도를 측정했고, 망원경의 설계에도 큰 영향을 끼쳤다. 뿐만 아니라 푸코는 왕성한 활동을 한 작가이기도 했는데 신문에 과학 칼럼을 쓰는 한편 산술학과 기하학 그리고 화학에 대한 교재를 쓰기도 했다.

푸코는 물리학자 아르망 피조Armand Fizeau(1819~1896)와 함께 카메라를 사용하여 태양을 촬영한 최초의 인물이다. 그들은 은판 사진술을 이용했는데, 빛에 반응하는 은으로 도금된 유리판을 통해 사진을 찍는 것이었다. 이러한 초기의 감광판들은 오늘날 사용되는 필름이나 디지털 감지기에 비해 빛에 훨씬 둔감한 탓에, 사진 촬영을 위해 피조와 푸코는 지구에 초점을 맞춘 상태로 카메라를 한동안 그대로 두어야 했다. 노출 시간이 오래 걸렸기 때문에 지구에 대한 상대적인 태양의 위치가 상당히 변하여 사진이 흐릿하게 나왔다. 이 문제는 푸코에게 영감을 불어넣어 태양을 따라 카메라를 고정시키는, 진자로 작동하는 장치를 발명하게 했다.

지구의 생명 유지를 위한 대기는 산소와 식물과 동물을 위한 이산화탄소뿐만 아니라, 최상층에 있는 오존과 다른 가스들 역시 방사능으로부터 지구의 생명을 보호하는 데 필요하다.(NASA)

대 기

지구의 대기는 얼마나 두꺼운가?

지구의 대기는 표면에서 수백 킬로미터의 상공까지 존재하지만, 높은 고도보다 표면에서의 밀도가 훨씬 높다. 지구 대기에 있는 기체의 절반은 표면으로부터 수 킬로미터 높이 안에 존재하며, 95%의 기체는 표면 위 19km 내에 존재한다.

어떤 기체들이 지구 대기를 구성하는가?

지구의 대기는 78%의 질소와 21%의 산소 그리고 1%의 아르곤으로 이루어졌으며, 그 밖에 1% 미만의 다른 기체들이 있는데 수증기나 이산화탄소 등을 들 수 있다.

지구의 대기에는 어떤 다양한 층들이 있는가?

지구 대기의 가장 아래층은 대류권troposphere이다. 이 층은 우리가 숨 쉬는 공기이며, 구름과 기상 현상이 존재한다. 대류권 위에는 성층권stratosphere이 있는데, 고도 약 14km 상공에서 시작된다. 성층권의 온도는 매우 낮아서 영하 50도에 이른다. 고도 80km 위에서부터 320km 사이의 대기 밀도는 매우 낮지만, 온도가 급격히 상승한다. 이 층을 열권thermosphere이라고 한다. 열권 위는 지구의 대기층 중에서 최상층인 외기권exosphere 혹은 전리층ionosphere이 있다. 이 층에서는 기체 분자들이 원자로 분리되고 대부분의 원자들은 전하를 띠거나 이온화된다.

지구의 대기층은 변하고 있는가?

지구의 대기층은 지속적으로 그리고 점진적으로 변하고 있다. 몇천 년 정도 지속되는 주기를 기준으로, 각기 다른 가스들(산소, 이산화탄소 그리고 다른 것들을 포함)의 농도는 탄소 검댕 같은 작은 먼지 미립자들의 농도에 따라 높아지거나 낮아진다.

지난 수백 년간의 인구 증가와 산업 활동은 지난 20만 년의 기간 동안 그 어느 때보다 빠르게 몇몇 기체와 미립자들의 농도를 변화시켰다. 가장 극적인 효과는 대기 중 이산화탄소 양의 엄청난 증가다. 이런 증가는 상당한 온실 효과를 불러왔는데, 일부 과학자들의 견해에 따르면, 이 때문에 지구의 평균 온도가 기존의 생태학적이나 지질학적 시간 규모에 비해 훨씬 빠른 속도로 증가하고 있다는 것이다.

중간층과 오존층이란 무엇인가?

중간층mesosphere은 성층권의 최상층이다. 중간층 아래, 고도 약 40~65km 부근에는 자외선을 차단하는 오존 분자들을 높은 밀도로 포함하는 따뜻한 층이 존재하는데 이것이 오존층ozone layer이다.

지구의 대기는 어떻게 형성되는가?

지구의 대기 일부는 약 45억 년 전에 우리 행성이 생겨날 때 태양 성운의 일부를 끌어당긴 것일 것이다. 지구 대기의 대부분은 지구 표면 아래에 갇혀 있다가 화산 폭발이나 다른 지각 변동과 균열을 통해 분출된 것으로 생각된다. 수증기는 가장 풍부하게 유출된 기체로, 이들이 응축하여 바다와 호수 그리고 다른 지표면의 물을 형성했다. 이산화탄소는 아마도 그다음으로 흔한 기체였을 것이며, 대부분은 물에 녹거나 표면의 다른 암석들과 화학적으로 결합하게 되었다. 질소는 적은 양만 나오지만, 주목할 만한 응축이나 화학적 반응을 겪지 않았다. 때문에 과학자들은 질소가 우리 대기에서 가장 흔한 것으로 여기고 있다.

우리 지구 대기와 같이 산소 농도가 높은 행성들은 흔치 않은데, 산소는 반응성이 매우 높아서 쉽게 다른 원소들과 결합하기 때문이다. 산소를 기체 형태로 유지하기 위해서는 지속적으로 보충되어야 한다. 지구에서는 이런 보충이 광합성을 하는 식물과 조류algae에 의해 이뤄지는데, 이들은 이산화탄소를 대기에서 제거하고 산소를 추가하는 역할을 한다.

자 기 장

지구의 자기장이란 무엇인가?

자기장은 우리 행성을 투과한다. 그러나 더 중요한 것은, 지구 자체가 커다란 구형

자석 역할을 한다는 점이다. 자기장은 지구 내부에 흐르를 전류에 의해 생성되는데, 아마도 지구 핵의 액체 상태의 금속 부분을 통해 흐를 것이다. 지구의 회전과 결합하여, 지구의 핵은 전기발전기 역할을 하여 자기장을 생성한다.

지구의 자기장은 우주 밖 수천 킬로미터까지 존재한다. 자기력선은 자기력을 운반하고 발산하며, 지구의 자석 극(북극과 남극)에 위치하여 바깥쪽으로 돌출되어 커다란 원을 그린다. 이들은 종종 우주 밖으로 분출되기도 한다. 지구 자기장의 남극과 북극은 지구의 회전축인 지질학적 북극과 남극에 매우 가깝다(그러나 주의할 점이 있다. 지구의 자기극을 정의하는 데는 두 가지 방법이 있다). '자기의 북극agnetic north pole'은 캐나다의 섬에 존재하지만, '지자기의 북극geomagnetic north pole'은 그린란드이고 '지리학적 북극geographic north pole'은 모든 땅에서 수백 킬로미터 떨어진 대양 위의 빙상에 존재한다.

지구의 자기장을 사람들은 어떻게 발견했는가?

고대 중국인들은 자석을 항해를 위한 나침반으로 처음 사용했다. 비록 당시에 그들은 몰랐지만, 이런 '남쪽을 가리키는 바늘'이 작동하는 이유는 자석이 지구의 자기장에 맞춰 나란히 정렬되기 때문이었다. 지구의 자극들은 북극과 남극의 회전축에 매우 가깝기 때문에, 나침반은 지구 대부분의 지역에서 거의 정확히 북쪽과 남쪽을 가리켰다.

시간이 지나면서 과학자들은 자철석(영구 자석)과 지구 특성의 연관성을 찾기 시작했다. 예를 들어 영국의 천문학자 에드먼드 핼리는 왕실 군함을 타고 대서양을 2년간 항해하며 지구의 자기장을 연구했다. 후에 독일인 수학자이자 과학자인 가우스는 자석과 자기장이 일반적으로 어떻게 작용하는지에 대한 중요한 발견을 했다. 또한 그는 지구의 자기장을 연구하기 위해 최초로 특수 관측소를 고안했다. 가우스는 전기에 대한 연구로 유명한 동료 빌헬름 베버Wilhelm Weber(1804~1891)와 함께 지구의 자기극의 위치를 계산해냈다(오늘날 이러한 가우스의 업적을 기려 자기장의 세기를 나타내는 단위를 가우스로 사용하고 있다).

지구의 자기장은 얼마나 강한가?

일반적으로 사람을 기준으로 했을 때, 지구 자기장의 강도는 매우 약하다. 지구 표면에서 대부분의 강도는 1가우스밖에 되지 않는다(냉장고의 자석은 일반적으로 10~100가우스에 달한다). 하지만 자기장의 에너지는 부피에 따라 다르다. 그런데 지구의 자기장이 우리 행성 전체보다 훨씬 크기 때문에, 전체적으로 지구의 자기적 힘은 엄청나다고 할 수 있다.

지구의 자기장은 변하는가?

그렇다, 지구의 자기장은 매우 느리지만 지속적으로 변하고 있다. 실제로 자기극은 매년 수 킬로미터씩 움직이며, 때때로 불규칙한 방향으로 움직인다. 수천 년에 걸쳐 자기장의 강도 역시 상당히 커지기도 하고 줄어들기도 했다. 더 놀라운 점은, 지구 자기장의 방향이 역전될 수도 있다는 것이다. 다시 말해 자기 북극이 자기 남극이 되고, 자기 남극이 자기 북극이 될 수도 있다는 것이다. 과학적 측정에 의하면, 약 80만 년 전에 우리 행성의 자기장 방향이 뒤바뀌었다.

지구 자기장의 위아래가 뒤집히면 어떤 현상이 일어나는가?

지구의 자기장 방향이 바뀌어도 우리 일상생활에선 큰 변화가 일지 않을 것이다. 수년간에 걸친 측정은 지난 세기 동안 지구의 자기장이 6% 정도 줄어들었으며, 이로 인해 과학자들은 지구 자기장의 위아래가 뒤집히는 현상이 머지않아 일어날 것으로 생각하고 있다. 일부 비과학적인 가설들은 자연적 대재앙이 일어날 것이라고 주장하기도 했다. 그러나 대재앙이 일어난다고 믿을 과학적인 이유는 없다.

지구의 자기장이 뒤바뀐다는 사실을 어떻게 알 수 있는가?

1906년 프랑스의 물리학자 베르나르 브륀Bernard Brunhes(1867~1910)은 지구의 자기장과 반대 방향으로 향하는 돌을 발견했다. 그는 돌들이 지구의 자기장이 오늘날과 반대로 향하고 있을 때 생겨났다고 주장했다. 브륀의 주장은 1929년에 고대 암석들을 연구하며 지구의 자기장이 지구가 생겨난 이래 여러 차례 극이 뒤바뀌었다는 일본인 지구물리학자 마쓰야마 모노토리(松山基範, 1884~1958)의 연구에 의해 설득력을 얻었다. 오늘날 암석과 암석 속에 묻혀 화석화된 미생물의 연구는 지구의 자기장이 생겨난 이래로 지난 360만 년간 적어도 아홉 번 바뀌었다는 사실을 보여준다.

지구의 자기장이 뒤바뀌는 정확한 이유에 대해서는 아직까지 알 수 없다. 현재의 가설들은 자기극 역전이 태양의 활동과 같은 외부적 요인이 아니라 지구의 내부적 과정에 의한 것임을 시사하고 있다.

우리 태양계의 다른 천체들의 자기장도 뒤집히는가?

그렇다. 자기권을 가지는 모든 행성들과 별들은 자기극의 역전 현상을 겪는다고 생각된다. 예를 들어 태양은 11년마다 자기극 뒤바뀜 현상이 일어난다. 과학자들은 다른 천체 안에서 일어나는 이런 효과를 관찰하고 연구함으로써 지구의 자기장 변화에 대해 보다 자세히 알 수 있다.

오로라란 무엇인가?

밝고 다채로운 색깔의 빛으로 밤하늘에 나타나는 오로라는 태양으로부터 오는 대전된 입자가(보통 태양풍 입자이지만, 때로는 코로나 물질 방출로부터 오기도 한다) 지구의 대기권에 들어올 때 생성된다. 입자들은 지구 자기장에 의해 남극과 북극으로 끌려가게 된다. 그러는 동안 입자들은 부딪치는 기체 분자들로부터 전자를 끌어내어 이온화시킨다. 이온화된 가스와 이들의 전자가 재결합할 때, 이들은 다채로운 색깔로 빛나며, 빛나는 가스는 하늘에서 파도 모양을 이룬다.

지구의 상층 대기와 충돌하는 태양풍은 다채로운 색깔의 북쪽과 남쪽 불빛을 형성한다.(iStock)

오로라는 어디서 발견되는가?

오로라는 북극광aurora borealis과 남극광aurora australis으로 나뉘어 불리기도 하며, 남극과 북극 가까이 높은 고도에서 가장 두드러지게 나타난다. 이들은 또한 맑은 날에는 낮은 고도에서 보이기도 하는데, 도시 불빛과 멀리 떨어진 곳에서 볼 수 있다. 가끔씩(1년에 한 번 정도) 오로라는 상당히 남쪽인 미국에서 관측되기도 한다. 오로라의 광경은 매우 아름다우며, 하얀 초록색부터 짙은 빨간색까지 아주 다양하고, 그 형태도 물결이나 호 또는 커튼이나 조개껍데기 모양 등으로 다양하게 나타난다.

다른 행성들에도 오로라가 나타나는가?

자기장이 있는 모든 행성들에서는 오로라가 나타난다. 목성과 토성의 자기 축 가까이에서는 가끔 지구보다 큰 크기로 아름다운 오로라가 관측되기도 한다.

밴 앨 런 대

밴앨런대란 무엇인가?

밴앨런대Van Allen Belt는 우리 행성을 둥그렇게 둘러싸는 대전된 입자들로 된 두 개의 고리다. 이 벨트는 두꺼운 도넛 형태이며, 지구의 적도 위에서 가장 넓고 극 지역 근처에서 지구 표면을 향해 아래쪽으로 굽어진다. 이러한 대전된 입자들은 보통 우주로부터(종종 태양으로부터) 지구로 오며, 지구 자기권의 두 영역 안에 갇히게 된다.

입자들은 대전되어 있기 때문에 자기권의 자력선을 따라 나선을 그리며 회전하게 된다. 이 선들은 지구의 적도로부터 멀리 나가므로 입자들은 양쪽 자기극 사이에서 앞뒤

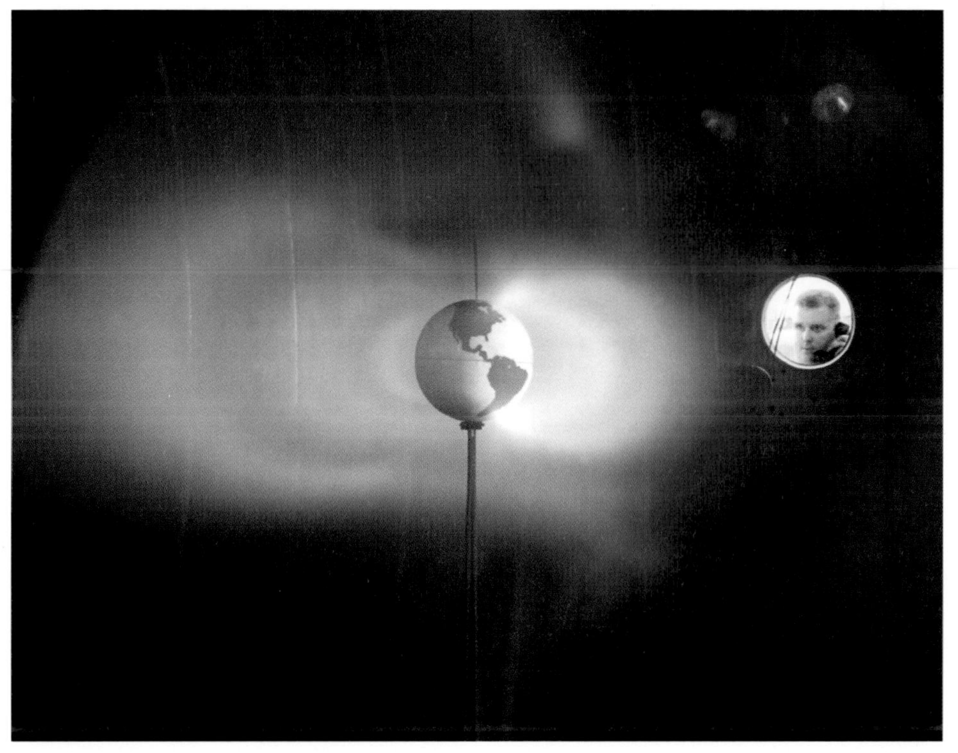

오하이오 주 클리블랜드의 루이스 연구소의 전기 추진 실험실 과학자가 플라스마 추진기를 사용해 인공 밴앨런대를 만들어냈다.(NASA)

로 섞이게 된다. 가까운 벨트는 지구의 표면에서 약 3000km 떨어져 있고, 먼 벨트는 약 1만 5000km 떨어져 있다.

밴앨런대는 어떻게 발견되었는가?

1958년에 미국은 첫 번째 위성 익스플로러 1호를 궤도로 올려 보냈다. 익스플로러 1호에 실린 장비들 중에는 복사 탐지기가 있었는데, 이 탐지기는 아이오와 대학의 물리학 교수 제임스 밴 앨런James Van Allen(1914~2006)이 고안한 것이었다. 이 탐지기가 고도로 대전된 입자들로 채워진 두 개의 벨트 형태의 자기권을 최초로 발견했다. 이 지역은 그의 이름을 기려 '밴앨런대'라고 불리게 되었다.

태양계의 다른 천체들도 밴앨런대를 갖는가?

그렇다. 모든 거대 가스 행성들은 이러한 벨트를 가지고 있는 것으로 생각되며, 목성의 자기장은 관측을 통해 확증되었다.

중 성 미 자

중성미자란 무엇인가?

중성미자neutrino는 원자핵보다도 더 작은 아원자 입자다. 이 입자는 전하가 없고 질량도 굉장히 작다(전자는 중성미자보다 수천 배 더 무겁고, 양자와 중성자는 이들보다 수백만 배 더 무겁다). 중성미자는 아주 작고 마치 유령 같아서 우주의 거의 모든 물질과도 어떤 간섭이나 반응을 일으키지 않고 통과한다.

지금 내가 태양 중성미자와 충돌하고 있는가?

우리와 지구 표면은 지속적으로 우주에서 오는 중성미자와 충돌하고 있다. 매 초마다 수십억 개의 중성미자가 우리 몸을 통과한다. 하지만 다행스럽게도, 중성미자들은 어떤 물질과도 작용하지 않는다. 여기에는 사람의 몸 안에 있는 원자와 분자들도 포함된다. 그러므로 매초 수십억의 수십억 배나 되는 중성미자가 우리 몸과 충돌한다 해도 아무 영향이 없다. 사실, 지구와 충돌하는 중성미자가 우리 행성의 어떤 원자와 작용할 확률은 약 10억분의 1이라고 할 수 있다. 그리고 이런 일이 일어난다 해도, 결과는 아주 작은 무해한 불빛이 생기는 정도에 그친다.

중성미자의 존재는 어떻게 증명되었는가?

중성미자의 존재는 1930년 오스트리아의 물리학자 볼프강 파울리Wolfgang Pauli(1900~1958)에 의해 처음 제안되었다. 그의 연구에 따르면 베타 붕괴라고 불리는 방사능 붕괴 유형에서 관측한 총 에너지의 범위는 이론적인 예측보다 훨씬 컸다. 그는 이 에너지를 차지하고 운반하는 어떤 입자가 존재할 것이라고 생각했다. 에너지의 값이 매우 작기 때문에, 가설 입자 역시 매우 작고 대전되지 않았어야 한다. 몇 년 후, 이탈리아의 물리학자 엔리코 페르미Enrico Fermi(1901~1954)가 이 수수께끼 같은 입자에 '중성미자'라는 이름을 부여했다. 그러나 중성미자의 존재는 1956년에 미국인 물리학자 클라이드 코원 주니어Clyde L. Cowan, Jr. (1919~1974)와 프레더릭 라이너스 Frederick Reines(1918~1998)가 사우스캐롤라이나의 서배너 강 지역 핵 시설에서 발견할 때까지 실험적으로 확정되지 않았었다.

‘태양 중성미자 문제’ 란 무엇인가?

중성미자 천문학 연구의 시초부터, 핵융합 이론과 태양에서 발견되는 중성미자의 개수 사이에는 차이가 있었다. 지구의 중성미자 망원경은 이론적으로 추정되는 중성미자 개수의 절반만 검출할 수 있었다. 이 같은 이상한 결과는 여러 차례의 검사를 통해 확인되었다. 이 문제는 태양 중성미자 문제로 알려졌다. 태양이 예상 값보다 적은 양의 에너지를 핵에서 만들어내는 것일까? 아니면 핵융합이론이 틀린 것일까?

이 문제는 처음 문제가 제기되고 약 40년 뒤에 마침내 풀렸다. 중성미자는 지구의 대기와 충돌할 때 그 특성이 바뀌는 것으로 판명되었다. 이는 태양에서 떠날 때는 올바른 개수의 중성미자가 존재하지만, 이들 중 많은 부분이 지구에 다다를 때쯤에는 특성이 바뀌어 중성자 망원경의 관측 범위 밖을 벗어난다는 의미다. 이 발견은 기초 물리학에 있어 눈부신 발견이었다. 이 발견은 우주 안의 물질의 기본 성질에 중요한 암시를 주는 중성미자에 대한 매우 중요한 성질을 확증시켜주었다.

중성미자를 검출하기 어렵다면 이들이 지구와 충돌하는 것은 어떻게 관측하나?

우주에서 오는 중성미자는 지구의 물질과 상호작용이 거의 일어나지 않기 때문에 발견하는 것이 가능하지만, 일반적인 망원경으로는 불가능하다. 최초의 효과적인 중성미자 검출기는 1967년 사우스다코타 주 리드 근처에 있는 홈스테이크 금광의 땅속 깊은 곳에 세워졌다. 그곳에서 미국의 과학자 레이 데이비스 주니어Ray Davis, Jr.(1914~2006)와 존 바콜John Bahcall(1934~2005)은 약 38만 리터의 순수 과염소산염perchlorate을 채운 탱크를 설치하고, 액체 내에서 매우 드물게 일어나는 중성미자 반응 사건을 조사했다. 이런 중성미자 발견을 위해 다른 물질, 예를 들어 순수한 물과 같은 물질을 이용한 다른 실험도 계속되고 있다.

중성미자는 어디에서 오고 있는가?

우리 행성과 충돌하는 대부분의 중성미자는 태양으로부터 온다. 태양의 중심핵에서 일어나는 핵융합 반응은 엄청난 수의 중성미자를 만들어낸다. 그리고 태양의 내부로부터 빠져나오는 데 수천 년이 걸리는 빛과는 다르게, 중성미자는 태양으로부터 3초 이내에 빠져나와 8분 내에 지구까지 도달한다.

중성미자가 태양이 아닌 다른 곳에서도 지구로 온다는 것이 증명된 적이 있는가?

수 세기 만에 처음으로 맨눈으로 관찰된 초신성이 1987년 남반구 하늘에 나타났다. 거의 정확히 같은 순간에 전 세계의 중성미자 감지기들은 모두 합해서 평소보다 19개나 더 많은 중성미자 반응을 감지했다. 그 수는 얼마 되지 않지만, 이런 세계적 발견은 중성미자가 태양이 아닌 특별한 천체로부터 지구에 도달할 수 있다는 것을 처음으로 확증했다는 점에서 매우 중요하다.

우 주 선

우주선이란 무엇인가?

우주선cosmic ray은 눈에 보이지 않는 고에너지 입자로, 모든 방향에서 지속적으로 지구에 도달한다. 대부분의 우주선은 극히 빠른 속도로 움직이는 양성자이지만, 이들은 알려진 어떤 원소의 원자핵이 될 수 있다. 이들은 광속 90% 이상의 속도로 지구 대기로 진입한다.

우주선을 처음 발견한 사람은 누구인가?

오스트리아계 미국의 천문학자 빅터 프란츠 헤스Victor Franz Hess(1883~1964)는 지구의 지면과 대기에서 과학자들이 발견한 신비한 방사선에 대해 관심을 보이기 시작했다. 이 방사선은 검전기(검전기는 전자기 활동을 검출하는 데 사용되는 장치) 안의 전하를 바꿀 수 있었다. 이 일은 대전된 전하가 밀봉된 컨테이너 안에 있어도 가능했다. 헤스는 처음에 이 방사선이 땅속에서 오는 것이며 고도가 높아지면 감지할 수 없을 것으로 생각했다. 헤스는 자신의 추측을 검증하기 위해 1912년에 일련의 고도 실험을 했다. 그는 열 풍선 기구에 검전기를 실어 검사했다. 그는 태양이 이 복사의 근원이 아니라는 것을 확인하기 위해 야간에 열 번, 일식 중에 한 번 측정했다. 그러나 헤스는 놀랍게도 높이 올라갈수록 방사선이 더 강해진다는 사실을 발견했다. 이러한 발견은 헤스로 하여금 이 방사선이 우주에서 오는 것이라고 확신하게 했다. 그리고 우주선에 대한 이해를 통해 헤스는 1936년에 물리학 노벨상을 받았다.

우주선이 대전된 입자라는 것은 어떻게 밝혀졌는가?

1925년에 미국의 물리학자 로버트 밀리컨Robert A. Millikan(1868~1953)은 검전기를 호수 깊숙이 넣어 호수 안에서 헤스가 열 풍선 실험으로 발견한 결과와 같은 강한 복사를 발견했다. 그는 이를 우주선cosmic ray이라고 불렀으나, 그것이 무엇으로 이루어졌는지는 알지 못했다. 1932년 미국의 물리학자 아서 홀리 콤프턴Arthur Holly Compton(1892~1962)은 우주선 복사를 지구의 많은 지점에서 측정했는데 위도가 낮을 때보다(적도 부근) 위도가 높을 때(북극과 남극 부분) 더 강하다는 것을 발견했다. 그는 지구의 자기장이 우주선에 영향을 끼치며, 적도 부근에서 지구의 자기장 방향으로 밀어낸다고 결론지었다. 전자기는 오늘날 우주선에 영향을 끼친다고 판명났기 때문에, 우주선은 전기적으로 대전되었음이 분명했다.

우주선은 어디서부터 오는가?

지속적인 대전된 입자의 흐름이 태양으로부터 전달된다. 이러한 흐름을 태양풍이라고 부른다. 우주선 일부가 태양으로부터 오는 것이라고 생각하는 것은 옳지만, 지구에 다다르는 모든 우주선이 태양으로부터 오는 것은 아니다. 나머지 우주선들의 근원은 아직 수수께끼로 남아 있다. 멀리서 일어난 초신성 폭발이 근원의 일부일 수도 있다. 또 다른 가능성은 우주선들이 대부분 대전된 입자이므로 성간 자기장에 의해 가속되었을 가능성이 있다.

나는 우주선과 부딪치고 있는가?

모든 사람들이 항상 우주선과 부딪치고 있다. 그것도 매초당 여러 번 부딪칠 것이다. 일반적으로 우리와 부딪치는 우주선의 수는 우리의 건강에 해로운 영향을 끼치지는 않는다. 비록 이 입자들의 에너지는 매우 크지만, 부딪치는 우주선의 개수는 상대적으로 매우 적다. 하지만 지구의 자기권을 벗어난다면, 우리의 건강은 위험에 처할 수도 있다. 지구 표면에서, 자기권은 우주선들을 자기극 쪽으로 방향을 바꾸게 하여 우리와 지구 생명체를 지키는 일종의 방패 역할을 한다고 할 수 있다. 그러나 수천 킬로미터 상공에서는 우리와 부딪치는 우주선의 양은 훨씬 많아질 것이고, 이로 인해 우리 신체의 세포와 시스템에 더 많은 손실을 입힐 수 있다.

유성과 운석

운석이란 무엇인가?

운석meteorite은 우주에서 지구로 떨어진 커다란 입자다. 이들은 모래알만 한 크기에서 매우 큰 것들까지 다양하다. 지금까지 3만 개 정도의 운석이 발견된 것으로 기록되어 있는데 이 중 600개 정도는 금속으로 이루어졌고, 나머지는 암석으로 이루어졌다.

유성이란 무엇인가?

유성meteor은 우주로부터 대기로 들어오는 입자이지만, 지표에는 도달하지 않는다. 대신 입자는 대기 중에서 불타 사라지며, 하늘에 짧은 수명의 빛나는 꼬리 같은 흔적을 남긴다. 운석처럼 유성은 모래알만 한 크기에서 시작하여 그 위로 다양하다. 그러나 야구공 크기보다 큰 유성이 지구에 도달하는 경우, 보통 운석으로 분류된다.

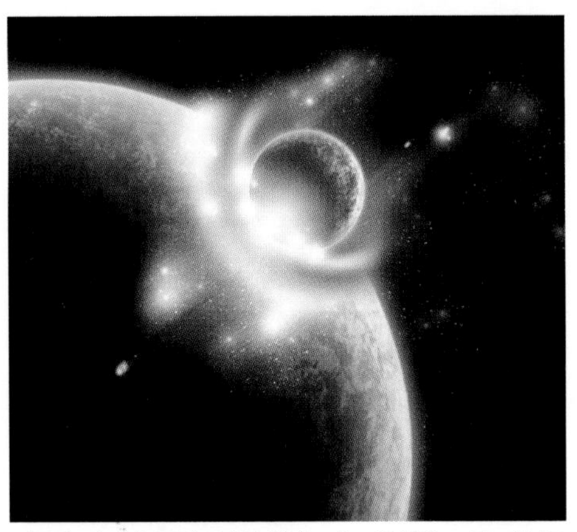

지구의 대기에 들어오면서 불에 타는 운석을 그린 가상도 (iStock)

운석과 유성은 어디서 오는가?

대부분의 유성, 특히 유성우 때 떨어지는 유성들은 오래전부터 지구의 궤도에 남아 있던 혜성의 작은 잔재들이다. 대부분의 운석은 일반적으로 유성보다 크며 소행성이나 혜성의 조각들이다. 이들은 다른 천체와의 충돌로 그들의 모천체로부터 떨어져 나와, 지구와 충돌하기까지 태양계를 순회했을 것이다.

유성우란 무엇인가?

유성은 종종 별똥별shooting stars이라고 불리는데, 잠시 동안 밝게 빛나며 하늘을 지나가기 때문이다. 일반적으로 별똥별은 한 시간에 한 개 정도 하늘에 나타난다. 때로는 며칠에 걸쳐 많은 유성들이 나타나기도 한다. 이런 유성들은 하늘의 같은 부분에서 나타나는데, 매 시간 수십 개 혹은 수백 개의 유성이 관측된다(때로는 수천 개가 나타나기도 한다). 우리는 이 같은 신비한 광경을 유성우meteor shower라고 부른다. 강한 유성우의 경우 유성 폭풍meteor storm이라 부르기도 한다.

유성과 운석이 우주로부터 온다는 것을 과학자들은 어떻게 알아냈는가?

1714년 영국의 천문학자 에드먼드 핼리는 유성 관찰에 대한 보고서들을 면밀히 연구했다. 이 보고서들을 통해, 그는 유성의 높이와 속도를 계산하고, 이들이 우주로부터 왔을 것이라고 추론해냈다. 하지만 다른 과학자들은 이 견해를 받아들이기를 주저하며, 운석과 유성이 화산 폭발 등으로 인해 재가 공기 중에 흩어진 것이거나 비와 같은 기상 현상으로 생각했다.

1790년에 프랑스 한 지역에 한 무리의 돌덩어리가 쏟아져 내렸다. 독일의 물리학자 게

오르크 크리스토프 리히텐베르크Georg Christoph Lichtenberg(1742~1799)는 에른스트 플로렌스 프리드리히 클라드니Ernst Florens Friedrich Chladni(1756~1827)로 하여금 이 현상을 조사토록 했다. 클라드니는 이 유성들뿐 아니라, 이전의 2세기 동안의 기록도 조사했다. 그리고 에드먼드 핼리처럼 이 물질들이 지구 대기권 밖에서부터 오는 것이라고 결론을 내렸다. 클라드니는 유성들이 행성으로 자라지 못한 물질들의 잔재라고 추측했다.

1803년에는 일련의 큰 폭발이 일어나, 2000개 이상의 운석들이 프랑스 영역에 떨어졌다. 장 바티스트 비오Jean Baptist Biot(1774~1862)는 프랑스 과학아카데미의 일원으로 하늘에서 떨어진 돌들의 일부뿐만 아니라 목격자들의 보고도 수집했다. 그리고 잔재들로 덮인 지역을 측정하고 또 떨어진 돌들의 성분을 분석하여 이들이 지구의 대기에서 온 것이 아니라는 것을 입증했다.

알려진 가장 큰 운석은 무엇인가?

세계에서 가장 큰 운석은 무게가 몇 톤에 달하며, 거의 금속으로 이루어져 있으며, 3m 정도의 직경을 갖는다.

운석은 얼마나 오래됐는가?

대부분의 운석은 수십억 년의 나이를 가지며 지구와 충돌하기 전에 오랜 기간 동안 태양계 주변을 돌았다. 많은 운석들이 태양계의 나이와 비슷한 46억 년 정도 되고, 이 기간 동안 크게 바뀌지 않았다.

운석은 어디서 발견되는가?

운석은 세계 도처에서 발견된다. 현대 문명의 발달로 인해 운석이 떨어진 많은 장소들이 훼손되었기 때문에, 오늘날은 외딴 사막과 같은 불모지에서나 발견된다. 대부분의 운석들이 인간에 의해 거의 훼손되지 않은 남극 지방에서 발견되었다.

어떤 종류의 운석이 존재하는가?

운석은 석질과 금속질, 두 종류로 구분된다. 각 분류는 비슷한 속성을 가진 그룹으로 보다 자세히 나뉜다. 예를 들어, 베스타족Vestoid 운석은 오래전에 커다란 충돌로 소행성 베스타Vesta에서 떨어져나간 잔해들이 태양계 주위를 돌다가 떨어졌을 것이라 생각된다. 콘드라이트chondrite는 석질운석의 한 종류다. 이들은 가장 오래된 운석이기도 하다. 다른 부류로, 팔라사이트pallasite는 석질과 금속질 물질이 섞여 있다. 팔라사이트는 아마 암석 맨틀이 금속 핵과 물리적 접촉을 하고 있는 커다란 소행성의 경계 지역으로부터 왔을 것이다.

과학자들은 운석으로부터 무엇을 알 수 있는가?

운석은 굉장히 오래되었기 때문에, 과학자들은 마치 지질학자들이 화석을 통해 수백만 년 전의 지구를 연구하듯이, 우리 태양계의 초기 역사에 대해 연구하는 자료로 사용할 수 있다. 일부 오래된 석질운석들은 태양계의 나이보다 오래된 물질 알갱이들도 포함하고 있다.

또한 금속질 운석은 행성의 내부를 연구하는 데 사용할 수 있다. 예를 들어 한 종류의 운석은 아름답고 복잡한 패턴의 금속과 미네랄을 담고 있다. 과학자들은 팔라사이트라고 불리는 이 천체들을 연구하면서 지구 내부의 금속 핵의 구조를 이해하는 자료로 사용하고 있다.

떨어지는 운석과 유성은 위험한가?

일반적으로 운석과 유성은 사람들에게 어떤 위험도 주지 않는다. 유성은 지구에 도달하기 전에 타기 때문에, 지구 표면까지 도달하지 못한다. 운석들은 거의 나타나지 않으며 이것들이 어떤 중요한 지역과 충돌할 가능성은 거의 0에 가깝다.

그러나, 간혹 특이한 경우가 생길 수도 있다. 1911년에 떨어진 운석은 이집트에서 강아지를 죽였고, 1954년의 다른 운석은 자고 있던 여성의 팔에 떨어졌으며, 1992년에 떨어진 운석은 시보레 말리부 자동차에 구멍을 남겼다. 아주 가끔, 즉 약 10만 년에 한 번꼴로, 100m의 지름을 갖는 운석이나 유성이 지구와 충돌할 수 있다. 약 1억 년에 한 번꼴

애리조나의 베링거 운석구(Barringer Crater)는 침식되지 않은 얼마 안되는 운석구들 중 하나다. 이 운석구는 운석 충돌에 대한 뚜렷한 증거를 제공하기 때문에 때로는 줄여서 운석구(Meteor Crater)라고도 불린다.

로, 1000m의 지름을 갖는 운석이 지구와 충돌할 수도 있는데, 이는 굉장히 위험하다.

지난 10만 년간 지구와 충돌한 운석 중 알려진 가장 큰 운석은 무엇인가?

약 5만 년 전에 30m 정도의 지름을 갖는 금속질 운석이 오늘날 애리조나 주의 모골론림Mogollon Rim 지역에 떨어졌다. 운석은 충격으로 부서졌으며, 사막에 약 1.6km의 지름과 60층 깊이의 커다란 구멍을 남겼다. 이 운석구(오늘날 베링거Barringer 운석구로 더 잘 알려져 있다)는 천체에 의해 운반되는 운동 에너지가 얼마나 대단한지를 보여주는 놀라운 예다. 운석구 가장자리는 사막에서 약 15층 높이로 올라와 있다. 오랜 기간 동안, 과학자들은 이 운석구의 기원에 대해 궁금해했다. 그들은 처음에 오래전의 화산일 것이라고 생각했다. 그러나 지질학적 증거, 다시 말해 화구 주변에 흩어진 금속질 잔해들이 이 구덩이가 운석 충돌로부터 생겨났음을 확증해주었다.

지난 1억 년간 지구와 충돌한 운석 중 알려진 가장 큰 운석은 무엇인가?

약 6500만 년 전, 10km의 지름에 달하는 운석이 현재 남쪽 멕시코 지방 근처에 떨어졌다. 이 충돌의 잔해는 물속에 지름 약 160km에 달하는 화구를 남겼다. 소행성이나 혜성은 퉁구스카Tunguska 혹은 충돌 크레이터 운석보다 1000만 배 강한 운동 에너지를 지닌다. 폭발로 인한 열은 아마도 주변 수 킬로미터 내의 공기 자체를 불타게 했을 것이다. 이는 지구의 지각을 공기 중에 흩어지게 했을 것이며, 이로 인해 태양 빛이 몇 달간 가려졌을 것이다. 이 잔해들이 공기 중에 흩어지고, 다시 땅으로 떨어지면서 매우 뜨거워졌을 것이다. 그 과정에서 주변의 나무, 덤불 그리고 잔디 등을 거의 불태웠을 것이다. 이런 생태계적 대재앙은 거대한 운석 충돌로 인해 일어났을 것이며, 공룡의 시대를 마감시켰을 가능성도 크다.

최근 지구 대기 중에서 부서진 가장 큰 운석은 무엇인가?

1908년 6월 30일 밤, 시베리아의 퉁구스카 강 유역에 살고 있던 마을 사람들은 화구가 하늘을 가로지르며, 천둥소리와 함께 빛을 쏟아내고 엄청난 폭발을 일으키는 것을 목격했다. 수천 킬로미터 떨어진 러시아의 이르쿠츠크에 있던 지진계는 원거리의 지진과 같은 현상을 기록했다. 그러나 이 지역은 멀리 떨어져있었기 때문에 1927년까지 과학적 탐사는 이루어지지 않았다. 그러나 놀랍게도 이 지역에서 2600km^2 이상의 불타고 쓰러진 숲이 발견되었다. 현대의 과학 계산으로 이 놀라운 폭발을 일으킨 천체는 아마도 약 30m 크기의 작은 암석질 소행성이나 혜성이었을 것으로 추측되고 있다. 컴퓨터 시뮬레이션 결과, 이 물체는 지구의 대기에 얕은 각도로 진입하여 숲 위의 대기 중에서 폭발했을 가능성이 높다는 사실을 보여주고 있다. 폭발의 위력은 히로시마 원자폭탄의 1000배 이상이었을 것으로 예상된다.

달

달이란 무엇인가?

달은 지구의 유일한 자연 위성이다. 달의 지름은 3467km인데, 지구 지름의 1/4가량 된다. 지구 상에서 비교하면 캘리포니아 주 샌프란시스코에서 오하이오 주 클리블랜드까지의 거리가 된다. 달은 지구 주위를 27.3일에 한 번씩 돈다.

달에는 대기가 없고, 또 표면에는 액체 상태의 물이 존재하지 않으므로, 바람이나 기상 변화가 일어나지 않는다. 달의 표면에는 태양 빛에 대한 어떤 보호막도 없으며, 지구처럼 열을 잡아두는 온실 효과도 일어나지 않는다. 달의 온도는 섭씨 123도에서 섭씨 영하 233도까지 변한다. 달의 표면에는 암석, 산, 크레이터 그리고 바다maria라고 불리는 낮은 평지가 존재한다.

달에서의 내 몸무게는 얼마나 될까?

달 표면에서의 중력 가속도는 지구의 1/6밖에 되지 않는다. 따라서 당신의 몸무게가 지구에서 68kg이었다면, 달에서의 몸무게는 약 11kg밖에 되지 않을 것이다. 하지만 당신의 질량은 달이나 지구에 상관없이 일정하다.

달은 무엇으로 구성되어 있는가?

보름달의 모습은 때때로 스틸턴 치즈처럼 보이지만, 사실 암석, 반석, 화구 그리고 목탄색의 흙으로 되어 있다. 목탄색의 흙은 주로 분쇄된 암석 그리고 유리질 조각들로 되어 있으며, 몇 미터 깊이를 가진다. 달에서는 두 종류의 암석이 주로 발견된다. 하나는 현무암basalt(굳어진 용암)이고 다른 하나는 각력암breccia(흙과 암석 조각들이 녹아서 한 덩어리가 된 것)이다. 달의 암석에서 발견되는 원소는 알루미늄, 칼슘, 철, 망간, 티타늄, 칼륨 그리고 인이다. 철이 풍부한 지구와 달리 달에는 금속 원소가 많지 않다.

달은 얼마나 멀리 있는가?

평균적으로 달은 지구로부터 약 38만 4000km 떨어진 거리에 있다. 이 값은 기원전 2세기경까지 살았던 고대 그리스 천문학자 히파르코스에 의해 측정되었다. 오늘날에는 레이저 거리계를 이용해 매우 정확하게 측정할 수 있다.

달은 어떻게 형성되었는가?

달의 기원은 오랫동안 과학적으로 커다란 수수께끼였다. 한때는 지구와 달이 서로 다른 천체로 동시에 형성되었다가 상호의 중력에 의해 지구 주위를 돌게 되었다고 생각했다. 그러나 이런 주장은 두 천체가 매우 다른 조성을 갖는다는 사실이 밝혀져 불가능할 것으로 생각되었다. 또 다른 주장은 지구의 달이 다른 곳에서 형성되다가 나중에 지구의 중력에 의해 궤도에 진입했다는 것이었다. 이 가설의 문제점은 지구와 달이 상대적으로 비슷한 크기라는 것이다. 중력에 의한 천체의 포획은 한 천체가 다른 천체보다 크지 않은 이상 일어나기 어렵다는 문제가 있다.

지난 수십 년간 과학자들에게 달의 형성에 관한 가장 적절한 시나리오는 두 개의 행성 천체의 충돌로 인한 생성이었다. 수십억 년 전, 지구에 생명이 존재하기도 전에 화성 크기의 원시 행성이 지구와 비스듬하게 충돌했다. 대부분의 원시 행성 물질이 우리 행성에 떨어져, 우리 행성의 일부가 되었다. 그러나 일부 물질은 우주로 튕겨나가, 지구 주변에 먼지와 암석으로 된 고리 형태로 지구 주위를 돌기 시작했다. 몇 주에 걸쳐, 이 고리의 대부분은 하나의 덩어리로 합치면서 달의 핵을 형성했다. 그리고 수백만 년이 지난 다음, 달은 오늘날의 크기와 형태로 자리 잡았다는 주장이다.

달은 형성된 후 어떻게 진화했는가?

과학자들은 달이 생성되고 처음 수십억 년간 수많은 운석들과 충돌한 결과, 다양한 크기의 분화구가 남게 되었다고 생각한다. 이 같은 운석 충돌은 달의 지각을 녹였다. 마침내 지각은 식게 되었고, 표면 아래의 용암이 위로 솟아올라 충돌 분지와 균열들을 메우기 시작했다. 이런 새로운 지역들은 산이 많은 오래된 지역보다 더 어두워서, 달의 '바다'(라틴어로 마리아maria)라고 불린다.

달의 표면을 처음 연구한 천문학자는 누구인가?

갈릴레이는 망원경으로 우주를 연구한 첫 번째 천문학자다. 그는 망원경으로 달 표면을 관찰하여 달의 표면이 매끄럽지 않고, 산과 화구로 덮여 있다는 사실을 알아냈다. 달 표면의 넓고 어두운 부분들이 그에게는 지구의 바다처럼 보였으므로 그는 이 지역을 라틴어로 '바다'를 의미하는 마리아maria라고 이름 지었다.

아폴로 10호에 의해 촬영된 달의 표면은 운석구로 가득한 거친 표면의 전경을 보여준다.(NASA)

달의 분화구 지도를 처음 만든 천문학자는 누구인가?

1645년에 폴란드의 천문학자 요하네스 헤벨리우스는 250개의 화구와 달의 다른 표면 지형을 기록했다. 오늘날, 그는 달 지형학의 창시자로 알려져 있다. 또한 그 시대에 이탈리아의 물리학자 프란체스코 그리말디Francesco Grimaldi(1618~1663)는 자신이 만든 망원경을 사용해 수백 장의 달 그림을 그린 다음 그것을 모아 달의 표면 지도로 만들었다.

달의 분화구 이름은 어떻게 지어졌나?

달의 많은 지형과 달의 큰 바다들은 고대로부터 붙인 이름들이 있다. 각 분화구들은 유명인들의 이름을 따서 지어졌는데, 특히 천문학자나 과학자들의 이름이 많다. 분화구의 공식적인 이름은 IAU의 특별위원회에서 결정되고 기록된다.

지구에서 보았을 때, 달의 전경은 사람의 얼굴처럼 보이기도 한다. 그로 인해 'Man on the Moon'이라는 표현이 생겼다.(iStock)

달은 지구로부터 계속 같은 거리에 있었는가?

아니다. 달은 과거에는 지금보다 더 지구 가까이 있었고 오늘날보다 더 짧은 시간에 지구를 돌았다. 미래에는 지구와 달 사이의 거리가 더 늘어날 것이다. 지구-달 계의 각운동량은 줄어들 것이며, 달은 우리 행성 쪽으로 가까워질 것이고, 최종적으로 우리 행성과 충돌할 것이다. 그러나 계산에 의하면, 이런 현상이 일어나기 훨씬 이전인 50억 년 정도 후에는 태양이 이미 적색 거성으로 진화, 지구-달 계를 파괴할 것이다.

'달에 있는 사람'이란 무엇인가?

'달에 있는 사람Man on the Moon'은 보는 사람에 따라 다르다. 지구에서 보았을 때, 여러 개의 큰 화구와 바다maria가 보인다(예를 들면 비의 바다Mare Imbrium, 맑음의 바다Mare Serenitatis, 고요의 바다Mare Tranquilititatis 등). 이 바다들은 마치 눈, 입 등을 가진 사람의 얼굴 형상을 띠는 것처럼 보인다.

수천 년 동안, 다른 사회와 문명권에서는 달의 크레이터와 바다의 패턴에 대한 그들만의 해석을 늘어놓았다. 미국 남서쪽의 인디언들은 달에 있는 사람은 코코펠리Kokopelli로, 큰 머리와 가냘픈 몸으로 등을 구부린 채 플루트를 불고 있다는 것이다. 고대 중국에서는 달에 있는 사람은 사람이 아니라 토끼라는 것이다.

달의 '어두운 면'이란 무엇인가?

달의 어두운 면은 항상 지구 반대쪽을 보고 있는 달의 뒷면에 대한 부적절한 명칭이다. 수십억 년을 지나면서, 달의 자전은 지구 주위를 도는 자신의 공전 주기와 일치하게 되었다. 그 결과, 달의 같은 면이 항상 우리 행성을 바라보게 되었다(이것이 바로 달이 위치를 바꾸어 형태가 바뀌지 않는 이유다). 이 현상을 조석 고정tidal locking이라 부르는데, 달의 다른 면이 지구에서 관측될 수 없다는 의미다. 이 부분은 가끔 어둡기도 하지만, 태양 빛을 받으면 빛나기도 한다. 따라서 달의 '어두운 면'보다는 달의 '먼 쪽 면far side'으로 표현하는 것이 과학적으로 더 정확할 것이다.

달이 밝은 이유는 무엇인가?

달은 태양 빛을 반사시킨다. 이는 기원전 500년경에 살았던 고대 그리스의 천문학자 파르메니데스Parmenides,(?515~?)에 의해 밝혀졌다. 지구 주위를 도는 달의 위치에 따라, 달의 다른 부분이 태양 빛을 지구로 반사시킨다. 지구와 달이 서로 가까이 붙어 있기 때문에, 또한 달이 굉장히 빛나는 표면을 갖기 때문에, 많은 양의 태양 빛이 달에 반사된 후 지구로 오게 된다.

달은 왜 모양이 바뀌는 것처럼 보이는가?

지구에서 보았을 때 달에 닿는 태양 빛과 달에서 반사되는 태양 빛의 양은 주기적인 패턴으로 계속 변화한다. 달이 지구 주위를 도는 동안 지구가 태양 주변을 돌고 있기 때문이다. 이로 인해 지구와 달, 태양의 상대적인 위치는 계속해서 변화하게 된다. 이런 유형의 규칙적인 변화 패턴은 달의 위상을 변화시킨다.

갈릴레이 시대에 달을 관측했지만 그 업적이 알려지지 않은 과학자는 누구인가?

흥미롭게도, 영국인 토머스 해리엇Thomas Harriot(1560~1621) 역시 갈릴레이가 관측을 수행하기 몇 달 전에 망원경으로 달을 관측했다. 해리엇은 오늘날 대수학algebra의 공식과 표기를 발전시킨 수학자로 잘 알려져 있는데, 그 역시 자신의망원경을 만들었으며 핼리혜성과 흑점 그리고 목성의 위성들을 관측했다. 하지만 갈릴레이와는 달리, 자신의 업적을 기록하거나 발표하지 않았다. 반대로 갈릴레이는 그렇게 했고, 발견에 대한 지속적인 연구를 했다. 그로 인해 갈릴레이가 달의 분화구에 발견에 대한 공로를 인정받았다.

달의 위상은 어떻게 바뀌는가?

신월은 달이 지구와 태양 사이에 왔을 때 일어난다. 이때 달에 닿는 태양 빛은 지구에 닿지 않고 바깥으로 흩어지기 때문에 우리는 달을 볼 수 없다. 그리고 2주쯤 뒤에 달이 지구와 태양 사이에 들어올 때까지 달의 위상은 초승달, 상현달 그리고 차오르는 철월waxing gibbous로 변한다. 그리고 달이 지구와 태양 사이에 들어오면 달에 닿는 태양 빛은 지구로 반사되어 우리는 둥근 달을 볼 수 있다. 이 상을 보름달이라고 한다. 그리고 2주 뒤에 달의 위상은 삭이 될 때까지 변하는데, 지는 철월waning gibbous, 하현달 그리고 그믐달로 바뀌어간다.

달의 위상 주기는 얼마나 긴가?

달은 지구 주위를 약 27.3일에 한 번꼴로 돌고, 지구는 태양 주위를 약 365.25일에 한 번꼴로 공전한다. 이러한 사실과, 달빛이 태양 빛을 반사시켜 빛난다는 사실이 합쳐 달의 위상은 29.5일 주기로 바뀌게 된다.

사람에게 작용하는 달의 중력은 얼마나 강한가?

달은 질량이 매우 크지만(7350억 톤) 지구에서 멀리 떨어져 있어(38만 4000km) 지구 표면 바로 위나 표면 가까이 있는 물체에 아주 작은 중력 작용만을 미친다. 달은 지구가 지표면에 만드는 중력 가속도의 약 1/30만에 해당하는 중력 가속도를 만들어내는데, 사람이 감지하기에는 너무 작다.

블루 문이란 무엇인가?

블루문Blue Moon은 원래 푸른빛을 띠는 달을 의미했다. 하지만 지금은 달력의 한 달 사이에 맞는 두 번째 보름달을 의미하는 뜻으로 많이 쓰인다. 천문학적으로 블루문에는 큰 의미가 없지만, 재미있는 우연의 일치라고 할 수 있겠다.

조 석

달의 중력이 지구에 영향을 끼치는가?

물론이다! 비록 달의 중력이 지구의 한 지점에서 끼치는 영향은 매우 적지만 넓은 범위나 부피에서 나타나는 달의 중력 효과는 눈에 띄게 나타난다. 달의 효과는 바다의 조석 현상을 통해 가장 쉽게 확인할 수 있다.

조석이란 무엇인가?

조석tides이란 두 천체가 서로에게 오랜 기간에 걸쳐 지속적으로 중력을 나타내는 것이다. 기본적으로 천체는 다른 천체를 서서히 끌어당겨 달걀 모양으로 만드는데, 그 이유는 천체의 한쪽 면의 중력 가속도가 다른 쪽보다 더 크기 때문이다. 지구의 경우, 이런 중력 효과는 조수 변화에 의해 관측할 수 있다.

조석은 어떻게 작용하는가?

매일 두 차례의 만조high tide와 간조low tide가 대략 13시간 간격으로 일어난다. 만조는 물이 달에 가까운 곳과 가장 먼 곳에서 일어난다. 그 사이 지점에서는 간조가 일어난다.

대양 조석ocean tides은 얼마나 자주 일어나는가?

26시간의 주기로 지구 표면의 각 지점은 두 번의 만조와 두 번의 간조를 지난다(만조, 간조, 다시 만조 그리고 간조의 패턴으로 나타난다). 이 순환 주기는 지구의 자전 주기(혹은 지구의 하루인 24시간)와 지구 주위를 도는 달의 동쪽 방향으로의 궤도 운동(2시간)의 합이다.

태양도 지구에 조석 영향을 끼치는가?

그렇다. 태양 역시 지구에 대양 조석의 영향을 끼치지만, 달의 절반밖에 되지 않는다. 비록 태양이 달보다 수백만 배 질량이 크지만, 달보다 지구에서 400배 더 멀리 떨어져 있다. 조석 효과는 일반적인 중력과 같이 거리의 변화에 굉장히 민감하다.

지구도 달에 조석을 일으키는가?

물론 지구도 달에 조석 영향을 미친다. 하지만 달 표면에는 바다나 물이 존재하지 않기 때문에 이 효과가 눈에 띄게 드러나지는 않는다.

'대조'란 무엇인가?

달이 신월이거나 보름달일 때 달과 지구 그리고 태양은 대략 일직선상에 놓인다. 결과적으로 지구의 바다에 나타나는 조석 현상은 다른 때보다 훨씬 크다. 이 현상은 1년 중 어느 계절에도 일어날 수 있어서 계절과는 상관없지만, 이 조석 현상을 일컬어 '대조spring tide'라고 부른다. 대조를 의미하는 영어의 'spring'은 '뛰어오르다' 또는 '일어나다'는 뜻의 독일어 'springen'에서 온 것이다.

'조금'이란 무엇인가?

달이 상현이나 하현일 때 지구와 달을 잇는 선과 지구와 태양을 잇는 선은 서로 직각을 이루게 된다. 결과적으로 지구와 이 두 태양계의 천체 사이의 상호작용은 서로 협력하지 않아서 한 달 중 만조와 간조 차이는 이 기간에 가장 작아진다. 이 기간 동안 일어나는 조석을 '조금neap tide'이라고 한다.

달의 조석 작용은 지구에 어떤 영향을 미치는가?

지구의 액체 핵과 고체 부분 일부는 달의 조석 작용으로 인해 아주 약간 앞뒤로 움직인다. 이런 움직임은 매우 작아서 바다의 조석과 비교하면 아주아주 작지만, 수십억 년간 반복되면 마치 고무공을 손에서 쥐었다 폈다 할 때 열이 나는 것처럼 중심핵은 열을 내게 된다. 그리고 이 열은 행성 전체로 분산되어 화산 활동이나 지각 판 운동에 영향을 줄 수 있다.

지구의 조석 작용은 달에 어떤 영향을 미치는가?

지구가 달에 미치는 조석 작용은 실제로 달의 회전을 느리게 만든다. 달은 이전에는 오늘날 지구처럼 자신의 축에 대해 자전을 했으나, 지구의 조석력의 영향으로 자전의 상당 부분(정확한 물리 용어로는 각운동량)을 잃어버렸다. 그 결과, 오늘날의 달은 항상 같은 면이 지구를 향하게 되었다.

지구와 달 사이의 조석 작용으로 어떤 일이 생기는가?

만약 지구와 달이 아무 방해 없이 오랜 기간 동안 지속적으로 서로의 주위를 회전한다면, 그들 상호 간의 조석 작용은 그들의 각운동량을 계속 감소시킬 것이다. 결국 지구는 달에 조석 고정되어 항상 지구의 같은 면이 달의 같은 면을 바라보게 될 것이다. 지금도 달의 조석 작용은 지구의 자전을 느리게 하고 있다. 이 때문에 앞으로 100만 년 후에는 지구의 하루가 현재보다 16초 정도 길어질 것이다.

시 계 와 달 력

지구와 달 그리고 태양의 상대적인 움직임은 달력과 어떤 관계가 있는가?

고대의 천문학자들은 세 가지 시간의 길이는 규칙적이고 예측 가능하다고 보았다. 그것은 밤과 낮의 주기(하루), 달의 위상 주기(한 달) 그리고 하루에 받는 햇빛의 양이 변하는 주기(1년)다. 하지만 당시의 고대인들은, 하루는 지구가 자전축에 대해 한 바퀴 도는 시간이라고 생각하지 못했고, 한 달은 달이 지구를 도는 데 걸리는 시간이라는 것을 알지 못했으며, 1년은 지구가 태양을 한 바퀴 도는 시간이라는 것 역시 알지 못했다. 천문학자들은 지구와 달 그리고 태양의 이러한 상대적인 운동을 이해했고, 나아가 시간 계산법을 다듬었다. 예를 들어 달의 공전 주기(27.3일)와 달의 위상 주기(29.5일)의 차이가 태양 주위를 도는 지구의 추가적인 움직임으로 생긴다는 것을 알아냈다. 마침내 날과 달 그리고 년은 그 유용성과 오래된 관습 및 전통에 기초한 단위에 따라 세분되었다. 그리고 일상에서 사용하는 시간과 천체 움직임 사이에 생기는 차이는 윤년이나 윤초와 같은 궁리를 짜내어 보완했다.

누가 태양년의 길이를 정했는가?

적어도 약 5000년 전부터, 고대 이집트인들은 365일을 1태양년으로 하는 달력을 사용하고 있었다. 이들은 한 해를 열두 달로 나눈 다음, 각 달을 30일로 정하고 연말에 추가로 5일을 더 두었다. 수천 년이 지난 후 덴마크의 천문학자 튀코 브라헤는 1태양년의 길이를 1/3000만의 정확도로 측정했는데, 그 오차가 1년에 1초밖에는 차이가 나지 않는다.

누가 태양일의 길이를 정했는가?

고대 이집트인들은 최초로 태양일의 길이를 밤하늘에 보이는 미리 정해놓은 36개의 별들(데칸 별이라 불림)을 이용해 정했다. 이 별들은 하늘 위로 40~60분 간격으로 떠오르고 졌다. 10일 동안 어떤 특정한 별이 하늘에 나타나는 첫 번째 데칸이 된다. 매일 밤

별이 떠오르는 시각이 조금씩 빨라져서 10일 후에는 다른 데칸이 처음으로 떠오르게 된다. 때문에 이집트의 '시간'은 하늘에 새로운 데칸이 나타나는 것으로 구분되었다. 계절에 따라 밤새 12~18개의 데칸들이 보였다. 결국 공식적인 '시간'은 한여름에 정해졌다. 이때는 12개의 데칸(시리우스를 포함한)이 보였다. 이 시기는 나일 강이 해마다 범람하는 시기와 일치했는데, 나일 강의 범람은 고대 이집트 문명에서는 매우 중요한 사건이었다. 그리하여 밤은 결국 12등분되었다. 낮 열두 시간은 해시계(눈금을 새긴 가로 막대가 붙어 있는 평평한 막대)와 같은 것으로 나타냈다. 가로 막대는 연속적으로 새긴 눈금 위에 그림자를 드리운다. 이렇게 정해진 열두 시간의 낮과 열두 시간의 밤을 합해 오늘날 우리가 사용하는 하루 24시간제가 생겨났다.

시간의 경과를 추적하기 위해 사람들은
얼마나 오래전부터 지구와 달과 태양의 움직임을 이용해왔는가?

고대의 돌로 만든 달력은 최소한 4500년간 지속되어왔다. 당시는 분명히 사람들이 문명을 이루기 시작한 때에 이미 시간의 경과를 추적하는 체계적인 방법을 사용하고 있었다고 할 수 있다.

현재의 달력은 어디에 기원을 두고 있는가?

오늘날 우리가 사용하는 달력의 초기 모델은 고대 로마와 그리스인들에 의해 기원전 8세기 전에 만들어졌다. 율리우스 카이사르는 알렉산드리아의 천문학자 소시게네스Sosigenes(B.C 1세기경)의 도움을 받아, 율리우스력으로 알려진 달력을 기원전 46년경에 제정했다. 이 달력은 처음으로 윤년을 도입했으며, 4년마다 한 번씩 하루를 더 두었다. 이는 다시 말해 한 해는 365.25일이라는 의미였다. 율리우스력은 매년 지구의 태양 공전 주기와 11분 14초 정도의 오차만을 가지고 있었다. 그것은 상당히 놀라운 결과였지만, 수 세기가 지나면서 오차가 누적되어 16세기가 되었을 때, 이 달력은 약 11일이나 틀리게 되었다.

현재의 달력은 언제 제정되었는가?

1582년 교황 그레고리우스 13세는 천문학자들과 상의한 끝에 율리우스력과 태양 주위를 도는 지구의 공전 주기 사이에 생긴 11분 24초의 오차를 없애기 위한 달력 개정 법령을 반포했다. 첫 번째로 그레고리력은 날짜를 10일 앞당겨 봄의 첫날(춘분)이 매년 3월 21일에 시작되도록 했다. 다음에는 윤년의 날수를 4세기 동안 3일을 줄이도록 정했는데, 이 일은 윤년을 두는 방법을 수정함으로써 이룰 수 있었다. 만약 해당 해가 4로 나누어떨어지나 100으로는 나누어떨어지지 않는다면, 윤년을 의미했다. 또 100으로 나누어떨어지나 400으로도 나누어떨어지는 경우에도 윤년이 되었다. 예를 들어 1600년과 2000년은 윤년이지만, 1700, 1800 그리고 1900년은 윤년이 아니다. 마찬가지로 2100, 2200, 2300년도 윤년이 아니다.

그레고리력은 오늘날 달력의 기본이 된다. 이 달력은 지구의 태양 공전 주기와 1년에 평균적으로 26초(0.0003일)의 오차만을 갖는다. 오늘날 날수 외에도 시각을 더 정확하게 유지하기 위해, 국가 간의 동의 아래 이따금 한 번씩 윤초를 연말에 더하기도 한다. 이러한 조정은 수천 년 이상 달력을 정확하게 유지시켜줄 것이다.

달의 위상 주기는 현대 달력 시스템과 어떻게 맞아떨어지는가?

비록 우리 일상의 삶 대부분은 태양력, 다시 말해 태양 주위를 공전하는 지구의 운동에 맞춰 진행되지만, 달의 위상 주기는 우리의 삶에 상당히 중요한 영향을 미친다. 예를 들어 고대에 기원을 두고 있는 많은 기념일들이 달의 위상 변화 주기에 맞춰 만들어진 달력에 따라 정해진다. 이를테면 부활절이나 유월절, 하누카, 라마단 그리고 추석이나 설날과 같은 축제일이나 명절이 바로 그렇게 정해진다.

계 절

황도면이란 무엇인가?

황도면은 태양 주위를 도는 지구의 궤도면이다. 고대 천문학자들은 비록 지구가 실제로 태양을 돈다는 사실은 알지 못했지만, 하늘을 가로지르는 선으로서 황도를 추적할 수 있었다. 이들은 하늘의 다른 별들의 위치와 비교함으로써 태양의 위치를 추적하여(태양이 다른 별들의 빛을 지움에도 불구하고) 태양이 매일 어디 있는지를 알아냈고, 약 365일마다 위치가 맨 처음 위치와 겹쳐 같은 선 위치 위로 움직인다는 것을 알아냈다. 이 선은 천구를 한 바퀴 도는 선이다. 천문학자들은 이 선을 지나가거나 선 가까이 위치하는 12개의 별자리(황도별자리)를 이용해 이 선을 나타냈다.

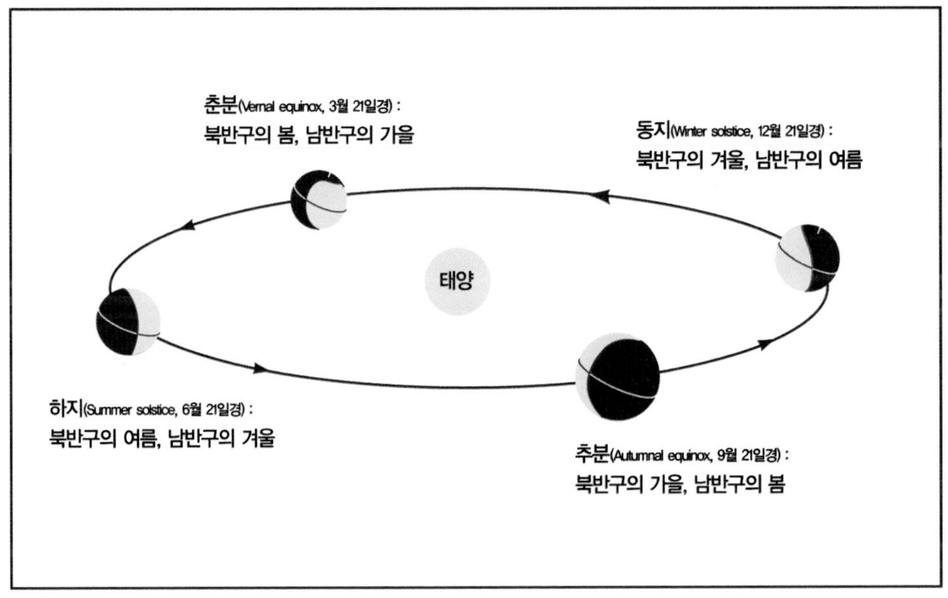

지구의 축이 기울어져 있기 때문에, 궤도에서 북반구와 남반구 중 태양에 더 가까운 지역이 생긴다. 그로 인해 계절이 생긴다.

황도면과 적도면의 차이는 무엇인가?

적도면은 지구의 적도를 우주 공간으로 무한정 확장시켜놓은 면이라고 생각하면 된다. 지구의 회전축은 황도면과 일치하지 않는 것으로 나타났다. 그 이유는 지구의 자전축이 약 23.5도 기울어져 있기 때문이다. 이 기울기는 지구에 사계절이 나타나는 주원인이다.

계절은 언제 시작되고 언제 끝나는가?

계절과 날씨로 말하면, 계절은 그 사람이 지구의 어디에 있느냐에 따라 다른 시기에 시작된다. 그러나 천문학적으로 말하면 봄은 춘분점vernal equinox에서 시작하고, 여름의 첫째 날은 하지점summer solstice, 가을의 첫날은 추분점autumnal equinox 그리고 겨울의 첫날은 동지점winter solstice에서 시작한다.

지구가 태양을 공전함에 따라 어떻게 계절이 생기는가?

일부 사람들은 계절이 생기는 원인이 태양과 지구 사이의 거리라고 생각하여 지구가 태양에서 멀어지면 겨울, 지구가 태양에 가까우면 여름이라고 오인한다. 이는 잘못된 생각이다. 지구가 태양 주위를 타원 궤도에 따라 돌기는 하지만 이 궤도는 거의 원에 가깝기 때문에 거리의 차이가 이유가 되지 않는다. 실제로 지구는 1월 초에 태양에 가장 가까운 거리에 있고 7월 초에는 가장 멀리 떨어져 있는데, 이는 계절(북반구의)과 완전히 상반된다.

계절이 나타나는 이유는 1년 중 어떤 정해진 시각에 지구 상의 특정 지점에 태양 빛이 비치는 각도와 관련이 있다. 각도는 1년 내내 계속 바뀌는데, 이는 지구의 자전축이 황도면에 대해 비스듬히 기울어 있기 때문이다. 달리 설명하자면, 적도면과 황도면은 서로에 대해 약 23.5도 기울어 있다. 만약 지구의 한 부분이 태양을 향해 기울게 되면 그 지역은 여름이 된다. 반대로 태양으로부터 멀어지는 쪽은 겨울이 된다. 그리고 이와 같은 두 가지 국면 사이에서는 각각 봄과 가을이 된다.

지와 동지는 무엇이며, 언제 일어나는가?

지solstice는 1년 중 지구 자전축의 경사가 태양에 가장 가깝거나 가장 먼 때다. 하지 때는 1년 중 다른 어떤 날보다 낮이 길다. 동지 때는 1년 중의 다른 어떤 날보다도 낮이 짧다. 북반구의 경우, 하지는 매년 6월 21일경에 해당하는데 이때는 북극이 태양 쪽으로 가장 가까이 기울어 있을 때다. 동지는 매년 12월 21일경에 나타나는데 이때는 반대로 북극이 태양에서 멀어진다.

분이란 무엇이며, 언제 일어나는가?

분equinox은 1년 중 지구 궤도상에서 지구가 적도면과 황도면이 교차하는 지점에 있을 때다. 다른 말로 하면, 분점에서 지구 자전축이 지구와 태양을 잇는 선에 수직하게 된다. 지구의 극은 태양을 '향한' 쪽으로도 '멀어지는' 쪽으로도 기울어져 있지 않으며, 태양의 '옆'쪽으로 기울어 있다. 분인 날에는 밤과 낮의 길이가 같다. 따라서 분equinox이라는 용어는 밤과 낮의 길이가 같다는 의미다equal darkness. 북반구에서 춘분점은 매년 3월 21일경에 나타나고, 추분점은 9월 21일경에 나타난다.

일식의 상(iStock)

식

식이란 무엇인가?

식eclipse이란 한 천체의 빛이 다른 천체에 의해 부분적으로 또는 완전히 가려지는 현상을 말한다. 우리 태양계 내에서는 태양과 달 그리고 지구의 상대적인 위치가 월식과 일식을 만들어낸다. 개기 일식은 특히 아름답다.

식은 얼마나 자주 일어나는가?

태양과 달 그리고 지구가 일렬로 늘어서는 현상은 상대적으로 흔치 않은데, 그 이유는 태양 주위를 도는 궤도면(황도면)이 지구 주위를 도는 달의 궤도면이 같지 않기 때문이다. 이로 인해 달이 신월이거나 보름달일 때 식이 가능할 수도 있지만, 달은 보통 지구와 태양을 잇는 직선상 약간 위나 아래에 놓이므로, 식이 자주 일어나지는 않는다. 세 개의 천체, 다시 말해 지구와 달 그리고 태양이 똑바로 늘어서는 일은 1년에 대략 두 번 정도다.

월식은 어떻게 일어나는가?

월식lunar eclipse은 지구가 태양과 달 사이를 지날 때, 달이 지구의 그림자에 들어오면서 생긴다. 부분 월식이 진행 중일 때는 지구의 휘어진 그림자가 달의 표면에 확연히 나타난다. 달은 흡사 초승달처럼 보이지만 명암 경계선terminator line(빛과 어둠 사이의 선)은 같은 방식으로 휘어져 보이지 않는다. 개기 월식이 일어나고 있을 때는 달이 지구의 그림자 안에 완전히 들어오며 달은 보름달처럼 보이지만 단지 희미하게 붉은 색으로 빛나게 된다.

월식을 관측하는 가장 좋은 방법은 무엇인가?

월식을 관찰하는 가장 좋은 방법은 일부 천문학자들이 장난스럽게 얘기하듯 페인트가 마르는 것을 지켜보는 방식이다. 월식은 시작부터 끝날 때까지 몇 시간 정도 지속되며, 눈 보호 장비가 필요하지 않다.

월식은 얼마나 오랫동안 지속되며, 얼마나 넓은 지역에 보이는가?

월식은 시작부터 끝날 때까지 대개 몇 시간 정도 걸린다. 개기 월식은 지구 그림자의 가장 어두운 부분에 달이 있는 때인데, 이때 지구는 달에 직접 닿는 모든 태양 빛을 차단한다. 개기 월식은 한 시간 정도 지속된다. 월식은 밤 시간이 되는 지구 상의 모든 곳에서 볼 수 있다.

개기 월식이 일어나는 동안에도 달이 여전히 보이는 이유는 무엇인가?

지구의 대기 밀도가 충분히 높아서 어느 정도 렌즈처럼 작용한다. 그래서 대기는 약간의 태양 빛을 달 쪽으로 굴절시켜 달이 빛나도록 만든다. 이런 굴절된 소량의 빛은 대부분 붉은색인데 이는 붉은색이 가장 잘 휘어지기 때문이며, (붉은색은 파장이 길어서 굴절률이 작지만 붉은빛은 지구 대기에 의한 산란이 적어서 달까지 도달함 – 옮긴이) 달의 표면에 반사되어 지구로 온다. 하지만 개기 월식 전이나 후에는 직접 달에 반사되어 오는 태양 빛이 상대적으로 매우 강하여 굴절된 빛을 지워버리기 때문에 맨눈으로는 관측이 어렵다. 그러나 개기 월식 중에는 달에서 직접 오는 빛이 없기 때문에 지구 대기에 의해 굴절된 빛을 볼 수 있으며 은은한 붉은빛으로 보인다.

개기 월식은 언제 일어나고, 어디서 볼 수 있는가?

276 페이지 표는 2020년까지 개기 월식이 일어나는 시간과 장소이다.

2008~2020년의 개기 월식

일자	볼 수 있는 곳
2010. 12. 21.	동아시아, 오스트레일리아, 태평양, 아메리카, 유럽
2011. 6. 15.	남아메리카, 유럽, 아프리카, 아시아, 오스트레일리아
2011. 12. 10.	유럽, 동아프리카, 아시아, 오스트레일리아, 북아메리카
2014. 4. 15.	오스트레일리아, 태평양, 아메리카
2014. 10. 8.	아시아, 오스트레일리아, 태평양, 아메리카
2015. 4. 4.	아시아, 오스트레일리아, 태평양, 아메리카
2015. 9. 28.	동태평양, 아메리카, 유럽, 아프리카, 서아시아
2018. 1. 31.	아시아, 오스트레일리아, 태평양, 북아메리카 서부
2018. 7. 27.	남아메리카, 유럽, 아프리카, 아시아, 오스트레일리아
2019. 1. 21.	중앙 태평양, 아메리카, 유럽, 아프리카

일식은 어떻게 생기는가?

일식은 달이 지구와 태양 사이의 직선상에 올 때 일어난다. 이때 달의 그림자는 지구의 표면을 가리는데, 달의 그림자가 드리우는 지역에서 일식을 볼 수 있다. 지구의 그림자와 마찬가지로, 달의 그림자도 두 부분으로 되어 있는데, 어두운 중심 지역을 본영umbra이라 하고 본영 주변의 밝은 지역을 반영penumbra이라고 한다. 반영인 지역에서 부분 일식이 일어나고, 본영인 곳에선 개기 일식 혹은 금환식annular eclipse이 일어난다.

금환식이란 무엇인가?

달은 지구 주위를 완전한 원 궤도가 아닌 약간 타원형 궤도를 따라 돌기 때문에 지구에서 달까지의 거리는 항상 같지 않다. 만약 달이 지구와 가까운 거리에 있을 때 달의 본영이 지구 표면에 만들어지면 그곳에서는 개기 일식이 일어난다. 그러나 만약 달이 지구와 먼 거리에 있을 때 이런 일이 일어나면, 달은 태양 빛 전체를 완전히 가리지 못한다. 이 경우 태양은 달의 실루엣 주위에 빛나는 고리나 금환(금반지)의 모양으로 보인다.

일식은 얼마나 오래 지속되며, 일식은 얼마나 넓은 지역에서 볼 수 있는가?

일식이 일어나는 전 과정, 다시 말해 부분 일식이 시작되어 완전히 끝날 때까지는 보통 한 시간 정도 걸린다. 그러나 개기 일식이 지속되는 시간은 기껏해야 몇 분밖에 되지 않는다. 대부분의 개기 일식은 약 100~200초 사이, 대략 2~3분 정도 지속된다. 게다가 개기 일식은 오직 지구 표면의 좁은 지역에서만 관찰할 수 있으며, 그 지역은 일식이 일어날 때마다 달라진다. 따라서 지구 상의 특정 지역에 개기 일식이 일어나는 일은 수 세기에 한 번밖에 되지 않는다.

개기 일식인 경우, 태양의 코로나를 제대로 관측할 수 있다. 물론 태양의 방사선으로부터 눈을 보호하는 장치가 필요하다.(iStock)

개기 일식은 어떻게 보이는가?

개기 일식이 진행 중일 때 태양은 빛으로 둘러싸인 검은 원반처럼 보인다. 사실 이 빛은 태양의 코로나이며, 태양이 밝을 때는 보이지 않는 부분이다. 코로나에서 바깥 하늘은 어둡기 때문에 보통 때는 밤에만 볼 수 있던 행성이나 별들을 볼 수 있게 된다.

일식을 관찰하는 가장 좋은 방법은 무엇인가?

태양 빛은 너무 강렬하기 때문에 부분 일식이 일어나고 있는 중이라도 너무 오랜 시간 쳐다보면 눈에 영구적인 손상이 올 수 있다. 따라서 눈 보호 장비 없이는 거의 개기 일식에 가까운 초승달처럼 보이는 태양이라도 직접 바라보면 안 된다. 두꺼운 마일라mylar 또는 용접 안경 재질로 된 특수 태양 관측 안경이나 필터를 사용해야 하며, 또 이들이 태양을 관측하는 데 안전한지에 대해 점검하고 장비에 부분적인 손상은 없는지도 점검해야 한다.

일식을 관측하는 한 가지 안전한 방법은 간단한 바늘구멍을 카메라로 사용하는 것이다. 실제로 이 방법은 어느 때든 태양을 관찰할 때 사용할 수 있다. 두 장의 판지를 준비하되, 한 장은 흰색으로 준비한다. 한쪽 판지에는 작은 핀으로 구멍을 뚫는다. 다음에는 구멍 뚫린 판지를 잡고 태양을 등지고 서서 구멍을 통해 태양 빛이 새어나오도록 한다. 그리고 다른 판지를 흰색 면을 위로 하여 구멍 뚫린 판지 아래쪽에 놓는다. 그다음에는 두 판지 사이의 거리를 적당히 조정하여 태양의 상이 잘 보이도록 맞춘다. 그러고 나면 아래에 놓인 판지를 통해 등 뒤에서 일어나는 일식을 관측할 수 있게 된다.

눈 보호 장비 없이 태양을 맨눈으로 관측 가능한 때는 개기 일식이 진행 중인 때다. 이 시간은 너무 짧아서 몇 분에 지나지 않지만, 운이 좋아서 당신이 그곳에 있었다면, 그 광경을 즐기라! 사진기가 있다면 되도록 많이 찍어라. 개기 일식이 일어나는 동안에는 필터 없는 일반 카메라를 사용해도 문제가 없다.

달이 태양을 가렸을 때 태양은 보이지 않지만 코로나가 보이는 이유는 무엇인가?

달의 지름은 태양의 지름보다 약 400배나 작다. 그런데 우연의 일치인지 모르지만 달과 지구 사이의 거리는 태양과 지구 사이의 거리보다 약 400배 짧다. 때문에 지구에서 볼 때 달이 거의 정확히 태양을 가릴 수 있는 것이다. 이것은 또한 새까만 태양 원반과 그 주위를 둘러싸고 아른아른거리며 우아하게 빛나는 태양 코로나가 보이는 개기 일식이 생기는 이유이기도 하다.

개기 일식은 언제 일어나고, 어디서 볼 수 있는가?

다음은 2020년까지 개기 일식이 일어나는 시간과 장소다.

2008~2020**년의 개기 일식**

일 자	볼 수 있는 곳
2009. 7. 22.	인도, 네팔, 중국, 중앙 태평양
2010. 7. 10.	남태평양, 이스터 섬, 칠레, 아르헨티나
2012. 11. 13.	북오스트레일리아, 남태평양
2013. 11.3.	대서양, 중앙 아프리카
2015. 3. 20.	북대서양, 페로Faeroe 제도, 스발바르Svalbard 제도
2016. 3. 9.	수마트라, 보르네오, 술라웨시, 태평양
2017. 8. 21.	북태평양, 미국, 남대서양
2019. 7. 2.	남태평양, 칠레, 아르헨티나
2020. 12. 14.	남태평양, 칠레, 아르헨티나 남부

제 7 장
우주 계획

로켓의 역사

우주 탐사에서 '우주'란 무엇을 의미하는가?

우주 여행의 전문 용어로, 미 항공우주국NASA은 공식적으로 '우주 공간outer space'은 지표면으로부터 고도 100km 이상으로 정의했다. 이는 천문학에서 정의하는 '공간space'과는 매우 다른 것이다. 일반상대성이론에 따르면, 공간은 우주 안에 있는 천체에 의해 휘어질 수 있는 3차원적 구조다.

우주선을 어떻게 우주로 발사하는가?

로켓은 현재까지 인간이 지구에서 우주로 물체를 쏘아 올릴 수 있는 유일한 방법이다. 로켓은 자신의 추진제를 가지고 있는 운송 수단이다. 추진제는 연소를 통해 가스로 바뀌면서 열을 받고 뒤로 분사함으로써 로켓을 밀쳐내어 고속으로 가속된다. 그러면 로켓은 뉴턴의 운동 제3법칙에 의해 앞으로 나아가게 된다.

발사 장치들은 다른 로켓 꼭대기에 위치한 연속된 일련의 작은 로켓으로 구성된다. 가장 큰 로켓이 대부분의 추진력을 담당하지만, 가장 무겁기도 하다. 때문에 연료를 다 쓰고 나면 로켓에서 분리된다. 결과적으로 남은 로켓은 질량이 줄어들어 효율적으로 나아갈 수 있게 된다. 이러한 연속적인 다단 로켓을 통해, 탑재물(일반적으로 우주선이나 위성)은 우주 공간 또는 목표 궤도에 도달하거나 지구 중력을 벗어날 수 있을 만큼의 속도를 얻게 된다.

20세기 이전의 로켓은 어떻게 개발되어왔는가?

160년경, 고대 그리스의 수학자 헤론Heron of Alexandria(B.C. 10~A.D. 70)은 회전하는 구 형태이고, 증기로 추진되는 뜨거운 가스 연소식의 첫 번째 로켓이라고 불릴 만한 장치를 고안해냈다. 그러나 실제 로켓은 중국인에 의해 처음 발명되었는데, 9세기에 고체 추진제인 화약을 사용한 것이었다. 13세기 중국에서는 간단하고 운반이 용이한 로켓('불화살fire arrows'이라 불리는)들이 종교 의식과 축하연에 사용되었다. 부정확하고, 단거리용 장치인 이것은 질산칼륨(칠레 초석), 목탄 그리고 황의 혼합물로 추진제를 얻었다. 이들은 아시아와 유럽에 걸쳐 널리 사용되었다.

18세기가 시작될 즈음 로켓은 전쟁에 효과적인 무기로 자리 잡기 시작했다. 당시 프랑스 군대는 비록 폭죽에 관한 것이었지만 로켓 설계에 있어 선구적인 위치를 차지했다. 그 후 1790년대에, 인도 군인들이 로켓들을 사용해 영국군을 여러 전투에서 무찔렀다. 이 로켓들은 무게가 약 4.5kg 정도이고, 날카로운 대나무 막대에 붙여서 약 1.6km를 날아갈 수 있었다. 초기 로켓들은 비록 정확도가 낮았지만, 많은 표적들을 상대로 대량으로 발사되면 굉장히 위협적이었다. 1804년에 영국군 장교 윌리엄 콩그리브William Congreve는 약 3.2km를 날아가는 로켓을 개발했다. 이 로켓들은 메릴랜드 주의 볼티모어와 포트 매캔리에서 붉은 섬광들을 만들어냈던 로켓들로 미국의 시인 프랜시스 스콧 키Francis Scott Key(1779~1843)로 하여금 〈성조기The Star-Spangled Banner〉라는 시의 영감을 얻게 하기도 했다. 스콧의 시는 한 세기가 지난 뒤에 미국의 국가가 되었다.

우주 로켓을 설계하고 제작한 선구자는 누구인가?

러시아의 공학자 콘스탄틴 치올콥스키와 미국의 과학자 로버트 고더드. 그리고 독일의 물리학자 헤르만 오베르트는 오늘날 우주선에 사용되는 로켓의 선구자들이라고 할 수있다. 비록 이 세 사람들이 같이 일한 적은 없지만 이들의 개별적인 노력이 합쳐 20세기와 21세기의 국제 우주 계획을 생성하게 되었다.

치올콥스키가 행한 주요 연구는 무엇인가?

콘스탄틴 치올콥스키Konstantin Tsiolkovsky(1857~1935)는 항공 여행에 대한 실험을 1903년에 라이트 형제가 처음으로 동력 비행기를 날리기 전에 이미 한 바 있다. 그는 러시아에서 처음으로 풍동을 만들어 비행기가 날아가면서 생기는 기류를 연구했다. 또 1895년에 우주 여행에 대한 아이디어를 발표했고, 3년 후에는 오늘날까지 과학자들이 사용하는 로켓과 우주 여행에 대한 기본 개념을 제안했다. 진정한 선구자였던 치올콥스키는 이 분야에서 다른 어떤 과학자보다 앞서 있었다. 그가 이르기를, 인간들은 우주에서 밀봉된 선실 안에서 산소가 공급되는 경우에만 살아남을 수 있다고 했다. 1903년에는 '반작용 장치를 이용한 우주 공간 탐험The Exploration of Cosmic Space by Means of Reaction Devices'이라는 제목의 논문을 출판했는데, 로켓 추진과 액체 연료의 사용에 대한 그의 아이디어를 담고 있었다.

고더드가 행한 주요한 연구는 무엇인가?

로버트 고더드Robert Goddard(1882~1945)는 어려서부터 우주 여행과 로켓에 매료되었다. 1919년 그는 로켓 연구에서 이제는 고전이 된 《극고도에 도달하는 방법*Method of Reaching Extreme Altitudes*》을 발간했다. 그는 로켓이 결국에는 달에 다다를 것이라는 가능성을 제기했다. 그리고 수많은 실험과 실패 끝에 1926년 액체 연료로 추진되는 세계 최초의 로켓을 발사했다. 이 4.5kg짜리 로켓은 매사추세츠주 오번Auburn의 양배추 밭에서 발사되었으며, 약 12m를 올라가서 약 56m 거리를 날았다. 이 후 20년에 걸쳐, 그는 로켓 연구를 크게 발전시켰으며 점화 연료 시스템에서부터 유도 제어와 낙하산 회수까지 로켓 운항의 각 단계에 대해 연구했다. 1930년에는 세계 최초의 전문 로켓 시험장을

1932년에 멕시코에서 고더드(오른쪽 끝과 작은 사진 속의 인물)가 자신이 설계한 자이로스코프를 장착한 로켓을 시험한 후의 모습. 고더드는 액체 연료 로켓과 다단계 분리 로켓에 대한 특허를 가지고 있었다. 그는 달에 도달하기 위해서는 로켓을 사용해야 한다고 예상했고, 1.6km 이상의 높이에 도달하는 로켓을 개발했다.(NASA)

뉴멕시코의 로스웰Roswell에 설치하고, 로켓을 2km 상공까지 성공적으로 쏘아 올렸다. NASA의 고더드 우주비행센터는 그의 로켓에 대한 선구적인 업적을 기리기 위해 설립되었다.

오베르트가 행한 주요 연구는 무엇인가?

헤르만 오베르트Hermann Oberth(1894~1989)는 트란실바니아(오늘날의 루마니아)에서 태어났으며, 10대 때 자신의 첫 번째 로켓을 만들었다. 그는 독일에서 고등 교육을 받았으며, 로켓의 수학 이론과 우주 비행의 실용적 고려에 관한 박사 논문을 썼다. 그가 쓴 논문 《로켓을 이용하여 행성간 공간으로*By Rocket into Planetary Space*》는 지도 교수로부터 거절당했으나, 나중에 수정을 거치고 확장되어 《우주 비행의 길*Ways to Spaceflight*》(1929)로 출간되었다. 오베르트는 고체 추진 로켓과 달로 갈 수 있는 운송 수단에 대해 연구했다.

전형적인 로켓 엔진은 어떻게 구성되는가?

로켓은 연소에 필요한 두 요소인 연료와 산화제를 빠르게 혼합하여 사용하기 때문에 엄청난 연소와 폭발이 발생한다. 그로 인해 생기는 뜨겁고 팽창하는 가스 충격은 양과 방향이 통제되어야 한다. 중요한 것은 로켓으로부터 완전 연소된 가스의 배출인데, 이는 한쪽 끝에 있는 포트나 노즐을 통해 이뤄진다. 연소된 가스를 강력하게 배출하여 로켓을 위쪽으로 그리고 앞으로 날아갈 수 있게 한다.

가장 강한 화학 로켓들은 무엇인가?

지금까지 만들어진 가장 강력한 액체 연료 로켓은 새턴Saturn V 로켓으로, 달로 보내는 아폴로 미션을 위해 설계되었다. 각 로켓은 다섯 개의 F-1 엔진을 장착하고 있는데, 각각의 엔진은 68만 kgf 이상의 추력을 낸다. 이를 모두 합하면 새턴 V는 약 360만 킬로그램포스kgf의 추진력을 생성해내는데, 이는 슈퍼볼Super Bowl 경기를 보러 온 모든 관중을 한 지점에 모은 만큼의 힘이다.

우주 여행을 위해 만들어진 가장 강력한 고체 연료 로켓은 우주 왕복선에 사용되는 고체 로켓 추진기다. 각 추진기는 약 136만 kgf에 가까운 추력을 가진다. 우주 왕복선의 세 개 로켓 엔진은 각각 약 22만 kgf의 추력으로, 이와 합쳤을 때 전체 우주 셔틀 발사 시스템은 최대 약 320만 kgf의 추력을 갖는데 이는 거의 새턴 V에 근사한 값이다.

로켓 엔진은 어떻게 연료를 공급하는가?

대부분의 로켓들이 액체 추진제로 채워지는데, 이 추진제는 액체 연료와 액체 산화제의 혼합물이다. 두 액체는 로켓 안에 저장되지만, 각기 분리된 탱크에 저장된다. 이들은 연소실에서 혼합되며, 이곳에서 점화되고 운송 수단을 앞으로 발진시키는 추진력을 내게 된다. 일반적 액체 로켓 연료는 알코올, 등유, 환원제hydrazine 그리고 액체 수소로 되어 있다(일반적인 액체 산화제는 4산화질소 혹은 액체 산소로 되어 있다). 일부 로켓들은 액체 추진제 대신 고체 추진제를 사용한다. 이 경우, 산화제와 연료는 고체 휴지 상태dormant solid state로 이미 혼합되어 있다. 혼합물이 점화되면, 전체 추진제가 하나로 연소된다. 고체 연료 로켓은 일반적으로 액체 연료 로켓보다 추진력이 강하며, 가볍고, 설계가 간단하며, 움직이는 부분이 적다. 반면에 액체 연료 로켓은 켜짐과 꺼짐이 반복될 수 있으며 추력을 조정할 수 있다.

오늘날 전형적인 우주 로켓은 얼마나 강력한가?

오늘날 사용되는 로켓은 크기와 질량 그리고 리프트 용량lift capacity이 다양한데 우주로 운반하는 탑재 화물에 따라 다른 것이 사용된다. 보급품이나 작은 화물들을 국제 우주 정거장 혹은 다른 지구 궤도의 목적지까지 보내는 데 사용되는 전형적인 로켓들은 소유즈-프레갓Soyuz-Fregat 시스템을 포함하여 높이는 약 35m이고, 연료를 가득 채웠을 때의 무게는 약 300톤 정도이며, 발사 시 약 36만 kgf의 추력을 낸다. 우주 탐사선(메신저, 카시니 그리고 마르스 로버)을 발사하는 시스템은 델타 2 로켓을 포함해, 약 36m 높이에 발사 시 약 45만 kgf의 추력을 낸다. 아틀라스 V의 경우 약 58m 높이에 약 90만 kgf의 추력을 제공한다.

세계의 첫 번째 성공적인 우주 계획의 선구자는 누구인가?

세계 최초로 성공적인 우주 계획을 만들어낸 공을 인정받고 있는 사람은 우크라이나의 과학자 세르게이 코롤레프Sergei Korolev(1906~1966)다. 1931년 코롤레프는 모스크바의 로켓 연구단 이사를 맡아 그곳에서 수년에 걸쳐 일했지만, 그의 연구는 제2차 세계대전으로 중단되어야 했다. 전쟁이 끝난 후, 그는 로켓 연구로 돌아왔고 독일 기술을 소련의 로켓 연구에 적용하는 것을 도왔다. 그의 연구는 풍성한 결실을 낳았다. 1957년 8월, 그는 첫 번째 러시아 대륙 간 탄도 미사일ICBM을 발사했다. 그리고 두 달이 채 가기도 전에, ICBM에 사용된 로켓은 스푸트니크 1호를 발사하는 데 사용되었으며, 이는 지구 궤도를 도는 최초의 인공위성이었다. 1959년 루나 3호는 달의 반대쪽 사진을 전송한 최초의 탐사선이 되었다. 1961년에 보스토크Vostok 1호의 설계와 공정을 이끌었는데, 이는 최초로 사람을 우주로 보내는 우주선이었다. 유리 가가린Yury Gagarin(1934~1968) 그리고 1963년에 최초의 여성 우주 비행사 발렌티나 테레시코바Valentina Tereshkova(1937~)가 우주로 갔다. 1966년에 베레나Verena 3호 미션은 다른 행성, 즉 지구에서 가장 가까운 행성인 금성에 최초로 착륙한 우주선이었으며 루나Luna 9호 탐사선은 달에 최초로 발을 내디딘 우주선이었다. 코롤레프는 매우 중요한 사람이었기 때문에 소련 정부는 1966년 그가 죽을 때까지 그의 신분을 감춘 채 그의 직책을 '운송수단 및 우주선 발사 설계 팀장' 정도로 국한해두었다. 그는 가장 뛰어난 공로를 세운 소련 시민들만 묻힐 수 있는 크렘린 벽Kremlin Wall에 묻혔다.

미국의 우주 계획의 선구자는 누구인가?

미국의 우주 계획에 일반적으로 가장 지대한 영향을 미쳤다고 인식되는 사람은 독일의 물리학자 베르너 폰 브라운Wernher von Braun(1912~1977)이다. 부유한 가정에서 태어난 브라운은 어린 나이에 아마추어 천문학자가 되었으며, 베를린 대학에서 공부했다. 그의 조언자 중 하나는 독일의 로켓 선구자인 헤르만 오베르트였다. 나치가 독일을 통제하기 시작하자 브라운은 독일 군대를 위한 무기 로켓 개발과 연구를 담당하는 팀을 담당하도록 배정되었다. 그의 리더십 아래 독일군은 첫 번째 장거리용 미사일 무기 시스템인 V-2 로켓을 개발했다.

제2차 세계 대전 때 독일군에서 로켓을 개발했던, 베르너 폰 브라운 박사는 미국 우주 프로그램의 일원으로 차출되었다.(NASA)

제2차 세계대전이 끝나갈 무렵, 브라운과 126명의 독일인 과학자들은 미국 정부에 의해 고용되어 '종이 클립Paperclip'이라는 코드명 프로젝트 아래 미국으로 이송되어왔다. 포획된 독일 로켓을 이용해, 과학자들은 그들의 로켓에 상응하는 로켓에 대해서 가르치기 시작했다. 또한 그들은 로켓 연구를 지속했으며 뉴멕시코의 화이트샌즈 시험장과 텍사스의 포트블리스에서 비행 실험을 했다. 몇 년 후, 그들은 앨라배마 헌츠빌의 NASA 마셜 우주비행센터로 이전했다. 이곳에서 브라운은 기관의 첫 번째 이사로 임명되어 레드스톤Redstone이라 불리는 새로운 장거리 탄도 미사일 개발을 주재했다. 결과적으로, 브라운의 노고는 우주선 발사를 가능하게 한 최초의 미국 로켓 주피터-C를 만드는 것으로 이어졌다. 이 로켓은 미국인 최초의 인공위성 익스플로러 1호를 궤도에 올려놓았다. 이는 사람을 탑재한 로켓을 달로 보내는 아폴로 미션으로 이어지는 새턴 V로 발전했다.

오늘날 활성화된 우주 프로그램은 무엇인가?

오늘날 가장 활성화된 민간 우주 프로그램은 러시아 연방우주국으로서, 주 우주 공항을 카자흐스탄의 바이코누르Baikonur 우주 기지에 두고 있다. 미 항공우주국NASA은 주 우주 공항을 플로리다의 케이프커내버럴Cape Canaveral에 두고 있으며 유럽 우주국ESA, European Space Agency은 우주 공항을 프랑스령 기아나의 쿠루Kourou에 두고 있다. 일본의 우주항공연구개발기구JAXA, Japanase Aerospace Exploration Agency 역시 활성화되어 있으며, 중국의 국립우주국 역시 2003년 10월 15일에 주취안酒泉, Jiuquan 인공위성 발사센터에서 최초의 중국인 우주 비행사를 우주로 보냄으로써 최근에 세계 우주 여행 국가에 합류했다.

인공위성과 우주선이 작동하는 데 필요한 것은 무엇인가?

인공위성이나 우주선이 한번 발사되면, 움직이거나 방향을 바꿀 때 추진 장치를 필요로 한다. 또한 교신과 원격 측정을 통해 데이터를 전송하거나 받을 수 있는 시스템과 과학자 혹은 비행사의 조종에 의한 통제 시스템도 필요하다. 그리고 위성 자체에 전력 공급을 위한 전기 에너지 시스템도 필요하다. 모든 우주선에 있어, 우주선의 무게에 따라 사용되는 디자인과 적용하는 시스템이 달라진다.

캘리포니아 주 패서디나의 NASA 제트 추진기 실험실에서 제논 이온 엔진(xenon ion engine) 실험을 거치고 있다.(NASA)

인공위성과 우주선은 우주에서 어떻게 움직이는가?

인공위성은 일단 우주로 나가게 되면, 이동하는 데 약간의 힘밖에 들지 않는다. 속도를 높이거나 늦추고, 방향이나 자세를 바꾸는 것도 마찬가지다. 작은 로켓 엔진(흔히 자세 제어 분사기라 불린다)은 이런 업무를 수행하는 데 충분하다. 그러나 작은 로켓 자세 제어 분사기라 할지라도, 시간에 따라 많은 양의 연료를 필요로 한다. 우주선 설계자들은 새로운 기술을 이용해 우주 공간에서 움직이는 기술을 사용하는데, 바로 이온 추진 엔진이다.

이온 추진 엔진은 어떻게 작동하는가?

이온 추진 엔진은 추진력을 얻기 위해 화학 연소 대신 자기장을 사용한다. 적은 양의 가스(보통 제논과 같은 높은 기호의 원소)는 이온화된 여러 자기장 코일이 포함된 실로 주입된다. 전자 동력 공급원은 코일에 동력을 공급하고, 실 안에서 생기는 전자기력은 가스 입자의 양자와 전자를 분리하여, 이온과 자유 전자를 만들어낸다. 강력한 자기장을 사용함으로써 이 대전된 입자들은 고속으로 가속되며, 이온화된 실 바깥으로 밀어내게 된다. 이러한 운동은 추진력을 발생시킨다.

이온 추진 시스템은 얼마나 강력한가?

일반적인 화학 연소 로켓과 비교했을 때, 이온 추진 시스템의 힘은 약하다. 현재 우주 왕복선의 이온 엔진은 최대로 가동했을 때도 아이가 장난감 트럭을 밀 때보다 약한 힘밖에 내지 못한다. 그러나 이온 엔진은 최대 동력을 사용할 때라도 아주 적은 연료를 쓰기 때문에 유용하다. 그러므로 이들은 몇 년간 지속될 수 있으며, 며칠, 몇 주 혹은 몇 달이라도 지속적으로 사용 가능하다.

우주선의 일반적인 전기 동력원은 무엇인가?

화성의 궤도 안에서 작동하는 대부분의 인공위성 그리고 우주 왕복선의 경우, 태양 전지판은 전력을 생산하는 가장 쉬운 방법이다. 이들은 태양 빛을 전류로 변환하며, 선체의 여러 전력 소모 장치에 사용되는 배터리 형태로 저장될 수 있다. 그러나 태양에서 몇백만 킬로미터 떨어진 거리를 넘어설 경우, 태양 빛이 약해지기 때문에 태양 전지판은 큰 효과를 내지 못한다. 이처럼 거리가 먼 곳을 탐사하는 경우(갈릴레오, 카시니 그리고 보이저 탐사선), 원자력 전지RTG를 사용하는 것이 매우 효과적이었다.

RTG는 어떻게 작동하는가?

원자력 전지RTG, Radioisotope thermoelectric generator는 우주 공간에서의 핵융합 발전기가 아니다. 그것은 플루토늄-238과 같은 방사성 동위원소를 몇 킬로그램 가지고 있는 컨테이너로서, 방사성 동위원소의 붕괴 현상을 통해 발생하는 열에너지를 전력으로 바꾸는 장비를 포함하고 있다. 예를 들어 카시니 우주선의 경우 세 개의 RTG 유닛이 있는데, 각 유닛은 약 8kg의 플루토늄-238을 가지고 있으며 약 300W의 전력을 생산해낸다.

우주에서의 핵 발전소의 가치는 얼마나 되는가?

수십 년 동안 방사성 붕괴를 이용해 몇백 와트의 전기를 만들어내는 RTG와는 다르게, 우주선의 원자력 발전은 핵분열을 통해 오랜 기간(최소한 한 세기) 동안 우주선에 동력을 효과적으로 제공할 수 있다. 이러한 에너지 공급은 이온 엔진과 비행선 시스템 전체에 긴 여정 동안 충분한 동력을 공급하며, 이는 성간 여행부터 다른 항성계까지의 이동도 가능하다. 만약 사람이 타고 있다면, 원자력 발전은 아마도 물과 공기 정화 그리고 수경 재배의 '식물 육성 램프'까지 가능한 시스템을 갖출 수 있을 것이다.

오늘날 우주선에 원자로가 존재하는가?

어떤 원자로도 현재 작동 중인 인공위성이나 우주선에 탑재되어 있지 않다. 20세기 후반, 소련은 축소 원자로가 실린 많은 군사용 인공위성을 쏘아 올렸다. 그러나 이 중 일부는 거의 재앙에 가까운 결말을 맞았다. 코스모스Cosmos 954는 1977년에 발사된 위성으로 대기 중에 떨어져 캐나다 근처 북극 지역에 1978년 1월 24일 추락하면서, 방사능 물질을 광범위한 지역에 퍼뜨리는 사고를 일으켰다. 이 중 몇몇 잔여물은 치사량의 방사능 물질을 내보냈다. 다행히 누구도 다치거나 부상을 입지 않았지만, 오염된 지역을 처리하는 데 몇 달 이상의 시간이 걸렸다. 또 다른 소련의 우주선 코스모스 1402가 1982년 8월에 발사되었으나 같은 운명을 맞이했고, 1983년 1월 23일 지구에 떨어졌다. 다행스럽게도, 위성은 인도양에 떨어졌으며, 잔해는 발견되지 않았다.

오늘날 안전을 이유로, 원자로를 탑재한 우주선은 발사되지 않는다. 그러나 지구로부터 먼 지역을 탐사할 때 원자로를 사용하는 것은 여전히 매력적인 아이디어로 남아 있다. 여기서 극복해야 할 점은 원자로의 실패로 인해 대재앙이 일어나도, 우리 행성과 우리 행성의 사람들이 위험에 처하지 않아야 한다는 것이다. 1960년대의 미국은 NERVANuclear Engine for Rocket Vehicle Application(로켓 운송 수단 적용을 위한 핵 엔진)라고 불리는 원자력 로켓 엔진 아이디어를 연구했으나, 1972년에 취소되었다. 2003년에 NASA는 새로운 원자로 우주 계획 '프로메테우스'를 시작했다. 그러나 몇 년 후에 지원이 크게 감축되었으며, 현재 이 프로젝트의 미래는 알 수 없다.

스 푸 트 니 크 시 대

우주에서 지구의 주위를 돈 최초의 인공물체는 무엇인가?

1957년 10월 4일, 전 소비에트 연방은 최초의 인공위성을 지구 궤도로 쏘아 올렸다. 스푸트니크Sputnik 1호로 불렸는데, 러시아어로 '동반자traveling companion' 혹은 '위성satellite'이란 의미다. 스푸트니크는 우주에서 석 달 동안 지구를 96분에 한 번꼴로 돌았다. 이는 한 시간에 약 2만 8000km를 가는 속도다. 소련은 미국의 시선을 끌었음은 물론 미국의 공학자들 사이에서도 놀라움을 자아내게 했다. 이로써 세계 두 강대국 사이의 '우주 경쟁'이 시작되었다.

성공적으로 우주로 발사된 최초의 인공위성은 소련의 스푸트니크 1호로서, 1957년 10월 4일에 발사되었다.

스푸트니크 1호 인공위성은 어떤 모양이었는가?

스푸트니크 1호는 58cm의 직경을 가진 강철 공으로, 무게는 약 83kg에 달한다. 표면에는 약 201~238cm정도의, 휘어지는 네 개의 안테나가 달려 있었다. 스푸트니크 1호는 전파를 두 가지 주파수로 라디오파 신호를 전송하고, 전리층과 외계의 온도에 관한 귀중한 정보를 얻을 수 있었다.

처음으로 우주에 간 개의 이름은?

스푸트니크 2호는 라이카Laika라고 불리는 개를 우주로 보냈으나, 러시아 우주 프로그램이 우주선과 탑승객을 안전하게 돌아오게 할 방법을 마련하지 않았기 때문에 우주에서 죽음을 맞아야 했다. 스푸트니크 5호는 다른 두 마리의 개(벨카Belka와 스트렐카Strelka)와 여러 마리의 새앙쥐와 집쥐, 식물을 같이 올려 보냈다. 동식물은 모두 우주선이 지구에 돌아온 다음 날 안전하게 회복되었다.

미국이 처음으로 쏘아 올린 인공위성은 무엇인가?

스푸트니크 1호가 1957년 발사되었을 때 미국의 우주 계획도 거의 실행 단계에 있었다. 소련의 발사 소식에 놀란 미국 정부는 우주 계획을 급진행시켜 첫 번째 위성 뱅가드Vanguard를 1957년 12월 6일에 발사했다. 하지만 이 발사는 실패로 끝났다. 왜냐하면 위성을 탑재한 로켓이 지상에서 불과 몇 미터도 오르지 못하고 불타버렸기 때문이다. 다음 달인 1958년 1월 31일, 바그너 폰 브라운이 이끄는 마셜 우주비행센터의 팀이 앨라배마의 헌츠빌에서 미국의 최초 위성 익스플로러 1호를 성공적으로 쏘아 올렸다.

익스플로러 1호 인공위성은 어떻게 구성되었는가?

익스플로러Explorer 1호는 탄환 모양의 위성으로 약 2m의 길이와 무게는 14kg 정도다. 이 위성은 아이오와 대학의 선구적인 우주 과학자 제임스 밴 앨런James Van Allen(1914~2006)에 의해 설계되었으며, 지구 대기의 온도와 밀도를 측정하는 장비가 실려 있었다. 또한 방사능 감지기를 싣고 있어서 우리 행성을 둘러싸고 있는 두꺼운 방사능 고리를 발견했다. 오늘날 이 지역을 밴앨런대라고 부른다. 익스플로러 1은 1967년까지 궤도에 남아 주변 우주에 대한 귀중한 과학적 정보를 보내왔다.

스푸트니크 시대에는 우주 비행에 있어서 어떤 일이 일어났는가?

스푸트니크와 익스플로러 1호 이후, 소련과 미국은 경쟁적으로 인공위성을 쏘아 올렸다. 미국의 뱅가드 프로그램은 어느 정도 성공적으로 볼 수 있었다. 11번 시도로 3번 성공했다. 익스플로러 프로그램은 보다 성공적이었다. 1958년에서 1984년까지 모두 65번의 익스플로러 우주선이 발사되어 우주에서 본 지구의 상세한 모습과 태양풍, 자기장 그리고 자외선과 같은 광범위한 우주 현상에 대한 자료를 얻었다. 그에 비해, 스푸트니크 프로그램은 1957년부터 1960년까지 네 번 더 발사되었다.

통 신 위 성

통신위성communication satellite이라는 개념은 누가 생각해냈는가?

궤도를 도는 위성을 통신에 이용하자는 아이디어를 처음 도입한 사람은 영국의 공상 소설 작가 아서 클라크Arthur C. Clarke(1917~2008)다. 그는 1945년에 세 대의 인공위성을 이용한 국제 통신 시스템을 제안했다. 그러나 이 아이디어를 실현하기 위해 과학자들은 여러 기술적 장애를 극복해야 했다. 인공위성과 거기에 탑재된 장비는 엄청난 열과 한기를 견뎌야 할 뿐 아니라 교체 없이 수년간 사용할 동력원을 가지고 있어야 했다.

그다음에는 이 통신 장비들을 우주로 보내는 문제가 남아 있다!

첫 번째 통신위성은 무엇인가?

최초로 발사된 인공위성 스푸트니크 1호는 통신 기능을 갖추고 있었다. 이 위성은 전파를 두 개의 주파수로 전송하는 기능을 가지고 있었으며, 약 3개월 동안 궤도에 머물러 있었다.

처음으로 오랜 기간 지속된 통신위성은 에코Echo이며, 1960년에 발사되었다. 벨 전화연구소의 존 피어스John R. Pierce (1910~2002)에 의해 개발된 에코는 알루미늄으로 코팅되고 가스로 채워진 플라스틱 풍선 형태였으며 지름이 약 31m 정도 되었다. 이 위성은 저궤도에 위치해 수동적으로 통신 신호를 반송했다. 다시 말해 통신 신호를 어떤 능동적인 전송 없이 수동적으로 지구로 반송시켰다. 그 뒤를 이은 에코 2호는 1964~1969년 동안 서비스를 제공했다.

첫 번째 능동형 전송 통신위성은 AT&T가 개발한 텔스타Telstar와 NASA가 개발한 릴레이Relay다. 텔스타는 1962년 발사되었으며 전화와 TV 신호를 미국의 메인 주, 영국 그리고 프랑스 사이에서 전송했다. 텔스타와 릴레이는 원거리 국제 통신에 다중 위성 통신 시스템의 사용 가능성을 보여주었다.

인텔샛이란 무엇인가?

포괄적이고 서로 공유하는 통신 인공위성의 필요성을 느낀 11개국은 1964년 8월 20일에 국제전기통신위성기구INTELSAT, International Telecommunication Satellite Organization를 발족시켰다. 1965년 4월 6일에 인텔샛은 얼리버드Early Bird라는 기관 최초의 위성이자 첫 번째 상업 위성을 발사했다. 높이가 약 45cm에 폭이 약 60cm의 폭을 금속 실린더 형태로, 태양 전지판에 둘러싸여 있었다. 이 위성은 240개의 전화 라인 혹은 한 개의 TV 채널을 한 번에 처리할 수 있었다. 수년에 걸쳐 다른 회원국이 생겨났으며, 더 많은 위성들이 발사되었다. 2001년 인텔샛은 인텔샛 리미티드Intelsat Limited라는 민간 기업으로 분리되었다. 오늘날도 이 회사는 지속적으로 통신 서비스를 제공하며 50개 이상의 위성을 갖고 있다.

위성 위치 확인 시스템이란 무엇인가?

오늘날 지구에는 수백 개의 위성이 존재한다. 이 중 대부분은 통신위성으로 전화, 오디오, TV 그리고 다른 전자기 신호를 지구 전체에 송신한다. 가장 잘 알려진 통신위성 시스템은 내브스타 전 지구 위치 확인 시스템 NAVSTAR Global Positioning System 혹은 위성 위치 확인 시스템GPS이다. 이것은 1만 9300km 상공에서 시속 1만 1260km의 속도로 돌고 있는 24개의 위성으로 이루어져 있다. 한꺼번에 여러 대의 위성에서 오는 신호를 동시에 수신하여 GPS 수신기의 위치를 몇십 센티미터 혹은 몇 미터의 오차로 얻어내는 것이 가능해졌다. GPS 시스템은 미국 정부에 의해 유지되며, 연간 7억 달러의 비용이 들어간다. 그러나 이 시스템으로 인한 경제적, 사회적 이득은 그 비용을 훨씬 능가한다.

지구의 궤도를 도는 수십 개의 위성에 의해 GPS는 자동차와 사람들로 하여금 길을 잃지 않게 도움을 주었다.(iStock)

우 주 로 간 최 초 의 인 간

우주로 간 최초의 인간은 누구인가?

우주로 간 최초의 인간은 러시아의 우주 비행사 유리 가가린이다. 그는 러시아 사라토프 지역의 산업기술학교를 다니면서 비행 클럽에 참여하여 아마추어 파일럿으로 성장했다. 교수의 추천을 받고 가가린은 오렌부르크 항공학교에 1955년에 합격했다.

우주로 간 최초의 인간은 소련의 영웅 유리 가가린이었다.(NASA)

1957년 11월 7일, 가가린은 우등생으로 졸업했으며 중위 계급을 받았다. 이후 남극으로 가 전투 조종사로 훈련받았다. 1959년 소련의 루나 3호 위성이 성공적으로 달을 순회한 것에 영감을 받아, 그는 첫 번째 우주 비행사 그룹에 지원하여 1년 이상 우주 비행에 대한 테스트와 트레이닝을 받았다.

가가린은 1961년 4월 12일에 발사된 소련의 우주선 보스토크 1호에 탑승했다. 그의 우주 여행은 보스토크 1호가 지구를 한 바퀴 돌고 돌아올 때까지 108분간 이어졌다. 그의 캡슐이 지상에서 3200m 상공에 있을 때, 가가린은 낙하산을 폈고 세계의 영웅이 되었다. 역사적인 비행 이후 가가린은 5년 동안 공식 석상에 등장하는 일, 정치적 활동, 행정적인 업무 그리고 후배 우주 비행사 훈련 등으로 매우 바빴다. 1966년 그는 소유즈 우주선 탑승을 준비했다. 첫 번째 소유즈 비행은 다음 해에 이루어졌다. 불행히도 탑승했던 우주 비행사 블라디미르 코마로프Vladimir Komarov(1927~1967)는 지구 대기권으로 재진입하는 도중 사망했다. 그럼에도 불구하고 가가린은 훈련을 계속했지만, 다시 우주로 갈 기회는 얻지 못했다. 1968년 3월 27일, 연습 비행 도중 가가린이 탄 비행기가 통제를 벗어나 떨어지면서 조교와 함께 사망했다.

우주로 간 최초의 여성은 누구인가?

소련에서 태어난 발렌티나 테레시코바는 소련 우주 프로그램에 선택된 첫 번째 네 명의 여자 우주 비행사 중 하나였다. 그녀는 1963년에 보스토크 6호의 조종사로 참여해 3일간 지구 주위를 48회 순회했다. 우주 비행 동안, 미소 짓는 테레시코바의 모습이 소련과 유럽의 TV를 통해 비쳤으며, 이는 모든 것이 순조롭게 진행되고 있다는 표시였다. "지평선이 보여요." 그녀는 이렇게 말했다. "밝고 푸른, 아름다운 띠예요."

테레시코바는 여성 영웅으로 환대받았고, '소련의 영웅'이라는 타이틀을 수여받은 뒤 세계를 순회했으며, 최종적으로 소련 공군의 대령 계급을 받았다. 그녀는 또한 기술 과학 학위를 마치고, 소련 우주 프로그램의 우주 공학자로 활동했다. 또 정계에 뛰어들어 소련 정부의 고위직을 맡기도 했다. 소련이 무너진 뒤에는 러시아국제교류협회Russian Association of International Cooperation의 이사 직에 올랐다. 그리고 동료 우주 비행사 안드리안 니콜라예프Andrian Nikolayev(1929~2004)와 결혼하여 1964년에 딸 엘레나Elena를 낳았다. 엘레나는 우주에 갔다 온 양친에게서 태어난 첫 번째 사람이다.

우주로 간 최초의 미국인은 누구인가?

1961년 5월 5일, 우주 비행사 앨런 바틀릿 셰퍼드 주니어Alan Bartlett Shepard Jr.(1923~1998)는 미국인으로서는 최초로 우주 비행을 했다. 셰퍼드는 머큐리-레드스톤Mercury-Redstone 3 미션에 참여하여, 프리덤Freedom 7 비행선을 타고 저궤도 비행에 성공했다. 그는 187km 고도에 도달했으며, 우주에서 시속 8280km의 속도로 488km의 거리를 운항했다. 셰퍼드의 15분간의 비행은 낙하산을 타고 대서양에 안전하게 착륙함으로써 끝이 났다.

앨런 셰퍼드가 프리덤 7 캡슐에 의해 지구에 성공적으로 귀환한 후 헬기에 의해 구출되고 있다.(NASA)

셰퍼드는 해군 비행사로 계급은 중령이었다. 그는 역사적인 첫 비행 이후 우주비행단에 남아 달로 가는 아폴로 14 미션을 지휘했으며, 달 표면을 걸은 다섯 번째 사람이 되었다.

지구 궤도를 돈 최초의 미국인은 누구인가?

1962년 2월 20일, 존 글렌 주니어John H. Glenn Jr.(1921~)는 지구 궤도를 순회한 최

초의 미국인이 되었다. 글렌의 역사적인 비행은 NASA에서 실시한, 인간을 우주로 보내는 머큐리 계획의 일부였다. 글렌은 프렌드십Friendship 7호라고 부르는 캡슐 안에서 다섯 시간 동안 비행하며, 우리 행성 주위를 세 바퀴 돌았다. 후에 그는 오하이오 주 상원의원이 되었다.

> **거스 그리섬과 두 우주 비행사는 어떤 재앙으로 삶을 마감했는가?**
>
> 거스 그리섬Gus Grissom(1926~1967)은 처음으로 달 표면을 걷기로 예정된 사람들 중 한 사람이었다. 하지만 불행하게도 1967년 1월 27일에 행한 훈련 겸 아폴로 1호의 예비 발사 실험 도중 우주선에 불이 붙으면서 탑승했던 그리섬과 에드워드 화이트Edward White(1930-1967) 그리고 로저 채피Roger B. Chaffee(1935~1967) 모두 사망했다.

우주로 나간 가장 나이 든 사람은 누구인가?

1998년에 존 글렌은 일흔일곱의 나이로 우주 비행선 디스커버리Discovery에 탑승하면서 우주에 간 가장 나이 많은 사람이 되었다.

최초로 우주를 두 번 다녀온 사람은 누구인가?

거스 그리섬은 1961년 7월에 두 번째 저궤도 머큐리Mercury 미션에 참여하면서 우주 비행을 했다. 이 미션은 공식적으로 머큐리-레드스톤 4로 불리지만, 우주선은 리버티 벨Liberty Bell 7로 더 잘 알려져 있다. 1965년 3월, 그는 제미니 프로그램의 첫 번째 사람으로 비행했다. 제미니 3(별칭 몰리 브라운Molly Brown)이라 불리는 미션에서 동료 파일럿 존 영John Young(1930~)과 함께 지구를 세 바퀴 순회했다. 그리섬은 우주를 두 번 비행한 최초의 우주 비행사가 되었다.

최초로 우주에서 유영을 한 사람은 누구인가?

소련의 우주 비행사 알렉세이 레오노프Alexei Leonov(1934~)는 우주선 바깥의 우주를 여행한 첫 번째 사람이다. 1965년 3월 18일, 그는 보스호트 2 바깥을 약 12분간 떠다녔다. 레오노프의 미션은 열 번째 파일럿을 동반한 우주 프로그램이었으며, 소련 내에서는 여섯 번째였다.

보스호트의 두 번째 지구 회전 중에 레오노프는 우주복을 입고 산소 탱크를 등에 멘 채, 우주선의 에어로크에 들어갔다. 선내로의 문이 다시 닫히자, 레오노프는 문을 열고 바깥으로 나왔다. 그는 우주선에서 약 5m 떨어진 곳에서 떠다녔는데 이는 안전선의 최대 거리였다. 몇 분간 그 상태로 있던 그는 줄을 끌어당겨 우주선에 안전하게 도착했다. 레오노프는 자신의 우주복이 여러 곳에서 팽창하여 안으로 들어가는 것이 불가능하다는 것을 깨달았다. 다행스럽게도, 그는 공기 일부를 바깥으로 빼내 압력을 맞추면서 문제를 해결했다.

우주를 처음으로 거닌 첫 번째 미국인 비행사는 누구인가?

레오노프가 우주를 거닌 최초의 사람이 되고 몇 달 후에, 우주 비행사 에드워드 화이트는 1965년 3월 미국인 최초로 우주 보행을 도맡았다. 화이트는 21분간 제미니 4 캡슐 바깥을 거닐었으며, 동료 제임스 맥디비트James McDivitt(1929~)가 캡슐 안에서 그 모습을 확인했다.

우주로 나간 최초의 미국 여성은 누구인가?

미국인 비행사 샐리 크리스틴 라이드Sally Kristen Ride(1951~)는 1978년 스탠퍼드 대학에서 박사 학위를 받았고, 우주 비행 연합에 참여하도록 선택되었다. 비록 그녀 이전에 두 명의 여성 소련 우주 비행사(1963년의 발렌티나 테레시코바와 1981년의 스베틀라나 사비스카야Svetlana Savitskaya(1948~))가 존재했지만, 라이드는 첫 번째 미국 여성이자 가장 어린 우주 비행사로서 1983년 6월 18일 우주로 갔다. 우주 왕복선 챌린저Challanger호에서 6일간의 미션을 수행하며 그녀는 비행공학자로서의 역할을 맡았다.

우주를 탐험한 최초의 흑인 조종사들은 누구인가?

가이 블루퍼드 주니어 박사Guy Bluford, Jr.(1942~)는 미 공군 전투 비행사로 대령 계급을 받았으며, 1978년 우주공학으로 박사 학위를 받았다. 그는 NASA의 우주비행단에 곧바로 합류해 1983년 8월 30일 미션 특수 수행자로 챌린저에 탑승하여 우주를 비행한 첫 번째 아프리카계 미국인이 되었다. 블루퍼드는 이후 1985년 10월, 1991년 4월 그리고 1992년 12월에 걸쳐 세 번의 추가 미션을 수행했다.

메이 캐럴 제미슨Mae Carol Jemison(1956~) 박사는 1981년 코넬 의대에서 M.D. 학위를 받았다. 태국에 있는 쿠바, 케냐 그리고 캄보디아 피난민 캠프에서 연구 및 경력을 쌓고, 평화협력단의 자원봉사자로 시에라리온과 라이베리아에서 2년간 의학 전문 일을 한 후, 1987년에 우주 비행사로 뽑혔다. 1992년 12월 9일, 엔데버Endeavour 우주선의 일원으로 제미슨은 우주로 간 최초의 흑인 여성이 되었다.

우주를 탐험한 최초의 동양인들은 누구인가?

엘리슨 쇼지 오니즈카Ellison Shoji Onizuka(1946~1986)는 하와이에서 태어났으며 우주공학 석사 학위를 가지고 있었다. 미 공군 중령으로 비행 테스트 공학자이자 파일럿을 수행했다. 1978년 NASA는 미국 비행단으로 그를 선택하여, 그는 지상에서 수차례 우주 비행선 미션에 참여했다. 1986년 1월 24일, 디스커버리 우주선의 일원으로, 오니즈카는 첫 번째 아시아계 미국인으로서 우주 비행을 했다. 불행히도, 두 번째 미션에서 그와 동료 비행사들은 1986년 1월 28일 우주 왕복선 챌린저 임무 수행 도중 사망했다.

칼파나 촐라Kalpana Chawla(1961~2003) 박사는 인도 하리아나 주의 카르날Karnal에서 태어났으며, 1988년 콜로라도 대학에서 우주공학 박사 학위를 받았다. 그녀는 비행 조교 자격뿐 아니라 여러 비행 종류에 대한 상업 비행기 자격증을 가지고 있었다. 그녀는 1990년에 미국 시민이 되어, 1995년에 NASA 우주비행단에 참여했다. 1997년 11월 19일, 컬럼비아Columbia 우주선에 탑승하면서 우주로 간 최초의 아시아계 미국인 여성이 되었지만 불행히도 2003년 2월 1일 컬럼비아 우주선에서 두 번째 미션을 수행하던 중에 동료들과 함께 사망했다.

소 련 의 초 기 우 주 계 획

보스토크는 어떤 설비를 갖추었나?

보스토크Vostok(러시아어로는 '동쪽'이라는 뜻)는 작고 비교적 간단한 우주선이었다. 선실과 장비 모듈을 갖추고 있었는데 약 2.3m 지름의 구형 선실은 한 사람이 탈 만한 크기였다. 선실 외부는 열 보호 처리가 되어 있었다. 통신 안테나는 선실 위에 나와 있고, 질소와 수소 탱크가 그 아래에 생명 유지를 위해 저장되어 있다. 장비 모듈은 작은 로켓과 추진기를 가지고 있으며 강철대로 선실에 연결되어 있다.

보스호트 1호의 우주 비행사들로는 블라디미르 코마로프(Vladimir Komarov), 보리스 예고로프(Boris Yegorov), 그리고 콘스탄틴 페옥티스토프(Konstantin Feoktistov)가 있다.

보스호트 계획이란 무엇인가?

보스호트Voskhod는 러시아어로 '일출'이며, 구소련의 두 번째 파일럿을 태운 우주선이었다. 이전 모형인 보스토크 계열과 디자인 면에서는 비슷했지만 한 명이 아닌 세 명을 태울 수 있다는 점에서 달랐다. 보스호트는 소련의 소유즈 계획이 지연됨에 따라 임시로 파일럿을 우주로 보내기 위해 만든 프로그램이었다. 때문에 우주선은 허술한 면이 많았다. 우주 비행사들은 작은 의자에 앉아야 했으며, 탈출 의자 장치나 비상 장치도 없었다. 또 선실 안이 너무 좁아서 세 명의 비행사가 우주복을 입고 있을 공간조차 없었다. 보스호트는 위험으로 가득했음에도 불구하고, 프로그램이 지속되는 동안 불행한 일은 발생하지 않았다.

보스호트의 첫 번째 임무는 무엇이었는가?

한 번의 무인 비행 테스트를 거친 후, 보스호트 1호는 1964년 10월 12일 세 명의 비행사를 태우고 발사되었다. 이 우주선은 하루의 비행을 성공적으로 마친 후 지구로 무사히 복귀했다. 보스호트 2호는 1965년 3월 18일에 발사되었으며, 우주 비행사 알렉세이 레오노프는 비행 도중 최초로 우주 보행에 성공했다. 그러나 레오노프와 동료 우주비행사 파벨 벨랴예프Pavel Belyayev(1925~1970)가 지구로 복귀를 준비하는 동안, 우주선이 잘못된 방향으로 가고 있음을 깨달았다. 이로 인해 지구를 한 바퀴 더 돌아서야 궤도를 바꿀 수 있었으며, 착륙 위치도 바꿔야만 했다. 두 명의 비행사는 낙하산을 타고 우랄 산 먼 곳에 도착했으며, 이들이 구조될 때까지 이틀간 숲 속에 갇혀 있었다. 그 후로 보스호트 미션은 더 이상 수행되지 않았는데, 이는 아마도 소유즈 프로그램이 거의 완성에 가까웠기 때문에 소유즈 프로그램에 집중하기 위해서였을 것이다.

소유즈 11호의 비극은 무엇이었으며,
이후 소련의 우주 계획에 어떤 영향을 끼쳤는가?

소유즈 계열의 프로그램은 수십 차례 발사되었고 거의 모두 성공적이었다. 그러나 소유즈 11의 경우 비극적으로 끝났다. 이 우주선은 1971년 6월 6일에 발사되었으며, 살류트Salyut 1 우주 비행장에 도착하면서 미션을 완수했다. 그러나 지구로 하강하는 동안 밸브가 비정상적으로 열리면서, 선실 안의 모든 공기가 빠져 나가는 바람에 탑승했던 세 명의 우주 비행사가 질식사했다. 이런 불의의 사고가 발생한 이후, 소유즈 우주선에는 여러 가지 변화가 생겼다. 각 미션당 참여하는 우주 비행사의 수는 셋에서 둘로 줄었고, 발사, 정체 그리고 재진입 과정 동안 비행사는 압력 우주복을 모두 입어야 했다.

소유즈 계획이란 무엇인가?

소유즈Soyuz(러시아어로 '통합') 프로그램은 가장 오랫동안 지속된 구소련의 우주 미션 프로그램이다. 이 프로그램은 원래 달에 가는 것을 목적이었다. 소련 우주 프로그램의 책임자 세르게이 코롤레프는 세 개의 소유즈 우주선을 위와 같은 목적을 두고 1960년대 초에 개발했다. 그러나 1964년 소련은 보다 강력한 양자 로켓을 달로 가는 로켓에 사용하기로 결정했다. 이들은 소유즈 프로그램을 재조정하여 지구 주위를 순회하는 여러 번의 프로그램으로 바꾸었다.

소유즈의 첫 번째 임무는 무엇이었는가?

소유즈 우주 비행사들(뒷줄에 서 있는 사람들부터 왼쪽에서 오른쪽으로) 빅토르 고르바트코(Viktor Gorbatko), 아나톨리 필립첸코(Anatoliy Filipchenko) 그리고 블라디슬라프 볼코프(Vladislav Volkov), (앉아 있는 사람들 왼쪽에서 오른쪽으로) 발레리 쿠바소프(Valeriy Kubasov), 게오르기 쇼닌(Georgiy Shonin), 블라디미르 샤탈로프(Vladimir Shatalov) 그리고 알렉세이 옐리세예프(Aleksey Yeliseyev).

소유즈 1호는 1967년 4월 23일 발사되었으며 궤도 모듈, 하강 모듈 그리고 엔진, 장비와 연료를 담은 구획 등 세 개로 나뉘었다. 불행히도 이 미션은 문제점을 지니고 있었는데 하강할 때 낙하산이 펴지지 않으면서 비극으로 끝났다. 우주선은 지면에 추락했고, 탑승했던 우주 비행사 블라디미르 코마로프는 사망했다. 그 후의 소유즈 미션은 성공적이었다. 소유즈 3호는 우주 비행사 게오르기 베레고보이Georgi Beregovoy(1921~1995)를 태우고 우주로 갔다가 무사히 도착했다. 소유즈 4와 5 역시 1969년 1월에 성공적으로 발사되었으며, 비행사 알렉세이 옐리세예프Aleksey Yeliseyev(1934~)와 예프게니 크루노프Yevgeny Khrunov(1933~2000)는 각각 우주 보행을 시행했다.

소유즈가 발사한 탐사선은 무엇인가?

소유즈라는 이름은 여러 번의 발사한 로켓 장치에도 부여했으며, 오늘날에도 이 이름이 사용되고 있다. 그 예로, 유럽우주연맹의 비너스 익스프레스Venus Express 우주선 역시 소유즈 로켓에 의해 2005년 발사되었다.

루나 계획이란 무엇인가?

루나 계획Luna Program은 소련에 의해 1959년에서 1976년 사이에 우주 탐사선을 통해 달과 그 주변 지역을 탐사할 목적으로 만들어진 프로그램이다. 24개의 달 탐사선은 파일럿을 탑승하지 않은 채 우주 탐사에 나서 달 궤도 공전과 사진 촬영, 달 착륙 등을 시행했다.

루나 계획이 이룩한 성과는 무엇인가?

1959년 루나 1호는 달 주변을 비행한 최초의 우주선이다. 루나 2호는 1959년 9월 12일 발사되었는데, 달 표면에 불시착했으며, 인간이 만든 물체 중 최초로 달에 도달한 물체가 되었다. 몇 달 뒤 루나 3호는 달의 뒤쪽편 사진 촬영에 성공했고, 1966년 2월, 루나 9호는 인간이 만든 물체 중 처음으로 달에 안전하게 연착륙했다. 공 모양의 우주 탐사선에는 TV 카메라가 장착되어 있어서 주변 달 지역의 영상을 전송해왔다. 1970년 9월, 루나 16호는 처음으로 달 표면의 흙을 채취하여 지구로 돌아왔다. 1971년 11월과 1973년 1월 사이에 루나 탐사선은 두 개의 원격 장치를 가진 이동차를 달에 보냈다. 루나코드Lunakhod 1호와 루나코드 2호는 달 지역을 탐사하며, 사진 촬영을 하고 흙의 화학 성분을 분석했다.

미국의 초기 우주 계획

머큐리 계획이란 무엇인가?

머큐리 계획은 미국 우주 비행의 시대를 열어준 프로그램이다. 이 프로그램은 1959년에 새로 생긴 미 항공우주국NASA에 의해 시작되었다.

머큐리 캡슐은 어떻게 생겼는가?

머큐리 우주선은 벨 형태의 캡슐 모양으로 높이 약 2.7m에 폭은 약 1.8m에 조금 미치지 못한 크기이고, 아주 작기 때문에 한 번에 한 명의 우주 비행사만 태울 수 있었다. 우주 비행사는 캡슐 측면의 네모난 출입구를 통해 탑승할 수 있으며, 몸에 맞게 디자인된 의자에 앉도록 되어 있었다. 의자 앞에는 제어 패널이 달려 있었다. 캡슐 밑 부분은 지구의 대기로 재진입할 때 열을 견딜 수 있도록 열 방지 처리가 되어 있었다. 착륙하기 직전 아랫부분이 쿠션으로 팽창하며, 캡슐 위에서 낙하산이 펼쳐진다.

햄은 누구인가?

머큐리 프로그램은 여러 무인 테스트 비행을 거친 후 1961년 1월 햄Ham이라는 이름의 침팬지를 동반한 시험 비행이 이루어졌다. 햄이 무사히 돌아오자, 머큐리 프로그램은 본격적으로 인간을 우주로 보낼 준비가 되었다고 확신했다.

머큐리 세븐은 누구인가?

머큐리 세븐Mercury Seven은 미국 우주비행사연합에서 처음 선택된 사람들이었다. 이들은 월터 시라 주니어Walter M. Schirra Jr.(1923~2007), 도널드 '데크' 슬레이턴Donald K. 'Deke' Slayton(1924~1993), 존 글렌 주니어John H. Glenn Jr.(1921~), 스콧 카펜터M. Scott Carpenter(1925-), 앨런 바틀릿 셰퍼드 주니어Alan Bartlett Shephard Jr.(1923-1998), 버질 '거스' 그리섬Virgil 'Gus' Grissom(1926~1967) 그리고 고든 쿠퍼 주니어L. Gordon Cooper Jr.(1927~)

를 가리키며 모두 국가적 영웅이 되었다.

우주 비행사 존 글렌이 머큐리-아틀라스 6 미션을 위해 준비하고 있다.(NASA)

머큐리 계획이 이룬 성과는 무엇인가?

여섯 차례의 파일럿을 동반한 미션들은 1961~1963년에 이루어졌다. 초기 머큐리 우주선은 레드스톤Redstone 로켓에 의해 우주로 발사되었다. 후에는 아틀라스Atlas 로켓으로 발사되었다. 머큐리의 이러한 짧은 비행은 1960년대에 보다 길고 복잡한 제미니 비행으로 이어졌고, 1972년 마지막 비행을 수행한 아폴로 프로그램으로 이루어졌다.

제미니 계획이란 무엇인가?

제미니Gemini 프로그램은 미국 우주 프로그램의 두 번째 단계였다. 모두 열두 차례 임무를 수행했으며, 1964년 4월에서 1966년 11월 사이에 이루어졌다. 이 미션들을 통해 우주 비행사들은 우주에서 다른 선체에 정박하는 임무와 우주 보행 같은, 우주에서 유용한 기술을 배우며, 새로운 기록들을 만들어 나갔다. 이 비행들은 많은 우주 비행 문제를 해결했으며, 아폴로 계획으로의 진로를 닦는 데 큰 역할을 했다.

제미니 8호에서는 어떤 일이 일어났는가?

1966년 3월, 아제나Agena 로켓에 정박한 후 제미니 8호 우주선은 통제를 벗어나기 시작했다. 추진기를 중지시킴으로써 닐 암스트롱Neil Armstrong(1930~)과 데이비드 스콧

David Scott(1932~)은 참사를 면할 수 있었다. 그 후 제미니 8호는 태평양에 비상 착륙했다. NASA 조사 팀은 후에 이 사건이 열림 상태에 고정된 추진기의 문제임을 밝혀냈다.

제미니 우주선은 어땠는가?

제미니 우주선은 머큐리 우주선보다 커서 두 명의 우주 비행사를 태울 수 있었다. 선체는 수동 조작이 가능한 추진기가 장착되어 궤도 변환이 가능했고, 다른 우주선과의 연결이 가능했으며, 재진입과 착륙 시에 정밀한 조작이 가능했다. 제미니 8이 위험을 겪기도 했지만, 제미니는 성공적인 프로그램이었다.

제미니 계획은 어떤 성과를 얻었는가?

제미니 프로그램의 여러 성과들 중에서도 첫 번째 미국인 우주 보행은 인상적이었다. 고도는 해수면에서 약 1370km 이상이었으며, 14일간의 우주 미션이라는 기록을 세웠고, 처음으로 다른 우주선과 연결한 우주선이 되었다.

아 폴 로 미 션

루나 계획은 몇 차례나 실행되었는가?

1958년 이래로 60차례 이상의 우주 탐사선이 달을 향해 발사되었다. 대부분 무인 탐사선이었다. 여기엔 달의 거리를 넘어선 우주선 역시 포함되었다. 또한 여러 달 혹은 1년에 걸쳐 달의 궤도를 돌며 지구로 정보를 전송한 탐사선 역시 포함되고, 일부 목표물을 벗어나 태양 주위를 돌게 된 탐사선들 역시 포함된다. 일부 달의 궤도에 진입한 탐사선은 달에 불시착 혹은 안전 착륙하여 토양 샘플을 모으고 다른 과학적 자료를 수집했다. 그 중에서도 가장 유명한 미션들은 파일럿이 탑승한 아폴로 미션들이었다.

아폴로 계획 이전의 미국의 달 탐사 계획은 무엇인가?

미국 달 탐험은 여러 프로그램들을 포함하고 있었는데, 그중 유명한 계획들은 역사상 처음으로 인간을 달로 보낸 미션들이다. 파이오니어 시리즈의 첫 탐사선들은 1959년 3월 주변을 비행하던 파이오니어 4호에 의해 달로 향했다. 레인저Ranger 프로그램은 전체 아홉 개의 탐사선을 달로 보냈다. 이 중 레인저 7, 8 그리고 9호는 1964년과 1965년에 발사되었다. 이들은 불시착하기 전에 달 표면에 대한 세부 사진들을 전송해왔다.

1965년과 1968년 사이, 미국은 12개 이상의 우주 탐사선을 달로 보냈다. 서베이어Surveyor 우주선이 달에 안전 착륙하고 나서 루나 오비터Lunar Orbiter는 달 궤도를 돌았다. 이 우주선들은 파일럿을 동반한 아폴로 프로그램의 착륙 지역과 탐험 루트를 설계하는 데 도움이 될 만한 중요한 정보들을 모았다.

아폴로 계획에서 얼마나 많은 비행이 이루어졌는가?

첫 번째 아폴로 프로그램 발사는 마지막 제미니 미션 두 달 후에 이루어졌다. 이는 미국 우주 프로그램의 인류를 달 표면에 보내고 또한 안전하게 데려오기 위한 10년간의 연구의 정점이었다. 인류를 달에 보낸 최초의 미션은 아폴로 11호였다. 1969년 7월 16일에 발사되었으며 닐 암스트롱과 버즈 올드린Buzz Aldrin(1930~)이 7월 20일, 달의 표면에 도착했다. 그 후 여섯 번의 아폴로 미션이 이루어졌고, 하나를 제외한 다른 미션들은 모두 성공적이었다. 아폴로 17호가 1972년에 돌아온 후, 달로 가기 위한 세 차례의 미션은 재정 문제와 국가 우주 탐험 우선순위의 변경으로 인해 취소되었다.

아폴로 미션이 거둔 성과는 무엇인가?

아폴로Apollo 프로그램은 1967년에서 1972년 동안 미국이 주력한 우주 프로그램이다. 1969년 7월 20일 달에 착륙한 아폴로 11호를 시작으로 아폴로 우주선은 모두 12명의 인간을 달 표면에 내려보냈다. 아폴로 프로그램은 달에 관한 새로운 정보를 많이 얻었을 뿐 아니라 약 380kg에 달하는 달의 암석을 가져왔다는 사실 외에도, 사람이 지구가 아닌 다른 천체에도 발을 내디딜 수 있게 했다는 점에서 우주를 장애물이 아닌 개척지로 인식하는 데 있어 결정적으로 중요한 역할을 했다.

아폴로 우주선은 어떻게 생겼는가?

아폴로 우주선은 세 개의 부분으로 되어 있다 — 우주 비행사가 탑승하는 조작 모듈command module, 장비와 물품을 조달하는 서비스 모듈service module 그리고 달에 착륙하기 위해 분리되는 달 모듈lunar module. 모두 15개의 아폴로 우주선이 생산되었다(세 차례의 무인 미션과 15차례의 조종사가 탑승한 미션이었다). 아폴로 미션은 브라운에 의해 설계되고, 오늘날까지 여전히 가장 성공적이고 강력한 새턴Saturn V 로켓을 사용해 발사되었다.

아폴로 11의 비행사들은(왼쪽에서 오른쪽으로) 사령관 닐 A. 암스트롱, 본체 모듈 조종사 마이클 콜린스 그리고 달 착륙 모듈 조종사 버즈 올드린으로 구성되었다.(NASA)

초기 아폴로 계획이 이룬 성과는 무엇인가?

세 번의 무인 아폴로 미션은 1967년과 1968년에 시험 비행으로 이루어졌다. 첫 번째 성공적인 파일럿을 태운 미션은 아폴로 7호로 1968년 10월 11일에 이루어졌으며, 세 명의 우주 비행사는 지구를 11일간 공전했다. 두 달 후, 아폴로 8호의 비행사들은 지구의 중력을 벗어나 달의 궤도에 진입한 최초의 사람들이 되었다. 아폴로 9호와 아폴로 10호는 1969년 초에 비행했으며, 7월의 착륙 미션에 앞서 마지막 준비 단계로 사용되었다.

아폴로 미션에서 유명한 지구의 사진은 어디서 온 것인가?

인류의 역사에 있어 가장 유명한 사진 중 하나는 달의 지평선 너머에서 떠오르는 지구의 모습으로, 아폴로 8호가 달 주위를 도는 중에 촬영했다.

아폴로 11호에 탑승한 우주 비행사들은 누구인가?

미국의 우주 비행사 닐 암스트롱, 버즈 올드린 그리고 마이클 콜린스Michael Collins(1930~)는 아폴로 11호의 비행사로 달에 닿는 역사적인 순간을 함께했다. 암스트롱은 오하이오 주에서 태어났으며 미국 해군의 전투 조종사가 되었다. 그는 우주공학으로 석사 학위를 받고 1962년 비행단에 합류했다. 올드린은 뉴저지의 몬트클레어에서 자랐으며, 미 공군의 전투 파일럿으로 1963년 NASA의 우주비행단에 합류하기 전에 박사 학위를 받았다. 콜린스는 사관학교 출신으로 공군 파일럿을 지냈고, 대령까지 올랐다. 올드린과 같이 1963년에 NASA의 우주비행단에 합류했다. 세 명 모두 달에 가기 전에 한 번씩 우주 비행을 한 경험이 있었다(암스트롱은 제미니 8호, 콜린스는 제미니 10호 그리고 올드린은 제미니 12호에 참여했다).

아폴로 11호가 달에 도착했을 때 무슨 일이 일어났는가?

아폴로 11호가 달에 도착했을 때, 닐 암스트롱과 버즈 올드린은 '이글Eagle'이라 불리는 달 착륙 모듈에 탑승하고, 마이클 콜린스는 달 주변을 도는 조종 모듈에 남아 있었다. 달 착륙 모듈이 고요의 바다Sea of Tranquility를 지나자, 안전하게 착륙할 위치를 찾기 시작했고, 암스트롱은 이글호를 1분의 여분의 연료도 남지 않은 상태에서 착륙에 성공했다. 암스트롱과 올드린은 성조기를 달의 표면에 꽂았으며, 사진 촬영을 했고, 닉슨 대통령과 전화 통화를 했으며, 다수의 과학 실험을 행하고, 암반과 지반 샘플을 채취해왔다. 세 시간 후 달 표면을 떠나기 전, 그들은 "1969년 7월, 지구에서 온 인류가 달에 첫 번째로 발을 내디뎠다. 우리는 평화롭게 모든 인류를 대표해서 왔다"라는 글귀를 남겼다.

닐 암스트롱과 버즈 올드린이 달에 처음 발을 디뎠을 때 한 첫마디는?

닐 암스트롱이 달 표면에 처음 발을 디뎠을 때 그는, "That's one small step for [a] man, one giant leap for mankind(이는 한 사람의 작은 발걸음에 불과하지만, 인류에 있어서는 커다란 발돋움이다)."

여기서 암스트롱은 '사람man' 대신 '한 사람a man'이라고 말함으로써 한 사람을 강조하려 했다는 후문이 있지만, 통신 장애가 있었거나 그의 목소리가 불명확했거나 하는 이유로 인해 제대로 강조되지 않았다. 어쨌든 암스트롱은 그의 표현에 'a'를 붙이는 것을 선호했다고 한다. 그에 비해 버즈 올드린의 첫마디는 확실했다.

"웅장한 황무지이다Magnificent desolation."

아폴로 11호 이후의 미션에서는 무슨 일이 일어났는가?

아폴로 11호의 역사적인 비행이 있고 나서 달에 가는 여섯 번의 미션이 추가로 수행되었다. 그중 하나는 거의 비극적인 결말을 맞았다. 아폴로 13호는 달까지 반 이상 갔을 때 폭발하는 바람에 산소 탱크와 선체 시스템 대부분이 손상되었다. 그러나 용기와 행운 그리고 지구와 우주 양쪽에서 엄청난 노력을 기울여 우주선은 달 궤도를 도는 접근 비행을 마치 중력 새총처럼 사용하여 선체가 지구로 돌아오는 데 성공했다.

다른 다섯 번의 미션들은 큰 문제 없이 수행되었다. 15명 이상의 우주 비행사들이 달에 갔고, 그중 10명이 달 표면에 발을 디뎠다. 이들은 달 표면을 탐험하며, 지질학과 천문학 실험을 행하고, 달의 암석과 토양을 채취했고, 그 밖에 월면차를 타고 다니는 등 여러 임무를 수행했다.

아폴로 14호 미션 동안 앨런 셰퍼드는 무슨 운동을 했는가?

아폴로 14호가 달에 도착한 후, 우주 비행사 앨런 셰퍼드는 골프공을 날려 보냈다. 그에 의하면, 공은 끝없이 날아갔다고 한다. 달의 약한 중력에 의해 가능한 일이다.

마지막 아폴로 미션 이후 무슨 일이 생겼는가?

달로 가는 아폴로 17호 미션을 끝으로 미국 정부는 재정적인 문제로 예정되어 있던 나머지 세 차례의 달 탐사 계획을 모두 취소했다. 이후 달로 사람을 보내지 않았다.

달을 거닌 사람은 누구이며, 언제 일어났는가?

아래의 명단은 달에 발을 디딘 우주 비행사들의 이름이다.

달에 발을 디딘 우주인들

이 름	미 션	달 착륙일
닐 암스트롱	아폴로 11호	1969년 7월 20일
버즈 올드린	아폴로 11호	1969년 7월 20일
피트 콘래드	아폴로 12호	1969년 11월 19일
앨런 빈	아폴로 12호	1969년 11월 19일
앨런 셰퍼드	아폴로 14호	1971년 2월 5일
에드거 미첼	아폴로 14호	1971년 2월 5일
데이비드 스콧	아폴로 15호	1971년 7월 31일
제임스 어윈	아폴로 15호	1971년 7월 31일
존 영	아폴로 16호	1972년 4월 21일
찰스 듀크	아폴로 16호	1972년 4월 21일
유진 서난	아폴로 11호	1972년 12월 11일
해리슨 슈미트	아폴로 11호	1972년 12월 11일

아폴로-소유즈 미션은 무엇이며 왜 유명해졌는가?

마지막 아폴로 미션이 달로 향한 후, 다음 우주 비행선 아폴로 18호는 다른 역사적인 사건에 사용되었다. 1975년 7월 15일, 소련의 소유즈 19호 우주선은 알렉세이 레오노프와 발레리 쿠바소프를 태우고 발사되었다. 그로부터 일곱 시간 후, 아폴로 18호가 발사되었는데, 이 우주선에는 토머스 스태퍼드Thomas Stafford(1930~), 밴스 브랜드Vance

Brand(1931~) 그리고 도널드 '데크' 슬레이턴Donald 'Deke' Slayton(1924-1993)과 소유즈 우주선과 아폴로 우주선을 연결하는 도킹 모듈을 싣고 있었다. 그날 저녁, 두 우주선은 성공적으로 결합했다. 미국 우주인들이 소유즈 우주선으로 들어가 양쪽 승무원들이 악수를 나누는 장면이 TV에서 생중계되었다.

두 우주선은 이틀 동안 서로 결합해 있었으며, 그동안 그들은 합동으로 천문학 실험을 수행했다. 우주선들이 서로 분리된 후 소유즈 19호는 지구로 돌아왔고, 아폴로 18호는 사흘 더 궤도에 남아 있었다. 양국의 우주선들은 모두 안전하게 지구로 귀환했다. 많은 사람들이 아폴로-소유즈 시험 프로젝트—우주에서의 미국과 소련의 첫 번째 공동 탐험—가 1950년대에 시작된 적대적인 '우주 경쟁' 시대가 끝났음을 알리는 서막이자 나아가 우주에서 새로운 인류의 국제 협력 시대가 시작되었음을 알리는 것으로 여기고 있다.

왜 일부 사람들은 인류가 달을 방문하지 않았다고 여기는가?

심리학에 따르면, 비밀이나 음모 혹은 다른 특정한 정보를 아는 것이 사람들을 현혹시킨다고 한다. 이런 이유에서 달 착륙이 거짓말이라는 TV 쇼 혹은 인터넷의 근거 없는 소문이 지난 몇 년간 팽배했다. 일부 사람들은 이 쇼와 소문들이 거짓임에도 믿으려고 한다.

사실 달 착륙이 거짓이라는 생각은 우리의 상상력에 불을 지폈다. 그러나 현실은, 수천 명이 몇 년간 함께 일하며, 수십억 달러를 들여 전례 없는 연구를 행하고, 공학과 과학의 위업을 달성하고, 우주 비행사들이 무사히 지구에 돌아왔다는 점이다. 이는 훨씬 경이롭고 놀라운 일이다. 아폴로 계획의 업적 그리고 전체 우주 프로그램은 수천 시간의 녹화와 수백만 장으로 정밀하게 기록되어 있으며, 많은 사람들이 보고 연구할 수 있도록 공개되어 있다.

어떤 우주선이 아폴로 계획 이후에 달을 탐사했고, 무엇을 발견했는가?

달 탐험은 1970년대 초 아폴로 프로그램이 끝난 이래로 진행이 매우 느렸다. 1990년대에 일본인 쌍둥이 뮤지스 에이Muses-A 우주 탐사선은 달 궤도에 진입했으나 자료를전송하는 데는 실패했다. 클레멘타인Clementine 탐사선은 1994년 미국에 의해 발사되었으며, 놀랍게도 달의 남극 지방에서 물-얼음 혼합 물질의 흔적을 발견했다. 그다음 미션 루나 프로스펙터Lunar Prospector는 1998년 1월에 발사되었다. 1998년 3월에 우주선으로부터 전송된 데이터는 이 거대한 양의 얼음이 달의 양극에서 발견될 수 있음을 알려왔다. 그러나 루나 프로스펙터 미션이 1999년 7월 끝나자, 우주선은 남극에 통제 불시착했고, 어떤 얼음도 표면에서 발견되지 않았다. 과학적 논쟁은 계속되었는데, 얼음이 달에 존재한다면 미래에 인간의 달 식민화에 중대한 영향을 끼칠 수 있으므로 굉장히 중요한 일이었다.

달에는 공기나 바람이 존재하지 않는데, 아폴로 우주 비행사들이 꽂은 깃발이 나부꼈던 이유는 무엇인가?

달에 꽂은 성조기는 수직 및 수평 축에 고정되어 있었다. 우주 비행사들이 찍은 사진에 수평축은 잘 보이지 않지만, 자세히 보면 확인할 수 있다. 또 깃발을 달에 꽂았을 때, 미세한 진동이 깃대에 전달되어 약간의 흔들림과 파장을 만들어냈다. 달에 공기 저항이 없다는 점을 고려했을 때 이런 움직임이 없어지기까지는 꽤 오랜 시간이 걸린다.

초기 우주 정거장들

살류트 계획이란 무엇인가?

1971년 4월 19일, 소련은 세계 최초의 우주 정거장 살류트Salyut 1호를 발사했다. 이곳에는 세 명의 우주 비행사가 3~4주간 지낼 수 있게 설계되었다. 소련은 1971년에서 1991년 사이에 모두 합해서 일곱 개의 살류트 정거장을 사용했다. 이 우주 정거장들은 과학자들과 우주선 디자이너들로 하여금 우주에서의 체류 가능성과 극복할 점을 이해할 수 있게 해줬다.

살류트 우주 정거장은 어떻게 구성되었는가?

살류트 1호는 원통 모양으로 만들어졌는데, 선체 길이는 약 14m, 지름은 약 4m이고 무게는 약 25톤이었다. 선체로부터 프로펠러처럼 뻗은 네 개의 태양 전지판이 선체에 동력을 공급했다. 이 우주 정거장에는 객실과 조종실, 추진 시스템, 위생 시설 그리고 실험실들이 있었다. 이 우주 정거장은 단 한 번 세 명의 승무원이 24시간 사용했다. 그들은 1971년 6월 30일 소유즈 11호를 타고 지구로 귀환하는 도중에 비극적으로 사망했다. 이후의 살류트 우주 정거장들은 일부를 개선하고 변형하여 거의 비슷한 방법으로 제작되었다. 살류트 4호는 태양 전지판의 배열 위치가 달랐고, 한쪽 끝에 태양 망원경이 있었다. 살류트 6호와 7호는 하나가 아닌 두 개의 도킹 포트가 있었다. 살류트 7호는 여러 개의 모듈로 나뉜 우주 정거장으로, 발사 후 수많은 부분들이 합쳐 정거장의 크기와 용량을 늘릴 수 있도록 만들었다.

살류트 우주 정거장에 의해 이룩된 이정표는 무엇인가?

살류트 6호는 1977년 9월 29일에 발사되어 1982년 7월까지 궤도에 남았다. 이 기간 동안, 이 우주 정거장은 수많은 비행사들을 받았으며, 프로그레스Progress 무인 우주선을 통해 물자를 받기도 했다. 살류트 6호에서 이루어진 가장 오랜 체류는 185일이었다. 살류트 7호는 1982년 4월 19일에 발사되어 여러 우주 비행사들을 받았다. 가장 오랜 체류 기간은 237일이었으며, 우주선이 마지막으로 사용된 것은 1986년 3월 미르 우주선이 방문했을 때였다. 이들은 그곳에서 6주간 머문 후, 좀 더 크고 영구적인 장소로 옮겼다. 살류트 7호는 1991년 2월 7일 지구의 대기권에서 불타 없어졌다.

스카이랩이란 무엇인가?

스카이랩skylab은 미국이 1973년에서 1979년 사이에 사용한 우주 정거장이었다. 2층으로 된 스카이랩은 당시의 살류트 우주 정거장보다 훨씬 컸다. 36m의 길이에, 6.4m의 지름으로, 무게는 80톤이었다. 이 정거장은 작업장과, 세 명이 머물 수 있는 공간, 다수

스카이랩은 미국의 첫 우주 정거장으로 1973년부터 1979년까지 운영되었다. 이 사진은 1974년에 본래의 미소 유성체 보호막(micrometeoroid shield)을 잃은 후 금 보호막(gold shield)으로 대체된 사진이다.(NASA)

의 연결 장치 그리고 태양 관측 장치가 있었다. 고도 440km에서 스카이랩은 어떤 우주 정거장보다 지구 궤도를 가장 많이 순회한 기록을 가지고 있다

우주 실험실이 실행되었을 때 무슨 일이 일어났는가?

1973년 5월 14일 정거장이 발사된 직후, 스카이랩은 문제에 직면했다. 우주 정거장은 유성 방지, 열 방지 그리고 하나의 태양 전지판을 잃어버렸고, 두 번째 패널은 끼어버렸다. 우주선의 동력 시스템 역시 손상을 입었다. 스카이랩이 발사된 11일 후, 첫 번째 팀이 도착해, 대부분의 손상을 수리하고 우주 정거장에 동력을 공급했다. 첫 번째 팀은 28일간 정거장에 머물면서 지구에 돌아오기까지 많은 과학 실험을 했다.

스카이랩 프로그램은 어떻게 종료되었는가?

1973년부터 1974년까지 세 팀이 스카이랩을 사용했다. 그들은 각각 28일과 59일 그리고 84일간 머물렀으며, 여러 과학 연구를 수행했는데, 특히 태양에 관한 연구와 무중력 상태에서 동물과 식물에 대한 의학 연구 효과를 다루었다.

세 번째 팀이 떠나자, 우주선은 정체 궤도에 배치되었으며 그곳에서 8년간 머물 것으로 생각되었으나 예상치 못한 커다란 공기 저항이 우주선을 원래 계산했던 것보다 훨씬 빠르게 낮은 궤도로 끌어 내렸다. 이로 인해 우주 왕복선으로 하여금 스카이랩과 결속하여 정거장을 더 높은 궤도로 끌어 올리려 했다. 그러나 왕복선 프로그램이 수년간 지체되는 바람에 1981년까지 준비되지 못했다. 다른 계획은 무인 우주선을 스카이랩에 보내는 것이었으나, 미국 정부의 재정 도움을 받지 못했다. 1979년 7월 11일 우주 정거장은 지구로 떨어졌고, 조각들은 인도양 중간부터 오스트레일리아까지 흩어졌다.

미르는 어떻게 우주에 대한 국제 공조를 끌어냈는가?

우주 정거장 미르는 1991년 소련 정부가 붕괴할 때까지 원래 소련만 사용하고 있었다. 하지만 자금 부족으로 러시아 정부는 연구를 지속할 수 있는 재정 및 과학 지원 방법을 찾기 시작했다. 1993년 러시아와 미국은 두 국가가 자원과 전문가를 투자하고, 다른 국가들의 도움을 받아 새로운 국제 우주 정거장을 만들기로 합의했다. 미르가 새로운 우주 정거장의 모델로 결정되었다. 우주 왕복선 미션은 미르로 날아갔으며, 미국의 우주 비행사들은 정거장에 오랜 기간 머물면서 러시아의 포괄적인 우주 경험을 배웠다.

우주 왕복선-미르Shuttle-Mir 프로그램을 통해, 11개의 우주 왕복선shuttle 미션들이 미르에 정박했고, 1995년 3월을 시작으로 일곱 명의 우주 비행사들이 통합 28개월 동안 정거장에 머물렀다. 다른 나라의 우주 비행사들 역시 미르를 방문했으며, 우주에서의 국제 연합에 대한 기초를 마련할 수 있었다.

미르란 무엇인가?

미르Mir는 러시아어로 '평화'를 의미하며, 1986년부터 2001년까지 소련(오늘날 러시아)에 의해 운영된 우주 정거장이었다. 미르는 여러 개의 모듈로 나뉜 상태에서 우주로 날아가 우주에서 하나의 모듈로 합쳤다. 첫 번째(핵심) 모듈은 1986년 2월 19일에 카자흐스탄의 바이코누르 우주 기지에서 발사되었다. 1996년에 일곱 번째이자 마지막 모듈이 설치되면서 미르는 30m의 길이에, 120톤이 넘는 무게에 280m³에 달하는 주거공간을 확보했다.

미르는 어떻게 구성되었는가?

미르 우주 정거장 본체는 네 개의 지역으로 나뉘어 있었다. 도킹 구획, 주거 공간, 작업 공간 그리고 추진실이다. 도킹 구획은 TV 장비와 전력 공급 시스템 그리고 선체의 여섯 개 연결 포트 중 다섯 개의 연결 포트를 가지고 있었다. 작업실은 우주선의 중추부로서, 주 항해 장치와 통신 장비, 동력 제어 장비들이 있었다. 우주 정거장 한쪽 끝에는 여압 조절이 안 되는 추진 구획이 있어 우주선의 로켓 모터와 연료 공급, 열 시스템 그리고 무인 연료 재충전 미션을 위한 여섯 번째 연결 포트를 갖추고 있었다.

우주 정거장에 모듈들이 결합되면서, 미르는 점점 질량이 커지고 기능도 추가되었다. 1987년에는 적외선, 엑스선 그리고 감마선 망원경이 장착되었고, 1989년에는 두 개의 태양 전지판 배열과 에어로크 모듈이 추가되었다. 1990년에는 과학 모듈이 추가되었다. 또 1995년에는 두 개의 모듈이 추가되었는데, 하나는 우주 왕복선 아틀란티스가 운반해온 도킹 모듈이었다. 1996년에는 원거리 지구 센서 모듈이 추가되었다.

미르 미션은 어떻게 종료되었는가?

1997년에 이르러 미르 우주 정거장은 원래 예정된 5년이라는 보증 수명의 두 배를 초과했다. 여러 해에 걸친 사용은 선체 시스템에 손상을 입혀 여기저기 고장이 나기 시작했다. 1997년 6월에 이르자 심각한 문제가 곳곳에서 생겼다. 화재가 발생하고 냉각 시스템의 부동액이 새기 시작했으며, 산소 처리 장치가 오류를 일으키고 우주 화물선과의 충돌 사고가 일어났는가 하면 컴퓨터가 부서지고 그 밖의 많은 고장으로 우주선에 문제를 일으켰다. 1999년 8월 28일, 우주 정거장에 체류하던 비행사들이 지구로 귀환함으로써 우주 정거장이 가동된 이래 거의 10년 만에 처음으로 미르에는 아무도 남지 않게 되었다. 2000년 4월 4일, 두 명의 우주 비행사가 미르로 돌아와 선체 상태를 확인하고 앞으로의 사용 가능성에 대해 검사했다. 6월 16일에 이들이 미르를 떠난 이후, 더 이상의 미르 방문은 이루어지지 않았다. 지구에 사는 사람들의 안전을 확보하기 위해 무인 로켓이 우주 정거장으로 날아갔다. 비행 제어 장치를 사용하여 로켓은 미르를 대기권으로 끌어내리고 궤도에서 벗어나도록 했다. 2001년 3월 23일, 미르는 지구 대기권에 재돌입하며 불탔다. 불빛은 피지 제도의 하늘을 덮었고 부서진 잔해들은 별다른 피해를 끼치지 않고 남태평양에 흩어져 내렸다.

우주 왕복선

우주 왕복선 계획이란 무엇인가?

우주 운송 시스템STS, Space Transportation System은 우주 왕복선 프로그램으로 잘 알려진 NASA의 주 파일럿 우주 프로그램이다. 우주 왕복선은 1970년대 반우주선, 반비행기로 디자인되었으며, 지구 궤도를 왕복하면서 사람들과 화물을 나를 수 있도록 재사용이 가능하게 만든 시스템이었다. 그동안 120회 이상 왕복 운항했다. 비록 이 프로그램은 과대 비용과 두 번의 끔찍한 사고로 얼룩진 역사를 가지고 있지만, 우주 왕복선 프로그램은 인류 우주 비행에 있어 엄청난 성공을 창조했으며 과학자와 공학자들로 하여금 우주에서의 생활(혹은 언젠가는 가능해질 지구와 우주 왕복 생활)에 대한 이해에 일조했다.

우주 왕복선 아틀란티스가 미르 우주 정거장으로부터 연결 해제하는 사진.(NASA)

우주 왕복선은 어떻게 구성되고 실행되었는가?

우주 왕복선 시스템은 주 액체 연료 탱크와 두 개의 고체 로켓 추진 장치SRBs, solid rocket boosters 및 셔틀로 구성되어 있었다. 왕복선이 발사될 때, 궤도 장치와 SRBs는 주 연료 탱크에 부착되며, 탱크 연료는 셔틀의 세 개 엔진에 연료를 공급했다. 발사되고 몇 분 후에 SRB는 연료를 모두 소모하고, 주 탱크에서 분리되어 바다에 떨어진다. 낙하산 시스템은 이들의 떨어지는 속도를 늦추며, 나중에 재사용될 수 있게 한다. 주 탱크와 셔틀은 낮은 지구 궤도에 올라갈 때까지 사용된다. 주 탱크가 비면 그 역시 분리된다. 이들은 재사용될 수 없으며 대부분 대기 중에서 타버리게 된다. 셔틀에는 비행사들이 탑승하여, 미션을 수행하게 된다. 56m 길이의 긴 선체는 엔진과 로켓 부스터, 여덟 명을 위한 작업 및 주거 공간 그리고 커다란 스쿨버스가 들어갈 정도의 큰 화물 공간을 갖고 있다. 또한 날개를 가지며 궤도에서 지구로 내려올 때 비행기가 내리듯 착륙하게 된다.

얼마나 많은 우주 왕복선이 있었는가?

여섯 대의 우주 왕복선이 만들어졌다. 첫 번째 우주 왕복선은 엔터프라이즈Enterprise호로 시험 비행을 위해 만들어졌으며, 궤도로 쏘아 올리지는 않았다. 그러나 이 우주 왕복선은 발사되고 안전하게 착륙될 수 있음을 증명했다. 첫 번째 발사된 우주 왕복선은 컬럼비아Columbia호로, 파일럿 존 영과 로버트 크리픈Robert Crippen(1937~)을 태우고 1981년 4월 12일 첫 발사되었고 14일에 무사히 착륙했다. 1983년 4월 4일에는 챌린저Challenger호가 발사되었다. 1984년 8월 30일에는 디스커버리Discovery호가 발사되었고, 1985년 10월 3일에는 아틀란티스Atlantis호가, 1992년 5월 7일에는 엔데버Endeavour호가 발사되었다.

어떤 우주 왕복선들이 비극적인 사고를 당했는가?

챌린저호는 1986년 1월 28일 발사 과정에서 폭발했으며, 탑승한 일곱 명을 잃었다. 컬럼비아호는 2003년 2월 1일 대기권으로 재진입하는 중에 폭발했다. 역시 일곱 명의 비행사들 목숨을 앗아갔다. 남아서 활동하고 있는 세 대의 우주 왕복선이 마지막 우주 왕복선들이다. 앞으로 몇 년 안에 우주 왕복선 프로그램은 모두 종료되고, 더 이상의 우주 왕복선은 만들어지지 않을 것이다.

제 8 장
오늘의 천문학

측 정 단 위

천문단위란 무엇인가?

천문단위AU, Astronomical Unit는 지구와 태양 사이의 평균 거리를 의미한다. 이 거리는 약 1억 4960만 km에 해당한다. 대부분의 천문학자들은 1AU = 1억 5000만 km로 본다. 비교를 위해 수성은 태양으로부터 0.4AU 거리에 있고, 명왕성은 태양으로부터 50AU 거리에 있다. 태양에 가장 가까운 알파 센터우리 항성계는 약 27만AU 거리에 있다.

천문학자들은 우주의 크기와 거리를 어떻게 측정하는가?

줄자에 의한 측정은 천문학에서는 굉장히 불편한 방법이므로, 다른 방법이 이용된다. 시차를 이용한 기하학적 방법과 세페이드 변광성과 같은 표준 촉광을 이용한 방법이 가장 많이 쓰인다. 지구에서 길이의 표준 단위로 사용하는 미터나 마일과 같이 우주 측정에도 특별한 단위가 사용된다. 그것들은 AU, 광년 그리고 파섹이다.

천문단위는 어떻게 처음 측정되었는가?

토성 고리 연구로 유명한 이탈리아의 조반니 도미니크 카시니Giovanni Domenico Cassini(1625~1712)는 1천문단위AU를 거의 정확하게 측정한 최초의 천문학자다. 카시니는 화성의 시차를 처음으로 측정했다. 파리에서는 자신이 관측하고, 남아메리카에서 동료인 장 리셰Jean Richer(1630~1696)가 행한 관측을 기반으로 했다. 이 정보를 통해 그는 지구에서 화성까지의 거리를 구할 수 있었고 또 이로부터 지구에서 태양까지의 거리를 알아냈다. 카시니의 측정값은 1억 4000만 km에 약간 못 미치는 값이었는데, 정확한 값 1억 4960만 km에 10% 미만으로 벗어난 값이었다.

광년이란 무엇인가?

광년light-year은 1지구년 동안 빛이 진공 속을 이동한 거리다. 빛은 진공 속에서 1초에 약 30만km를 진행하는데, 1년은 약 3150만 초이므로, 1광년은 약 9조 4700억 km가 된다.

파섹이란 무엇인가?

'파섹parsec'은 'parallax arcsecond시차 각초'의 줄임 말이다. 태양 주위를 도는 지구 궤도의 폭을 기준으로, 어떤 천체의 시차가 1각초arcsecond가 될 때 이 천체까지의 거리를 1파섹으로 정의한다. 이 거리는 약 31조 km 또는 3.26광년에 해당한다.

킬로파섹과 메가파섹이란 무엇인가?

1킬로파섹(kiloparsec, 기호는 kpc)은 1000파섹이고, 1메가파섹은(Megaparsec, 기호는 Mpc)는 100만 파섹이다. 참고로, 우리은하 원반에 있는 별들 사이의 전형적인 거리는 수 파섹 정도다. 우리은하 원반의 지름은 약 30kpc이며, 우리은하와 안드로메다 사이의 거리는 약 0.7Mpc이다.

측성학이란 무엇인가?

측성학astrometry은 위치(위치천문학)와 운동(역학천문학)을 천문학적으로 측정하는 것이다. 우주의 천체들이 어떻게 움직이는지 또는 움직이지 않는지를 아는 것은 매우 중요하다. 예를 들어 지구 근접 소행성들의 측성학은 태양계 내에 있는 어떤 천체가 지구와 충돌할 가능성이 있는지에 대해 알 수 있게 도와준다. 별들의 측성학은 우리은하 내에서 태양계가 어떻게 움직이는지 이해하는 것을 도와준다. 또한 측성학은 공간뿐 아니라 시간의 믿을 만한 기준틀을 설정하는 데도 매우 중요하고 과학적 용도로도, 일상적인 용도로도 매우 중요하다. 예를 들어 미국 해군 천문대는 태양과 달, 행성 그리고 항성의 움직임을 지속적으로 측정하고 기록한다. 이렇게 얻어진 자료들은 항해력 사무소로 보내져 영국 정부와 함께 《천체 항해력*Astronomical Almanac*》을 발간한다. 매년 발행되는 항해력은 항해와 측량 그리고 과학 연구의 일상적인 참고 자료로 사용된다.

시차는 무엇이며 어떻게 작용하는가?

시차parallax의 일반적인 개념은 거리를 측정하기 위해 삼각법을 사용하는 것이다. 두

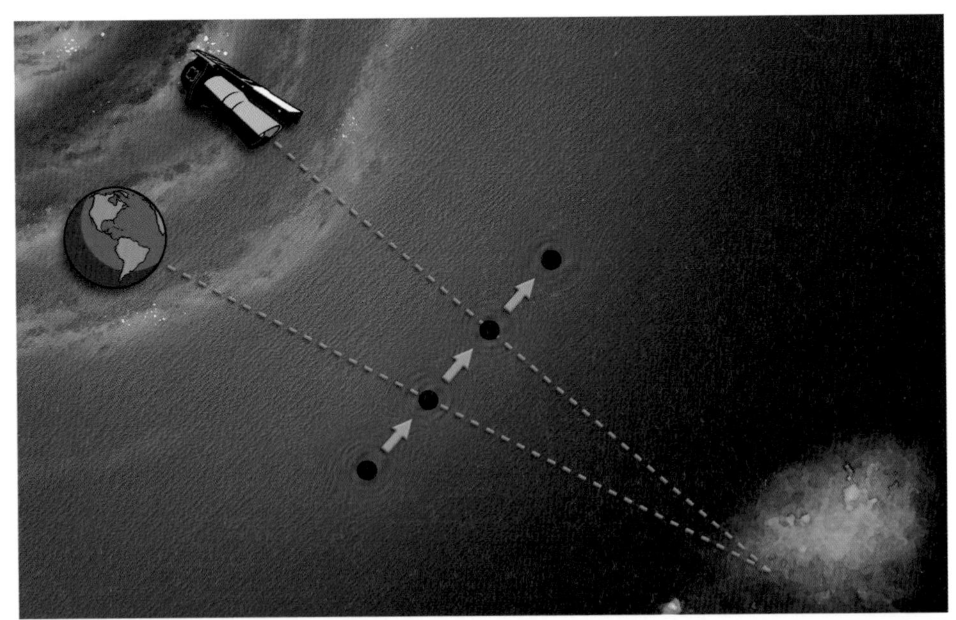

우주의 천체를 다른 위치에서 관측함으로써(예를 들어 지구와 우주 망원경으로부터) 천문학자들은 이들의 거리를 측정할 수 있다.[NASA/JPL-Caltech/T. Pyle(SSC)]

개의 다른 시점에서 물체를 볼 때, 물체는 배경에 비해 상대적으로 위치가 이동되어 보인다. 이를 천문학에 적용했을 때, 지구의 위치는 지구가 태양 주위를 회전함에 따라 약 3억 km를 이동한다. 그래서 별과 같이 멀리 있는 천체를 두 개의 다른 시점에서 볼 수 있게 된다. 이러한 천체의 겉보기 위치 변화량을 측정하는 것이 시차다. 시차를 알면 천체까지의 거리를 계산하는 일도 가능해진다.

표준 촉광이란 무엇인가?

표준 촉광standard candle은 우주 어디에 있든 같은 밝기 또는 같은 에너지 출력을 내는 천체를 말한다. 만약 깜박거리는 붉은색 전구가 어디에서 보이든 상관없이 모두 정확하게 100W라고 가정해보자. 이 경우, 밤중에 이 전구의 빛을 보고 얼마나 밝게 보이는지 측정함으로써 전구가 얼마나 멀리 있는지 알 수 있게 된다.

불행하게도, 우주의 밝은 별들은 대부분 표준 촉광이 아니다. 예를 들어 붉은 별들은 무척 다양한 밝기를 갖는다. 표준 촉광으로 사용할 수 있는 매우 밝은 천체를 찾아내는 일은 극히 중요하다. 왜냐하면 표준 촉광의 천체를 찾았을 때 시차를 사용해서 측정하기 어려울 만큼 먼 거리에 있는 천체까지의 거리를 측정할 수 있기 때문이다.

세페이드 변광성이라고 불리는 표준 촉광은 누가 발견했는가?

미국의 천문학자 헨리에타 스완 레빗Henrietta Swan Leavitt(1868~1921)은 매사추세츠 주의 케임브리지에 있는 하버드 대학 천문대에서 일하고 있었다. 1904년에 레빗은 케페우스자리에 있는 특정한 별의 밝기가 규칙적으로 변하는 것을 발견하고 연구한 결과, 이 별의 밝기 변화는 예측이 가능하며 톱니 모양의 패턴을 띠는 것이 확인되었다. 그리고 이와 똑같은 톱니 모양의 밝기 변화 패턴을 갖는 다른 변광성들이 확인되었다. 이 유형의 변광성들은 가장 먼저 발견된 별의 이름을 따서 세페이드 변광성Cepheid variables이라 부르게 되었다.

1913년 레빗과 덴마크의 천문학자 엔야르 헤르츠스프룽Ejnar Hertzsprung(1873~1967)

은 함께 연구하면서 세페이드 변광성은 매우 특별한 방법으로 밝기가 바뀐다는 사실을 알아냈다. 그것은 세페이드 변광성의 밝기 변화 주기 다시 말해 변광 주기는 별의 최대 밝기와 관련 있다는 것이었다. 이런 유형의 '주기-광도 관계'는 세페이드 변광성을 표준 촉광으로 사용할 수 있음을 의미했다. 세페이드 변광성의 밝기를 알기 위해서는 변광 주기를 측정하면 되고, 이를 통해 별이나 그 안에 있는 천체까지의 거리를 알아낼 수 있다는 것이다.

천문학에 있어 중요한 표준 촉광이란 무엇인가?

천문학에서 가장 중요한 세 개의 표준 촉광은 거문고자리 RR 변광성RR Lyrae, 세페이드 변광성 그리고 제Ia형Type Ia 초신성이다. 저마다 다른 범위의 거리를 측정하는 데 사용될 수 있다. 거문고자리 RR 변광성은 나이가 많은 별로서, 약 100만 광년 거리까지를 측정하는 데 사용될 수 있다. 세페이드 변광성은 젊은 별로서, 약 1억 광년의 거리를 측정하는 데 사용될 수 있다. 제Ia형 초신성은 강력한 별의 폭발로서, 수십억 광년까지의 거리를 측정하는 데 사용될 수 있다.

허블은 세페이드 변광성을 이용해 어떻게 우주의 거리를 측정했는가?

20세기 초까지, 소위 '나선 성운'이라 불리던 천체가 우리은하 안에 있는지 밖에 있는지를 알지 못했다. 1924년 미국의 천문학자 에드윈 파월 허블Edwin Powell Hubble(1889~1953)은 캘리포니아의 윌슨 산 천문대에서 2.54m 후커Hooker 망원경을 사용하여 나선 성운에 대한 관측을 시작했는데 여러 달에 걸쳐 안드로메다 성운 방향의 거대한 성운 안에서 수많은 세페이드 변광성을 발견했다. 세페이드 변광성의 주기-밝기 관계를 이용하여, 그는 안드로메다 나선 성운이 최소한 100만 광년 떨어져 있다는 것을 밝혔다. 그것은 우리은하의 크기보다도 훨씬 먼 거리였다. 또 그 거리에서 안드로메다는 수천 광년의 지름을 가져야만 보이리라는 것이었다. 이를 통해, 허블은 안드로메다 나선 성운이 사실은 안드로메다은하이며, 우주는 하나의 은하가 아니라 몇백만 광년 떨어져 있는 은하들로 되어 있다는 것을 증명해냈다.

망원경의 기초

망원경이란 무엇인가?

일반적으로 말해서, 망원경은 먼 거리에 있는 근원으로부터 오는 빛을 모아서 상을 만들어내는 기구라고 할 수 있다. 최초의 망원경은 실린더 혹은 튜브에 유리 렌즈를 부착하여 만든 휴대용이었다. 오늘날 망원경은 여러 가지 방법으로 만들어지며, 다른 과학 장비와 함께 다양한 방법으로 결합되어 멀고 가까운 우주를 연구하는 데 쓰이고 있다.

망원경은 갈릴레이 시대 이후 굉장한 진보를 이루었다. 오늘날에는 어린이용 망원경조차 최초의 망원경보다 훨씬 뛰어나서 토성이나 안드로메다은하와 같은 천체들을 관측할 수 있다.(iStock)

누가 망원경을 발명했는가?

1600년대 초에 네덜란드의 안경사 한스 리페르세이Hans Lippershey(1570~1619)가 처음 망원경을 만든 것으로 여기고 있다. 하지만 그 무렵에 많은 사람들이 이 새로운 기술에 관심을 보이고 있었다. 1609년에 갈릴레이는 최소한 두 개의 망원경을 제작했으며, 이를 천체 관측에 사용했다.

천문학자들은 망원경을 이용해 어떠한 측정을 하는가?

천문학자들은 망원경을 사용하여 세심하게 계획된 사진들을 촬영하는데, 여기에는 많은 종류의 망원경과 감지기들이 이용된다. 그리고 이렇게 얻은 이미지들은 매우 다양한 측정을 수행하는 데 사용된다. 이미지 그 자체를 조사하는 일이나 우주 속 천체들의 형태나 크기를 자세히 살피는 일 외에도 보다 정교한 분석 방법으로 널리 쓰이는 측성학이나 측광학, 분광학, 간섭법 등이 동원된다.

망원경의 주된 두 가지 종류는 무엇인가?

망원경은 크게 두 가지 종류가 있다. 굴절식은 빛을 모으기 위해 렌즈를 사용하고, 반사식은 거울을 사용한다. 최초의 망원경은 굴절식이었다. 그러나 오늘날에는 거의 대부분의 망원경이 반사식으로 건설된다. 왜냐하면 커다란 렌즈는 많은 양의 유리를 필요로 하기 때문에 얼마 지나지 않아서 큰 하중을 견디지 못해 가운데가 축 처지기 때문이다.

천문학의 역사에서 망원경으로 관측된 이미지는 어떻게 기록해왔는가?

초기의 천문학자들은 우주를 관측하는 데 맨눈밖에 사용할 수 없었다. 갈릴레이, 하위헌스, 뉴턴과 같은 천문학자들이 처음으로 망원경을 사용하기 시작했을 때, 이들은 자신들이 발견한 것을 종이에 옮겨 그렸다. 오늘날은 기술의 발전으로, 새로운 방법을 사용해 이미지와 데이터를 기록하는 방법이 개발되었다. 19세기 초에는 사진 건판이 천문학 데이터의 주 기록 자료로 100년 이상 사용되었다. 20세기 후반엔 광전자 탐지기와 컴퓨터 기반의 디지털카메라가 사진을 대신했다. 이 기술들은 현재 대부분의 망원경에 기록 장비로 사용된다.

슈미트 망원경이란 무엇인가?

독일의 광학자 베른하르트 슈미트Bernhard Schmidt(1879~1935)가 고안한 것으로, 이런 종류의 망원경은 주 반사경이 빛을 모으는 주된 역할을 한다. 이 망원경의 거울은 한번에 하늘의 매우 넓은 부분을 관측할 수 있도록 특수한 형태를 띠고 있다. 그러나 결과 이미지는 카메라에 사용하는 '어안fisheye' 렌즈처럼 휘어져 보일 수 있다. 이 때문에 거울 앞쪽에 얇은 특수 렌즈가 놓여서 상이 휘는 현상을 바로잡아주는 역할을 한다. 이와 같이 빛의 굴절과 반사를 모두 이용하는 슈미트 디자인은 하늘의 넓은 범위의 이미지를 얻는 데 이상적이다. 이 디자인은 종종 천체 카메라에도 적용된다.

세계에서 가장 큰 슈미트 망원경은 무엇이며, 어디에 사용되었는가?

가장 큰 슈미트 망원경은 캘리포니아 주 팔로마 천문대에 있는 직경 122cm짜리의 오스친Oschin 망원경이다. 이 망원경은 1952년부터 1959년 사이에 수행된 팔로마광학하늘탐사POSS, Palomar Optical Sky Survey에 사용되었다. POSS는 처음으로 북반구의 하늘(남반구 하늘 일부 포함)을 체계적으로 사진 탐사한 것이

캘리포니아 샌디에이고에 있는 팔로마 산 천문대에는 가장 큰 슈미트 망원경이 있는데, 주경의 직경이 48인치(1.2m)이다.(iStock)

다. 그 후, 이 탐사는 디지털카메라 기술을 이용해 계속 업데이트되어왔다. 망원경은 또한 먼 거리의 카이퍼 대와 오르트 구름 천체를 찾는 데도 사용되었다. 오스친 망원경은 큰 카이퍼 대 천체들인 바루나Varuna, 콰오아Quaoar와 에리스Eris(명왕성보다 크다)뿐만 아니라, 첫 번째 오르트 구름 천체로 생각되는 세드나Sedna를 발견하는 데도 사용되었다.

세계에서 가장 큰 굴절 망원경은 무엇인가?

주경 지름이 102cm인 가진 위스콘신의 여키스 천문대의 거대 굴절 렌즈는 세계에서 가장 큰 굴절 망원경이다. 1897년에 만들어졌으며, 오늘날까지 사용되고 있다.

세계에서 가장 큰 반사 망원경은 무엇인가?

현대의 반사 망원경 중 반사경이 가장 큰 것은 지름이 8.4m에 이른다. 많은 망원경들의 주경은 거의 이 정도 크기를 가지고 있다. 이러한 망원경의 예로는 하와이의 마우나케아 산 정상에 있는 수바루Subaru 망원경, 제미니 북부Gemini North의 망원경, 칠레의 세로파촌Cerro Pachon에 있는 제미니 남부Gemini South의 망원경을 들 수 있다. 그러나 가장 큰

마우나케아 천문대는 하와이 제도에서 가장 큰 섬인 빅 아일랜드(Big Island)의 휴화산 위 해발 약 4200m에 위치하며 켁(Keck) I과 켁 II 망원경을 포함한다.(iStock)

망원경은 수많은 거울들을 조합한 것으로, 하나의 커다란 거울을 가진 망원경과 동등한 광학계를 만들어낸다. 하와이 마우나케아 산에 있는 켁Keck I과 켁Keck II 망원경은 각각 36개의 육각 거울을 사용하여 직경 10m 망원경의 성능을 낸다. 애리조나의 그레이엄 산에 있는 거대 쌍안 망원경LBT, Large Binocular Telescope은 두 개의 8m 거울을 갖고 있는데 합치면 11.2m의 거울에 해당한다. 칠레의 세로파라날Cerro Paranal에 있는 초거대 망원경VLT, Very Large Telescope은 네 개의 분리된 망원경으로 각각 8m의 지름을 가지며, 같은 산 정상에 나란히 위치해 있다. 이들은 각각 독립적으로 작동하도록 설계되었지만, 하나의 망원경으로 작동할 때는 지름 16m의 효과를 낸다.

지상과 우주에서 이뤄진 저명한 천문 조사에는 어떤 것이 있는가?

20세기 중반 이후 우주에 대한 많은 조사가 이루어졌다. 다음 표는 중요한 천문 조사 목록이다.

유명한 천문 탐사

탐사 이름	탐사 기간	특징
NGS-POSS	1948~1958	팔로마 산 사진 탐사, 캘리포니아
IRAS	1983	첫 번째 원적외선 전천 탐사
COBE-DMR	1989~1992	첫 번째 전 하늘의 우주배경복사 탐사
NRAO VLA 하늘 탐사	1993~1996	VLA를 이용한 전파 탐사, 뉴멕시코 주
FIRST	1993~2003	VLA를 이용한 고분해능 전파 탐사, 뉴멕시코 주
허블 심우주 (Hubble Deep Fields)	1995, 1998	허블 우주 망원경으로 며칠 동안 촬영
HIPASS	1997~2002	수소 원자 기체의 전파 탐사
2미크론 전천 탐사	1997~2001	전천의 근적외선 탐사
슬론	2000~2005	디지털 광학 탐사, 뉴멕시코 주
허블 초심 우주 (Hubble Ultra Deep Field)	2003~2004	허블 우주 망원경을 이용한 먼 우주 촬영
우주 진화 탐사 (Cosmic Evolution Survey)	2004~2007	허블 우주 망원경을 이용한 가장 넓은 근접 영역 탐사

사 진 과 측 광

천문학에서 사진술을 이용한 선구자는 누구인가?

영국의 천문학자 윌리엄 허긴스William Huggins(1824~1910)는 천문학에 사진을 이용한 최초의 사람들 중 하나다. 그는 사진 건판을 오랜 시간(몇 분 혹은 몇 시간) 노출시켜 이미지를 기록했다. 또 사진 유제를 어떻게 조합하면 적외선이나 자외선에 대한 감도를 높일 수 있는지도 보여주었다.

측광이란 무엇인가?

측광photometry은 밝기(광속 혹은 세기로도 알려짐)와 색상에 대한 천문학적 측정이다. 광도 세기photometric intensity는 어느 시간에 어떤 지역에 도달하는 빛 에너지의 양을 측정하는 것이다. 다른 말로 하면 얼마나 밝은지를 측정하는 것으로, 통상 'ergs/cm^2/s'와 같은 단위나 실시 등급의 단위로 측정된다.

천문용 디지털카메라는 어떻게 촬영할까?

오늘날 천문학에 쓰이는 디지털카메라는 전자제품 대리점에서 구입할 수 있는 디지털카메라와 같은 기본 기술을 사용하고 있다. 카메라에 들어온 빛은 전자적으로 전하결합 소자 CCD, charge-coupled device라고 불리는 화소 감지기에 기록된다. 노출이 완료되면, 전자 시스템은 CCD에 기록된 정보를 읽어 컴퓨터 메모리 스틱이나 하드 디스크 드라이브와 같은 기록 장치로 옮긴다. 차이점이 있다면 행성이나 별, 은하와 같은 천문학적 촬영 대상들은 거의 대부분 너무 멀리 있기 때문에 일반적인 사진 촬영 장비로 연구하기에는 너무 희미하다는 것이다. 천체 망원경에는 가능한 한 많은 빛을 전송하는 특별한 광학 장치가 사용된다. CCD가 빛을 감지하는 데 특히 유용하다. 그리고 전체 카메라는 듀어병dewar이라 불리는 특별한 용기 안에서 영하 200~300도까지 냉각되어 사용된다. 이러한 측정을 통해 천문학자들은 일반 상점에서 살 수 있는 카메라의 한계보다 수백만 내지 수십억 배 더 희미한 천체까지도 관측할 수 있게 된다.

현대 천문학에서 측광은 어떤 역할을 하는가?

오늘날 천문학에서, 측광에는 일반적으로 광전자 검출기photoelectric detector나 전하 결합 소자CCD가 사용된다. 측정하고자 하는 빛의 정확한 파장과 색깔을 선택하기 위해 필터가 사용된다. 이는 천문학자들에게 측광 데이터를 과학적으로 분석하는 능력을 크게 향상시켜준다.

대부분의 측광은 표준 주파수대역standard bandpass을 생성하는 필터를 사용하여 이루어진다. 주파수대역은 잘 정의된 빛의 파장 범위인데, 예를 들어 천문학자들은 청록색, 초록색 그리고 노란색 빛을 포함하는 약 500~600nm 사이의 빛의 파장대를 'V 대역'이라 부른다. 전 세계의 천문학자들은 각자 전혀 다른 주파수대역을 사용하는 것보다 공용 주파수대역 내에서 측광을 하면, 그들의 측정 자료와 과학적 결과를 훨씬 더 효과적으로 비교하고 대조하며 분석할 수 있다.

천문학자들이 말하는 천체의 '색깔'은 무엇을 의미하는가?

천문학에서 천체의 색깔은 두 가지 다른 대역에서의 빛의 밝기의 비율로 수량화 된다. 예를 들어 U 대역 빛과 B 대역 빛의 비를 'U-B'라 부르고, 어떤 천체 색깔의 척도로 사용된다. 긴 파장 대역에 비해 짧은 파장 대역의 비율이 높으면, 우리는 이 천체를 '푸른색'을 띤다고 한다. 또 반대로 이 비율이 낮은 경우에는 천체의 색깔은 '붉은색'을 띤다고 한다.

보통 별이나 은하와 같은 천체들의 측광은 하나 이상의 대역을 통해 얻으며, 이들을 통해서 많은 색깔들을 얻는다. 예를 들어 U-B, B-V, V-R 그리고 R-K 색깔의 은하의 색을 얻거나 이런 모든 색깔 정보를 종합하여 은하의 중요한 정보를 추론하는 일은 진기한 것이 아니다.

오늘날 천문학에 사용되는 표준 주파수대역은 무엇인가?

천문학자들은 종종 특정한 목적을 성취하기 위해 특정 대역을 특수한 필터 조합으로 만들어낸다(이는 특히 가시광선 혹은 적외선 대역에 속하지 않는 파장에 의해 얻는 측광에 대해서는 더욱 그렇다). 하지만 세월이 지나면서, 여러 대역이 다양한 범위의 천문학 분석에 일반적으로 사용할 수 있게 되었다. 이러한 표준 주파수 대역은 오늘날 천문학에 널리 쓰이는 측광 시스템을 만들었다. 가시광선에서 측광을 얻기 위해 가장 흔히 사용되는 대역들은 U('근자외선', 300~400nm의 파장), B('파랑', 400~500nm), V('가시광선', 500~600nm), R('빨강', 600~700nm) 그리고 I('근적외선', 700~900nm)라고 부른다. 적외선 관측을 위해 사용되는 표준 대역은 Z, J, H 그리고 K로 불린다.

먼 거리에 있는 천체의 색깔은 어떤 특성을 나타내는가?

주변 지역보다 상대적으로 온도가 높은 천체의 색깔은 천체의 온도를 가늠하는 가장 중요한 도구다. 예를 들어 별의 경우, 'U-B'와 'B-V' 대역에서 더 푸른색을 띠는 별은 이 대역에서 더 붉은색을 띠는 별들보다 별의 표면이 항상 더 뜨겁다. 이러한 색깔은 천문학자들로 하여금 별의 스펙트럼을 결정하는 데 도움을 준다. 'O'형 별은 가장 뜨거운 광구를 지니고, 'B'형 별은 그다음으로 뜨겁고, 그다음으로는 'A', 'F', 'G', 그리고 'K'형 별의 순으로 뜨거우며, 'M'형 별이 가장 온도가 낮다.

은하와 성단 같은 천체들은 수많은 별들로 이루어져 있으며, 이들의 색깔을 측정하는 것은 천문학자들로 하여금 어떤 종류의 별들로부터 얼마나 많은 빛이 발생하는지를 측정하는 데 도움을 준다. 만약 먼 거리에 있는 은하의 색깔이 파란색을 띤다면 그 은하에 온도가 높은 별들이 존재하는 것을 의미하며, 만약 붉은색을 띤다면 온도가 높은 별들이 상대적으로 적은 것을 의미한다.

분 광 학

분광학이란 무엇인가?

분광학spectroscopy은 광원의 특성을 조사하기 위해 광원으로부터 오는 빛을 성분 색깔들로 분리하는 과정이다. 광원에 의해 방출된 빛의 세부적인 색 패턴을 스펙트럼이라고 한다. 분광은 측광과 비슷하지만 더 세부적이다. 측광학이 상대적으로 큰 대역폭을 갖는다면 분광학은 몇 나노미터nm, 혹은 1/10nm, 혹은 그보다 훨씬 작은 폭을 갖는 대역을 지닌 측광학이라고 할 수 있다.

스펙트럼은 우리에게 친숙한 빨강, 주황, 노랑, 초록, 파랑, 남색 그리고 보라색을 지니는 무지개보다 더 복잡할 수 있다. 원자와 분자가 광원으로부터 분출된 빛과 반응하면, 이들은 스펙트럼에 특정 색상과 패턴을 더하거나 뺌으로써 스펙트럼을 크게 변형시킬 수 있다. 이러한 변화들은 천문학자들로 하여금 광원의 많은 특성과 지구와 광원 사이에 있는 물질의 특성에 대해 추론할 수 있게 해준다. 그로 인해 분광학은 오늘날 천문학자들이 우주를 연구하는 데 중요한 데이터 분석 방법이다.

천문학에 분광학을 도입한 선구자는 누구인가?

독일의 물리학자 구스타프 키르히호프Gustav Kirchoff(1824~1887)는 분젠 버너로 유명한 화학자 로베르트 분젠Robert Bunsen(1811~1899)과 함께 연구하여 분광학이 원소들을 분류하는 데 어떻게 사용될 수 있는지에 대한 도움을 주었다. 각각의 원소 혹은 분자는 빛과 반응하여 그들만의 특이한 색깔 패턴을 만들어내는데, 이는 슈퍼마켓에서 각각의 아이템들이 특수한 바코드를 지니는 것과 같다고 보면 된다. 키르히호프는 만약 빛이 가스 매개체를 통해 빛을 낼 때, 가스의 원소와 입자는 가스의 온도가 상대적으로 낮을 경우 빛을 흡수하고, 가스가 뜨거울 경우 빛을 방출하는 것을 증명했다. 먼 거리에 있는 광원의 분광 측정은 가스에 의해 생성되는 어두운 '흡수선'과 밝은 '방출선'의 패턴을 드러내게 된다. 이는 가스의 원자와 입자의 종류뿐만 아니라, 환경 조건에 대해서도 알려준다. 키르히호프의 분광 법칙은 먼 거리에 있는 천체의 빛의 분석에 대한 기초를 형성했다.

키르히호프는 많은 원소들과 화합물들의 스펙트럼을 측정하고 조사했다. 그는 또한 별들의 스펙트럼도 조사했다. 키르히호프의 연구를 기반으로 영국의 천문학자 윌리엄 허긴스는 사진 기술을 이용해 매우 희미하고 멀리 있는 별들의 스펙트럼을 기록하면서 천문학 연구의 새로운 장을 열었다. 허긴스는 오늘날 천체분광학의 '아버지'로 알려져 있다.

현대 천문학에서 분광학은 어떻게 이용되는가?

망원경과 탐지기의 조합인 분광기는 천체의 분광을 측정하기 위해 사용된다. 일반적으로, 현대 분광기는 망원경을 통과하는 빛을 모으며, 일반적으로 좁은 조리개를 통해 이루어진다. 빛은 평행한 특수 렌즈를 통해 들어오게 된다. 그 후 이 평행한 빛은 프리즘 혹은 회절격자를 통해 반사되어 개별 색깔로 분리된다. 이렇게 분리된 이미지(스펙트럼)는 카메라를 사용해 사진 혹은 디지털 형식으로 기록된다. 한번 기록되면 스펙트럼은 천체가 생성하는 어떠한 정보도 분석이 가능하다.

분광학을 이용하여 천체에 대해 무엇을 알 수 있는가?

원자와 분자가 빛을 방출하거나 흡수할 때는 특정한 파장의 빛만을 방출하고 또 흡수한다. 따라서 우리는 천체의 스펙트럼을 살펴보면, 천체 안에 어떤 종류의 원자와 분자가 있는지 그리고 이런 원자와 분자가 속한 물리적 조건과 환경에 대해 추론할 수 있다. 세밀한 분광학 연구는 구성 물질, 밀도, 온도, 자기장 강도 그리고 구조를 알 수 있게 도와준다. 나아가 스펙트럼 속의 방출선과 흡수선의 도플러 이동을 측정함으로써, 천체가 어떻게 움직이는지도 추론해낼 수 있다. 천체의 다른 성분들이 다른 천체에 비해 어떻게 움직이는지에 대해 알 수 있으며, 먼 거리의 은하나 퀘이사의 경우, 그들의 적색편이로부터 얼마나 멀리 떨어져 있고 얼마나 오래되었는지 알 수 있다.

천체분광학에 의해 처음으로 발견된 화학 원소는 무엇인가?

천체분광학에서 거둔 첫 번째 과학적 개가는 헬륨의 발견이다. 헬륨은 공기보다 가벼워 밀폐된 공간에 보관하지 않는 이상 지구 대기를 빠져나가게 된다. 그리고 원자 구조상 비활성 기체여서 지구 상의 화학 반응에 거의 참여하지 않는다. 그러나 천문학자들이 분광기를 사용하여 태양을 처음 연구했을 때 태양 스펙트럼 속에서 지구 상 물질에서 보지 못했던 것을 발견했다. 과학자들은 새로운 원소가 발견되었음을 깨닫고, 이 새로운 원소의 이름을 그리스 신화 속 태양신 헬리오스의 이름을 따 헬륨helium이라고 지었다. 마침내 우리는 지구 상에서도 어떻게 헬륨을 모으고 사용하는지 알게 되었다. 오늘날 우리는 헬륨이 우주에서 두 번째로 풍부한 원소이며, 우주 전체 원자 질량의 1/4을 이루고 있다는 사실도 알고 있다.

간섭 측정

간섭 측정이란 무엇인가?

간섭 측정interferometry은 한 번에 한 줄기 이상의 빛을 사용하여 높은 해상도를 갖는 이미지 스펙트럼을 만들어내는 기술이다. 이는 먼 거리의 천체 크기를 측정하거나 태양계 밖 행성의 항성 움직임 안의 작은 흔들림을 측정하는 데 유용하게 쓰인다.

간섭 측정은 어떻게 하는가?

간섭 측정의 기본 이론은 빛이 파동으로 이동한다는 사실과, 한 천체(혹은 천체의 한 부분)로부터 나온 빛의 파동이 다른 천체(혹은 같은 천체의 다른 부분)로부터 나온 빛의 파동과 '간섭' 혹은 상호작용할 수 있다는 것이다. 연못에서 일정한 거리를 두고 두 개의 조약돌을 던진다고 생각해보자. 각 조약돌이 만든 파동은 서로 간섭을 받게 되고, 다른 크기와 모양을 지닌 잔물결이 생기게 된다. 같은 방법으로, 빛이 서로 간섭하면 비슷한 패턴의 빛, 음영 혹은 색깔을 만들어낸다. 이러한 간섭 패턴들을 측정하고 연구함으로써 천문학자들은 이미지를 재구성할 뿐 아니라 처음 패턴을 만들어낸 광원에 대한 정보를 추론해낼 수 있으며, 종종 이미지를 바로 촬영하는 것보다 훨씬 더 세부적인 것을 얻을 수 있다.

어떤 천문 간섭계가 세계에서 가장 큰가?

최첨단 천문 간섭 기술은 오늘날 전파천문학에 사용된다. 아마도 가장 장엄한 예는 수백에서 수천 킬로미터 떨어져 있는 여러 개의 전파 망원경이 동시에 한 천체를 관측하는 방법을 사용하는 초장기선 간섭계VLBI일 것이다. 멀리 떨어져 있는 망원경들에서 오는 데이터는 간섭법을 사용하여 서로 떨어져 있는 망원경의 크기의 해상도를 가진

외부 우주로부터의 전파를 탐지하기 위한 멕시코의 전파 망원경들.(iStock)

하나의 이미지로 조합된다. 오늘날 선구적인 VLBI 프로젝트는 유럽 VLBI 네트워크와 미국 초장거리 전파 간섭계VLBA다. 이들 VLB 시스템은 허블 우주 망원경으로 찍은 가시광선 이미지보다 정밀한 전파 파장의 이미지를 생성한다.

정밀 사진을 얻기 위해 간섭법은 어떻게 사용되는가?

이미지의 해상도는 망원경의 크기에 직접 영향을 받는다. 그러나 서로 멀리 떨어진 두 망원경으로부터 모이는 빛이 간섭법을 사용하여 조합되고 분석된다면, 결과 이미지의 해상도는 두 망원경 사이의 거리 크기만큼 큰 하나의 망원경을 사용해 얻은 이미지만큼의 고화질의 이미지를 얻을 수 있다. 만약 충분한 숫자의 망원경이 일렬로 늘어서거나 주의 깊게 배열된다면, 하나의 망원경으로 얻는 이미지보다 100배나 1000배 혹은 수백만 배 뛰어난 화질의 이미지를 얻을 수 있다.

전 파 망 원 경

전파 망원경은 어떻게 작동하는가?

전파 망원경은 자동차의 라디오 안테나와 비슷하게 작동한다. 커다란 금속 막대는 지나가는 라디오 전파를 잡아낼 수 있고, 금속으로 만든 시트나 비계scaffolding는 전파를 반사시킬 수 있다. 전파 망원경은 커다란 안테나로 전파를 반사시켜 일정한 한 점에 집중시키도록 설계된다. 그 점에서 파동들은 가시광선처럼 감지되고 증폭되며, 상이나 스펙트럼으로 해석된다. 전파의 파장은 가시광선의 파장보다 100만 배에서 10억 배나 더 길기 때문에, 전파 망원경은 보통 간섭법을 사용하여 정밀한 이미지를 생성해내는 커다란 배열의 망원경으로 되어 있다.

세계에서 가장 큰 전파 망원경 접시는 무엇인가?

푸에르토리코의 아레시보 천문대는 미국국립과학재단NSF과 뉴욕 주의 코넬 대학에 의해 공동으로 운영된다. 아레시보 전파 망원경 접시는 장관을 연출한다. 언덕들 사이에 자리 잡은 자연이 만든 계곡 위에 망원경 접시는 305m의 지름을 가지며 25개의 풋볼 구장 크기만 하다. 접시의 그레고리안Gregorian 반사 시스템은 전파 접시의 초점에 위치하며, 무게가 75톤이지만 137m 위의 공중에 매달려 있다. 이것은 다시 공중에 달린 더 커다란 600톤 크기의 관측 플랫폼에 연결되어 있다.

아레시보는 세계에서 가장 큰 전파 접시이자, 1963년에 완공된 이후 가장 정밀한 전파 망원경으로 남아 있다. 이 망원경은 전기적인 장비의 업그레이드를 통해 현재까지 유지되는데 낮과 밤을 가리지 않고 과학적 관측에 사용되며, 종종 태양계 밖의 우주선과 통신에도 사용된다.

세계에서 가장 큰, 회전 가능한 전파 망원경 접시는 무엇인가?

그린뱅크 망원경GBT, Robert C. Byrd Green Bank Telescope은 세계에서 가장 큰 회전 전파

망원경으로, 웨스트버지니아 주 포카혼타스 카운티의 미국 국립 전파 천문대 관측소의 그린 뱅크Green Bank에 위치해 있다. 처음 그린 뱅크에 있던 전파 망원경은 약간 작은 망원경으로 1988년 25년의 작동 끝에 붕괴되었다.

현재의 그린뱅크 망원경은 무게가 7500톤 이상 나가고 크기는 풋볼 구장의 두 배에 달한다. 축이 약간 어긋나 있으며 정확하게 둥글지는 않아서 긴 지름이 약 110m이고 짧은 지름은 약 100m다. 초점은 접시 한쪽에 나온 팔 끝에 연결되어 있다. 망원경은 지름 64m의 트랙에 장착되어 수천분의 1센티미터 내에 조정된다. 트랙은 망원경으로 하여금 전체 하늘을 어떤 방향에서도 볼 수 있게 해준다. 뿐만 아니라, 표면을 차지하는 2004개의 패널은 각각 모터가 달린 피스톤에 연결되어 있다. 이런 방법으로 표면의 형태는 정확한 관측을 위해 세밀하게 조정될 수 있다.

전파 천문학의 선구자는 누구인가?

미국의 전파공학자 칼 잰스키Karl Jansky(1905~1950)는 첫 번째 전파 망원경을 만들었으며 거의 우연히 전파천문학 분야를 개척했다. 뉴저지의 벨 연구소 직원이던 잰스키는 대서양을 지나는 전파를 방해하는 전파 간섭의 근원을 찾는 일에 배정되었다. 잰스키는 특정 주파수의 전파 신호를 감지하기 위해 나무와 황동으로 전파 안테나를 만들었다. 그는 세 가지 근원으로부터 오는 신호를 찾아냈는데 두 가지는 번개로부터 오는 것이었으나 세 번째 것은 일정한 잡음을 만드는 이상한 신호였다. 결국 잰스키는 이 신호가 우리은하의 성간 가스와 성간 먼지에 의해 생성된다는 것을 깨달았다. 그는 또한 이 신호가 궁수자리 방향(현재 우리가 알고 있는 우리은하의 중심)에서 가장 강하다는 것을 관측했다.

1932년에 잰스키가 우주로부터 오는 전파를 발견했다는 소식이 전해지자, 또 다른 미국의 전파공학자 그로트 레버Grote Reber(1911~2002)는 이에 고무되어 1937년에 자신의 전파 망원경을 만드는 일에 착수한다. 그 후 10년 동안 레버는 우주로부터 오는 전파를 연구하며, 우리은하로부터 오는 전파 신호의 지도를 만들었다. 그의 업적은 우리은하 안의 전파는 대부분 별이 아니라 풍부한 수소로 이루어진 성간 가스에 의해 만들어진다는 것을 밝혀 낸 것이다. 레버의 발견은, '우주 잡음Comic Static' 이라는 제목으로 《천체 물리학 저널*The Astrophysical Journal*》에 실렸으며, 1945년 제2차 세계대전 이후 전파천문학은 큰 호황을 누리게 되었다.

캔버라의 통신위성 안테나 복합 단지(Deep Dish Communications Complex)는 우주 미션에 사용된 전파 통신의 심우주 통신망의 세 곳 중 하나다.(NASA)

VLA 전파 망원경 장비는 무엇인가?

대형 전파간섭계VLA는 세계 최고의 전파 천문대로 널리 알려져 있다. 이 전파 망원경은 지름이 25m이고 무게가 230톤인 27개의 안테나로 구성되는데, 뉴멕시코 주 소코로Socorro 근처의 높은 사막 고원에 Y자 형태로 배열되어 있다. 모든 안테나로부터 오는 데이터는 간섭법을 사용해 합쳐서 하나의 이미지를 얻을 수 있다. 이렇게 얻은 이미지는 지름 36km

인 단일 전파 망원경의 해상도와 지름 130m의 단일 전파 망원경의 감도를 갖는다.

VLA는 낮과 밤을 가리지 않고 펄서, 퀘이사 그리고 블랙홀 같은 먼 거리 전파의 근원을 측정하고 연구하는 데 사용된다. 27개 각각의 안테나는 7층 이상 높이이고, 망원경 주변은 아름다운 장관으로 둘러싸여 있다. VLA는 SF 쇼나 영화 촬영에 최첨단 기술을 사용하고자 하는 TV 프로듀서와 영화감독 등에게 종종 신선한 소재를 제공한다.

마이크로파 망원경

마이크로파 망원경은 어떻게 작동하는가?

마이크로파 복사는 아주 차가운 천문원에 의해 생성되는 파장과 원시 행성 원반이나 성간 분자운과 같은 뜨거운 근원으로부터 오는 파장의 범위가 모두 포함된다. 마이크로파 망원경은 어느 정도 적외선 망원경처럼 작동하기도 하고 다른 한편으로는 전파 망원경처럼 작동하기도 한다. 이들은 뛰어난 기술의 조합을 통해 만들어지고 운영된다. 과학적인 목적에 따라 우주에 배치되기도 하고, 높은 고도의 풍선에 배치되기도 하며, 산꼭대기 관측소에도 배치된다. 일부 감지기는 저항 방사열계bolometer와 헤테로다인heterodyne 수신기도 포함한다.

마이크로파 천문학의 선구자는 누구인가?

초기의 전파 천문학자들은 전파 망원경이 마이크로파를 감지할 수 있도록 만들었다. 그러나 무선 통신을 목적으로 만들어진 일부 장비가 가장 효과적인 마이크로파 망원경으로 판명되었다. 1960년대에 천문학자 아노 펜지어스Arno Penzias(1933~)와 로버트 윌슨Robert Wilson(1936~)은 뉴저지 주 머리힐Murray Hill의 벨 연구소에 세워진 민감한 마이크로파 안테나를 사용하여 천체 근원으로부터 오는 마이크로 방사선을 연구했다. 이들은 우주 마이크로파 배경 복사를 발견했으며, 빅뱅 이론이 우주의 기원이라는 것을 확증하는 중요한 증거 역할을 했다.

심우주 통신망이란 무엇인가?

심우주 통신망 DSN, Deep Space Network은 지구의 과학자와 행성 간 우주 미션 사이에 통신을 가능케 하는 전파 안테나의 국제 네트워크다. DSN은 세계에 세 개의 기반을 두고 있으며, 그로 인해 통신은 시계 방향으로 이루어질 수 있다. 하나는 오스트레일리아의 캔버라에 있고, 또 하나는 스페인의 마드리드 그리고 나머지 하나는 캘리포니아주 남부 모하비 사막의 골드스톤 애플 밸리에 있다. DSN은 현재 운영되는 가장 크고 민감한 과학 통신 수단으로 지구 궤도의 미션을 돕기도 하며 태양계 바깥을 관측하는 전파천문학에도 사용된다.

지상 기반의 마이크로파 망원경은 어떻게 생겼으며, 어떻게 작동하는가?

소위 '1mm 이하의' 방사선을 감지하는 지상 기반의 마이크로파 망원경은 일반적으로 작은 전파 망원경 접시와 같은 모양이다. 그러나 이들은 보통 가시광선을 사용한 망원경보다 훨씬 크고, 정밀한 공정과 민감한 장비들을 갖추고 있다. 대표적인 것들로는 애리조나 동서부의 그레이엄 산 국제 관측소의 SMT Submilimeter Telescope와 칠레 라 시야 La Silla의 유럽남천문대의 스웨덴-ESO SEST Submilimeter Telescope 그리고 하와이의 마우나케아의 CSO Caltech Submillimeter Observatory가 있다.

차갑고 메마른 지역은 마이크로파 망원경을 설치하기에 가장 안성맞춤인데, 지구에서는 남극 지역이다. 남극 천체 물리학 관측소 CARA에는 두 개의 마이크로파 망원경이 존재한다(AST/RO Antarctic Submillimeter Telescope and Remote Observatory와 COBRA Cosmic Background radiation Anisotropy 연구이다). 이 망원경들은 다른 지역의 마이크로파 망원경과는 일부 다른데, 남극의 극한 환경에 적응하기 위함이다.

COBE 위성이란 무엇인가?

우주배경복사 탐사선COBE, Cosmic Background Explorer은 우주의 상세한 마이크로파 지도를 작성하는데 이용되었다. COBE는 1989년 11월 18일에 발사되었으며, 내부에 세 가지 과학 장비[FIRASFar Infrared Absolute Spectrophotometer(원적외선 분광광도계), DMRDifferential Microwave Radiometer(마이크로파 복사계) 그리고 DIRBEDiffuse Infrared Background Explorer(적외선 확산 배경 탐사기)]를 싣고 있었다. COBE에 의해 수집된 정보들은 빅뱅의 증거인 우주배경복사의 존재를 확증해주었다. COBE는 배경 온도가 2.7K(절대 0도에 가까움)임을 확인했으며 배경의 불완전함은 우주 구조의 기원을 가리키는 것임을 증명했다.

부메랑 실험은 무엇이며, 이것이 성취한 결과는 무엇인가?

부메랑BOOMERanG, The Balloon Observations of Millimetric Extragalactic Radiation and Geophysics 프로젝트는 우주배경복사에 대한 세밀한 측정을 위해 고도로 보낸 마이크로파 망원경 장비였다. 부메랑은 남극 지역을 두 번 지나갔다 — 1998년에 한 번 그리고 2003년에 두 번째로. 이를 통해 천문학자들은 우주 배경 복사의 이방성 질감에 관한 중요한 정보를 모을 수 있었으며, 이는 우주 전체에 걸쳐 뜨거운 지역과 차가운 지역이 어떻게 분배되었는지에 관한 정보도 포함하며, 이 정보를 초기 우주를 연구하는 데 사용할 수 있다.

WMAP 위성이란 무엇인가?

윌킨슨 마이크로파 비등방 탐사선WMAP, Wilkinson Microwave Anisotropy Probe은 우주배경복사에 존재하는 온도의 작은 요동이나 비등방성을 측정하기 위해 설계된 마이크로파 우주 망원경이었다. 이방성이 얼마나 강한지, 얼마나 많이 존재하는지, 얼마나 큰지를 측정하면 천문학자들은 초기 우주의 진화를 추적할 수 있으며 우주 전체의 기본 특성에 대해 추론할 수 있다. 탐사선probe 이름은 우주배경복사의 측정과 연구의 선구자인 미국의 천체 물리학자 데이비드 윌킨슨David Wilkinson(1935~2002)의 이름을 따서 지었다.

WMAP는 우주에 대한 천문학자의 이해에 있어 엄청난 충격을 줬다. 아마도 가장 중요한 결과는 우주가 소위 평행한 기하학을 갖고, 우주의 70% 이상 신비한 물질인 '암흑에너지'로 채워져 있다는 사실을 입증한 것이다.

태 양 망 원 경

지상에 건설된 태양 망원경은 어떻게 작동하는가?

태양 망원경의 광학과 감지기는 야간에 주로 사용되는 망원경과 비슷하다. 다른 점은 태양 망원경은 강한 밝기와 열을 견딜 수 있게 만들어져야 한다는 것이다. 망원경 부품과 장비를 차갑게 유지하는 한 가지 방법은, 먼저 빛을 지하방으로 보내는 것이다. 또 다른 방법은 망원경 주변을 진공 상태로 유지하는 것인데, 진공 상태에서는 공기 분자가 없어서 열을 흡수하거나 전달할 수 없기 때문이다. 대부분의 야간 망원경이 주경을 가능한 크게 설계하는 반면, 태양 망원경의 주경은 특별히 크지 않다. 그러나 장비와 전체 구조는 종종 매우 크다.

지상에 건설된 유명한 태양 망원경은 무엇인가?

지구 표면의 유명한 태양 관측소는 캘리포니아의 빅 베어 태양 관측소Big Bear solar Observatory(뉴저지 공과대학에 의해 운영), 미스Mees 태양 관측소(하와이 대학에 의해 운영), 그리고 미국 국립 태양 관측소가 있다. 미국 국립 태양 관측소에는 두 대의 큰 망원경이 있는데, 아리조나 남부에 있는 키트피크 국립천문대에 설치된 맥피어스McMath-

Pierce 태양 망원경과 뉴멕시코 주 세크라멘토피크 천문대에 설치된 둔Dunn 태양 망원경이라고 부르는 두 개의 망원경을 가지고 있다.

우주에 설치된 유명한 태양 망원경은 어떻게 작동하는가?

천문학자들은 궤도를 도는 태양 망원경을 사용하여 태양의 지구 대기를 쉽게 통과하지 못하는 빛의 파장 혹은 지구 자기장에 의해 가려지는 태양풍 혹은 태양 분출과 같은 원자 구성 입자를 관측한다. 지상 기반의 태양 망원경처럼, 이러한 태양 우주 망원경은 다른 우주 망원경과 비슷하다. 이들은 강한 방사선과 입자들에 적응할 수 있도록 조정되었을 뿐이다.

잘 알려진 우주 기반의 태양 망원경에는 어떤 것들이 있나?

잘 알려진 태양 우주 망원경의 예로는 1980년 2월부터 1989년 11월까지 운영된 SMMSolar Maximum Mission(태양 최대 임무), 1996년 12월 2일에 발사된 SOHOSolar and Heliospheric Observatory(태양 관측 위성) 그리고 1998년 4월 2일에 발사된 트레이스TRACE, Transition Region and Coronal Explorer(전이 영역과 코로나 탐사 위성)가 있다.

특수 망원경

어떤 망원경이 얼음을 사용하여 우주를 연구하는가?

중성미자가 물질을 통과할 때 충돌은 체렌코프 복사라고 불리는 파란색 빛의 짧은 반짝이는 현상을 일으킨다. 만약 이러한 현상이 다른 불순물 혹은 공기 방울이 없는 얼음덩어리에서 일어나게 되면, 체렌코프 빛은 민감한 광센서를 통해 감지할 수 있다. 천체물리학은 이 같은 얼음의 특성을 이용해 세계에서 가장 큰 중성미자 망원경을 만들었다. AMANDAAntarctic Muon and Neutrino Detector Array 프로젝트는 남극의 얼음 속 1.6km 이상 깊숙이 묻혀 있는 19개의 광 검출기를 포함한다. AMANDA는 아이스큐브IceCube라고 불리는 상위 프로젝트의 일부이며, 이 계획은 수천 개의 광 검출기를 남극 얼음에 광범위하게 지속시키는 국제 과학 프로젝트의 일환이다.

우주선을 관측하는 데 어떤 망원경을 사용하는가?

우주선cosmic rays은 매우 강력해서 어떤 방해물도 관통할 수 있을 뿐 아니라 지구 자체도 통과할 수 있다. 그럼에도 불구하고 이들은 때때로 대기의 물질과 충돌하여 체렌코프 샤워라 불리는 마치 폭포처럼 쏟아지는 연쇄 전자기 복사를 유발하기도 한다. 이 같은 강력한 우주선을 연구하기 위해 천문학자들은 '대기 체렌코프 감지기'를 만들었다. 이러한 샤워의 분석을 통해, 과학자들은 이들을 만들어내는 우주선의 중요한 특성을 추론해낼 수 있다.

잘 알려진 대기 체렌코프 시스템들은 무엇인가?

잘 알려진 대기의 체렌코프 시스템으로는 애리조나 주 홉킨스 산의 프레드 로렌스 휘플Fred Lawrence Whipple 관측소에 있는 VERITASVery Energetic Radiation Imaging Telescope Array System, 뉴멕시코의 샌디아 국립 연구소 NSTTFNational Solar Thermal Test facility 안에 있는 STACEEsolar Tower Atmospheric Cerenkov Effect Experiment가 있다.

우주 쥠쇠buckling of space를 관찰할 수 있는 관측소는 무엇인가?

우주 안에서 초신성 폭발이나 두 블랙홀의 충돌과 같은 강력하고 폭발적인 사건이 일어나면, 우주 역시 영향을 받는다. 천체물리학자들은 레이저 간섭 중력파 관측소LIGO, laser Interferometer Gravitational-Wave Observatory를 세워 이러한 사건을 통해 생성되는 중력파를 감지하려고 했다. 설립된 두 개의 실험실 중 하나는 루이지애나에 있고, 다른 하나는 워싱턴에 있는데, 지하 깊이에 초고감도 레이저 간섭계가 설치되어 있다. 현재까지 중력파는 감지되지 않고 있다.

지 상 천 문 대

천문대란 무엇인가?

천문대란 천체 관측을 위해 설치된 시설이다. 이들은 하나의 망원경만 갖출 수도 있으나, 대부분 많은 수의 망원경을 갖추고 있다. 현대의 천문대는 때때로 천문대에 한 대의 망원경도 없기도 한데, 대신에 이들은 먼 우주 혹은 지구 먼 곳에 있는 망원경을 통해 데이터를 얻고 분석하는 시설로 쓰인다.

천문학자들은 천문대를 어느 곳에 지을 것인지 어떻게 결정하는가?

오늘날 천문학자들은 몇 년에 걸쳐 천문대를 건설하고 망원경을 설치하기 가장 적합한 천문대의 후보지를 검토한다. 이상적인 곳으로는 고도가 높고 공기가 희박하며 대기오염이 적어 대기의 움직임이 적고 예측이 가능한 곳과 생태환경에 미치는 영향이 상대적으로 작아서 사람과 기계 그리고 장비들을 안전하게 지킬 수 있는 곳을 선호한다.

이런 장소는 세계적으로 드물기 때문에, 좋은 천문대 위치에는 많은 망원경들이 몰린다. 세계의 인구가 비약적으로 증가하고, 좋은 위치에 대한 과학적 수요도 증가함에 따라, 과학자들은 칠레의 아타카마 사막, 페루의 알타플라나Alta Plana, 멕시코의 멀리 떨어진 산, 그리고 하와이와 카나리아 제도와 같은 대양의 군도들을 선택한다.

세계에서 가장 큰 광학 망원경은 어디에 있는가?

354쪽 표는 세계에서 가장 큰 망원경들의 목록으로, 주경의 크기에 따라 순서대로 정리한 것이다.

세계에서 가장 큰 광학 망원경들

이름	장소	구경 지름(m)	주경구성
대형 쌍안 망원경	그레이엄 산(애리조나)	11.8	2개의 원형 거울
그레이트 카나리아 망원경	라팔마(카나리아 제도)	10.4	36개의 육각형 거울
켁 1	마우나케아(하와이)	10.0	36개의 육각형 거울
켁 2	마우나케아(하와이)	10.0	36개의 육각형 거울
호비-에버리 망원경	맥도널드 천문대(텍사스)	9.2	91개의 육각형 거울
남아프리카 대형 망원경	서덜랜드(남아프리카)	9.2	단일 원형거울
수바루	마우나케아(하와이)	8.2	단일 원형거울
안투	세로파라날(칠레)	8.2	단일 원형거울
쿠에옌	세로파라날(칠레)	8.2	단일 원형거울
멜리팔	세로파라날(칠레)	8.2	단일 원형거울
예푼	세로파라날(칠레)	8.2	단일 원형거울
제미니 북부	마우나케아(하와이)	8.1	단일 원형거울
제미니 남부	세로파촌(칠레)	8.1	단일 원형거울
MMT	홉킨스 산(애리조나)	6.5	단일 원형거울
발터 바데 망원경	라스캄파나스(칠레)	6.5	단일 원형거울
랜던 클레이 망원경	라스캄파나스(칠레)	6.5	단일 원형거울
대형 알타지머스 망원경	니즈니 아르키즈(러시아)	6.0	단일 원형거울
액체 제니스 망원경	브리티시컬럼비아(캐나다)	6.0	액체
헤일 망원경	팔로마산(캘리포니아)	5.0	단일 원형 거울

유럽 남방천문대란 무엇인가?

유럽 남방천문대ESO는 유럽 국가들의 컨소시엄으로 운영되는 천문 시설이다. 본부는 독일의 가르칭에 있으나, 이름에서 알 수 있듯이 천문대는 남반구에 위치한다(정확히 말하면 칠레 북부다). 이곳의 주요 장비는 VLT(거대 망원경)이며 세로파라날에 네 개의 망원경을 갖추고 있다. 천문대의 원래 위치는 라시쟈La Silla 산 위에 있는데, ESO와 많은 회원국에 의해 운영되는 많은 망원경이 있는 곳이다.

미국의 국립천문대는 어떤 곳인가?

미국의 국립천문대들은 주로 미국 국립과학재단의 재정 지원을 받는 천문대들로, NOAONational Optical Astronomy Observatory와 NRAONational Radio Astronomy Observatory가 있다. NOAO와 NRAO는 모두 여러 시설을 운영하고 있는데, NOAO에는 국립 태양 관측소, 남부 애리조나에 있는 키트피크Kitt Peak 국립천문대, 칠레의 라 세레나La Serena 인근에 있는 세로 톨로로Cerro Tololo 인터아메리칸Inter-American 관측소, 그리고 칠레의 세로파촌Cerro Pachon과 하와이의 마우나케아에 각각 하나의 망원경을 둔 NOAO 제미니Gemini 과학 센터가 있다. NOAO의 주 본부는 애리조나의 투손Tucson에 있다. NRAO에는 뉴멕시코의 소코로Socorro 인근에 있는 VLAVery Large Array, 서부 버지니아의 그린뱅크에 그린뱅크 전파 천문대, 칠레 북부 아타카마 사막의 차즈난토르Chajnator 평원에 있는 ALMAAtacama Large Millimeter Array 등이 있다. NRAO의 주 본부는 버지니아의 샬러츠빌에 위치한다.

오스트레일리아에 있는 천문대는 무엇인가?

오스트레일리아에는 유명한 전파 망원경들이 많은데, 여기에는 아폴로 미션에 통신 장비로 사용된 파크스Parkes 전파 망원경이 포함된다. 오스트레일리아의 주요 천문 연구 기관으로 스트롬로Stromlo 산 천문대와 사이딩스프링Siding Spring 천문대가 있는데, 오스트레일리아 국립대학이 운영하고 있다.

아프리카에 있는 천문대는 무엇인가?

가장 알려진 아프리카의 천문 관측소는 케이프타운 주변의 남아프리카 천문 관측소SAAO다. 이 관측소의 망원경은 남아프리카 카루 지역의 서덜랜드에 있는데, 관측소의 가장 큰 망원경은 SALT South African Large Telescope으며 2005년에 처음 가동되었다.

아시아에 있는 천문대가 무엇인가?

아시아에서 가장 잘 알려진 망원경 설비는 아마도 러시아의 니즈니 아르키즈Nizhny Arkhyz 인근에 있는 직경 6m 크기의 BTABol'shoi Teleskop Azimultal'nyi 혹은 'Great Azimuthal Telescope'일 것이다. 이 망원경은 흑해와 카스피 해 사이에 있는 스타프로폴Stavropol 남쪽으로 약 150km 거리에 있는 파스투코프Pastukhov 산 정상에 놓여 있다. 이 망원경은 1976년부터 운영되고 있는데, 한때는 세계에서 가장 큰 망원경이었다.

영국의 유명한 천문대는 무엇인가?

오늘날 영국 제도에는 비록 주요 연구용 망원경은 없지만, 영국은 수 세기 동안 천문학 연구의 중심으로 풍성한 역사를 가지고 있다. 예를 들어 맨체스터에 있는 조드럴 뱅크 천체물리학 센터Jodrell Bank Centre for Astrophysics는 여전히 주요 전파 천문학 연구 센터다. 그리니치에 있는 왕립천문대는 더 이상 천문학 연구 기관이 아니지만, 지구 표면과 천구 지도를 작성하는 경도 체계와 본초자오선의 기준으로서 여전히 중요하다.

대서양에 있는 천문대는 무엇인가?

카나리아 제도의 테네리페 섬에 있는 테이데Teide 천문대와 라팔마 섬에 있는 로크 데 로스 무차초스Roque de los Muchachos 천문대가 있다. 이곳들은 현재 17개 나라의 60개 과학 기관들에 소속된 망원경과 장비들의 본거지다. 이곳들의 관측 장비들은 다른 장비들과 함께 오늘날 '유럽 북천문대ENO, European Northern Observatory'로 불리고 있다.

태평양에 있는 천문대는 무엇인가?

하와이 제도에는 많은 중요한 천문대들이 위치해 있는데, 여기에는 지상에 건설된 망원경 중에서 최고의 망원경들이 있다. 이 천문대들은 하와이 제도의 빅 아일랜드 섬에 있는 사화산인 마우나케아 산 정상에 위치하고 있다. 이곳에 있는 주요 망원경들로는 일본 국립천문대 소속의 수바루 망원경과 제미니 북부 망원경Gemini North Telescope, 제임스 클러크 맥스웰James Clerk Maxwell 망원경, 영국의 적외선 망원경, 캐나다-프랑스-하와이 망원경 그리고 쌍둥이 켁 망원경 등이 있다.

대학에서 운영하는 유명한 천문대는 무엇인가?

대학 천문대 중에서 가장 잘 알려진 것으로는 하버드-스미스소니언 천체물리학 센터, 캘리포니아 대학의 릭Lick 천문대, 캘리포니아 공대의 팔로마 산 천문대, 그리고 캘리포니아 대학과 캘리포니아 공대가 공동 운영하는 켁 망원경, 하와이 대학이 운영하는 마우나케아의 망원경과 마우이Maui 섬의 미스 태양 관측소Mees Solar Observatory, 그리고 애리조나 대학에 의해 운영되는 스튜어드Steward 관측소와 애리조나 전파 관측소, 그레이엄 산 국제 관측소가 있다.

유명한 사립 천문대는 무엇인가?

스미스소니언 천체물리학 관측소는 스미소니언 연구소 산하 기관으로, 하버드 대학 천문대와 함께 오랫동안 하버드-스미스소니언 천체 물리학 센터를 운영해오고 있는

세계의 많은 대학들이 대학 재단의 관측소를 가지고 있다. 위의 사진은 시카고 대학의 여키스 관측소다.(iStock)

데 매사추세츠 케임브리지에 300명의 과학자를 보유한 연구 기관으로 자리 잡았다. 로웰 천문대는 애리조나 주의 플래그스태프에 위치하며, 한 세기 전에 행성을 찾기 위해 퍼시벌 로웰에 의해 설립되었다. 오늘날 이 천문대는 천문 연구를 위한 주요 센터로 자리 잡았다. 아마도 가장 크고 가장 유명한 사립 천문대는 워싱턴 카네기 연구소 소속의 천문대일 것이다. 부유한 사업가 앤드루 카네기가 1902년에 카네기 연구소를 설립했는데, 이후 천문학 연구에 많은 영향력을 끼치고 있다. 카네기 천문대는 현재 캘리포니아의 패서디나에서 시설을 운영하고 있으며 칠레의 라스캄파나스에는 쌍둥이 마젤란 망원경이 설치되어 있다. 카네기 연구소는 워싱턴에 본부를 두고 있는데, 이곳은 또한 지구자기학 분야의 본부로 거의 한 세기 동안 천문학에 큰 영향력을 발휘했다. 그곳의 천체물리학자들은 암흑 물질, 천체생물학 그리고 외계 행성 연구에 있어 선구적인 역할을 했다.

적외선 망원경은 어떻게 작동하는가?

적외선은 크게 근적외선, 중적외선 혹은 열적외선, 그리고 원적외선으로 나뉜다. 대부분의 지상 기반 망원경들은 가시광선과 근적외선 관측에 모두 사용될 수 있다. 중적외선은 지구나 우주에서 관측될 수 있으며, 원적외선은 오직 우주에서만 효과적으로 관측될 수 있다. 일반적으로 적외선 망원경은 가시광선 망원경과 비슷한 형태에 비슷한 방식으로 작동한다. 그러나 적외선은 열의 형태이기 때문에, 우주에서 적외선의 방출을 관측하기 위해 사용되는 망원경과 카메라는 절대 0도보다 10도 이상 높지 않은 저온 상태로 냉각될 때(종종 헬륨을 사용한다) 가장 효과적으로 작동한다. 또한 디지털 검출기는 적외선에 대한 감도를 올리기 위해 다른 물질들로 만들어졌다. 대부분의 빛 감지기는 기본적으로 실리콘으로 만들어진 반면, 근적외선 감지기들은 게르마늄이나 다소 생소한 물질인 갈륨비소GaAs, 안티몬화 인듐InSb 혹은 '텔루르화 수은카드뮴mercad-telluride'이라 부르는 수은, 카드뮴 그리고 텔루르의 조합으로 만들어진다.

가상 천문대란 무엇인가?

가상 천문대는 천문학자들이 실제 망원경으로부터 모인 데이터를 이용하여 과학 연구를 할 수 있게 하는 컴퓨터 네트워크로 연결된 장비인데, 약 10년 전에 만들어졌다. 천문학계는 특수한 과학적 목적을 위해 수십 년에 걸쳐 광대한 양의 데이터를 모았다. 그러나 대부분의 데이터는 여전히 밝혀지지 않은 많은 우주에 대한 정보를 담고 있다. 따라서 세계의 주 천문학 관측소들은 자신들이 모은 데이터를 전 세계에 있는 모든 과학자들과 공유하기로 결정했다. 그들은 협동하여 가상 관측소 시설을 개발했고, 이를 통해 이러한 데이터들이 연구되고 분석되어 하나의 망원경 관측으로는 밝힐 수 없는 놀라운 발견들이 이루어질 수 있게 했다. 국제가상천문대연맹IVOA은 12개 이상의 국제기관을 가지고 있으며 세계의 과학자들과 천문학자들 전체를 이롭게 할 가상 관측소 장비를 만드는 데 열중하고 있다.

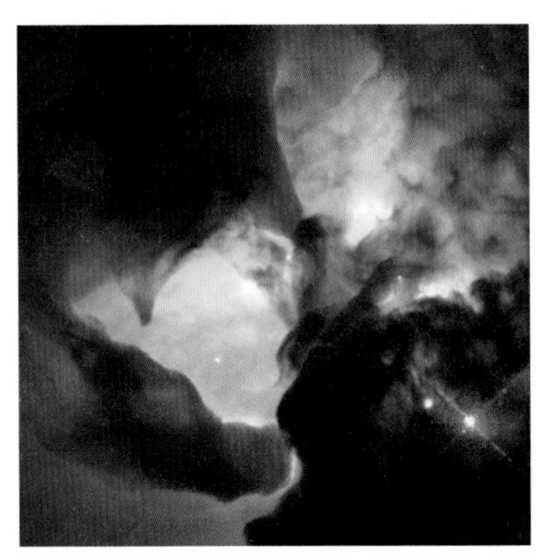

허블 적외선 망원경에서 적외선으로 촬영한 석호 성운의 그림이다.(NASA)

적외선 망원경의 예는 무엇인가?

우주 기반의 적외선 망원경들로는 적외선 천문위성IRAS과 스피처Spitzer 우주 망원경 등이 있다. 지상 기반의 적외선 망원경으로는 하와이 마우나케아 산의 적외선 망원경 시설IRTF과 UK 적외선 망원경UKIRT 등이 있다.

공중 천문대란 무엇인가?

공중 천문대Airborne Observatory는 비행기에 설치된 망원경으로, 비행 중에 작동된다.

천문학자들은 왜 공중 천문대를 사용하려 하는가?

비행기가 1만 2500m 고도에서 비행할 때는 지구 대기 중에 있는 수증기의 99% 위를 날게 된다. 수증기는 우주에서 오는 적외선을 흡수하기 때문에, 수증기 위를 날면 망원경은 많은 적외선 관측을 할 수 있게 된다. 동시에 공중 망원경은 우주망원경과 달리 손쉽게 수리하거나 업그레이드할 수도 있고, 또 실시간으로 조정이 용이하다는 장점이 있다. 그리고 비행기는 세계의 다른 지역을 날 수 있으므로 지상 망원경보다 다른 지역으로 쉽게 이동할 수 있어 커다란 융통성을 갖는다.

공중 천문대는 단점은 없는가?

물론 단점도 있다. 가장 큰 단점은 지상의 고정된 지점에서 관측하는 것보다 비용이 더 많이 들 뿐 아니라 나는 비행기 위에서 망원경을 작동해야 하는 기술적인 어려움도 따른다. 또 다른 단점은 비행기에 적재하는 무게에는 한계가 있기 때문에, 공중 망원경은 지상 망원경에 비해 상대적으로 작을 수밖에 없다. 이런 이유로, 공중 천문대는 지상에 비해 최대의 이점을 얻을 수 있는 원적외선 관측에 한해서만 사용된다.

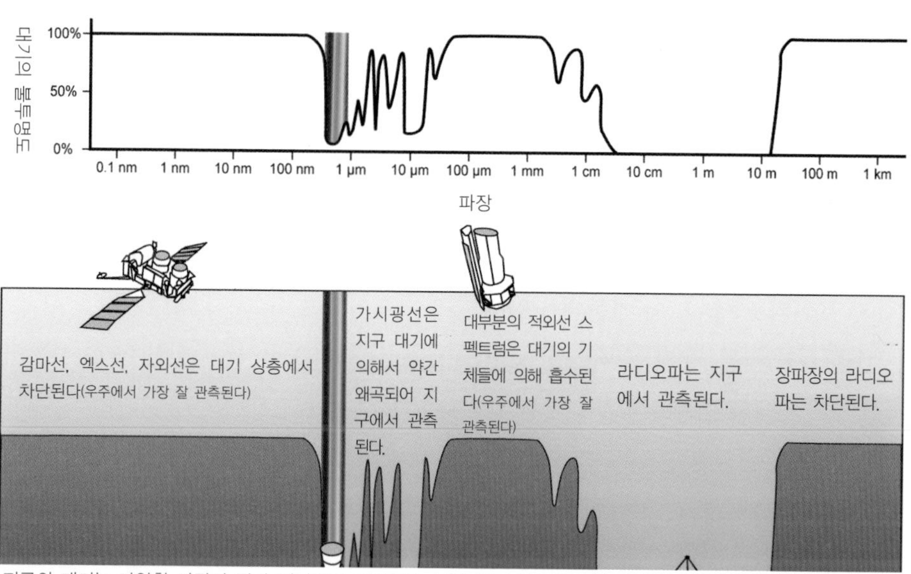

지구의 대기는 다양한 파장의 빛과 에너지를 차단한다. 비행 관측소와 우주 관측소는 이런 간섭 현상을 배제한 관측을 위해 존재한다.(NASA/IPAC)

카이퍼 공중 천문대란 무엇인가?

카이퍼 공중 천문대KAO는 네덜란드 태생의 미국인 천문학자 제러드 카이퍼Gerard Kuipe(1905~1973)의 이름을 따서 만들어진 것으로, 1974년 작동을 시작한 이래 NASA에 의해 운영되고 있다. 미국 공군 전략 수송기 C-141을 개조하여 만들어졌으며 0.9m 지름에 2700kg의 무게에 달하는 망원경을 싣고 있다. 이 천문대는 캘리포니아 주 모팻필

드Moffat Field 인근의 NASA 에임즈Ames 연구센터에 근거를 두고 있으며, 연간 70회 정도의 과학 비행을 수행한다.

첫 번째 공중 천문대는 무엇인가?

천문학자들은 1957년 이래로 대기 속 높은 곳에서 관측 비행을 하고 있다. 1960년대 후반 콘베어Convair 900 제트기가 첫 번째로 장기 공중 천문대로 전환되었다. 1970년대 초에는 30cm 직경의 망원경을 실은 리어Lear 제트기로 계승되었다.

SOFIA란 무엇인가?

성층권적외선천문대SOFIA는 공중 적외선 천문대로서, 카이퍼 공중 천문대KAO의 계승자로 여기고 있다. 이 천문대는 보잉 747 비행기에 2.5m 지름의 망원경을 탑재하며, 고도 1만 2500m에서 작동한다. SOFIA는 NASA와 독일 항공센터DLR의 공동 프로젝트다. 첫 번째 비행은 2007년 4월 26일에 이루어졌다.

우 주 망 원 경

허블 우주 망원경.(NASA)

우주에 망원경을 설치하는 이유는?

우리 대기의 두꺼운 가스층은 천체로부터 우리 행성으로 들어오는 감마선, 엑스선, 원자외선과 원적외선 같은 전자기장 방사선을 대부분 막아준다. 바람, 비 그리고 눈과 같은 대기 변화는 우주로의 시야를 가린다. 이로 인해 우주 망원경은 지구보다 훨씬 선명한 사진을 찍을 수 있으며, 지구 표면에 닿지 않는 빛들을 모을 수 있다.

가장 잘 알려진 우주 망원경은 무엇인가?

허블 우주 망원경은 미국의 천문학자 에드윈 허블의 이름을 따서 만들어졌다. 1990년 4월 24일, 이 망원경은 우주 왕복선 디스커버리에 탑재되어 우주로 보냈으며, NASA와 유럽 우주국에 의해 운영되고 있다. 그 이래로, 이 망원경은(HST를 약자로 쓴다) 우주에 대한 우리의 관점을 이전의 다른 어떤 망원경이 했던 것보다 크게 바꿔주었다. 과학적으로나 사회적으로나, 이 우주 망원경은 우리 세대의 가장 영향력 있는 과학 장비다.

허블 우주 망원경의 사양은 어떤가?

허블 우주 망원경은 우주 왕복선의 화물칸에 꼭 들어맞는 크기다. 이는 커다란 스쿨버스 한 대의 크기로, 카메라와 분광기는 전화 부스만 하다. 전체 무게는 13톤에 달한다. HST의 주경은 2.4m이며 이는 현대 지상 기반의 망원경에 비해 상대적으로 작지만, 우주로 보낸 망원경 중에서는 가장 크다. HST가 작동하는 중에는 두 개의 커다란 태양 전지판이 망원경의 시스템에 동력을 공급한다.

허블 우주 망원경의 궤도는 무엇인가?

허블 우주 망원경은 지상 약 560km 상공에서 궤도를 돌며 약 90분에 한 번씩 지구 주위를 돌고 있다.

허블 우주 망원경 프로젝트는 어떻게 개발되고 배치되었는가?

궤도를 도는 망원경에 대한 초기 제안은 1946년 미국의 천문학자 라이먼 스피처 주니어Lyman Spitzer, Jr.(1914~1997)에 의해 제안되었다. 1970년대 초, 아폴로 프로그램이 끝나자, NASA는 우주 망원경에 대한 초기 제안을 수락했다. 그러나 미국 의회는 비용 때문에 이 프로젝트를 지연시켰다. 1977년 유럽 우주연합국이 미국의 동반자로 합류하여 우주 망원경 프로젝트에 15%의 장비와 자금을 조달하는 대신 망원경 관측 시간의 15%를 사용할 수 있도록 협약을 맺었다.

허블 우주 망원경의 설계에는 8년이라는 시간과 15억 달러라는 천문학적 금액이 들어갔다. 또 1985년에 완성되었으나 망원경의 발사는 1986년 우주 왕복선 챌린저의 악재로 인해 2년 반 이상 지연되었다. 1990년 4월 24일, HST는 디스커버리 우주 왕복선에 의해 마침내 우주로 날아가게 된다.

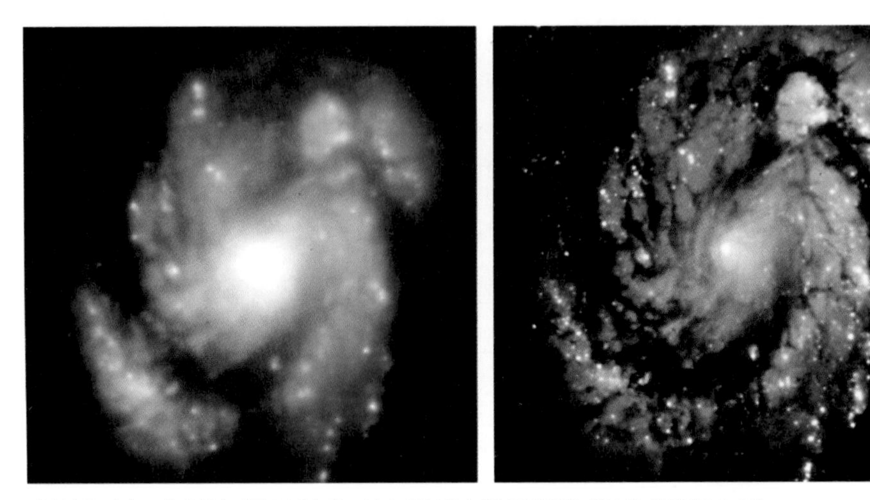

허블의 주경이 교체되면서 지구로 전송되는 이미지의 질이 향상되었음을 비교한 사진이다.(NASA)

허블 우주 망원경이 발사된 이후 어떤 일이 생겼는가?

HST가 1990년 발사되어 궤도에 진입한 이후, 초기 테스트를 통해 망원경이 여러 가지 커다란 문제점을 안고 있다는 사실이 밝혀졌다. 태양 전지판은 망원경이 궤도를 돌자 흔들리기 시작했으며, 망원경의 이미지도 흐려졌다. 설상가상으로, 주경은 잘못된 형태로 맞춰져 있었다. 그로 인해 구면 수차spherical aberration라고 부르는 광학 문제가 생겨 사진의 질이 90% 이상 떨어졌다. 이는 가장 깨끗한 화질을 기대하던 천문학자들에게 엄청난 재앙이었다.

허블 우주 망원경은 어떻게 수리되었는가?

망원경의 문제점을 정확히 측정하고 파악하기까지는 몇 달이라는 시간이 걸렸다. 계획이 수립되자, 새로운 태양 전지판이 설계되었고, 구면 수차 문제를 보완하기 위해 특수 광학 장비가 만들어졌다. 이 계획의 중점은 COSTARCorrective Optics Space Telescope Axial Replacement로서 세 개의 동전 크기의 거울을 통해 주경으로 들어오는 빛의 초점을 맞춰주는 장비와, WFPC-2the second Wide Field/Planetary Camera라고 부르는 새로운 카메라였다.

HST에 필요한 서비스는 1993년 12월 네 명의 우주 비행사를 태운 엔데버 우주 왕복선에 의해 이루어졌다. 이들은 발사되고 이틀 뒤 허블 망원경에 접촉했고, 셔틀의 로봇 팔을 이용해 셔틀의 화물칸으로 망원경을 다시 끌어들였다. 일주일에 걸쳐 망원경 수리 및 유지 보수 작업이 이루어졌다. 수리된 망원경에 의한 첫 번째 이미지는 1993년 12월 18일 새벽에 전송되었다.

우주에 있는 NASA의 4대 천문대는 무엇인가?

우주에 있는 NASA의 4대 천문대는 콤프턴 감마선 위성CGRO, 허블 우주 망원경, 찬드라 X선 관측소 그리고 스피처 우주 망원경이다.

허블 우주 망원경이 관측한 주요 발견들은 무엇인가?

이 책에서는 지면 제약 때문에 HST가 천문학자들로 하여금 가능케 한 놀라운 우주론적 발견들 중 극히 일부분만 언급할 수 있다. 천문학자들은 허블 망원경으로 다른 어떤 장비보다 더 깊은 우주의 이미지를 얻었다. 허블 망원경은 가장 먼 은하(130억 광년 거리에 있는)를 발견했으며, 우주의 팽창률을 측정했고, '암흑 에너지'의 존재와 우주의 가속 팽창을 확증하는 데 도움을 주었다. 또 명왕성 주위를 돌고 있는 새로운 두 개의 작은 위성들을 발견했고, 대부분의 나선 은하와 타원 은하에 초대질량supermassive의 블랙홀이 존재하는 것을 입증했다.

허블 우주 망원경의 사회적 효과에는 어떤 것이 있는가?

허블 우주 망원경은 천문학에 혁명을 일으켰을 뿐만 아니라, 국제 과학 기관의 구조에 근본적인 변화를 야기함으로써 과학이 전 세계적으로 어떻게 수행되는지에 대한 영향을 끼쳤다. HST를 이용해 수집한 자료는 전 세계 과학자들에게 공유되었는데, 이를 통해 누구라도 중요한 발견을 할 수 있게 했다. 허블 우주 망원경의 초기 결함은 NASA로 하여금 운영 방식을 바꾸게 함으로써, 과학자뿐만 아니라 비과학자들에게도 천문학적 발견을 할 수 있는 개방적이고, 상호 교환적이고, 교육적인 새로운 장이 열렸다.

허블 우주 망원경을 계승할 망원경은 무엇인가?

만약 허블 우주 망원경의 서비스와 업데이트가 계획대로 진행된다면, 허블 망원경은 최소한 2015년까지 과학 장비로서 문제없이 운영될 것이다. 그때가 되면 허블 우주 망원경을 계승할 망원경이 발사될 것이다. 현재 개발 중인 제임스 웹 우주 망원경은 HST 크기의 약 10배에 달하는 주경을 장착하고 있다.

적외선 우주 망원경

적외선 천문 위성이란 무엇인가?

적외선 천문 위성IRAS은 1983년 미국, 영국 그리고 네덜란드를 포함한 국제 과학 컨소시엄에 의해 발사되었다. IRAS의 주 망원경은 58cm의 반사 망원경이다. 이 망원경에 의해 모인 적외선은 64개의 반도체 패널에 의해 기록되고 측정되며, 데이터는 전파를 통해 지구로 송신한다. 과학 장비의 차가운 온도를 유지하기 위해, 이 망원경은 액체 헬륨의 절연 플라스크에 둘러싸여 있다. IRAS 장비는 약 일곱 달 동안 지속되는 액체 헬륨으로 운영되다가 타버리게 되었다.

IRAS가 관측한 것은 무엇인가?

망원경이 운영되던 일곱 달 동안, IRAS는 중적외선과 원적외선 파장으로 하늘을 두 번 조사했다. 하늘 전체에 대한 조사는 관련 분야의 첫 번째 임무였으며 천문학 연구에 새로운 활로를 열었다. 이 망원경의 업적 중에는 엄청난 양의 적외선 파장을 방출하는 아주 밝은 새로운 은하의 발견과, 새로운 별이 탄생하는 가스 구름으로 두껍게 둘러싸인 거대 분자구름의 확인 그리고 소위 '적외선 권운infrared cirrus'으로 불리는 원적외선 파장에 의해 희미하게 빛나는 성간 가스와 먼지구름의 발견을 들 수 있다.

ISO 망원경은 무엇인가?

적외선 우주 관측소ISO는 IRAS의 계승자다. ISO는 1995년 11월에 발사되어, 1995년 1월 28일부터 활성화되었다. 크기는 IRAS와 같고, 같은 방식으로 구성되었다. 그러나 이 망원경은 훨씬 민감한 적외선 장비를 갖추고 있으며, 두 개의 적외선 분광 사진기가 달려 있다. 거의 대부분의 하늘을 관측한 IRAS와 달리 ISO는 세부적인 연구를 위해 특정 천체 혹은 지역에 맞춰져 있다. 이 망원경은 현대의 적외선 우주 망원경 스피처의 초석을 다졌다고 할 수 있다.

스피처 우주 망원경은 무엇인가?

스피처 우주 망원경SST은 발사된 우주 적외선 망원경 중에 가장 크고 정밀한 망원경이다. ISO와 같이 SST는 포괄적 관측이 아닌 특정 관측을 위해 설계되었다. 그러나 ISO보다 훨씬 크고, 보다 나은 이미지와 해상도와 민감도를 자랑한다. 스피처 망원경은 2003년 8월 25일에 발사되었으며, 첫 번째 이미지는 같은 해 12월 18일에 일반인에게 공개되었다.

스피처 우주 망원경은 현재, 우주에서 자료를 수집하는 초대형 망원경 중 하나다.(NASA/JPL-Caltech)

스피처 우주 망원경은 어떻게 이름 지어졌는가?

SST는 미국의 천체물리학자 라이먼 스피처 주니어Lyman Spitzer, Jr.(1914-1997)의 이름을 따서 만들어졌다. 그는 이 분야, 특히 성간 물질의 속성과 성간 매질 내에서 일어나는 물리적 과정에 대한 중요한 발견들을 많이 했다. 1946년에 스피처는 인공위성 궤도를 도는 커다란 망원경을 설계하고, 건설하고, 발사하자고 제안한 최초의 인물이다. 그의 제안은 마침내 NASA의 네 대의 우주 대천문대 중 마지막이었던 '우주 적외선 망원경 기지Space Infrared Telescope Facility'의 이름을 스피처로 채택함으로써 보상받았다.

스피처 우주 망원경이 발견한 것은 무엇인가?

스피처가 행한 발견들 중에서 특히 유명한 것으로는 완전히 새로운 종족인 갈색 왜성들, 어린 별들 주위에 있는 원시 행성 원반과 수많은 외계 행성들, 엄청난 양의 성간 먼지로 인해 가려진 먼 은하들과 퀘이사들, 그리고 우리은하의 중심에 대한 가장 정밀한 지도 등을 들 수 있다.

엑스선 우주 망원경

엑스선 망원경은 어떻게 작동하는가?

엑스선은 매우 강력하기 때문에 정면으로 맞닿으면 일반 망원경의 거울을 뚫어버릴 수 있다. 그래서 엑스선 망원경들은 엑스선을 아주 얕은 각도로 반사시키는 여러 겹의 집합으로 된 '산란 거울grazing-incidence mirrors'을 사용한다. 산란광학의 필요는 엑스선 망원경 설계를 매우 어렵게 한다(광학 망원경들과 비교했을 때, 이들은 종종 초점이 뒤로 쏠려 있는 것처럼 보인다). 뿐만 아니라, 엑스선은 대기를 잘 통과하지 못하기 때문에, 엑스선 망원경은 반드시 우주 망원경이어야 한다. 이렇듯 망원경을 만드는 과정은 어렵지만, 이를 통해 얻는 과학적 성과는 그만한 가치가 있다. 엑스선 망원경은 천문학자들로 하여금 신성, 초신성, 펄서 그리고 블랙홀과 같은, 우주에서 가장 강력한 현상들을 직접 연구할 기회를 제공한다.

첫 번째 엑스선 망원경은 무엇이었는가?

1962년에 이탈리아 태생의 미국인 물리학자 리카르도 자코니Ricardo Giacconi(1931~)와 그의 동료들로 이루어진 과학 조사 팀은 엑스선 망원경을 실은 에어로비Aerobee 로켓을 발사했다. 비행 시간은 몇 분에 불과했지만 엑스선을 흡수하는 대기층 위를 비행하는 동안 장착된 망원경은 성간 공간에서 처음으로 엑스선을 감지했다. 여기에는 전갈자리 방향에서 오는 강력한 엑스선원이 포함되어 있었다. 이들은 1960년대에 이뤄진 추가 비행에서도 또 다른 엑스선원들을 발견했는데, 여기에는 백조자리 방향에서 오는 것과 황소자리 방향(게성운)에서 오는 근원이 포함되어 있다.

앨라배마의 헌츠빌에 위치한 마셜 우주비행센터는 엑스선 망원경 기술에 대한 연구를 하고 있다.(NASA/Dennis Keim)

첫 번째 엑스선 우주 망원경 위성은 무엇인가?

엑스선 천문 관측을 위해 특별히 제작된 첫 번째 위성은 우후루Uhuru(동부 아프리카 스와힐리어로 '평화'라는 의미)이다. 우후루는 1970년에 발사되어 활동 기간 동안 최초로 하늘의 엑스선 지도를 작성했다.

HEAO 미션이란 무엇인가?

3차에 걸친 HEAO(고에너지 천체물리학 관측소) 미션은 NASA가 엑스선, 감마선 그리고 우주선을 연구하기 위해 발사한 망원경들이다. 1년 반의 작동 기간 중에 HEAO-1은 퀘이사와 펄서 같은 많은 천체 엑스선 근원에 대해 지속적으로 관측했다. HEAO-2(혹은 아인슈타인 관측소로 불린다)는 1978년 11월부터 1981년 4월까지 작동했으며, 당시에 우주의 고해상도 엑스선 이미지를 촬영했다. HEAO-3은 1979년에 발사되었으며 감마선과 우주선 연구에 초점을 맞추었다. 아인슈타인 미션은 찬드라 미션(NASA의 주요 엑스선 관측 미션)을 위한 초석을 닦았고, HEAO-3의 경우 콤프턴 감마선 관측 위성으로 이어졌다.

ROSAT 미션이란 무엇인가?

ROSAT Roentgen Satellite 미션은 HEAO 미션 이후 다음 세대의 엑스선 우주 망원경이었다. 독일인 과학자 팀에 의해 진행되었으며, 엑스선을 발견한 독일의 물리학자 빌헬름 뢴트겐Wilhelm Röentgen(1845~1923)의 이름을 따서 만들어졌다.

XMM-뉴턴 미션이란 무엇인가?

XMM-Newton X-ray Maximum Mission 위성은 주 유럽 엑스선 관측 우주 망원경으로, 유럽에서 만들어진 것 중에서 가장 컸다. 이 망원경 관측소는 1999년 12월 10일에 발사되었으며, 유럽 우주국에 의해 운영된다. 이 우주 관측소는 주 엑스선 망원경(가장 민감한 망원경)뿐만 아니라 자외선과 가시광선을 위한 작은 망원경도 갖추고 있다. 이 망원경들 역시 엑스선 망원경과 같은 위치에 초점을 두고 있으며, 천문학자들로 하여금 엑스선 근원의 위치에 대해 가시광선 이미지 또한 즉각 얻을 수 있게 되어 있다.

찬드라 엑스선 관측소라는 이름은 어떻게 갖게 되었나?

찬드라 엑스선 관측소는 처음에 '고등 엑스선 천체물리 기지AXAF, Advanced X-ray Astrophysics Facility'라고 불렀다. 성공적인 발사 이후, 노벨상을 받은 인도 출신의 미국인 천체물리학자 수브라마니안 찬드라세카르Subramanyan Chandrasekhar(1910~1995)를 기리기 위해 붙여졌다. 찬드라는 힌두어로 '달'이라는 의미를 갖고 있다.

XMM-뉴턴 미션이 발견한 것들은 무엇인가?

XMM-뉴턴이 이룬 많은 발견 중 일부는 블랙홀로 빨려들어가는 물질의 직접적 관찰, 초신성과 다른 성간 폭발의 세부 연구, 백색 왜성, 중성자별 그리고 준성quasi-stellar 천체에 대한 새로운 관측과 감마선 폭발에 대한 선구적인 관측이 포함된다.

찬드라 엑스선 관측소란 무엇인가?

찬드라 엑스선 관측소는 NASA에 의해 실행된 미션 중에서 가장 유용한 엑스선 망원경 미션이었다. 이 관측소는 1999년 7월 23일, 컬럼비아 우주 왕복선에 실려 우주로 날아갔다. 지구 주위를 긴 타원형 궤도로 도는데, 가까울 때는 지표 위 1만 km까지 다가왔다가 멀어질 때는 지표로부터 최대 14만 km까지 멀어졌다. 비록 운영에는 어려움이 있지만, 이 같은 특이한 궤도는 과학자들로 하여금 일정한 고도를 도는 궤도에서 관측할 수 없는 다양한 관측을 가능하게 했다. 찬드라는 이전에 비행했던 다른 어떤 엑스선 망원경보다도 천체에 관한 고해상도의 엑스선 이미지를 얻을 수 있게 했다. 예를 들면 초신성 잔해, 초대질량 블랙홀 시스템(우리은하 중심에 있는 궁수자리 A*를 포함하여), 폭발하는 항성에서 방출되는 충격파, 토성의 위성 타이탄의 엑스선 그림자, 그리고 밀집된 은하단 안에 있는 수백만 도에 달하는 가스와 같은 복잡하고 극히 고에너지 상태의 천체계에 대한 상세한 이미지를 보내왔다.

자외선 우주 망원경

자외선 우주 망원경은 어떻게 작동하는가?

자외선 망원경은 엑스선 망원경과 같이 지구 대기권 밖에 있을 때 효과적이다. 거울 기술은 가시광선 망원경과 거의 비슷하다. 하지만 검출기의 경우 자외선 빛에 민감하게 설계되어야 한다. 예를 들어, 이들은 전하 결합 소자CCD, charge-coupled devices와 MAMAsMulti-Anode Microchannel Arrays를 사용하여 특수 설계된다. 지금까지 발사된 가장 큰 자외선 망원경은 허블 우주 망원경이다.

첫 번째 자외선 망원경들은 어떻게 우주에 배치되었는가?

첫 번째 자외선 망원경들은 여덟 대의 궤도 태양 관측소OSO를 포함하여, 1962년에서 1975년 사이에 발사되었다. OSO는 태양으로부터 오는 자외선을 측정한다. 이 망원경들에서 얻은 데이터는 과학자들에게 좀 더 완전한 태양 코로나의 모습을 보여주었다. 잇달아 OSO가 발사되어 태양뿐만 아니라 다른 천체들, 예를 들어 수천 개의 별들과 혜성들, 그리고 수많은 은하들로부터 방출되는 자외선 연구에 이용되었다. 1972년부터 1980년까지 OAO 코페르니쿠스는 수많은 별들의 자외선 자료, 예를 들면 온도, 조성 그리고 성간 매질의 구조와 같은 자료를 수집했다.

IUE 위성이란 무엇인가?

국제 자외선 탐사선IUE은 1978년에 발사되었으며, 1978년 1월 26일 천체로부터 최초의 자외선 스펙트럼을 얻었다. 비록 마지막으로 스펙트럼을 얻은 것은 1996년 9월 30일이었지만, 오늘날까지도 궤도에 머무르고 있다. IUE는 10만 4000차례 이상의 관측을 수행하면서 행성과 별 그리고 은하의 자외선 특성에 대한 최초의 정확한 정보를 제공했다. 이 자료들은 오늘날까지도 최근에 이루어진 관측을 해석하는 데 사용되고 있다.

극자외선 탐사 위성이란 무엇인가?

극자외선 탐사 위성EUVE 미션은 가장 짧은 자외선 파장으로 우주를 관측하기 위해 만들어진 첫 번째 망원경이다. 이런 종류의 자외선은 거의 엑스선만큼 에너지가 높기 때문에, EUVE는 자외선과 엑스선 망원경 기술의 조합으로 만들어졌다. 1992년 6월 7일에 발사되어, 2001년 1월 31일까지 작동했다. 이 위성이 거둔 과학적 성과들로는 801개 천체들에 대한 전천 탐사 목록, 우리은하 외부 천체로부터의 최초의 극자외선 감지, 항성으로부터 오는 극자외선 광구 방출 감지, 그리고 왜소 신성의 준주기적인 진동과 같은 색다른 천체들의 특이한 거동 관측 등을 들 수 있다.

원자외선 분광 탐사 위성이란 무엇인가?

원자외선 분광 탐사 위성FUSE, Far Ultraviolet Spectroscopic Explorer은 1999년 6월 24일에 발사되었다. 이 위성은 IUE의 과학적 탐사의 계승자로서, 하나의 주경 대신 네 개의 거울을 이용하는 기술을 사용하는 등 많은 신기술을 탑재했다. FUSE는 초기 우주에서의 물질의 조합과 분배, 은하 전체에 걸친 화학 원소의 분산 그리고 항성과 항성 시스템으로부터 형성되는 성간 가스 구름의 속성들에 대한 연구를 위해 설계되었다. 3년간에 걸친 최초의 미션을 성공적으로 마친 다음, FUSE는 보다 장기적인 두 번째 미션에 투입되어 많은 과학적 성과를 올렸다. 이러한 성과로는 먼 우주 속에서 발견한 수소와, 마젤란 성운의 수백 개 별들의 관측 등을 들 수 있다. FUSE는 2007년 10월 18일에 폐기되었다.

갈렉스 미션이란 무엇인가?

갈렉스GALEX(은하 진화 탐사선) 미션은 2003년 4월 28일에 발사된 자외선 우주 망원경 궤도 미션이다. 페가수스 로켓은 갈렉스를 고도 697km의 원형 궤도에 올려놓았다. 주 미션은 10만 개 이상의 은하, 항성 그리고 다른 천체들의 자외선 이미지 촬영과 광도 측정이었다. 갈렉스는 특히 매우 뜨거운 별들에 민감하게 반응하도록 설계되었는데, 이러한 별들은 통상적으로 젊고 밝은 주계열성이거나 뜨거운 백색 왜성이다. 그 결과, 갈렉스는 가까운 은하와 먼 은하 모두에서 항성 형성과 진화 과정에 관한 매우 중요한 발견을 했다.

감마선 우주 망원경들

감마선 우주 망원경은 어떻게 작동하는가?

감마선gamma-ray은 전자기 복사선 중에서 가장 강력하다. 결과적으로 감마선은 어떤 종류의 거울 물질도, 심지어 스쳐 지나가는 입사각에서도 투과한다. 때문에 감마선 망원경에 적용되는 기술은 다른 어떤 종류의 망원경의 기술과도 다르다. 여기에는 플라스틱, 가스, 크리스털 섬광 검출기를 비롯하여 고정밀 배열 구경 마스크, 스파크 체임버와 실리콘 선 검출기 등이 포함된다.

첫 번째 감마선 망원경은 무엇인가?

비록 초기의 우주 망원경은 비효율적이고 부정확했지만, 일부의 감마선을 감지했다. 1961년 익스플로러Explorer XI는 아주 적은 감마선속을 감지했다. 1967년에는 세 번째 태양 관측 위성OSO-3, The third of the Orbiting Solar Observatory이 하늘의 감마선을 감지하는 데 사용되었고, 1972년에 발사된 SAS-2 역시 초기의 감마선 관측 위성으로 가치가 있었다.

COS-B 위성이란 무엇인가?

COS-B는 엑스선과 감마선 망원경으로, 유럽 우주국에 의해 1975년 8월 9일부터 1982년 4월 25일까지 운영되었다. COS-B가 성취한 주요 과학적 성과는 우리은하의 첫 번째 감마선 지도를 작성한 것과 백조자리 X-3 펄서의 관측 그리고 25개의 강력한 감마선원 목록을 만든 것을 들 수 있다.

콤프턴 감마선 관측소란 무엇인가?

콤프턴 감마선 관측소CGRO, Compton Gamma Ray Observatory는 고에너지 천체물리학 미션으로, NASA의 4대 우주 관측 위성 중 하나다. CGRO는 1991년 4월 5일에 발사되어 완벽하게 작동하기 시작한 이후 9년 이상 선구적인 과학 관측을 수행하고 있다.

CGRO는 네 가지 중요한 과학 장비를 탑재하고 있었는데, 모두 고에너지 엑스선과 감마선 천문학에 있어 중요한 과학적 발견을 이루었다. BATSEBurst and Transient Source Experiment는 항성 폭발과 감마선 폭발 관측을 위해 전 하늘을 모니터링하여, 우리은하보다 다른 은하에서 일어나는 감마선 폭발이 훨씬 강력하다는 것을 입증하는 데 도움을 주었다. 콤프턴 망원경COMPTEL, Compton Telescope은 한 번에 하늘의 1/10을 찍을 수 있었으며, OSSEOriented Scintillation Spectrometer Experiment는 하늘의 작은 부분에 대해 매우 자세히 관측할 수 있었다. 이 둘은 태양과 우리은하 그리고 전체 하늘에 걸쳐 가장 민감하고 상세한 감마선 지도를 만들어냈다(OSSE는 우리은하에서 반물질 흐름의 증거를 찾기도 했다). 마지막으로 EGRETEnergetic Gamma Ray Experiment Telescope는 초고에너지 감마선에 대한 정보를 수집했다. 이 관측은 블라자Blazar의 발견으로 이어졌다.

어떤 발견이 감마선 천문학을 꽃피우게 했는가?

1960년대와 1970년대에 미국 정부는 미국과 소련 간에 맺은 핵 실험 금지 조약을 감시하기 위한 위성들을 발사했다. 위성에 실린 검출기는 지구 표면에서 핵폭발을 의미하는 감마선 폭발을 감지하도록 설계되었다. 놀랍게도, 이 위성들은 며칠에 한 번꼴로 감마선 폭발을 감지했으나, 지구로부터 오는 것은 없었다. 과학자들은 이 감마선 위성들이 새로운 천문학 현상을 발견했다는 사실을 깨달았다. 군사적 임무로부터 얻어진 자료가 공개된 이후, 감마선 폭발 현상은 이 분야의 천문학에 활력을 불어넣으며 좀 더 열띤 연구와 망원경을 설계하도록 만들었다.

콤프턴 감마선 관측소는 누구의 이름을 딴 것인가?

콤프턴 감마선 관측소CGRO, Compton Gamma Ray Observatory는 노벨상 수상자인 미국의 물리학자 아서 홀리 콤프턴Arthur Holly Compton(1892~1962)의 이름을 따서 지어졌다. 결정 속의 엑스선 반사 연구와 물질에 의한 엑스선 산란 연구에 선구적 역할을 했다. 그는 또한 오늘날 콤프턴 산란Compton Scattering이라 불리는 효과를 발견했는데, 이것은 엑스선 광자가 전자와 반응하면서 자신의 에너지 일부를 잃어버리는 현상이다(그 역

효과는 아원자 입자들이 엑스선에 에너지를 더해주어 방사선을 보다 강하게 하는 것인데, 이는 고에너지 엑스선과 감마선을 배출하는 퀘이사와 같은 천체에 중요한 방법이다).

INTEGRAL 위성이란 무엇인가?

국제 감마선 천체물리학 실험실INTEGRAL, international gamma Ray Astrophysics Laboratory 미션은 유럽 우주국에 의해 운영된 감마선 우주 망원경이다. 이 망원경은 카자흐스탄의 바이코누르 우주 기지에서 러시아의 프로톤 발사기Proton Launcher에 의해 2002년 10월 17일에 발사되었다. INTEGRAL 위성은 COS-B와 CGRO의 계승자로서, 감마선 이미지와 스펙트럼을 촬영하는 과학 장비를 탑재하고 있었다. INTEGRAL은 또한 감마선 데이터를 촬영하는 동시에 엑스선과 가시광선을 관측하는 검출기들도 싣고 있었다. 이는 활발한 감마선 생성 사건인 항성 폭발이나 퀘이사 분출과 같은 현상을 연구하는 데 매우 유용하다. INTEGRAL이 이룬 과학적 성과들 중에는 저에너지 감마선 방사에 대한 하늘의 완전한 지도를 만든 것을 꼽을 수 있다.

콤프턴 감마선 관측소의 마지막 운명은 어떻게 되었는가?

콤프턴 감마선 관측소는 무게가 17톤에 달했는데, 발사된 우주 망원경 중에서 가장 무거웠다. 이는 다시 말해 궤도가 낮아져서 지구 대기로 들어오면, 커다란 금속 덩어리들이 다 타지 않고 지구 표면에 떨어질 수 있음을 의미했다. CGRO의 궤도 운행과 통제 시스템이 저하되기 시작했을 때, NASA 사령부는 파편들이 땅에 떨어지면 너무 위험해서 완전한 통제 능력을 잃게 될 것을 우려했다. 2000년 6월 4일, CGRO는 조심스럽게 대기권으로 진입했으며 성공적으로 남태평양 상공에서 궤도를 이탈하여 파편들은 아무런 해를 끼치지 않고 바닷속에 떨어졌다.

스위프트 미션이란 무엇인가?

스위프트Swift 미션은 NASA가 영국, 이탈리아와 공동으로 운영한 중간 크기의 탐사선 미션이다. 스위프트는 플로리다의 케이프커내버럴에서 2004년 11월 20일에 발사되었다. 이 탐사선은 감마선, 엑스선 그리고 자외선·가시광선 미션이 포함되어 있었지만, 특히 감마선 폭발을 연구하기 위해 설계되었다. 감마선 폭발의 기원과 감마선 폭발이 초기 우주의 탐침probe이 될 수 있는지 알아보기 위한 것이었다. 스위프트에는 감마선 분출을 감지하는 감마선 망원경인 폭발 경고 망원경BAT, Burst Alert Telescope, 엑스선 방출의 검출을 통해 분출의 근원을 좁혀서 찾는 엑스선 망원경XRT, X-Ray Telescope, 그리고 분출 위치에 대한 상세 이미지와 분출에 의해 생성된 잔광을 찾는 자외선-광학 망원경UVOT, Ultraviolet-Optical Telescope을 탑재하고 있었다. 스위프트는 감마선 폭발을 탐지하면 수 초 안에 자동으로 세 종류의 자료를 자동으로 수집하도록 설계되었고, 폭발에 대한 상세한 자료를 즉시 지상의 천문학자들에게 보내 폭발을 연구할 수 있게 되어 있었다. 감마선 폭발을 연구하지 않는 동안에는 우주의 민감한 고에너지 엑스선 연구와 같은 다른 과학 조사에 사용될 수 있다.

제 9 장
태양계 탐사

탐 사 의 기 초

우주선을 먼 천체로 보내는 목적은 무엇인가?

지표와 지구 궤도에 있는 망원경들은 과학적 발견을 위한 놀라운 장비이지만, 지구 부근에서 수집할 수 없는 엄청난 양의 정보들이 있다. 예를 들어 우리는 보다 능동적인 방법(두들겨보거나 구멍을 뚫거나 아니면 단지 만져보는 것과 같은)으로 행성의 표면이나 위성의 암석에 대한 상세한 지식을 얻을 수 없다는 것이다. 어떤 천체 표면이나 대기의 세부 사항들은 지상의 가장 큰 망원경이나 지구 궤도의 우주 망원경으로도 분석하기에는 너무 작은 것들이다. 또한 먼 거리에 있는 천체의 이미지는 흐릿하기 때문에, 자세한 관측은 가까운 거리에서만 가능하다.

먼 천체로 파견된 우주선은 또 다른 중요한 역할을 한다. 이들은 인류를 이롭게 할 인간의 진보된 기술을 테스트하고 발전시키는 역할뿐 아니라 이런 것을 통해, 인간이 새로운 것을 이루고 탐험하고 배우고 싶어 하는 욕구를 충족시킨다.

접근 통과란 무엇인가?

접근 통과flyby란 그 이름에서 짐작할 수 있듯, 우주선이 어떤 천체에 근접하여 지나가는 것이다. 가장 가까이 접근했을 때와 그 전후로 우주선에 탑재된 과학 장비들을 이용해 목표 천체에 관한 정보를, 거리가 너무 멀어져 더 이상의 정보가 무의미할 때까지, 최대한 많이 수집한다.

중력 슬링샷이란 무엇인가?

중력 슬링샷gravitational Slingshot은 '중력 도움' 혹은 '중력 선회swing-by'로도 불리는데 행성의 중력장을 이용해 우주선의 속도와 방향을 바꾸는 특수한 궤도 선회 전술(복잡하고 주의 깊게 계획된 접근 통과)이다. 이 전술은 미션 설계자로 하여금 우주선의 작동과 임무를 성공적으로 이끄는 데 있어 가장 중요한 두 제약인 연료와 중량에 대한 부담을 덜어준다.

가장 어려운 종류의 우주 탐사 미션은 무엇인가?

가장 어려운 종류의 우주 탐사 미션은 아마도 우주선을 천체 표면에 착륙시키는 일일 것이다. 이 일은 우주선이 천체 표면에 착륙하고, 착륙해 있는 동안 안전하게 살아남아 표면에서 모은 정보를 지구로 전송하는 것이다. 천체 표면에 착륙하는 일은 엄청난 양의 에너지를 소모하지 않고는 굉장히 어려운 일이다. 때문에 과학자와 공학자들은 착륙선의 계획과 설계에 있어 아주 세밀한 과정을 거치며 이로 인해 착륙선이 손상을 입거나 충격으로 부서지지 않도록 해야 한다. 이런 이유로 탐사 임무 중 착륙 미션은 가장 드물게 시도되는 임무다. 이 임무가 성공적으로 수행되면 이로부터 얻을 수 있는 과학적 성과는 거의 항상 상세하고도 획기적인 것들이다.

궤도 삽입이란 무엇인가?

궤도 삽입orbital insertion은 우주선을 태양계 천체 주위의 안정된 궤도로 진입시키기 위한 절차다. 이 일은 우주 탐사 임무 중 가장 까다롭고 어려운 일 중 하나다. 왜냐하면 우주선을 궤도로 진입시키기 위해서는 다른 어떤 전술보다 정확한 타이밍과 엄청난 양의 연료가 필요하기 때문이다. 작은 계산 오차로 인해 우주선은 먼 우주로 날아갈 수도 있고 선체가 천체에 부딪히는 사고가 발생할 수 있다. 그러나 궤도 삽입에 성공하면 수개월 또는 수년간 상세한 과학 정보를 얻을 수 있게 된다.

태 양 탐 사

우주 탐사선을 태양으로 보낸 적이 있는가?

태양은 지구 궤도에서도 매우 밝기 때문에, 태양 연구를 위한 대부분의 우주선은 지구 궤도에 머문다. 이러한 우주선의 가장 잘 알려진 예는 SMMSolar Maximum Mission(태양 최대 임무), 소호SOHO, Solar and Heliospheric Observatory(태양 관측 위성), 그리고 TRACETransition Region and Coronal Explorer(전이 영역과 코로나 탐사 위성)다. 그러나 일부 우주선은 지구에서 관측 가능하지 않은 태양 연구를 위해 태양 주위의 특별한 궤도로 보낸다. 여기에는 헬리오스Helios와 율리시스Ulysses 무인 우주 탐사선space probe이 있다.

헬리오스 우주 탐사선이란 무엇인가?

헬리오스 우주 탐사선Helios space probe은 미국과 서독이 공동으로 개발한 탐사선이다. 헬리오스 1호는 1974년 12월 10일 그리고 헬리오스 2호는 1976년 1월 15일에 긴 타원 궤도로 발사되었다. 이들의 원일점aphelion은 약 1AU(약 1억 5000만 km)이지만 근일점perihelion은 약 0.3AU(약 4500만 km)밖에 되지 않는데, 이는 수성과 태양 거리보다 더 가까운 거리다.

두 대의 헬리오스 탐사선은 지구와 태양 사이의 우주 환경을 연구하기 위한 많은 과학 장비를 싣고 있다. 그것들을 이용해 태양으로부터 방출되는 입자들을 연구하거나 태양의 자기장, 황도광, 미소 유성체 그리고 우주선의 세기를 연구한다. 이 탐사선의 미션은 1980년대 중반에 끝났지만, 우주선은 여전히 태양 주위를 돌고 있다.

케이프커내버럴에서 기술자들이 율리시스를 발사 전에 검사하고 있다.(NASA)

헬리오스 탐사선은 어떤 흥미로운 기록을 세웠는가?

긴 타원 궤도를 따라 태양 주위를 도는 헬리오스 탐사선은 속도가 극적으로 변한다. 원일점에서는 시속 7만 3000km로 움직이지만, 근일점에서는 시속 24만 km라는 놀라운 속도로 움직인다. 그리하여 이 두 탐사선은 인류가 만든 물체 중 역사상 가장 빠른 물체라는 기록을 세웠다(기록상 헬리오스 2호가 헬리오스 1호보다 약간 더 빨랐다).

율리시스 우주선이란 무엇인가?

율리시스Ulysses 우주선은 미 항공우주국NASA과 유럽 우주국ESA의 공동 미션으로, 1990년 10월 6일 우주 왕복선 디스커버리호에 실려 우주로 발사되었다. 이 우주선은 황도면을 벗어난 각도로 목성을 향해 발사되었는데, 1992년 2월 8일에 목성의 중력을 이용해 황도면에서 완전히 벗어나 태양의 극궤도 방향으로 중력 선회slingshot했다. 이후 율리시스는 다른 어떤 태양계 천체도 갖지 못한 좋은 위치에서 태양과 태양계를 연구해오고 있다. 율리시스는 태양의 극궤도 지역과 태양의 양극 위아래에서 태양 활동에 대한 정보를 모으는 것 외에도 헤일-밥Hale-Bopp이나 햐쿠다케百武, Hyakutake와 같은 혜성을 연구하는 데 이용되어왔다. 율리시스는 태양의 한쪽 극으로부터 나오는 태양풍이 다른 극에서 나오는 것보다 10만 도 정도 더 뜨겁다는 놀라운 사실을 측정하기도 했다.

수성에 안전하게 접근하기 위해 메신저호는 어떻게 특별히 구성되었는가?

수성은 태양에 너무 가까이 있어, 수성 궤도를 도는 어떤 우주선이라도 극도로 높은 온도(보통 420도를 넘는다)와 광속light flux(지구의 11배나 된다), 그리고 태양으로부터 오는 태양풍을 견뎌낼 수 있어야 한다. 이 때문에 메신저호는 수성 근처를 순회하는 동안 우주선을 서늘하게 유지할 수 있도록 세라믹을 입힌 햇볕 가리개sunshield로 싸여 있다. 메신저호는 주로 흑연-에폭시Graphite-Epoxy 물질로 만들어져 가벼우면서도 강하다. 그리고 메신저호에는 듀얼 이미지 카메라 시스템, 자력계, 레이저 고도계, 감마선과 중성자, 적외선과 자외선 그리고 에너지 입자와 플라스마를 위한 세 개의 분광계 등 과학 장비 일체가 실려 있다. 다행히 태양에 접근한다는 것은 태양 전지판이 메신저호에 실린 장비들에 동력을 공급할 수 있다는 의미이기도 했다.

수성과 금성 탐사

수성으로 보낸 첫 번째 우주 탐사선은 무엇인가?

마리너 10호가 1975년에 수성 사진을 찍기 전까지 수성에 대해서는 거의 알려진 바가 없었다. 마리너 10호는 1974년 2월 금성에 먼저 접근했고, 금성의 중력장을 이용한 중력 선회로 방향을 수성으로바꾸었다. 금성에서 수성까지 가는 데 7주가 걸렸다. 수성의 첫 번째 접근 비행 때 마리너 10호는 수성의 750km까지 접근했으며, 표면의 40%에 달하는 지역을 촬영했다. 그 후 탐사선은 태양 주위를 돌기 시작했으며, 이듬해에 연료를 모두 소모할 때까지 수성을 두 번 지났다.

수성을 탐사한 가장 최근의 탐사선은 무엇인가?

마리너 10호 미션이 성공적으로 끝난 이후 NASA는 30년간 수성으로 탐사선을 보내지 않았다. 그러다가 2004년 8월 3일에 메신저Messenger = Mercury Surface, Space Environment, Geochemistry and Ranging호를 플로리다의 케이프커내버럴의 델타Delta 2 로켓에 실어 보냈다. 한 번의 지구의 근접 통과와 두 번에 걸친 금성의 근접 통과를 포함하여 3년간을 여행한 메신저호는 2008년 1월 14일 수성 도달했다. 수성 주위를 도는 궤도에 최종적으로 정착하여 1년 내내 계속되는 상세한 탐험을 위해 두 번의 수성 접근 비행과 3년이라는 시간이 걸린 것이다(메신저호는 6년 7개월간 79억 km의 긴 항해 끝에 2011년 3월 18일 수성 궤도에 진입하여 본격적인 수성 탐사를 진행하고 있다-옮긴이).

베네라 우주선은 어떠했는가?

최초의 베네라Venera 우주선의 무게는 630kg이었다. 원통형 몸체에 돔형 머리 부분을 하고 옆에 태양 전지판이 붙어 있었으며 몸체의 한쪽 면에는 우산 모양의 전파 안테나가 달려 있었다. 후속 베네라 미션에 사용된 선체는 크고 좀 더 복잡해졌다. 베네라 4호와 후속 모델은 운반선과 착륙선으로 구성되었다. 마지막 두 대의 베네라 우주선의 무게는 각각 4000㎏이었다.

메신저호가 얻은 성과는 무엇인가?

메신저호는 이미 새로운 중요한 과학적 발견을 이룩했다. 2008년 1월의 첫 번째 수성 접근 때 그동안 관측되지 않았던 수성의 표면을 촬영했다. 과학자들은 마리너 10호가 1970년대에 모은 정보를 기반으로 수성이 달과 비슷할 것으로 생각했지만, 메신저호는 수성이 독특하고 활동적인 지질학적 역사를 갖고 있음을 밝혀냈다. 수성의 표면은 긴 단층선이었으며, 칼로리스 분지Caloris basin 가운데에 거미를 닮은 눈에 띄는 형상과 자기권에 중요한 압력을 가지고 있었다.

금성을 조사하기 위해 보낸 첫 번째 우주선은 무엇인가?

금성으로 보낸 최초의 우주선은 베네라Venera 프로그램의 탐사선들이다. 베네라는 러시아어로 '금성'이라는 의미이며, 구소련이 1961년부터 1983년 사이에 행성을 탐험하기 위한 집중적인 노력의 산물이었다. 이 기간 동안 금성 탐사는 소련의 독무대였다.

베네라 프로그램의 역사는 어떻게 되나?

베네라 프로그램의 시작은 험난했다. 1961년부터 1965년 사이에 발사된 처음 세 가지 미션은 성공적이지 못했다. 처음 두 대의 탐사선과의 전파 교신은 우주선이 금성에 도달하자마자 끊어졌고, 베네라 3호는 행성에 불시착했다. 하지만 그 후의 프로그램은 과학적 성과를 얻는 데 성공했다. 베네라 4호는 1967년 10월 18일 금성에 도달하여, 착륙선 캡슐을 성공적으로 내려보냈다. 착륙선 캡슐은 강한 대기 압력으로 어스러지기 전까지 94분 동안 금성 대기의 과학적 정보를 보내왔다. 베네라 7호는 1970년 8월 17일에 발사되었으며, 12월 15일 금성 표면에 성공적으로 착륙했다. 이는 다른 행성에 최초로 안전하게 착륙한 것이었다. 이 캡슐은 착륙 후 23분 동안 작동하는 냉각 장치를 갖추고 있었다. 베네라 8호는 50분간 작동했다. 베네라 11, 12, 13, 14호도 모두 성공적으로 착륙했다. 착륙선들은 무엇보다 금성 표면에 도달하는 태양 빛의 양, 대기와 표면 암석의 화학 조성 그리고 대기 안에 번개 현상이 나타나는지를 조사했다.

베네라 15호와 16호는 1983년 10월 금성에 도착했다. 이 우주선들은 표면으로 탐사선을 떨어뜨리는 대신 궤도에 머물며 도플러 레이더 시스템을 이용해 표면에 대한 세부 지도를 작성했다. 이들은 1년간에 걸쳐 북반구의 넓은 지역의 지도를 완성했는데, 여기에는 오래전에 활화산이었던 지역이 포함된다.

베가 프로그램이란 무엇인가?

베가 프로그램Vega program은 소련이 1984년 12월에 각각 6일 간격으로 발사한 한 쌍의 우주 탐사선이다. 이들은 두 개의 목적지가 있었는데, 하나는 금성이고 다른 하나는 핼리혜성이었다. 베가 우주선은 길이가 11m이고, 한쪽 끝에는 실린더 형태의 착륙 캡슐이 있으며, 다른 쪽 끝에는 실험실 플랫폼을 갖추고 있었다. 플랫폼에는 소련, 프랑스, 독일, 미국 등 많은 나라들이 제공한 과학 장비들이 실려 있었다. 오늘날에는 이런 일이 흔하지만, 당시에는 우주 탐사에 있어 국제 협력의 선구적인 예였다.

베가 탐사선은 어떤 성과를 거두었는가?

베가 1호는 1985년 6월 11일 금성에 접근 비행하여 금성 표면에 과학 캡슐과 고고도 풍선 탑재 장비를 투하했다. 캡슐은 안전하게 착륙했고, 사진과 다른 과학 자료를 두 시간 동안 보내왔다. 동시에 헬륨으로 채운 풍선에 매달린 과학 장비는 금성 대기의 고도 50km 높이에서 이틀 동안 맴돌았다. 이 시간 동안 풍선은 원래 위치에서 1만 km나 비행했다. 장비들은 온도와 압력, 풍속에 대한 중요한 과학 정보를 보내왔다. 전체 캡슐과 풍선 과학 실험은 며칠 뒤 베가 2호에 의해 반복 수행되었다.

과학 장비를 금성으로 내려보낸 후, 베가 탐사선은 금성의 중력을 이용한 중력 선회로 추진력을 얻어 핼리혜성과 교차하는 항로로 향했다. 1986년 3월 6일 베가 1호는 혜성의 핵에 9000km 이내로 접근했다. 베가 2호는 3일 후에 최대한 접근했다. 두 탐사선은 혜성에 대한 상당한 과학 자료를 모았다. 이 중 일부 자료는 유럽 우주국으로 하여금 지오토Giotto 혜성 탐사선의 위치를 재조정하도록 했다. 핼리혜성을 지난 후 베가 우주선은 1987년 폐기될 때까지 태양 주위를 돌았다.

미국이 1960년대와 1970년대에 금성으로 보낸 탐사선들은 무슨 일을 했는가?

금성에 성공적으로 도착한 최초의 미국 우주선은 마리너 2호이며 1962년에 금성을 통과했다. 1974년에는 마리너 10호에 의해 다시 접근 비행이 이루어졌다. 우주선이 수성을 향하는 동안 많은 근접 사진을 찍었다.

1978년에 미국은 금성을 탐사하기 위해 두 대의 우주선을 추가로 보냈다. 먼저 보낸 것은 파이오니어-비너스 궤도선PVO, Pioneer-Venus Orbiter으로 1978년 5월 20일에 발사되었다. 이 우주선은 행성의 대기를 연구했으며 금성 표면의 90%에 달하는 지역의 지도를 작성했다. 또한 금성 주변을 지나는 여러 혜성에 대한 관측과 수수께끼의 감마선 분출에 대한 정보도 제공했다. 파이오니어-비너스호는 1992년 10월 연료가 바닥나는 바람에 금성 대기로 하강해 불타서 사라졌다. 두 번째 탐사선은 파이오니어-비너스 다중 탐사선PVM, Pioneer-Venus Multiprobe으로 1978년 8월 8일에 발사되어 행성 여기저기 네 대의 탐사선을 떨어뜨렸다. 탐사선들은 금성의 대기를 통과하여 표면으로 내려갔다. 이들은 금성 대기의 각 고도에서 온도, 압력, 밀도 그리고 화학 조성을 조사했다. 네 대의 탐사선 중 하나만 표면과 충돌 후 살아남아 67분간 표면의 정보를 보내왔다.

금성으로 보낸 마젤란 미션은 무엇인가?

마젤란 우주선은 16세기 포르투갈의 탐험가의 이름을 따서 붙여졌으며, 1989년 5월

4일 NASA에 의해 발사되었다. 이 우주선은 우주 왕복선 아틀란티스에서 발사된 최초의 과학 우주선이었다. 우주선은 1990년 8월 10일 금성에 도착했다. 마젤란에는 정교한 도플러 레이더 지도 작성 시스템이 구비되어 있었는데, 천문학자들은 고도 측정술altimetry과 복사 측정술radiometry 자료를 이용해 행성을 측정하여 전례 없이 높은 정밀도로 지도를 작성했다. 마젤란은 최종적으로 금성 표면의 98%에 해당하는 지역의 3차원 지도를 만들었다. 이 지도는 100미터의 정확도로 지형을 식별할 수 있다. 금성 표면의 레이더 지도 작성을 끝마친 후에도 마젤란은 일정한 전파 신호를 계속 전송해왔다. 마젤란이 궤도를 돌 때 신호의 주파수 변화를 측정해 천문학자들은 금성의 중력장에 대한 전체 지도를 만드는 데 우주선을 사용할 수 있었다. 금성에 대한 4년간의 성공적인 과학 연구를 마친 후, 마젤란 미션Magellan mission은 1994년 10월 11일에 종료되었다. 비행 통제 장치가 우주선을 대기 속에 떨어뜨려 우주선은 행성 표면으로 떨어졌는데, 이것은 행성 탐사선을 인위적으로 충돌시킨 첫 번째 사례다.

마젤란이 1989년 발사되기 전에 추진 로켓에 장착되고 있다.(NASA)

마젤란이 금성 궤도를 도는 동안 완수한 독특한 기술은 무엇인가?

비행 관리자는 에어로브레이킹Aerobraking이라는 기술을 시험하기 위해 마젤란을 사용했다. 에어로브레이킹이란 행성의 대기를 이용해 우주선의 속도를 줄이고 방향을 바꾸는 기술이다. 이 기술은 후에 우주선이 행성에 착륙하는 기술을 개발할 때 아주 중요한 역할을 했다.

비너스 익스프레스란 무엇인가?

비너스 익스프레스Venus Express 미션은 유럽 우주국이 계획하고 실행한 프로젝트다. 비너스 익스프레스호는 2005년 11월 9일 카자흐스탄의 바이코누르 우주 기지에서 소유즈-프레갓 로켓에 의해 발사되었다. 이 우주선은 2006년 4월 11일 금성에 도착했으며, 24시간 타원형, 준극궤도에 자리 잡았다.

비너스 익스프레스가 얻은 성과는 무엇인가?

비너스 익스프레스호에는 카메라, 분광계, 자력계 등 과학 장비가 실려 있어 금성의 대기와 전자기적 특성 그리고 표면을 상세히 탐사했다. 이 연구로 금성의 온실 효과에 대한 기원 및 적외선을 통한 대기와 표면의 연구 그리고 행성의 번개의 존재를 확인할 수 있었다.

화 성 탐 사

구소련의 마르스 프로그램이란 무엇인가?

구소련은 화성으로 우주선을 보낸 첫 번째 국가였다. 여러 차례의 실패 끝에 1962년 후반 소련은 마르스Mars 1호를 발사했다. 그러나 몇 달 후 전파 교신이 끊어졌다. 1971년에 소련은 마르스 2호와 3호를 화성 궤도에 올려놓았다. 두 우주선은 모두 착륙선을 싣고 있었는데 성공적으로 화성 표면에 내려놓았다. 그러나 불행히도 몇 초 후에 모두 전파 교신이 끊겼다. 1973년 소련은 추가로 네 대의 우주선을 화성으로 보냈고 이 중 하나가 화성에 대한 데이터를 송신해왔다.

구소련의 포보스 프로그램이란 무엇인가?

1988년 소련은 화성 탐사에 대한 관심을 새롭게 했다. 두 대의 동일한 우주선 포보스Phobos 1호와 포보스 2호를 화성으로 보냈는데, 모두 화성의 큰 위성인 포보스를 목표로 했다. 불행히도 목적지에 도달하기 전에 두 우주선과의 교신이 모두 끊겼다.

바이킹 2호가 촬영한 화성의 유토피아 평원.(NASA)

첫 번째로 화성으로 보낸 미국의 마리너 미션은 무엇인가?

첫 번째 미국의 화성 탐사선 마리너Mariner 4호는 1965년 7월 14일에 화성을 지났다. 이 탐사선은 22장의 화성 사진을 지구로 보내와 크레이터로 덮인 화성 표면을 처음으로 엿볼 수 있게 해주었다. 또 화성의 엷은 대기를 감지하여 대기의 대부분이 이산화탄소로 되어 있고 대기 밀도가 지구의 1% 미만이라는 사실을 알려주었다. 1969년에 마리너 6호와 마리너 7호가 화성을 지나면서 모두 201장의 새로운 화성 사진을 촬영해 보내오는 동시에 화성 표면과 극관 그리고 대기의 구조와 조성에 대해 보다 상세한 측정을 했다.

화성 궤도로 들어간 최초의 우주선은 무엇인가?

1971년에 마리너 9호는 화성 궤도로 들어간 최초의 우주선이 되었다. 궤도를 도는 동안 마리너 9호는 화성의 먼지 폭풍을 찍은 사진들과 함께 화성 표면의 90%를 찍은 사진들 그리고 화성의 두 위성인 포보스와 데이모스에 대한 사진을 보내왔다.

화성에 처음 안전하게 착륙한 우주선들은 무엇인가?

1976년에 미국에서 보낸 두 대의 우주선이 화성에 도착했다. 바이킹Viking 1호는 6월 19일에 도착했고, 바이킹 2호는 8월 7일에 도착했다. 두 우주선은 모두 궤도선과 착륙선으로 되어 있었다. 바이킹 1호의 착륙선은 7월 20일 화성의 크리세 평원Chryse Planitia에 착륙했고, 바이킹 2호는 9월 3일 유토피아 평원Utopia Planitia에 착륙했다. 궤도선은 상세한 사진과 방사선 측정 그리고 화성 전체 표면에 관한 기후 정보를 지구로 보내왔으며, 다른 행성 표면에서 찍은 사진도 보내왔다.

바이킹 착륙선은 화성 표면 사진을 얼마나 많이 찍었는가?

바이킹 우주선은 모두 합쳐서 5만 6000장이 넘는 붉은 행성의 사진을 지구로 전송해왔다.

바이킹 우주선의 구조는 어떻게 되어 있었는가?

두 대의 바이킹 우주선은 두 부분, 다시 말해 궤도선orbiter과 착륙선lander으로 이루어져 있었다. 각 궤도선은 팔각형 구조로, 너비는 2.4m 정도였다. 대부분의 우주선의 통제 시스템은 본체에 달려 있었다. 로켓 엔진과 연료 탱크는 구조 뒷부분에, 태양 전지판은 반대편에 달려 있었다. 태양 전지판은 우주에 나가게 되면 펼쳐져서 열십자형 구조를 띠는데 크기가 10m 정도 되었다. 궤도선은 또한 과학 장비들이 장착될 수 있는 이동 가능 플랫폼을 갖추고 있었으며, 여기에는 두 대의 TV 카메라와 화성 표면의 온도와 물 존재 여부를 측정하기 위한 장비가 있었다.

궤도선과 착륙선을 모두 합치면 약 5m 높이가 된다. 각 착륙선의 가운데 부분은 길고 짧은 면이 교대로 배열된 6개의 면으로 이루어져 있었다. 3개의 짧은 면에는 끝에 원형 발판이 달려 있었다. 원격으로 조종되는 팔은 토양 샘플을 채취하기 위해 달려 있었는데 마치 길고 날카로운 네 번째 다리처럼 보였으며, 착륙선의 긴 면에 부착되어 있었다. 채취된 토양 샘플은 본체 위의 생물학 분석기로 보내 시험하고 분석했다. 착륙선 윗부분에 고정된 다른 장비들로는 두 대의 TV 카메라와 화성 지진을 측정하기 위한 지진계, 대기 테스트 장비 그리고 접시형 전파 안테나가 있었다. 착륙선 하부에는 착륙선의 하강 속도를 낮추는 로켓이 있었고, 로켓의 추진제 연료 저장 장치는 반대쪽에 위치해 있었다.

다른 행성으로 보낸 첫 번째 모바일 미션은 무엇인가?

마르스 패스파인더Mars Pathfinder는 1996년 12월 4일에 발사되어, 1997년 7월 4일 화성에 착륙했다. 패스파인더 안에는 소저너Sojourner 또는 '화성 사륜차Mars buggy'라는 이동 설비차가 탑재되어 있었는데, 패스파인더의 화성 착륙과 동시에 밖으로 굴러나왔다. 소저너는 다른 행성의 표면을 자신의 동력으로 움직인 최초의 로봇 차량으로 기록되었다.

패스파인더가 화성에서 본 것은 무엇이었는가?

패스파인더 우주선에는 360도 회전이 가능한 입체 카메라가 장착되어 있었다. 이 카메라에 달린 두 개의 렌즈는 서로 수 센티미터 떨어진 거리로 장착되어서 각각 독립적으로 세밀한 확대 화상과 함께 3차원 사진을 촬영할 수도 있었다. 뿐만 아니라 패스파

패스파인더가 케이프커내버럴의 항공 스테이션의 발사 단지 17B에서 화성 미션을 위해 준비되고 있다.(NASA)

인더는 표면에서 보았을 때 하늘이 분홍-노랑-붉은 색을 띠는 것처럼 보이는 것을 이미지로 보내왔다. 패스파인더는 1만 6500장 이상의 디지털 이미지를 전송해왔다.

칼 세이건 기념 기지란 무엇인가?

패스파인더 착륙선은 칼 세이건Carl Sagan 기념 기지로 이름이 바뀌었다. 칼 세이건은 20세기 후반에 천문학과 천체물리학 진흥에 힘쓰고 전 우주 과학자들에게 영감을 불어넣은 미국의 천문학자다.

소저너 로버는 어떻게 작동했는가?

소저너 로버Sojourner rover 또는 '화성 소형차Mars buggy'는 높이가 약 30cm이고 길이는 60cm, 그리고 너비는 45cm밖에 되지 않는다. 이 로버는 패스파인더 우주선으로부터 굴러 나와서 여섯 개의 바퀴로 하루에 몇 미터씩 움직일 수 있었다. 태양 전지판으로 태양 에너지를 전기로 바꿔 배터리를 충전하여 동력을 얻으며, 지구의 과학자들에 의해 원격으로 조정되었다.

마르스 패스파인더와 소저너 탐사선은 얼마나 오래 지속되었는가?

패스파인더 탐사선과 소저너 로버는 각각 약 석 달 동안 작동했다. 이는 원래의 예상치를 훨씬 넘어서는 것이었다. 패스파인더는 30일간, 소저너는 겨우 일주일간 작동할 것으로 예상되었다. 이 미션은 총 2300MB에 달하는 1만 7000장 이상의 이미지를 보내왔는데, 이 중에서 550장은 소저너가 보내온 것이다.

패스파인더가 360도 회전하며 촬영한 사진.(NASA)

패스파인더 미션 전략에서 선구적인 것은 무엇인가?

마르스 패스파인더는 NASA의 책임자 댄 골딘Dan Goldin의 설명처럼 '보다 빠르게, 보다 좋게, 보다 저렴하게'라는 모토로 설계된 일련의 우주 탐사선들 중 그 첫번째 탐사선으로, 놀라운 성과를 올렸다. 약 2억 달러의 비용이 들었는데, 이는 패스파인더보다 20년 앞서 화성으로 보낸 바이킹 우주선의 1/20의 비용에 불과했다. '바운스 랜딩Bounce landing'과 같은 창의적인 전략과 기술적으로 계산된 위험을 감수한 결과, 패스파인더 프로그램은 상대적으로 적은 비용으로 뛰어난 과학적 성과를 내는 일이 가능하다는 것을 입증했다. 이후 고비용과 고도로 복잡한 단일 우주선 모델에서 저렴한 다수의 모델로 같은 과학적 결과를 얻는 방법으로 우주 탐사의 추세가 바뀌기 시작했다.

소저너 로버에 실린 장비는 무엇이었는가?

소저너는 몇 가지 과학 장비를 싣고 있었는데, 이를테면 흙과 암석의 화학 성분을 분석하는 데 사용할 알파-프로톤alpha-proton 엑스선 분광계가 있다. 소저너와 마주친 특이한 형태의 암석들에는 패스파인더 연구자들이 '요기Yogi', '바너클 빌Barnacle Bill'과 같은 다채로운 이름을 붙였다.

마르스 글로벌 서베이어란 무엇인가?

마르스 글로벌 서베이어MGS, Mars Global Surveyor(화성 전역 조사선)는 화성을 탐사하기 위해 보낸 궤도선으로, 화성의 기후와 표면이 시간에 따라 어떻게 변하는지에 관한 정보를 보내왔다. 이 조사선은 NASA에 의해 1996년 11월 7일 케이프커내버럴에서 델타-7925 로켓에 실려 발사되었으며, 1997년 9월 11일 화성에 도착했다. 이 조사선은 실패로 끝난 마르스 옵서버Mars Observer 미션에서 남은 여분의 장비를 이용해 만들어졌다. 그런 까닭에 조사선의 두 개의 태양 전지판 중 하나가 발사 후에 올바르게 펼쳐지지 않아, MGS 역시 실패할 운명일 것이라는 우려를 낳았다.

에어로브레이킹이라는 선구적인 기술을 이용해 화성 대기 상층을 비행하면서 우주선의 속도를 조정했고, 1년 이상 궤도를 돈 다음 MGS는 부드럽게 원형 궤도로 진입했다. MGS는 1999년 3월에 화성 표면의 지도를 작성하기 시작했다. 연료와 전기 에너지 공급을 세심하게 관리한 덕분에, 과학자들은 MGS의 수명을 앞선 미션에 비해 5년 이상 연장할 수 있었다. MGS는 다른 어떤 화성 미션보다 많은 이미지를 촬영한 다음 2006년 11월에 사라졌다.

실패한 화성 미션들

마르스 옵서버 미션이란 무엇인가?

바이킹 미션 이후 화성으로 보낸 여러 차례의 과학 미션은 실패로 끝났다. 특히 큰 손해를 끼친 것은 NASA의 마르스 옵서버 미션이었다. 1992년 9월 25일에 발사되었으며, 10억 달러에 이르는 엄청난 비용을 들인 과학 미션이었다. 불행히도 1993년 8월 21일 화성의 궤도 진입 3일 전에, 교신이 끊긴 후 연락이 두절되었다. 조사 팀은 우주선의 추진 시스템 안의 배관 파열이 통제 불능 상태로 만든 것으로 의심하고 있다.

마르스 96 미션은 무엇이었는가?

마르스 96Mars 96은 소련이 무너진 후, 새로 출범한 러시아 우주국이 추진한 러시아의 우주 계획이었다. 이 미션은 궤도선과 두 대의 작은 화성 표면 착륙선 그리고 행성

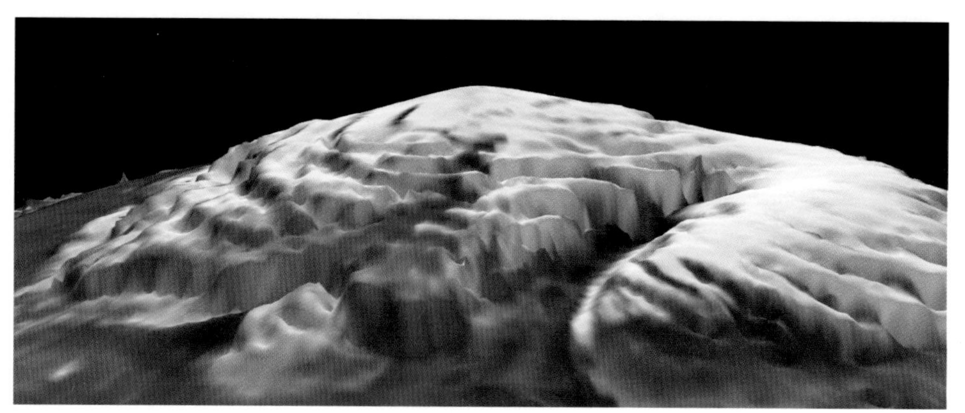
화성의 글로벌 서베이어가 촬영한 화성 북극의 최초의 3차원 이미지.(NASA)

의 표면 내부 환경 탐사를 위한 두 대의 침투선으로 이루어졌다. 우주선은 화성 표면, 대기 그리고 자기장 연구를 위한 과학 장비를 탑재하고 있었다. 1996년 11월 16일 마르스 96은 불행히도 궤도 진입에 실패했다. 우주선이 대서양 위를 나는 동안, 4단계 로켓이 불발되었다. 우주선은 남아메리카 근처의 남태평양에 떨어졌다. 이후 러시아 우주국은 지금까지 화성으로 보내는 다른 미션을 시행하지 않고 있다.

노조미 미션은 무엇이었는가?

일본 우주국은 1998년 7월 4일 화성을 향해 노조미Nozomi(희망) 우주선을 발사했다. 15개월간의 긴 여정을 예측했던 이 미션은 시작부터 추진기 실패로 문제에 부닥쳤다. 5년여에 걸쳐, 과학자들과 공학자들은 우주선을 화성으로 보내기 위해 노력했다. 2003년 마침내 계획이 성공하는 듯했으나, 2003년 12월 9일 비행 통제기가 궤도에 진입하도록 우주선의 자세를 잡는데 실패함으로써 모든 희망이 사라졌다. 노조미는 화성의 1000km 근방 지역을 지났으며, 태양을 도는 궤도로 들어갔다.

화성 기후 궤도 선회 우주선과 화성극지착륙선은 무엇이었는가?

1998년 12월 11일, NASA는 최초로 한 쌍의 탐사선인 화성 기후 탐사선MCO, Mars Climate Orbiter을 발사했다. 1999년 1월 3일, 화성극지착륙선MPL, Mars Polar Lander 역시 성공적으로 발사되었다. MCO의 계획은 1999년 10월에 화성의 궤도로 진입하여 지구로 신호를 보내오는 것이었다. MPL은 12월에 화성 표면에 착륙하여 화성 표면에서 액체 상태의 물에 대한 흔적과 다른 물질을 조사하고, 그 내용을 MCO를 거쳐 보내오는 것이었다.

그러나 1999년 9월 23일 MCO가 주 추진기를 사용하여 화성 주위를 도는 궤도로 진입하는 도중, 비행 통제기와 우주선 사이의 교신이 끊겼다. 원인을 조사한 결과, 로켓 추진기의 양이 잘못되었다는 것을 알게 되었다(항해 소프트웨어가 잘못된 힘의 단위로 계산하고 있었다). 이런 아주 단순하고 부주의한 인간의 실수 때문에 MCO는 화성 표면에 충돌한 것이었다. 과학자들은 MPL에 수정된 정보를 재빨리 전송하여 MCO와 같은 운명을 겪지 않게 하려고 했다.

1999년 12월 3일, MPL은 착륙하는 도중, 화성 남극 착륙을 불과 12분 남겨놓고 교신이 끊겼다. 나중에 조사 팀은 MPL이 아직 30m 이상의 상공에 있을 때 엔진 오류로 동력이 끊겨 끔찍한 충돌이 일어났음을 밝혀냈다.

화성으로 우주선을 보내기 힘든 이유는 무엇인가?

성공적인 우주 미션에 대한 엄청난 관심으로 인해, 대부분의 사람들은 아주 가까운 행성이라 할지라도 일반적인 우주 탐사가 얼마나 힘든 일인지 깨닫지 못한다. 일단 우주선을 행성에 안전하게 보내는 것만 해도 엄청난 기술적 도전이다. 다행스럽게도, 지난 수십 년간 숱한 실패가 있었지만, 많은 성과도 있었다.

21세기의 화성 탐사

2001 마르스 오디세이란 무엇인가?

2001 마르스 오디세이Mars Odyssey 미션은 아서 클라크Arthur C. Clarke의 고전 공상 과학 소설《2001: 스페이스 오디세이》를 기리기 위해 이름 붙인 미션이다. 2001년 4월 7일, NASA의 주도하에 델타 2 로켓에 의해 발사되었으며, 2001년 10월 24일에 성공적으로 궤도에 진입했다. THEMISThermal Emission Imaging System, 감마선 분광계GRS, Gamma Ray Spectrometer 그리고 MAREEMars Radation Environment Experiment등 세 대의 과학 장비를 장착한 2001 마르스 오디세이는 주 미션을 2002년 2월과 2004년 8월 사이에 완수했다. 추가 미션은 2004년 8월 24일에 시작되었다.

2001 마르스 오디세이가 얻은 성과는 무엇인가?

날씨, 지질 역사 그리고 생명의 존재 여부에 관한 화성의 속성 연구를 제외하고도, 화성 오디세이는 후발 화성 탐사 미션들을 위한 착륙 지역 물색에도 중요한 역할을 했다. 또 통신 장치로서 중요한 역할을 했으며, 지구에 있는 과학자 및 통신 장치와, 화성의 탐사선 스피릿과 오퍼튜니티의 교신에 있어 주된 통신 장치로 사용되었다.

화성 궤도선에 의해 이루어진 가장 중대한 과학적 발견은 무엇인가?

지금까지 화성 궤도선Mars orbiters이 이룬 과학적 발견 중에서 가장 중요한 것은 화성 표면에 한때 액체 상태의 물이 존재했고 오늘날까지도 지하에 액체 상태의 물이 존재한다는 결정적인 증거를 제시한 것이다. 화성 표면과 내부에 있는 다양한 물질들을 찾는 방법을 통해 천문학자들은 화성의 암석들이 물의 존재에 의해서만 가능했을 것이라는 것과, 과거의 물의 존재에 대한 화학적 증거, 협곡의 균열 사이로 물이 분출했던 듯

한 활동, 그리고 펜실베이니아, 오하이오, 인디애나, 켄터키 그리고 일리노이 주를 합친 것보다 더 큰 광대한 지하 바다의 존재를 확증했다.

마르스 익스프레스 궤도선이란 무엇인가?

마르스 익스프레스Mars Express는 유럽 우주국에서 화성으로 보낸 탐사선이다. 이 미션은 프랑스가 주축이 된 15개의 협력국으로 이루어졌으며, 하나의 궤도선과 비글 2호Beagle 2라고 부르는 착륙선으로 이루어졌다. 마르스 익스프레스는 2003년 6월 2일 카자흐스탄의 바이코누르 기지에서 소유즈-프리갓 로켓에 의해 발사되었다. 미션은 그해 12월 25일 화성 궤도에 진입했다. 도착 6일 전에, 비글 2호를 화성 표면으로 보냈으나, 불행하게도 착륙선은 실종되었고, 현재까지 찾지 못하고 있다.

마르스 익스프레스 궤도선은 다행스럽게도 성공적이었다. 이 궤도선은 2년으로 계획된 수명을 뛰어넘었으며, 화성에 대한 이미지와 다른 데이터들을 지속적으로 보내오는 한편, 다른 화성 미션들의 통신 중계선 역할을 하고 있다.

화성관측궤도선란 무엇인가?

화성관측궤도선MRO, Mars Reconnaissance Orbiter은 2005년 8월 12일에 플로리다의 케이프커내버럴에서 아틀라스Atlas V-401 로켓에 의해 발사되었다. MRO는 별다른 걸림돌 없이 2006년 3월 10일 화성에 도착했으며, 다음 6개월 동안 에어로브레이킹을 통해 긴 타원의 궤도에서 원형 궤도로 변경하는 데 주력했다. MRO는 그동안 화성 궤도에서 찍은 화성 표면의 지질학적 구조와 상태의 이미지 중에서 가장 세밀한 사진들을 보내왔다. 또한 MRO는 후에 이루어진 화성의 다른 과학 미션의 중계선으로 사용되었다. 2007년 11월을 기준으로 MRO는 이미 2만 6000GB에 달하는 데이터를 전송해왔다. 이는 다른 모든 화성 미션들을 합친 정보의 양보다 크다.

화성 탐사 로버 프로그램이란 무엇인가?

화성 탐사 로버MER, Mars Exploration Rover는 마르스 패스파인더의 성공을 기반으로 만들어진, 이동 및 원격 조종이 가능한 화성 표면 탐사용 로봇이었다. MER 프로그램의 두 우주 로봇 스피릿과 오퍼튜니티는 모든 기대를 뛰어넘는 성공을 보여주었고, 화성에 대한 경이롭고 영감을 주는 지질학적 관점을 제시했다.

스피릿과 오퍼튜니티는 화성에 언제 어떻게 착륙했는가?

스피릿Spirit으로 알려진 화성 탐사 로봇 A는 플로리다의 케이프커내버럴에서 2003년 6월 10일에 발사되었으며, 2004년 1월 3일 구세프 분화구에 도착했다. 오퍼튜니티Opportunity라 알려진 화성 탐사 로봇 B는 2003년 7월 7일 발사되었으며, 2004년 1월 25일 스피릿과는 정반대편인 메리디아니 평원에 착륙했다. 이전의 마르스 패스파인더 미션과 같이, 스피릿과 오퍼튜니티는 추진 로켓과 낙하산을 이용해 시속 1만 9000km의 속도에서 시속 19km의 속도로 감속하여 착륙했으며, 5.5m 높이의 에어쿠션에 의한 여러 차례의 반동을 통해 정지 상태에 이르기까지 완충 작용을 받았다. 착륙은 모두 성공적이었다.

화성 탐사선 스피릿과 오퍼튜니티의 구성은 어땠는가?

화성 탐사선 스피릿과 오퍼튜니티는 지질학 연구를 위한 로봇으로 설계되었다. 작은 골프 카트 정도의 크기와 무게를 가진 두 탐사선은 하루에 40m를 이동했다. 이 로봇들은 많은 지질학자들이 지구에서 탐사를 위해 사용하는 장비들로 장착되어 있었다. 스피릿과 오퍼튜니티는 지구에 있는 과학자들에 의해 원격 조정되었지만 화성에서 즉각적으로 맞닥뜨리는 상황에서 어느 정도 자동 조정하도록 프로그램되어 있다.

스피릿과 오퍼튜니티 탐사선의 다른 장비들은 무엇이었는가?

스피릿과 오퍼튜니티의 주요 장비들로는 주변과 먼 지역의 지형 탐사를 위한 입체전경 카메라Stereoscopic Panoramic Camera, 암석과 토양 검식 및 화성 대기 측정을 위한

Mini-TESminiature thermal emission spectrometer, 철분을 함유한 암석과 토양의 미네랄 구조 연구를 위한 뫼스바우어Moessbauer 분광계, 암석과 토양의 화학 성분을 측정하는 알파-입자 엑스선 분광계, 먼지 입자를 모으는 자석 그리고 암석과 토양의 초고해상도 사진 촬영을 위한 현미경 등이 있었다.

스피릿 로버가 이동 중에 발견한 흥미로운 것은 무엇인가?

스피릿은 커다란 구세프 크레이터Gusev Crater 안의 바위가 많고 넓은 평지에 착륙했는데, 이곳은 수백만 년 내지 수십억 년 전 말라버린 호수 지역으로 생각된다. 스피릿의 착륙 지역은 사고로 잃은 컬럼비아Columbia 우주 왕복선과 비행사들의 이름을 기려 컬럼비아 기념 기지로 지어졌다. 스피릿은 주변의 많은 암석들, 예를 들어 '애디론댁Adirondack', '미미Mimi', '험프리Humphrey' 등으로 이름 붙인 돌들을 조사하여 오래전에 존재했던 액체 상태의 물에 의해 지질학적으로 생성되었다는 강력한 증거를 발견했다.

스피릿은 컬럼비아 기지에서 약 360m 떨어진 본네빌Bonneville 분화구로 이동했으며, 그 후 2년간 몇 킬로미터 떨어진 컬럼비아 언덕으로 이동하면서 조사를 계속했다.

전체적으로, 스피릿은 컬럼비아 기지에서 8km를 이동했다. 3년간의 미션을 통해 스피릿은 암석 고원에 '홈 플레이트'라 이름 붙인 새로운 임시 토대를 세웠다. 스피릿은 북향 경사면에 머물면서 화성의 겨울에서 생존하기 위한 태양 전지판에 충분한 햇빛을 얻으려고 준비하고 있다.

RAT는 화성에서 무슨 일을 했는가?

RAT는 암석 연마 장비Rock Abrasion Tool로서 탐사 로봇 스피릿과 오퍼튜니티의 실용적인 과학 장비였다. 사람 손바닥 크기의 RAT는 종이 두께만큼의 암석 외부를 세밀하게 갈아낼 수 있다. 덕분에 과학자들은 방사선이나 기후에 의해 변화되지 않은 암석들의 내부를 연구할 수 있었다.

오퍼튜니티 로버의 흥미로운 발견은 무엇인가?

오퍼튜니티는 화성의 메리디아니 평원의 넓은 지역 가운데 있는 지름 18m의 작은 분화구에 착륙했다. 분화구의 이름은 아폴로 11 미션을 기려 이글 분화구Eagle Crater로 지어졌다. 이글 분화구 내부를 지질학적으로 탐사한 후에 스톤 마운틴Stone Mountain, 엘 카피탄El Capitan, 오퍼튜니티 레지Opportunity Ledge 등의 이름을 붙였다. 오퍼튜니티는 바퀴 한 축을 회전시킴으로써 표면을 파헤치고 약간의 토양을 얻는 데 성공했다.

오퍼튜니티는 인듀어런스Endurance 분화구로 진로를 바꾸고 분화구를 빠져나오기 전까지 6개월간 탐사를 이어나갔다. 또한 이동하면서 지구의 천체에서 최초로 발견된 운석인 히트 실드Heat Shield 암석을 발견했다. 2005년 4월, 착륙 후 2년 이상 지난 시점에서, 탐사 로봇은 우연히 모래 언덕(과학자들은 고난의 사막purgatory dune이라고 부른다)에 끼이고 말았다. 그곳에서 로봇이 빠져나오는 데 두 달간에 걸친 계획과 작전이 동반되었고, 2005년 6월 4일 탈출에 성공하여 빅토리아 분화구로 이동을 계속했다. 오퍼튜니티는 착륙 이후 약 11km의 거리를 이동했다. 오퍼튜니티는 로버가 하루에 움직인 최장 거리 기록(177.5m)을 세웠다.

외계 행성 탐사

파이오니어 프로그램이란 무엇이었는가?

우주 탐사선의 파이오니어Pioneer 프로그램은 1958년에 미 국방부와 당시 새로 발족된 NASA에 의해 시작되었다. 그것은 지구 궤도 바깥을 여행하며 태양계의 천체들에 대한 과학적 데이터를 모으기 위한 프로그램이었다.

최초의 파이오니어 탐사선들은 무엇을 했는가?

초기 세 대의 파이오니어 탐사선은 드럼 형태의 우주선으로, 각각 38kg의 무게를 지냈다. 이들은 달 궤도로 보내기 위해 계획되었으나 불행하게도, 지구의 중력을 벗어나는 데 실패했다. 파이오니어 4호는 무게를 6kg으로 대폭 줄이고, 달의 궤도를 도는 대신 접근 비행을 하는 것으로 설계되었다. 파이오니어 4호는 지구의 중력장을 성공적으로 벗어나, 달에 6만 km 이내로 접근했으나, 과학적 자료를 얻기에는 너무 먼 거리였다. 추가적으로 이루어진 네 대의 달 탐사선 역시 성공하지 못했다.

파이오니어 5~9호가 이룩한 성과는 무엇인가?

파이오니어 5호는 태양으로 보낸 다섯 대의 파이오니어 탐사선 중 첫 번째 탐사선이다. 일반적으로 태양 궤도 진입은 달 궤도 진입만큼의 정확성을 요구하지 않으므로 훨씬 수월하다(지구의 중력장을 벗어난 물체는 다른 방향을 지정해주지 않는 이상, 자연스럽게 태양의 영향을 받는다). 1960년 3월 11일에 발사된 파이오니어 5호는 64cm 지름에 43kg의 무게를 가졌다. 이 위성은 3700만 km나 떨어진 먼 거리에서 지구와 교신한 최초의 위성이었다. 파이오니어 6호부터 9호까지는 1965년에서 1968년 사이에 태양 궤도로 발사되었다. 각각의 무게는 64kg이었으며, 태양 전지판으로 덮여 있었으며, 우주선, 자기장 그리고 태양풍 측정을 위한 장비를 갖추고 있었다. 이 다섯 대의 파이오니어 우주선은 모두 태양 궤도에 십수 년간 머물렀다.

태양계 안에서 가장 오래된 탐사선은 무엇인가?

파이오니어 6호는 아직까지 '존재한다'고 생각되는데, 우주 탐사 역사에서 가장 오래된 작동 중인 탐사선이다.

파이오니어 10호와 11호가 설계된 목적은 무엇인가?

파이오니어 우주선 중 가장 잘 알려진 파이오니어 10호와 11호는 1972년과 1973년

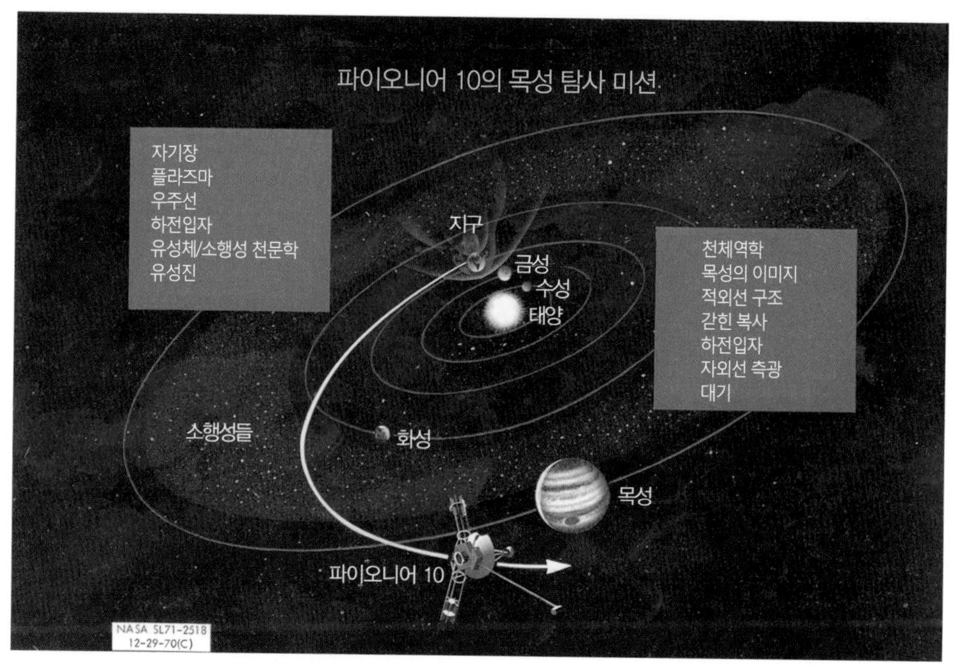

컴퓨터가 사용되기 이전에 NASA가 고용한 아티스트들은 미션 계획을 그림으로 나타냈으며, 위는 1970년에 파이오니어 10의 미션에 대한 계획안이다. 위 그림은 일부 계획된 측량과 우리 태양계의 탐사 궤도를 포함한다.(NASA)

에 지구를 출발했다. 이들은 먼 가스 행성인 목성과 토성에 관한 자료를 수집하기 위해 설계되었다. 이 쌍둥이 탐사선에는 각각 지름 3m의 전파 안테나 접시가 있었는데, 이 접시를 통해 우주선과 지구의 수신국 사이의 통신이 가능했다. 과학 장비와 카메라, 방사성 동위원서 열전발전기RTG, Radioisotope Thermoelectric Generator, 로켓 모터는 안테나 접시 뒷부분에 장착되었다.

파이오니어 10호가 이룬 업적은 무엇인가?

파이오니어 10호는 소행성대를 통과한 최초의 우주선이 되었다. 이전까지 천문학자들은 소행성대의 작은 소행성들의 밀도가 너무 커서 우주선이 지나갈 수 있을지 정확히 알지 못했다(결과적으로는 밀도가 너무 크지 않다는 것을 알았으며, 파이오니어 10호에 가장 가까운 소행성은 880만 km나 떨어져 있었다). 1973년에 파이오니어 10호는 목성 근처를 비행했고, 우리 태양계에서 가장 큰 행성의 첫 근접 이미지를 보내왔다. 그 후에도 여정을 계속하여 해왕성과 명왕성을 지났고, 1983년에는 태양계의 주 행성 지역을 지났다. 파이오니어 10호와의 최후 교신은 2003년 1월 23일에 이루어졌다. 현재의 이동 속도와 방향을 고려했을 때, 200만 년 후에 황소자리의 알데바란Aldebaran에 도착할 것으로 보인다.

파이오니어 11호가 이룩한 이정표는 무엇인가?

파이오니어 11호도 파이오니어 10호와 같이 목성을 향해 항해하며 목성에 대한 사진과 과학적 정보를 수집했다. 그 후 파이오니어 11호는 목성의 중력장을 이용해 토성을 향해 중력 선회했다. 파이오니어 11호는 1979년 토성에 도착하여, 행성과 고리 그리고 위성에 대한 최초의 근거리 사진과 과학 정보를 보내왔다. 1990년에는 태양계의 주 행성 지역을 넘어섰으며, 1995년 9월, 22년간 작동하다 동력이 끊기면서 일상적인 미션을 수행할 수 없게 되었다. 파이오니어 11호와의 최후 교신은 1995년 11월에 이루어졌다.

보이저 프로그램이란 무엇인가?

보이저 탐사선들은 원래 마리너 11호와 마리너 12호로 이름 지어질 예정이었다. 그 후 이들은 별도의 프로그램으로 분리되어 마리너 주피터-새턴Mariner Jupiter-Saturn으로 명명되었다가, 보이저Voyager로 다시 개명되었다.

두 보이저 탐사선은 하나의 우주선으로 태양계의 모든 가스 행성을 여러 번의 중력 선회를 통해 차례로 도달할 수 있도록 하는, 행성들의 특별한 배열을 고려해 설계되었다. 원래의 야심 찬 계획은 그랜드 투어Grand Tour 프로그램이라고 불렸으나 재정 감축으로 두 대의 탐사선으로 축소되었다. 그럼에도 불구하고 중요한 과학 목적은 목성, 토성, 천왕성, 해왕성의 접근 비행을 통해 성취되었다.

보이저 1호와 2호는 현재 어디에 있는가?

현재 보이저 1호는 지구에서 105AU(157억 km) 떨어진 곳에 있으며, 인류가 만든 물체 중 태양계의 가장 먼 곳까지 도달한 물체이고, 사실상 태양계에서 알려진 가장 멀리 있는 물체이다. 이 우주선이 헬리오스시스Heliosheath(태양권 덮개로서 태양권 외곽에 자리 잡고 있다) 끝자락에 도착했으리라는 과학적 증거도 있다. 만약 그렇다면, 보이저 1호는 10년 내에 태양권 계면heliopause에 도착할 것이며, 성간 탐사를 한 최초의 탐사선이 된다. 보이저 2호는 지구에서 85AU(127억 km) 거리에 있으며, 보이저 1호와는 거의 직각 방향으로 진행 중이다. 비록 보이저 1호보다는 지구에 가깝지만, 여전히 명왕성보다 두 배나 먼 거리에 있다. 2007년 12월, 보이저 2호의 측정으로 태양권heliosphere이 우리은하의 성간 자기장에 의해 약간 변형되었다는 사실을 보여주었다(태양계의 남쪽 부근이 살짝 파였다는 것을 알게 되었다).

보이저 1호가 이룬 업적은 무엇인가?

보이저 1호는 1977년 9월 5일 플로리다의 케이프커내버럴에서 타이탄 3E 켄타우르 로켓에 의해 발사되었다. 보이저 1호는 비록 보이저 2호보다 며칠 늦게 발사되었지만 보다 지름길로 외행성계로 보내졌기 때문에 행성에 더 빨리 도달할 수 있었다. 1979년 보이저 1호는 목성을 지났으며, 행성의 소용돌이치는 구름과 갈릴레오 위성들의 사진을 찍었다. 보이저 1호는 이오Io의 화산 활동을 발견했고, 목성 주위에서 이전에는 발견되지 않았던 고리를 발견했다. 3월 5일에는 목성에 최대 접근했는데 그 거리는 목성 중심부에서 34만 9000km 떨어진 거리였다.

보이저 1호는 성공적으로 목성의 중력장을 이용해 토성으로 중력 선회했다. 탐사선은 1980년 11월에 토성에 도착했고, 11월 12일에 최대 12만 4000km까지 접근했다. 그리고 토성 고리의 복잡한 구조를 발견했으며, 토성의 두꺼운 대기와 위성 타이탄을 발견했다. 타이탄을 비행할 때 받은 중력 선회로 인해 우주선은 황도면을 벗어났으며, 보이저 1호를 행성으로부터 먼 곳으로 보냈다.

보이저 2호가 이룬 업적은 무엇인가?

보이저 2호는 1977년 8월 20일에 발사되었다. 보이저 1호처럼, 플로리다의 케이프 커내버럴에서 타이탄 3E 켄타우르 로켓에 의해 발사되었다. 보이저 2호는 1979년 7월 9일 목성에 가장 가까운 57만 km 거리까지 접근했다. 탐사선은 목성의 위성 이오의 화산 활동을 확인하고 관측했으며, 유로파 표면의 십자 모양으로 교차하는 선을 발견했다. 또한 몇 개의 새로운 고리들과 목성 주위를 도는 세 개의 새로운 위성을 발견하고, 목성의 대적점에 대해 상세히 조사했다.

이후 목성 접근 비행을 중력 선회로 이용하여 토성에 도착했다. 최대 접근은 1981년 8월 25일에 이루어졌다. 보이저 2호는 레이더 시스템을 통해 토성의 상층 대기를 탐사했으며, 토성과 토성의 고리 그리고 토성의 위성들을 탐사했다. 또한 토성의 접근 비행을 중력 선회로 사용하여 천왕성에 도착했으며, 1986년 1월 24일 최대 8만 1500km까지 접근했다. 이 탐사선은 이전까지 발견되지 않았던 천왕성의 열 개 위성을 새로 발견했고, 천왕성의 위성들과 대기, 자기장 그리고 얇은 고리에 대해 조사했다.

갈릴레오 탐사정은 목성과 목성의 갈릴레오 위성들을 광범위하게 탐사했다.(NASA)

마지막으로, 천왕성의 중력을 이용한 중력 선회를 통해 보이저 2호는 1989년에 해왕성의 북극 위 4800km까지 근접했다. 과학자들은 천왕성과 비슷한 형태의 행성을 보게 되리라 예상했지만 보이저 2호는 활동적이고, 푸른색 빛의 대기로 덮인 태양계 행성 중에서도 강한 바람과 소용돌이를 동반하는 축에 속하는 행성을 발견했다. 또 네 개의 부분 고리와 해왕성 주변에서 여섯 개 위성을 발견했으며, 해왕성의 하루와 자기장의 강도를 측정하고, 해왕성의 위성 트리톤Triton을 상세히 조사하여, 얇은 대기와 구름, 극관polar cap 그리고 고압의 물에 의한 화산 분출이 일어나는 것을 발견했다.

갈릴레오 미션이란 무엇인가?

갈릴레오 미션은 목성과 목성의 네 개 위성 이오Io, 유로파Europa, 가니메데Ganymede 그리고 칼리스토Callisto 연구를 목적으로 수십억 달러를 쏟아부은 미션이었다. 목적을 달성하는 동안 갈릴레오는 우주 탐사선 비행 기술, 특히 중력 선회에 대한 실험을 했다. 이 미션은 온갖 과학적 장애를 뛰어넘어 목적을 달성할 수 있게 해주었다.

갈릴레오 우주선의 구성은 어떤가?

갈릴레오는 미니밴 크기에 깃대가 한쪽 면에 나와 있으며 무게는 2.5톤 정도다. 여러 과학 장비를 비롯하여 두 개의 통신 안테나와 추진 로켓이 실려 있고, 원자력 전지RTG를 통해 동력을 공급했다. 갈릴레오에 실린 미니 탐사선은 식기세척기 정도 크기로, 여섯 개의 장착된 장비를 통해 주변 환경을 측정하도록 설계되었으며, 낙하산을 통해 목성의 대기로 투하되었다.

지구를 벗어나기도 전에 갈릴레오 미션이 직면한 문제는 무엇이었는가?

갈릴레오 우주선은 원래 우주 왕복선에 실어서 발사한 후 강력한 추진 로켓을 통해 목성으로 보낼 계획이었다. 그러나 예정된 발사가 이루어지기 몇 달 전, 우주 왕복선 챌린저가 공중에서 폭발해 왕복선 프로그램이 전면 중지되었다. 안전을 고려해 모든 왕복선 비행에는 갈릴레오에 사용된 추진 로켓보다 훨씬 작고 약한 추진기로 대체되어야 했다. 이러한 장애에 부딪히자 갈릴레오의 과학자들은 목성으로 보낼 우주선의 궤도를 다시 계산할 수밖에 없었고, 금성과 지구를 수차례 접근 통과하는 중력 선회로 여정의 길이를 몇 년 더 늘리는 방법을 택했다. 1989년 10월 18일, 결국 갈릴레오는 아틀란티스Atlantis에 의해 발사되었으며, 6년간의 목성으로의 여정을 시작했다.

목성까지의 갈릴레오 비행 행로는 무엇이었는가?

갈릴레오는 목성에 도달할 수 있는 충분한 속도를 얻기 위해 세 번의 주된 중력 선회를 필요로 했다. VEEGAVenus-Earth-Earth Gravity Assist 전략은 갈릴레오로 하여금 1990년 2월 10일 금성에 접근 비행, 1990년 12월 8일에는 지구, 그리고 1992년 12월 8일 다시 지구를 통하도록 했다. 늘어난 비행 시간과 거리는 행운이었다. 갈릴레오는 작은 소행성 가스프라Gaspra(1991년 10월 29일)와 이다Ida(1993년 8월 28일)를 지나면서 두 소행성을 관측했고, 소행성 주변을 도는 최초의 위성인 이다 주변을 도는 더 작은 소행성 댁틸Dactyl도 발견했다. 그리고 1994년 목적지 도착을 1년 정도 남겨놓은 갈릴레오의 카메라는 혜성 슈메이커-레비 제9혜성Shoemaker-Levy 9의 조각이 목성과 충돌하는 장면을 관측하였다.

갈릴레오 우주선의 미니 탐사선은 어떻게 작동했는가?

1995년 12월 7일, 갈릴레오의 미니 탐사선은 모선에서 분리되어 목성의 대기에 시속 17만 km의 속도로 진입했다. 진입 2분 만에 탐사선의 속도는 시속 170km 이하로 떨어졌다. 탐사선은 낙하산을 펼치고 하강 속도를 줄이며 천천히 목성의 핵으로 진입했다. 탐사선이 아래로 하강하자 수평으로 강한 바람이 시속 500km의 속도로 불어왔다. 최종적으로 미니 탐사선은 58분 동안 생존했으며, 장비가 작동하는 대기층 아래 145km

지점까지의 거대 행성의 사진들을 보내왔다. 여덟 시간 후, 온도가 1900도에 달하는 지점에서 탐사선은 증발했다.

갈릴레오가 1992년 지구 접근 통과에서 행한 실험은 무엇인가?

1992년 12월 지구 접근 통과 도중, 갈릴레오호는 가시광 레이저가 우주선과의 통신에 사용 가능한지를 알아보기 위한 실험을 수행했다. 이 갈릴레오 광학 실험GOPEX, Galileo Optical Experiment은 성공적이었다. 지구 상의 과학자들은 캘리포니아와 뉴멕시코의 지상 기지국에서 일련의 밝은 레이저 펄스를 발사했고, 갈릴레오호는 펄스 신호에 대한 디지털 사진을 촬영했는데, 640만 km 떨어진 거리에서 이 신호들 중 약 1/3에 해당하는 신호들을 성공적으로 감지했다.

갈릴레오는 얼마나 오랜 기간 작동했는가?

갈릴레오는 1995년 12월 7일 목성의 궤도에 도달했다. 그러나 불행하게도 고성능 안테나가 작동하지 않아, 천문학자들은 약한 보조 안테나를 통해 데이터를 전송받아야 했다. 과학자들은 창의적인 방법들을 고안하여, 거의 열 배 가까이 통신 속도를 증가시켰으나, 최대치에 달한다 해도, 전송 속도는 지구 전화선 모뎀의 1%밖에 되지 않았다. 갈릴레오는 예상했던 최대 수명을 훨씬 넘겨서까지 생존했다. 궤도 삽입 후 2년에 걸친 주된 과학 미션이 끝나자, 미션을 추가로 5년 연장했다. 갈릴레오의 카메라는 방사능에 의해 손상을 받아, 2002년 12월 17일에 중단되었다. 우주선은 미션이 끝날 때까지 귀중한 과학적 정보들과 약 1만 4000장의 이미지와 30GB에 달하는 데이터를 지구로 보내왔다. 갈릴레오는 모두 합쳐 목성을 34번 순회했으며, 전체 이동 거리는 46억 km에 달한다.

갈릴레오 미션은 어떻게 끝났는가?

모든 도전과 어려움을 극복하고, 갈릴레오는 고성능 안테나를 제외하곤 문제없이 작동했다. 2003년까지 거의 모든 추진제가 바닥났다. 갈릴레오를 통제되지 않은 상태에 내버려두면 목성의 위성과 우연히 충돌할 가능성이 있어, NASA의 비행 통제부는 우주선을 목성의 대기로 끌어 내리는 방법으로 미션을 종료시키기로 결정했다. 그리하여 2003년 9월 21일, 과학자들은 우리 태양계의 가장 큰 행성을 연구할 수 있는 또 한 번의 기회를 갖게 되었다. 갈릴레오가 대기로 떨어지면서 타는 동안, 과학 장비들은 이전의 어떤 측정 기록보다 더 가까이 정확한 목성의 대기와 자기장에 관한 기록을 남겼다.

카시니-하위헌스 미션이란 무엇이었는가?

카시니-하위헌스 미션은 수십억 달러를 투자한 국제 과학 공동 연구로, 토성과 토성의 환경, 특히 가장 큰 위성 타이탄을 연구하기 위한 미션이었다. 미 항공우주국NASA, 유럽 우주국ESA 그리고 이탈리아 우주국ASI은 강력한 장비들을 탑재한 탐험 미션에서 카시니는 타이탄에 하위헌스 착륙선을 보내기 위한 궤도선으로 사용되었다. 미션 도중에 카시니는 목성 근처를 지나기도 했다. 재정적 제약과 세계 우주국의 원칙 변화로 인해, 아마도 카시니-하위헌스는 당분간 가장 크고 가장 비싼 행성 탐사 미션이 될 것이다.

카시니 탐사선이 캘리포니아 주 패서디나의 제트 추진 실험실에서 열 저항을 위한 실험을 준비하고 있다.(NASA)

카시니 우주선는 어떻게 구성되었는가?

카사니는 캔 모양의 형태에 약 6.8m의 길이와 4m의 너비를 갖는다. 커다란 우산 형태의 안테나는 우주선 한쪽 끝에 장착되어 있다. 긴 레이더는 우주선의 한쪽 끝에 11m 정도 뻗어나와 있다. 착륙선 하위헌스와 합하면 우주선 무게는 2.5톤 정도이고, 발사 당시에는 3톤의 연료를 장착하고 있었다. 카시니는 열두 가지의 과학 장비를 싣고 있었고, 하위헌스는 여섯 가지의 추가 장비를 싣고 있었다.

카시니는 언제 발사되어 언제 토성에 도착했는가?

카시니-하위헌스는 플로리다 주 케이프커내버럴에서 타이탄 4B 켄타우르 로켓에 의해 1997년 10월 15일에 발사되었다. 이 탐사선은 두 차례에 걸쳐 금성을 접근 비행하고 1999년 8월 18일에 지구로 접근 비행한 후 2000년 12월 30일 목성에 접근 비행하여 궤도를 수정하였다. 네 차례의 접근 비행은 중력 선회를 통해서 토성으로 가기 위한 것으로, 약 7년간의 비행 끝에 마침내 카시니 탐사선은 2004년 7월 1일 토성의 궤도에 도착했다.

카시니가 목성을 지나는 동안 한 일은 무엇인가?

카시니의 토성으로의 장기 비행은 행로 중에 중대한 과학적 발견의 가능성을 염두에 두어야 한다는 중요성을 알렸다. 2000년 10월에서 2001년 3월까지, 카시니는 목성에 접근 비행하며 광범위한 연구를 했으며, 갈릴레오 우주선의 측정에 더하여 수천 장의 사진과 중요한 측정을 해냈다. 또한 목성의 극지방에 나타나는 지속적인 기후 패턴을 발견했으며, 목성의 자기장 지도를 통해 목성의 자기권이 한쪽으로 기울었고, 대전된 전하들이 빠져나갈 수 있는 거대한 구멍들이 여러 개 있다는 사실을 밝혀냈다.

카시니는 토성의 궤도에 어떻게 진입했는가?

토성에 도달했을 때, 카시니는 추진기를 97분간 작동했으며 이후 토성의 중력을 이용해 속도를 줄였다. 우주선의 위험천만한 순간은 토성 고리를 지날 때였다. 궤도 진입은 세밀한 계획을 통해 고리 사이의 틈을 통해 빠져나가도록 하려 했지만, 반지 크기의 작은 물질이라도 카시니와 부딪칠 경우 미션 종료를 의미했다. 다행스럽게도, 궤도 진입은 성공적으로 이루어졌다. 카시니는 다소 복잡하고, 나비 모양의 패턴(혹은 스피로그래프 패턴)의 긴 타원 궤도를 순회하며 토성의 놀라운 고리계와 위성들, 그리고 행성 자체에 대한 자료를 전송해왔다.

카시니는 아인슈타인의 상대성이론을 실험하는 데 어떻게 사용되었는가?

2003년 천문학자들은 카시니를 사용하여 아인슈타인의 일반상대성이론을 전례에 없는 정확성을 가진 실험을 통해 검증하려고 했다. 카시니로부터 송수신하는 전파의 지연 시간 변화를 통해, 이들은 태양의 중력이 신호를 얼마나 변형시키고 시공간을 얼마나 휘게 하는지를 확인할 수 있었다. 이 실험은 상대성이론을 0.002%의 오차 내의 정확도로 확증했는데, 이는 이전의 어떤 실험보다도 100배 이상 정확한 결과였다.

카시니가 토성에 대해 발견한 것은 무엇인가?

이 미션 동안 카시니는 토성에서 많은 것을 발견했는데 무엇보다 토성의 두꺼운 대기 속에서 엄청나게 역동적인 활동이 일어나고 있음을 발견했다. 여기에는 토성의 대기 속에서는 지구 대기에서 일어나는 어떤 것보다 1만 배 이상 강력하고 지구 전체 크기만큼 넓은 지역을 차지하는 형태의 뇌우를 발견한 것도 포함된다. 최근에는 지구와 비슷한 소용돌이(지구 이외의 행성에서 최초로 발견되었다)가 토성 남극에서 발견되었다. 소용돌이의 지름은 8000km나 되었고, 풍속은 시속 550km에 달했다. 카시니는 1980년대에 보이저 우주선이 측정한 이래로 토성 대기의 중대한 변화를 측정했다. 이는 토성은 비활성화 시스템이 아니라 지속해서 변화하며 진화하고 있음을 말해준다.

카시니가 토성의 위성에 대해 발견한 것은 무엇인가?

카시니는 토성 주변의 여러 새로운 위성들을 발견했으며, 토성 고리 주변에 위치하던 작은 위성들까지 발견해냈다. 또 이미 알려진 토성의 위성인 타이탄Titan, 레아

제트 추진 실험실에서 기술자들이 하위헌스 탐사정에 열 차단 실험에 의해 가해질 열 피해에 대한 준비를 하고 있다.(NASA)

Rhea, 테티스Tethys, 히페리온Hyperion 그리고 엔켈라두스Enceladus에 관한 많은 데이터들을 보내왔다.

카시니가 토성의 고리에 대해 발견한 것은 무엇인가?

카시니는 토성의 고리와 고리를 크고 복잡하지만 안정성 있고 아름답게 만드는 구조에 대한 정밀 사진을 보내왔다. 카시니는 토성의 새로운 고리와 토성 고리 주변의 새로운 위성, F 고리에서 입자들을 뺏어가는 작은 위성, E 고리에 입자를 더하는 엔켈라두스 위성 그리고 파동, 흐름과 같은 현상에 대한 발견을 했다.

하위헌스 탐사선의 구성은 어떤가?

하위헌스 탐사선은 카시니 궤도선의 밑부분에 장착되어 있었다. 탐사선의 무게는

320kg이고, 지름 약 120cm 되는 받침 접시 같은 모양에 다중 낙하산 착륙 시스템과 여섯 가지 과학 장비를 싣고 있었다.

하위헌스 탐사선은 타이탄에 언제 그리고 어떻게 착륙했는가?

카시니 궤도선에 7년 이상 탑재되어 있던 하위헌스 탐사선은 2004년 12월 25일 카시니에서 분리되었다. 하위헌스 탐사선은 홀로 400만 km를 운항하여, 2005년 1월 14일 타이탄의 대기에 진입했다. 하위헌스 탐사선은 이중 점검의 중요성을 보여준 예로서, 분리와 진입 날짜는 미션이 발사되고 몇 년 후에 컴퓨터 소프트웨어의 결함으로 하위헌스에서 전송되는 데이터를 잃게 될 수도 있다는 문제점이 발견된 뒤 변경되었다. 새로운 진입 날짜는 카시니와 하위헌스 그리고 지구 사이의 상대적 움직임을 고려하여 자료가 수월하게 전송될 수 있도록 했는데, 원래의 계획에서 한 달 뒤로 미뤄진 날짜였다.

하위헌스는 타이탄의 대기를 시속 1만 9300km의 속도로 진입했다. 여러 개의 낙하산이 펼쳐지면서 탐사선 속도는 시속 약 320km 이하로 떨어졌다. 고도 120km 상공에 이르러 마지막 낙하산이 펼쳐지면서 하위헌스의 속도는 훨씬 더 떨어졌다. 그리고 두 시간 이상 낙하한 후 마침내 하위헌스는 타이탄의 표면에 시속 16km의 속도로 착륙했다.

미션의 지속에 따른 카시니를 위한 계획은 무엇이었는가?

기존의 과학 미션이 끝나도 우주선이 생존해 있는 한, 카시니 우주선은 토성 주위를 계속 돌 것이며 토성의 위성과 고리에 많은 접근 비행을 할 것이다. 목성 주위를 도는 갈릴레오처럼, 과학자들은 생태계 시스템 혹은 원시 환경을 오염시키는 것을 원하지 않기 때문에, 가능한 한 미션이 끝났을 때 비행 통제를 통해 토성의 바깥쪽 위성 중 하나에 우주선을 떨어뜨림으로써 모든 위험을 줄일 것이다.

하위헌스 탐사선이 타이탄에 대해 발견한 것은 무엇인가?

하위헌스는 350개의 사진과 방사 측정과 기상학상 데이터들을 전송해왔다. 타이탄의 대기는 보다 복잡한 유기 입자를 구성하는 탄소와 수소를 기반으로 한 여러 화학 물질로 구성되어 있다. 또 강한 바람과, 활성적인 기후와 폭풍과 번개가 존재한다. 구름과 비도 존재하지만, 물 성분이 아니라 천연가스와 같은 탄화수소의 액체로 되어 있다.

하위헌스의 카메라는 표면의 탄화수소로 된 자유 액체와 같은 타이탄의 놀라운 지질학적 역사의 다양성을 보여준다. 하위헌스는 타이탄 표면에 착륙하면서, 얇고 부서지기 쉬운 타이탄의 지각과 충돌했다. 그 부서진 표면 아래에는 모래 같고 질퍽질퍽한 물질로 되어 있었으며, 탐사선의 충돌로 인해 과열되자 메탄가스를 내뿜었다. 표면 온도는 영하 180도였고, 토양은 대부분의 흙탕물 얼음과 메탄/에탄올 얼음으로 되어 있었다. 착륙 지역 주변의 사진은 표면이 마른 강바닥에 매끄러운 암석과 자갈들로 되어 있는 것처럼 보였다.

뉴허라이즌스 미션이란 무엇인가?

뉴허라이즌스New Horizons 미션은 카이퍼 대를 향해 보낸 우주 탐사선이었다. 이 탐사선은 명왕성에 접근 비행한 후 왜소 행성에 대한 최초의 근접 촬영을 계획하고 있으며, 그 외 다른 카이퍼 대의 천체들에 대한 관찰도 기대하고 있다. 지금의 이름을 얻기 전까지, 뉴허라이즌스 미션은 플루토-카이퍼 익스프레스Pluto-Kuiper Experess라고 불렀으며, 그전에는 플루토 익스프레스Pluto Express로 불렸다.

뉴허라이즌스 미션은 언제 발사되었으며, 명왕성에는 언제 도착할 것인가?

뉴허라이즌스는 2006년 1월 19일 아틀라스Atlas V-551 로켓에 의해 플로리다의 케이프커내버럴에서 발사되었다. 명왕성은 아주 멀리 떨어져 있고, 그곳에 도착하는 데까지의 시간이 매우 중요하기 때문에, 이 미션의 경우 우회하여 중력 선회를 얻는 것은 배제되었다. 대신 기존의 탐사선 중에 가장 빠른 탈출 속도인 시속 5만 8000km로 탈출 궤도에 직접 진입하여 최단 코스로 목성을 향했다. 목성에는 2007년 1월 28일에 접근 비행했으며, 목성의 중력 선회를 통해 명왕성으로 이동했다. 뉴허라이즌스는 2015년 7월 14일에 명왕성에 다다를 것으로 예견된다.

뉴허라이즌스에 실린 분광사진기에 영감을 준 TV 프로그램은 무엇인가?

뉴허라이즌스에 실려 있는 두 대의 분광사진기spectrograph의 별칭은 '랠프'와 '앨리스'인데, 이들은 고전 TV 프로그램인 〈신혼여행자The Honeymooners〉에 등장하는 두 주인공의 이름이다.

뉴허라이즌스 우주선이 갖춘 장비들은 무엇인가?

뉴허라이즌스는 일곱 가지 과학 장비를 싣고 있었는데, 그중 하나the Student Dust Counter는 학생들에 의해 제작되었고, 이들에 의해 작동될 것이다. 또 REX(전파과학 실험 장비), SWAP(명왕성 주변의 태양풍을 측정하는 장치), PEPSSI(명왕성 대기에서 방출되는 각종 분자들을 탐지하는 장비), LORRI(고해상도 망원경) 그리고 두 개의 이미지 분광사진기 등이 있다.

뉴허라이즌스가 현재까지 이룬 과학적 발견들은 무엇인가?

목성으로의 신속한 접근 비행 동안 뉴허라이즌스는 이전에 발견되지 않았던 목성의 세부 사항들을 탐사했다. 여기에는 목성 극지방에서 일어나는 번개와 목성 대기에서의 암모니아 구름의 생성과 파괴, 반석만 한 크기의 암석과 얼음으로 된 목성 고리, 목성의 자기권 꼬리에 있는 대전된 입자의 행로, 그리고 목성의 위성인 이오의 내부 화산 폭발 구조의 발견을 포함한다.

소 행 성 과　혜 성　탐 사

소행성과 혜성을 우주선으로 탐사하기 위해 초기에는 어떤 시도를 했는가?

소행성에 대한 접근 비행은 갈릴레오 우주선이 목성으로 운항할 때 이미 성공적으로 이루어졌다. 1991년 10월, 우주선은 가스프라Gaspra에 접근 비행했으며, 1993년 8월에는 이다Ida에 접근 비행했다. 이 같은 접근 비행을 통해 소행성에 대한 최초의 근접 촬영을 했으며, 소행성들의 표면이 꽤 흥미롭게 구성되었다는 점과, 소행성들도 위성을 가질 수 있다는 점을 발견했다 — 이다는 댁틸Dactyl이라는 위성을 가졌다. 이러한 접근 비행은 소행성 연구에 대한 흥미를 유발했으며, 후에 여러 번의 미션으로 이어졌다.

혜성 탐사를 주요 과학 미션으로 설정한 첫 번째 우주선은 핼리혜성으로 향했다. 1986년에 핼리혜성이 태양계 안쪽으로 돌아오리라는 널리 알려진 기대 속에, 많은 나라들이 핼리혜성과 그 꼬리를 연구하기 위해 우주선을 보내는 데 몰두했다. 두 대의 일본 우주선 수이세이Suisei, 彗星와 사키가케Sakigake, 先驅 그리고 두 대의 소련 우주선 베가 1호와 2호는 1986년에 핼리혜성에 근접 비행했다. NASA와 유럽 우주국은 ISEE-3 인공위성을 1978년 8월 12일에 발사했으며, 이것의 원래 미션이 끝나자 국제 혜성 탐사선ICE로 명명되어 1985년 혜성 자코비니-지너Giacobini-Zinner의 관측과 1986년 핼리혜성의 관측을 위해 사용되었다. 그러나 ICE는 카메라를 가지고 있지 않았다. 핼리혜성을 관측한 가장 중요한 우주선은 지오토Giotto 미션이었다.

지오토 미션이란 무엇인가?

지오토 미션은 유럽 우주국ESA에서 1985년 7월 2일에 아리안Ariane 1 로켓에 의해 프랑스령 기아나 섬의 쿠루Kourou에서 발사되었다. 이전의 위성들인 ICE, 수이세이, 사키가케, 베가 1호 그리고 베가 2호의 정보를 모아, 비행공학자들은 지오토를 핼리혜성의 중심에서 600km밖에 떨어지지 않은 곳으로 1986년 3월 13일에 보냈다. 혜성 입자들의 영향으로 손상을 입긴 했지만, 지오토는 놀라운 사진을 보내왔으며, 혜성의 행성 간 연구의 새로운 장을 열었다.

지오토는 거기서 끝나지 않았다. 1990년 ESA의 비행 통제기는 우주선을 4년 만의 동면 모드에서 재가동하여(이런 기능을 수행한 최초의 우주선이었다), 그리그-스켈러럽Grigg-Skjellerup 혜성을 향해 보냈다. 1992년 7월 10일, 지오토는 성공적으로 접근 비행했으며, 혜성의 중심에서 약 200km 떨어진 곳까지 다가갈 수 있었다. 비록 핼리혜성과의 이전 접근에서 카메라가 크게 손상되어 더 이상 사진을 찍을 수는 없었지만, 지오토는 값진 정보들을 보내왔다. 이 우주선은 두 혜성에 접근한 최초의 우주선이었다.

니어-슈메이커 미션이란 무엇인가?

니어NEAR, Near-Earth Asteroid Rendezvous 미션은 소행성 궤도를 돌며 탐험하기 위해 보낸 최초의 우주선이었다. 목표는 고구마 같은 형태로 지구의 궤도에 가까워진 433 에로스였다. 니어는 1996년 2월 17일 델타 2 로켓에 의해 발사되었으며, 에로스에 성공적으로 접근했다. 미션은 행성과학자 유진 슈메이커Eugene Shoemaker(1928~1987)의 이름을 기려 니어-슈메이커NEAR-Shoemaker로 명명되었다.

니어 우주선의 구성은 어떻게 되었나?

니어는 팔각형 프리즘의 형태에, 너비는 1.7m 정도이고, 네 개의 태양 전지판과 1.5m 길이의 고성능 전파 안테나를 갖추고 있었다. 이 과학 장비는 엑스선/감마선 분광계, 근접 적외선 분광사진기, CCD 이미지 감지기가 달린 다스펙트럼 감응성 카메라, 레이저 고도계, 전파 과학 장비 그리고 자기력계를 포함하고 있다.

니어 우주선은 소행성 433 에로스에 어떻게 접근했는가?

니어가 에로스를 향해 비행하면서 먼저 소행성 253 마틸다Mathilde에 1997년 6월 7일에 비행했으며, 지구에 1998년 1월 23일 비행했다. 원래 니어는 1999년 소행성 에로스에 도착하여, 소행성 주위를 1년간 순회하도록 예정되어 있었다. 불행히도 도착 예정된 몇 주 전에, 엔진의 작동 불능으로 미션이 위험에 빠지고 말았다. 과학자들은 1998년 12월 23일 에로스를 접근 비행했으며, 궤도 삽입을 위해 우주선을 제 위치로 돌리는 데 1년 이상의 시간이 걸렸다. 2000년 2월 14일, 니어는 에로스와 연결되었고, 소행성 주변을 순회하기 시작했다.

니어 우주선은 433 에로스 소행성 궤도에 어떻게 진입했는가?

커다란 질량을 지닌 천체인 행성 주변을 순회하는 것과 달리, 가볍고 불규칙한 형태의 소행성인 433 에로스와 같은 천체의 궤도에 진입하는 것은 매우 복잡한 일이고, 간단한 타원형 궤도에 의해 이루어질 수 있는 일이 아니다. 궤도 패턴은 복잡하며 지속적으로 크기와 형태를 바꾸는 나선형 타원 궤도를 필요로 했다. 뿐만 아니라, 궤도는 우주선을 표면에 아주 가깝게 접근시켜야 했다(약 5~360km다). 또 자칫 잘못하면 에로스와 충돌할 수 있기 때문에, 비행공학자들은 지속적으로 니어-슈메이커의 위치에 주의를 기울여야 했다.

니어 우주선이 소행성 433 에로스에 대해 밝혀낸 바는 무엇인가?

433 에로스는 암석 기반의 소행성으로, 길이 33km에 폭이 13km의 고구마처럼 생긴 소행성이었다. 니어-슈메이커가 보내온 에로스의 근접 이미지는 에로스가 단지 우주를 떠도는 암석이 아님을 밝혀주었다. 비록 매우 작은 천체이긴 하지만, 매우 상징적인 지질학적 역사를 가지고 있었다. 약 10억 년 전에 일어난 다른 천체와의 충돌로 인

해 하나의 분화구가 형성되었고, 분출된 물질들은 에로스 표면에 암석과 먼지들로 남아 있었다. 충돌은 또한 엄청난 충격파를 전체 소행성에 보냈으며, 에로스의 형태와 당시의 분화구와 표면 물질 모두에 영향을 끼쳤을 것이다. 에로스는 지구 지각과 비슷한 밀도를 가지며(물의 2.4배) 태양 궤도를 돌면서 흔들리게 되고, 643일에 한 번꼴로 공전주기를 가지고 5시간 16분에 한 번꼴로 공전한다.

니어-슈메이커 미션은 어떻게 종료되었는가?

2001년 2월 12일, 비행공학자들은 니어-슈메이커 우주선을 433 에로스의 표면으로 보냈다. 착륙 속도는 약 시속 5km였는데, 이는 사람이 걷는 속도와 비슷하다. 비록 착륙을 위해 설계되지 않았음에도, 아주 가벼운 손상만 입고 착륙에 성공했다. 표면에서 몇 주간 추가로 정보를 모은 뒤, 니어-슈메이커 미션은 2001년 1월 28일 종료되었다.

딥 임팩트 미션이란 무엇인가?

딥 임팩트Deep Impact는 혜성과 높은 밀도를 가진 물체를 부딪치게 한 후, 충격 지역의 정보와 분출된 물질에 대한 사진과 정보를 모으는 미션이었다. 이 연구의 목적은 태양계에서 행성의 기원에 관한 정보를 알 수 있는 가장 오래된 변질되지 않은 혜성 내부의 물질을 연구하는 한편, 미래에 지구와 충돌할 수 있는 혜성의 궤도에 어떻게 대처할지를 배우려는 목적을 가지고 있었다. 우주 탐사선 미션은 지상 기반의 노력과 우주 기반의 망원경을 통해 혜성을 연구하며 충돌과 충돌 후를 관측했다.

딥 임팩트 우주선의 구성은 어땠는가?

딥 임팩트 우주선은 민감한 과학적 장비가 달린 길이 3m, 폭 1.8m, 높이 2.4m의 접근 비행 우주선과 370kg의 세탁기 크기의 작은 추진기 및 카메라가 달린 금속(대부분 구리) 박스 등 두 부분으로 되어 있었다.

딥 임팩트 미션은 천문학자들에게 혜성의 성분을 알려주었다. 혜성은 진흙, 탄산염, 규산염 덩어리, 다륜성 방향족 탄화수소, 철 덩어리 그리고 적갈색 첨정석으로 이루어져 있다.(NASA/JPL–Caltech/R. Hurt(SSC))

딥 임팩트는 목표 혜성과 언제 어떻게 충돌했는가?

딥 임팩트는 2005년 1월 12일 NASA의 델타 2 로켓에 의해 혜성 P/템펠Tempel 1로 향했다. 7월 3일, 충돌기는 접근 비행하는 우주선에서 분리되어 혜성의 궤도로 향했다. 다음 날, 과학자들은 장비를 통해, 대중은 인터넷을 통해 혜성 템펠 1이 시속 3만 7000km 이상의 속도로 충돌기와 충돌하는 것을 볼 수 있었다.

딥 임팩트가 혜성 템펠 1과 충돌할 때 무슨 일이 발생했는가?

딥 임팩트 충돌로 인해 튀어오른 물질들은 매우 풍부하고 반사적이어서 카메라와 장비들도 분화구 자체를 볼 수 없었다. 그러나 충돌로 인한 과학적 결과물은 놀라웠다. 처음으로, 과학자들은 40억 년 전 이전에 태양계에 존재하던 변형되지 않은 얼음과 먼지를 연구할 수 있었다. 또한 결과물은 혜성이 얼마나 부드럽고 분말 같을 수 있는지를 보여주었다. 이는 인간이 지구로 돌진하는 혜성을 이해하는 데 있어 매우 중요한 결과였다. 왜냐하면 잘못된 물질에 대한 잘못된 기술의 적용은 일을 올바로 처리하지 못할 것이기 때문이다.

딥 임팩트 우주선과 미션은 현재 어떤 상태인가?

충돌기는 충돌과 함께 파괴되었으나, 근접 비행하던 궤도선은 여전히 동작 중이다. 이 우주선은 EPOXI(두 개의 계획된 미션인 EPOCH Extrasolar Planet Observation /Characterization와 DIXI Deep Impact Extended Investigation의 통합 미션)라고 부르는 새로운 미션으로 재조정되었다. 궤도선은 현재 다른 혜성 목표물인 하틀리Hartley 2에 접근 비행하고 있다. 이곳을 여행하면서, 궤도선은 우주 기반의 지구 관측과 여러 외계 행성 시스템에 대한 연구를 하고 있다.

스타더스트 미션이란 무엇인가?

스타더스트Stardust 미션은 1999년 2월 7일 델타 2 로켓에 의해 플로리다의 케이프커내버럴에서 발사되었다. 목표는 와일드Wild 2 혜성이었고, 목적은 곡물 크기의 혜성의 코마coma를 획득하여 지구로 돌아오는 것이었다. 혜성으로 오가는 도중, 스타더스트는 행성 간 먼지 알갱이들을 얻었다. 먼지 알갱이는 연구를 위해 안전하게 지구 표면으로 보내왔으며, 우주선은 우리 행성을 지나 비행을 계속하고 있다.

왜 행성 간 우주 먼지 탐사가 중요한가?

태양계는 채워진 공간보다 빈 공간이 많다. 비록 사람들의 관심은 그 안에 있는 큰 천체에 몰려 있지만, 태양계의 나머지 부분 역시 무시되어서는 안 된다. 모든 태양계의 천체들은 작은 것들로부터 만들어졌으며, 모든 것은 먼지로부터 시작되었다. 따라서 태양계에 떠다니는 가장 작은 알갱이들은 우리 태양계의 기원과 오늘날의 태양계 환경에 대한 가장 좋은 실마리를 담고 있을 가능성이 있다. 또한 이들은 우리은하계의 다른 별들과 그들의 기원에 대한 실마리를 담고 있을지도 모른다.

스타더스트 우주선은 어떻게 구성되었는가?

스타더스트는 커다란 냉장고만 한 크기와 형태에 카메라와 다른 과학 장비들과 함께 반송 캡슐이 장착되어 있고, 혜성과 행성 간 입자들이 획득되고 저장되면, 지구로 안전하게 돌려보내도록 되어 있었다.

스타더스트 우주선은 혜성 입자와 행성 간 입자들을 어떻게 획득했는가?

스타더스트는 입자-획득 모드에서는 반송 캡슐이 열려 있고 팔은 우주선에서 뻗어나와 있다. 팔은 테니스 라켓 같은 형태인데, 에어로젤aerogel이 장착되어 있었다. 입자들이 에어로젤과 충돌하면, 입자들은 1초도 되지 않아 시속 1만 6000km의 속도에서 0으로 줄어들며, 매트릭스에 부서지거나 녹지 않고 장착된다. 입자들을 모으는 작업이 끝나면, 팔은 다시 안으로 접히고, 에어로젤은 반송 캡슐에 안전하게 저장된다.

에어로젤이란 무엇인가?

에어로젤 혹은 '얼음 연기frozen smoke'라고 부르는 이 물질은 고체이며 반투명한 거품 물질이고, 99.8%가 공기로 되어 있다. 이는 실리콘, 탄소 혹은 산화알루미늄과 같은 각기 다른 물체들로 만들어질 수 있다. 또 이것은 사람들이 만들어낸 고체 물질 중 가장 가벼운 것이지만, 놀라울 정도의 열 처단 속성과 구조 강도를 지니고 있다. 우주선 설계자들은 에어로젤을 탑재물의 절연체로 사용한다. 에어로젤은 빠른 혜성 및 행성 입자들을 입자에 충돌 혹은 마찰열에 의한 손상 없이 획득해야 하는 스타더스트 미션에 가장 적합한 물질이었다.

스타더스트 미션은 혜성과 행성 간 입자를 지구로 어떻게 보냈는가?

수집기가 열려 있는 상태에서 스타더스트 우주선은 혜성 와일드 2를 2004년 1월 2일에 근접 비행했다. 2006년 1월 15일 아침, 반송 캡슐은 우주의 높은 대기를 우주선이 살짝 지날 때 지구로 보냈다. 캡슐은 거의 직선 궤도로 시속 4만 6500km의 속도로 떨어졌다. 하강하는 동안 여러 개의 낙하산이 펼쳐지면서 속도를 줄여, 캡슐은 유타의 사막에 안전하게 착륙했으며, 100만 개 이상의 혜성 및 행성 간 입자들을 안전하게 에어로젤에 보관하고 있었다.

스타더스트 우주선과 미션은 어떤 상태인가?

캡슐이 안전하게 돌아온 이후, 스타더스트는 과학자들이 이 우주선으로 무엇을 할지 계획을 세울 때까지 동면 모드로 두었다. 이 우주선은 딥 임팩트 미션의 목표물이었던 혜성 템펠 1로 보내는 새로운 장기 미션에 배정되었으며, 혜성과 혜성의 충돌 분화구의 새로운 사진과 데이터 수집을 목표로 하고 있다. 우주선은 재가동되어, 새로운 NExt New Exploration of Tempel 1 미션으로 향하고 있다.

제 10 장
우주 안의 생명

우 주 안 의 거 주

인간은 우주에서 살 수 있는가?

인간은 우주에서 살 수 있을 뿐 아니라 이미 살고 있다. 1971년 이래 인간은 저지구 궤도low earth orbit에 우주 정거장을 운행하고 있으며, 이곳에서 사람들이 장기간 체류할 수 있다. 인간은 거의 10년 동안 우주에서 살고 있다. 사실 이런 질문은 이제 진부해서 사람들은 더 이상 그 가능성에 대해 왈가왈부하지 않는다. 현재 인류가 직면한 도전은 저지구 궤도를 넘어 바깥 우주 공간, 이를테면 달이나 화성 표면 혹은 행성 간이나 성간 우주선에 거주하는 것이다.

인간이 우주에서 살아가기 위해 지원되어야 할 것은?

우주에서 인간이 살아가기 위해서는 숨 쉴 수 있는 공기와 마실 물, 먹을 식량 그리고 움직일 수 있는 공간을 포함한 모든 환경이 인공적인 방법으로 제공되어야 한다. 이를 위해서는 완전한 생명 유지 환경이 반드시 있어야 하는데, 여기에는 빛과 열의 공급에서부터 공기 순환과 쓰레기 처리까지 포함된다. 지구 대기 바깥의 우주에 사는 인간은 위험한 우주 환경(예를 들어 과도한 방사선이나 우주선, 유성체와 같은 환경)으로부터도 보호되어야 한다.

우주에서 인체에는 어떤 현상이 발생하는가?

지구 궤도와 그 바깥 우주에서 인간은 체중이 없어진다. 다시 말해 중력으로부터 신체에 작용하는 알짜 힘은 0이 된다. 왜냐하면 인간이 지구로부터 멀리 떨어져 있기 때문이 아니라 궤도를 돌며 생기는 가속도가 정확히 지구의 중력 가속도와 균형을 이루기 때문이다. 인간은 중력이 0이 아닌 환경에서 진화하기 때문에, 우리의 생체 시스템은 무중력 환경이나 미시 중력 환경에서 매우 민감하게 반응할 수 있다. 예를 들어 피와 같은 체액은 얼굴로 올라오고 피부가 부어오를 것이다. 근육 섬유는 사용하지 않으므로 얇아질 것이고, 근육이 위축되는 현상이 생길 것이다. 뼛속의 미네랄 흡수 작용이

인간이 무중력 상태의 환경에서 살기 위해서는 많은 조정들이 이루어져야 한다. 우주 왕복선 비행사 캐스린 설리번(Kathryn Sullivan, 왼쪽)과 샐리 라이드(Sally Ride)가 벨크로(velcro)와 신축성 있는 고무 끈을 보여주고 있다. 이것들은 사람들이 자는 동안 떠다니지 않도록 고정시키기 위해 사용된다.(NASA)

느려져, 뼈의 밀도가 감소할 것이다. 이로 인해, 사람이 우주에 오래 체류하게 되면 건강을 유지하기 위해 철저한 운동을 통한 관리가 필요하다.

스카이랩에서의 삶은 어떤가?

스카이랩Skylab의 거주 환경은 매우 안락하다. 그것은 기본적으로 우주 안의 커다란 통조림통 같다. 거주 공간은 꽤 넓고, 수면 공간 역시 개별적으로 주어진다. 주방 공간에는 72가지 음식을 선택할 수 있는 냉동실과 오븐이 있다. 식사 테이블은 창가에 있어 우주 비행사들은 식사하면서 우주 전경을 즐길 수 있다. 스카이랩은 처음으로 우주 샤워와 개인 화장실까지 갖추었다(변기는 사용자가 떠다니는 것을 방지하기 위해 안전벨트가 있다).

스카이랩에서 우주 비행사들은 어떻게 운동하는가?

비행사들의 생리학상 건강과 근육을 유지하기 위해 스카이랩은 러닝 머신과 자전거 머신을 탑재하고 있다. 그러나 운동 중에 특이한 현상은 비행사들의 몸에서 땀이 날아간다는 점이다. 운동 중인 사람은 이런 땀을 수건으로 잡아내, 습기가 장비에 내려앉아 손상을 입지 않도록 해야 한다.

미르 안에서의 삶은 어떠한가?

미르의 주거 공간은 두 개의 침낭과 주방 그리고 운동 기구로 이루어져 있다. 이 공간은 세 명의 비행사가 탑승할 경우 지속적으로 체류가 가능하며, 여섯 명의 경우에는 한 달까지 체류가 가능하다. 미르는 초기에 비행사들이 정거장에 장기간 체류할 것에 대비해 비행사들의 사생활과 아늑함을 고려해 만들어졌다.

국제 우주 정거장에서 사람은 얼마나 오래 체류할 수 있는가?

국제 우주 정거장ISS, International Space Station은 2000년 11월 2일 이후 지속적으로

미르 우주 정거장에 탑승한 미국인 우주 비행사 섀넌 루시드(Shannon Lucid)는 뼈와 근육이 약해지는 것을 막기 위해 운동을 한다.(NASA)

최소 두 사람씩 거주해왔다. ISS를 위한 계획은 최소한 2016년까지 지속적으로 체류하는 것이다. 12개국 이상에서 온 우주비행사들이 ISS를 방문했고, 최초의 '우주 여행객'이 로켓을 타고 우주정거장에 오는 비용을 지불하고 선상에서 간단한 업무를 하고 되돌아가기도 했다.

2003년 8월 10일에는 우주비행사가 ISS에서 결혼식을 올리기도 했다. 신랑이 뉴질랜드 상공위 궤도를 지나는 동안 텍사스 땅위에 있는 신부와 결혼서약을 주고 받았다.

국제 우주 정거장이란 무엇인가?

국제 우주 정거장은 다국적 연구 기관으로, 현재 지구 표면으로부터 340km 높이에서 지구를 순회하고 있다. 국제 우주 정거장 프로젝트는 인간이 거주할 수 있는 우주 공간을 만들기 원했지만 정치적 의사와 자본 부족으로 따로 착수해야 했던 미국 정부와 러시아의 합의 아래 착수되었다. 소련이 붕괴되고 냉전이 끝난 1991년, 민간 우주 프로젝트는 양국의 관심사에서 밀려났다. 이는 미국의 프리덤Freedom과 러시아의 미르Mir 2 우주 정거장 프로그램이 정체 상태에 빠졌음을 의미했다. 1993년 완전히 새로운 국제 정거장을 2010년까지 만들기로 합의하고, 양국의 납세자와 투표자들이 흡족할 만한 계획이 수립되었다.

오늘날 ISS는 러시아, 유럽, 캐나다, 일본, 브라질, 이탈리아 그리고 미국의 우주국들의 공동 프로젝트로 되어 있다. 첫 ISS 모듈은 1998년 11월 20일 러시아의 프로톤Proton 로켓에 의해 발사되었으며, 두 번째 모듈 노드Node 1은 우주 왕복선 엔데버Endeavour호에 의해 궤도에 올랐다. 완성된 ISS는 14개의 압력 모듈과, 약 850m^{3}에 달하는 내부 공간을 가질 것으로 예상되며, 전체 질량은 450톤에 달할 것이다.

국제 우주 정거장은 어떻게 구성되어 있는가?

아직 절반 정도밖에 완성되지 않았지만, 이미 ISS는 지금까지 만들어진 우주 정거장 중에서 가장 크다. 이 정거장은 길고 좁은 트러스truss들을 갖추고, 여러 모듈이 수평으로 연결되어 있다. 많은 태양 전지판이 우주 정거장의 시스템에 동력을 공급하고 있다. ISS 태양 전지판의 크기는 풋볼 경기장만 하다. ISS의 주요 부분들은(미국 우주 정거장 프로그램 프리덤Freedom, 러시아 우주 정거장 프로그램 미르 2, 유럽 우주 정거장 프로그램 콜럼버스Columbus, 일본 연구 모듈 키보Kibo, 希望) 원래는 서로 다른 개별 우주 미션을 위해 설계되었다가 ISS에 포함되는 것으로 변경되었다.

인류가 우주에서 가장 오래 머문 시간은 얼마나 되는가?

우주에서 인류가 가장 오래 머문 기간은 전체 803일이며, 여러 미션에 걸쳐 분산된 기록이다. 이 기록은 러시아의 우주 비행사 세르게이 크리칼레프Sergei Krikalev(1958~)에 의해 달성되었다. 또 다른 우주 비행사 발레리 폴랴코프Valeri Polyakov(1942~)는 한 번에 가장 오래 우주에서 머문 기록을 가지고 있다. 폴랴코프는 1994년 1월부터 1995년 3월까지 438일간 우주 정거장 미르에서 체류했다.

여성이 수립한 가장 긴 체류 기간은 미국의 우주 비행사 섀넌 루시드Shannon Lucid(1943~)에 의해 달성되었으며 전체 223일간 우주에서 머물렀다. 한 번에 가장 오래 머문 여성의 기록은 195일이다. 이 기록은 미국의 우주 비행사 수니타 윌리엄스Sunita Williams(1965~)에 의해 2006년 12월부터 2007년 6월까지 국제 우주 정거장에서 달성되었다.

국제 우주 정거장의 값어치는 얼마나 되는가?

ISS 프로젝트에 대해 비평가들은 다양한 시각과 방법으로 자원을 낭비하는 쓸데없는 일이라고 비난해왔다. 이들의 주장에 따르면, ISS에 의한 과학적 성과는 보다 저렴한 방법으로 얻을 수 있다는 것이었다. 또한 이들은 여러 국가의 행정과 참여에 대한 추가 낭비와 효율성이 떨어진다는 점을 지적하고 불평해왔으며, 저지구 궤도에서 인간의 삶을 유지하는 일로 인해 우주 기반의 프로젝트에 사용되어야 할 가치 있는 많은 자원들이 낭비된다고 주장했다.

이러한 주장들이 일리 있기는 하지만, ISS를 경제적인 측면에서만 고려하지 말고, 보다 전체적으로 사회적 관점에서 살펴볼 필요가 있다. 먼저 우주 프로그램의 역사에서 막대한 비용이 들어가지 않은 미션은 존재하지 않았다는 점과, 그중 많은 부분이 실패와 비극과 수모를 겪은 점을 상기해볼 필요가 있다. 하지만 그렇다 할지라도, 인간의

우주 정거장 프리덤과 정박을 준비하는 왕복선의 가상도.(NASA)

우주 비행과 우주 탐사는 우리로 하여금 지구의 자연환경에 국한되어 있던 경계를 넘어선다는 데 커다란 의의가 있다. 이런 의미에서, ISS는 이러한 성취를 위해 거쳐야 할 단계이며 감수해야 할 희생이다. 이제 인류는 ISS에 지속적으로 오랜 기간 체류가 가능하다는 사실을 알았기 때문에, 지구로부터의 우주 여행이 다소 흔하고 일상적인 일이 되어버린 것 같다. 이로 인해 더 이상 납세자들과 입법자들의 관심과 흥미를 끄는 일이 아닐지도 모른다. 우주 왕복선의 비용을 제외하고도, 미국 정부는 ISS에 연간 20억 달러를 들이고 있다. 이는 많은 돈이긴 하지만, 미국인 1인당 2센트밖에 되지 않는 돈이다. ISS가 인류에 제공하는 상상력과 배움과 성장에 대한 욕구의 촉진제로서의 역할은 이 가격에 합당하다고 생각된다.

지 구 위 와 달 위 의 생 명

우리 태양계에서 지구를 특별하게 만드는 것은 무엇인가?

사람들이 알고 있는 한도 내에서 지구는 우주에서 생명체를 부양하는 유일한 곳이다. 많은 과학자들이 언젠가는 우주의 다른 곳에서도 생명을 발견할 것으로 믿고 있다. 만약 우리가 태양계나 은하 혹은 우주에서 다른 생명을 발견하더라도, 생명이란 소중하고 우리는 식물과 동물 종이 넘쳐나는 행성에 살고 있다는 사실을 인식하게 될 것이다.

지구 자기권은 동물의 행동에 어떤 도움을 주는가?

지구의 자기장은 지구에 사는 동물들에게 매우 중요하다. 특히 장거리를 이동하거나 이주하는 동물들에게 중요하다. 어떤 동물들은 인상적인 자체 자기 센서를 가지고 있다. 생물학자들은 많은 철새들이 지구의 자기장을 이용해 어디로 날아가야 할지를 계산해 낸다는 것을 입증했다. 인간들 역시 나침반을 이용해 북극과 남극을 찾음으로써 자기권의 덕을 보고 있다.

지구의 대기는 삶에 있어 얼마나 중요한가?

지구 상의 생명체들은 극히 일부를 제외하고 지구의 대기 없이는 살아갈 수 없다. 우리는 대기를 통해 숨을 쉬고, 대기는 우주의 위험한 방사선들을 막아준다. 대기의 압력은 지구 표면의 물을 액체 상태로 유지시켜주고, 대기가 만들어낸 온실 효과는 온도를 따뜻하게 유지시켜준다.

온실 효과는 지구의 생명체에 좋은 것인가 아니면 환경에 나쁜 것인가?

지구의 생명에 관여하는 다른 많은 것들처럼, 적당한 것이 중요하다. 사실 온실 효과는 지구의 생명에 있어 매우 중요하다. 만약 지구에 이런 효과가 없었다면, 대양은 결과적으로 얼어버렸을 것이다. 그러나 온실 효과가 증가한다면 인류 문명을 포함해 오랜 기간 발전해온 환경 체계는 엄청난 문제점에 직면하게 된다. 수많은 살아 있는 유기체와 종들이 커다란 도전에 직면할 것이고 멸종될 가능성도 있다. 가장 극단적인 상황은 금성에서와 같이 온실 효과가 폭주하는 것인데, 이 경우에는 지구의 모든 생명이 사라져 더 이상 존재하지 않게 된다.

오존층이 지구의 생명체에 중요한 이유는 무엇인가?

오존층은 지구의 생명체에 매우 중요하다. 왜냐하면 세 개의 산소 원자를 가진 오존은 두 개의 산소 원자를 가진 일반적인 산소와 달리 식물과 동물 그리고 인간에 유해한 자외선을 효과적으로 흡수하기 때문이다.

지구의 자기장이 지구의 생명체에 중요한 이유는 무엇인가?

지구의 자기장은 우주 공간으로 뻗어나가 우리 행성을 둘러싸는 자기권magnetosphere이라고 부르는 구조를 생성한다. 자기권이 태양풍이나 태양 분출과 같이 우주로부터 오는 하전 입자들에 부딪히면, 이 입자들을 지구 표면에서 방향을 바꾸도록 하여 지구로 도달하는 양을 확연히 줄인다. 이로 인해 우리는 이런 인체에 위험한 입자들로부터 보호될 수 있다.

지구의 생명체 진화에 대양 조석이 중요한 이유는 무엇인가?

지구 상의 모든 동물은 처음에는 해양에서만 살았다. 과학자들은 육지를 기반으로 한 생물의 진화가 일어나기 위해서는, 바다와 육지 사이의 점이 지대transitional zone가 있어야 한다고 생각한다. 해안선이 그런 지대인데, 이곳은 오랜 기간 규칙적으로 말랐다가 젖기를 반복한다. 이런 방법으로 동물들은 건조한 환경에 천천히 적응하도록 진화할 수 있었을 것이다. 그리고 수백만 년이 넘는 기간에 걸쳐 동물들은 땅에서 살고

달의 인력에 의해 생성되는 대양 조석은 지구의 초기 생명이 바다에서 육지로 옮겨갈 수 있는 기회를 제공했다.(iStock)

숨 쉴 수 있는 동물로 진화했을 것이다. 지속적이고 활동적인 대양 조석ocean tides은 점이 지대를 13시간마다 주기적으로 적시거나 말리기를 반복했을 것이다. 그래서 인간과 같은 육지 기반의 동물이 해안 지역에서 진화를 시작했을 것이다. 달이 없었다면 그러한 조수는 나타나지 않았을 것이므로, 달 또한 지구의 진화에 영향을 미쳤다고 볼 수 있다.

혜성이 지구의 물과 생명의 근원일 가능성이 있는가?

혜성은 막대한 양의 얼음과 암석을 동반하므로, 천문학자들은 지구와 충돌하는 혜성이 지구 탄생 초기에 상당한 양의 물을 지구로 날랐을 것으로 생각한다. 최근에는 생명의 구성 물질(DNA나 복합 단백질 같은)이 태양계나 은하의 다른 곳에서 형성되었을 것이라는 또 다른 가설도 나왔다. 이들이 혜성의 얼음에 의해 동결되었다가 지구 표면으로 수십억 년 전에 옮겨왔으며, 우리 행성에 생명의 잉태를 가능하게 했을 것이라는 것이다. 그러나 최근의 연구는 물이 외부 천체로부터 왔을 것이라는 가설에 대해서는 가능성이 있지만, 복잡한 유기 분자들은 극도로 차갑고 행성 간 공간의 방사능 환경에 노출되면 쉽게 부서지기 때문에 수백만 년 동안 혜성에서 살아남기 어려울 것으로 보고 있다.

목성은 지구의 생명을 어떻게 보호하는가?

목성은 지구에서 평균적으로 8억 km 정도 떨어진 거리에 있으나, 목성의 강한 중력장은 지구의 생명 성장에 심오한 역할을 했다. 목성은 자신의 중력으로 모든 종류의 물질을 끌어당기는데, 여기에는 혜성과 소행성이 포함된다. 만약 지구가 지난 40억 년 동안 수많은 혜성이나 소행성의 폭격을 받았다면, 지구 생명은 성장하고 진화할 기회조차 갖지 못했을 것이다. 목성은 중력 방어막 같은 역할을 하면서 지구의 생명을 위협할 수 있는 많은 천체들을 자신에게 끌어들였다.

달에는 액체 상태의 물이 존재하는가?

달의 표면에는 액체 상태의 물이 존재하지 않는다. 왜냐하면 달에는 대기가 없기 때문이다. 대기의 압력 없이는 물은 액체 상태로 남아 있을 수 없다. 또한 달 표면 아래에도 액체 상태의 물이 있다는 증거가 없다.

달에는 얼음이 존재하는가?

달의 표면에 물의 얼음 결정이 존재한다는 증거가 있다. 1994년 달 탐사선 클레멘타인Clementine호는 달의 남극을 레이더로 조사하면서 얼음 상태의 물이 달의 흙과 암석에 섞여 있을 가능성을 제시했다. 측정이 이루어진 지역은 미식축구장 네 개 크기이며 깊이는 5m 정도다. 얼음은 깊은 크레이터 안에 있을 것으로 보이는데, 대부분 물의 얼음으로 이루어진 혜성이 달 표면에 충돌했을 때 남았을 것이라고 생각한다. 크레이터 내부의 깊은 곳은 태양 빛이 통과하지 못하므로 태양열에 의해 녹지 않고 축적되었을 것이다.

우 리 태 양 계 안 의 생 명

카시니가 엔켈라두스에서 발견한 것은 무엇인가?

한 가지 놀라운 발견은 엔켈라두스에는 액체 상태의 물이 있으며, 심지어 분출구를 통해 이들을 뿜어낸다는 것이다. 얼음 상태의 물방울은 토성의 가장 바깥의 희미한 E 고리의 주류를 차지하고 있으며, 엔켈라두스가 외부 생명에 대한 흔적을 찾을 수 있는 장소임을 고려하게 했다.

태양계 안에서 액체 상태의 물이 존재하는 곳은 어디인가?

액체 상태의 물은 지구 표면에 풍부하게 존재한다. 지난 10년간 화성의 세부 연구는 액체 상태의 물이 지하에 존재하며, 때때로 협곡의 벽과 다른 지질학적 이벤트를 통해 화성 표면으로 분출된다는 증거를 보였다. 갈릴레오 우주선에 의한 연구는 목성의 두 위성 유로파와 가니메데가 표면 깊은 곳에 액체 상태의 물을 가지고 있으리라는 것을 확인했다. 또한 카시니 우주선에 의한 연구는 토성의 위성 엔켈라두스가 얼음 표면의 갈라진 틈새로 액체 상태의 물을 분출하는 것을 밝혀냈다.

태양계 안에서 생명을 보조하기 위한 화학 성분이 존재하는 곳은 어디인가?

태양계 대부분의 천체는 생명의 형태를 만드는 데 필요한 화학 요소들을 가지고 있다. 이는 아마도 이 요소들(주로 수소, 산소, 탄소 그리고 질소)이 우주에서 가장 흔한 요소이기 때문일 것이다. 이러한 화학 성분이 풍부한 장소는 가스 행성의 대기와 지구, 화성 그리고 타이탄의 표면 그리고 유로파와 가니메데의 깊은 지하 역시 가능성이 있다.

태양계 안에서 생명을 보조하기 위해 지속적인 에너지가 존재하는 곳은 어디인가?

우리 태양계에서 지속적으로 에너지를 발하는 곳은 태양이다. 태양 주변과 너무 멀지도 가깝지도 않은 특정 지역의 태양 복사선은 얼음을 녹여 액체 상태의 물로 바꿀 만큼 충분하지만, 물을 수증기로 증발시킬 수 있을 만큼 강하지는 않다. 지구는 이러한 태양의 거주 가능 지역habitable zone 안에 존재한다.

흥미롭게도, 태양계 천체들의 표면 아래에는 지속적인 에너지가 핵으로부터 흘러나오고 있다. 만약 조류 작용이 나타나면 에너지가 우주로 끊임없이 흘러나오고 있음을 의미하며, 집약적 금속 물질이 가벼운 암석이나 분출층으로 천천히 가라앉는 질량 분화mass differentiation가 계속해서 일어난다면 이런 절차를 통해 중력 위치 에너지는 오랜 시간 동안 부드럽고 지속적으로 일어날 수 있다. 지구가 아닌 태양계의 천체 중에 내부 에너지가 생명을 유지할 만한 곳은 화성, 유로파 그리고 가니메데가 있다.

하위헌스 탐사선이 타이탄에서의 생명의 가능성에 대해 밝혀낸 바는 무엇인가?

과학자들은 오랫동안 토성의 위성 타이탄에 생명을 발전시킬 화학 성분이 있다고 추측해왔으며, 또한 하위헌스 탐사선이 타이탄의 표면에서 생명의 존재를 발견할 수 있을지 여부에 대해 궁금해했다. 그러나 결과적으로 하위헌스는 어떤 생명체도 발견하지 못했다. 하지만 타이탄에서 생명 존재 표시 기준life-like indicator에 관한 중요한 가설을 확증하는 증거를 제시했다. 예를 들어, 천문학자들은 태양의 자외선이 이론적으로 모든 자유 메탄가스를 파괴해야 함에도 불구하고, 메탄이 타이탄에 계속 남아 있을 수 있는지에 대해 설명하고자 했다. 지구 대기의 메탄가스는 생명체에 의해 다시 채워진다. 그러나 타이탄은 생명체가 존재하기에는 너무 춥다. 다행히 하위헌스의 관측자료는 이론적 가상 실험과 일치했고, 행성과학자들은 이제 지질학적 분기와 화산 활동을 통해 타이탄의 환경이 메탄으로 채워진다는 것을 알아냈는데, 이는 마치 수십억 년 전 지구의 대기로 수증기가 분출되는 것과 비슷했다.

비록 하위헌스는 타이탄에서 생명체를 찾지 못했으나, 타이탄이 지구와 같이 생명

절차를 양육할 수 있는 모든 필요 화학 성분을 갖추었음을 확증했다. 뿐만 아니라 타이탄에서 액체 메탄으로 이루어진 호수, 강, 계곡 그리고 바다 등과 역동적으로 변화하는 환경을 발견함으로써, 과학자들은 다른 세계에서의 생명의 흔적을 지속적으로 탐사하는 데 있어 새로운 데이터들을 가지게 되었다.

비글 2호는 무엇이며 어떤 일이 발생했는가?

20세기 후반 들어, 화성으로 보낸 30개의 미션 중 열 개만이 그들의 주 임무를 성공적으로 완수했다. 그러나 2003년에는 영국-유럽의 미션 마르스 익스프레스가 착륙선 비글Beagle 2호를 내보냈을 때 또 다른 실패가 일어났다. 착륙선은 찰스 다윈이 항해하며 자연 선택에 의한 그의 진화론을 설계할 수 있게 한 배의 이름을 따서 지어졌다. 비글 2호는 화성에서 생명의 흔적을 찾기 위해 설계되었다. 마르스 익스프레스 궤도선은 성공적으로 궤도에 진입했으나, 비글 2호는 성공적으로 착륙하지 못했다. 착륙선과의 교신이 완전히 끊겼는데, 과학자들은 착륙 도중 지면에 충돌했을 것이라 생각하고 있다.

목성의 위성 유로파에 생명이 존재할 수 있는가?

연구 결과는 유로파의 고체 표면 몇 킬로미터 아래에 물로 된 커다란 바다가 존재할 것임을 암시한다. 지하의 바다가 지구의 바다와 같이 생태계를 가지고 있을 것인지에 대해서는 커다란 논쟁이 벌어지고 있다.

바이킹 프로그램의 주된 미션은 무엇이었는가?

1970년대에, 화성 표면에 사는 생명의 존재에 대해서는 여전히 불확실성이 존재했다. 비록 현재의 조건은 지구와 같은 생명이 존재하기엔 적합하지 않다는 것이 확실하지만, 소련의 화성 탐사와 미국의 화성 탐사는, 화성에 나타난 차갑고 건조한 기후가 이전의 따뜻하고 습기를 가졌던 기후를 바꾸어놓았을 것이며, 각 주기가 약 5만 년에 한 번 정도 지속된다고 생각했다. 이는 화성 표면에서 번성했던 생명이 적대적 기후 중에 동면 상태에 놓여 있다가, 기후가 온화해지면 재개할 것인가에 대한 가능성을 제기했다. 이를 위해 바이킹 탐사선이 생명과 동면 혹은 다른 상태의 흔적을 분석하기 위해 그곳으로 향했다.

화성 운석 ALH84001의 화석에 대한 증거는 무엇인가?

수십 개의 과학 연구 그룹이 화성 운석에 대해 연구하고 있으며, 이를 통해 화석이 존재하는지의 여부를 찾고 있다. 최초의 증거는 운석에 존재하는 길이가 10억분의 1cm 정도밖에 안 되는 작은 소시지 모양의 반점에서 시작되었다. 그것은 지구에서 화석으로 발견되는 박테리아와 비슷했다. 이들 중 일부는 지구에서 미생물들이 생성하는 긴 사슬 형태를 이루기도 했다.

펄서는 '우주인'과 어떻게 유사한가?

펄서의 전파 신호는, 조슬린 수전 벨 버넬과 앤서니 휴이시에 의해 1960년대에 발견되었으며, 1.337초 간격으로 계속해서 감지된다. 펄스의 주기는 매우 일정하므로 당시엔 어떤 자연적인 현상에 의한 것이라고는 생각하지 못했다. 지구에서는 생명이 있는 것과 인간이 만들어낸 기계에서만 그처럼 정확하고 주기적인 현상이 발생한다. 때문에 버넬과 휴이시는 펄스가 외부 생명에 의해 생성된 것인지의 여부를 궁금해했다. 이 원래 펄서에 대해 이들은 LGM[little green men]이라고 약자를 붙였다. 결과적으로 이 현상도 기괴하기는 마찬가지였다(현상의 원인은 빠르게 회전하는 전자기적으로 대전된 중성자별이었다).

지 적 생 명 체 탐 색

과학자들은 지능을 가진 지구 밖의 생명을 어떻게 찾고 있는가?

SETIsearch for extraterrestrial intelligence는 세기의 창의적 지식인들의 환상을 자극하는 매력적인 사업이다. 오랜 기간 동안, SETI는 대부분의 사람들에게 주류 과학으로 고려되지 않았다. 오늘날에도 SETI의 세계적 대화는 관측과 모의 과학으로 남아 있으나, 과학적으로 법적이고 신용할 만한 SETI의 노력은 끊임없이 이어지고 있다.

현대의 탐색 미션은 태양과 비슷한 항성을 목표로 한 전파 망원경에 의해 이루어지고 있다. 이들은 안테나처럼 작용하면서, 외부 문명에 의해 의도적 혹은 우연하게 생성되는 통신 신호를 찾으려 하고 있다.

외부 전파를 청취하는 것의 어려움은 무엇인가?

이러한 검색이 성공하려면 외부 생명의 존재 여부뿐만 아니라, 이런 신호를 어떻게 보내야 하는지에 대해서도 알 정도로 지식이 충분해야 한다. 뿐만 아니라, 전파 신호는 굉장히 약하다. 수십 광년이 지나면 성간 매개체는 이런 신호를 흐트러뜨리거나 사라지게 할 수 있으므로, 지구에서 가장 큰 전파 망원경으로도 발견하기란 쉽지 않다.

SETI@home은 무엇인가?

SETI@home은 외부 지능의 과학적 검색을 위한 과학자들의 집단으로 이뤄진 SETI가 설계하고 배포한 컴퓨터 프로그램이다. 컴퓨터의 화면 보호 프로그램으로 작동하며, 가동되지 않는 컴퓨터 전력을 사용하여 라디오 전파 데이터에 외부 문명의 검색을 위해 모인 전파들을 분석한다. 2008년을 기준으로 유명한 SETI@home 프로그램은 기존의 어떤 소프트웨어 프로그램보다 더 많은 컴퓨터 전력을 소모했는데, 이는 외부 전파 신호를 찾기 위함이다. 불행하게도 이 컴퓨터들 중 어떤 것도 외부 신호에 대한 증거를 찾지 못했다.

지구 외계 지적 생명체에 대한 과학 연구의 선구자는 누구인가?

미국의 천문학자 프랭크 드레이크는 외계 지적 생명체에 대한 과학적 연구를 시작한 선구적 천문학자로 간주된다. 드레이크는 시카고에서 자랐으며, 코넬과 하버드 대학에서 학위를 받았다. 1960년대에 그는 전파 망원경을 사용해 외계 지적 생명체에 대한 탐색을 최초로 실행했다. 그의 이 시도는 오즈마Ozma 계획이라고 불린다. 그는 SETI의 첫 과학 협회를 계획하고, SETI 협회를 설립하는 데 지대한 영향을 미쳤으며, 드레이크 방정식을 발표했다.

SETI에서 그의 호기심을 자극한 것이 무엇이었느냐는 질문을 받았을 때, 드레이크는 "나는 그저 궁금했다. 나는 탐사하고 존재하는 것들에 대해 알아내는 것을 좋아한다. 내가 아는 한, 가장 흥미롭고 매력 있는 일은 우주에서 다른 항성이나 은하를 찾는 일이 아닌, 다른 생명을 찾는 일이다"라고 대답했다.

드레이크 방정식이란 무엇인가?

드레이크 방정식(그린뱅크 방정식Green Bank Equation으로도 불린다)은 SETI 선구자 프랭크 드레이크Frank Drake(1930~)의 이름을 따서 만들어졌으며, SETI의 개념 체계를 요약한 수학식이다. 이 식에 따르면, 우리은하에 존재할 외부 문명 중 인간과 통신이 가능한 존재는 다음 일곱 개의 항목을 곱한 값이 된다.

1) 우리은하의 항성이 형성할 평균 비율, 2) 행성을 가지는 항성 중에 행성을 가지는 비율, 3) 항성을 가지는 행성 중에 거주 지역habitable zone에 존재하는 행성의 수, 4) 거주 지역에 존재하는 생명을 형성하는 행성의 비율, 5) 지적 생명이 문명을 형성한 행성의 비율, 6) 전파 혹은 대기 변화와 같은 감지할 수 있는 신호가 존재하는 문명의 비율 그리고 7) 이러한 문명이 감지 가능할 신호를 보내는 시간의 길이를 고려한다.

드레이크 방정식은 과학적으로 SETI를 생각하는 유용한 방법이다. 각 일곱 개의 항목은 과학적인 방법으로 연구될 수 있다. 하지만 불행하게도, 현재 우리의 역사에서 일곱 개 항목의 모든 정보를 정확한 한도 내에서 알아낼 수 없다. 그러나 천문학자들이 이를 계속해서 찾을 것은 분명하다. 이미 천문학자들은 우리은하에서 태양과 같은 항성이 몇 년에 한 번꼴로 형성된다는 것을 안다. 그 항성 비율은 여전히 추측 값에 불과하다.

지능을 가진 외부 생명이 먼저 우리를 찾을 가능성이 있는가?

인간은 우주에 우리의 존재를 알리기 위해 수차례 증거를 보냈으므로, 지능을 가진 외부 생명이 우리를 먼저 찾았을 수도 있다. 1974년 천문학자들은 푸에르토리코의 아레시보 전파 망원경의 전파를 통해 2만 5000광년 떨어져 있는 수천 개의 항성으로 된 성단 메시에 13으로 짧은 전파 메시지를 보냈다. 전파와 TV 신호는 약 반세기 동안 전파 신호를 내보내고 있다. 또 우리 태양계의 궤도를 지난 물리적 장비들인 파이오니어 10호, 파이오니어 11호, 보이저 1호 그리고 보이저 2호가 존재한다. 이 우주선에 천문학자들은 우리 태양계, 우리 행성 그리고 우리에 관한 정보를 담은 사진과 음성 장치를 설치했다.

파이오니어 10호와 파이오니어 11호의 금색 명판을 실은 목적은 무엇인가?

금색 명판은 파이오니어 10호와 파이오니어 11호에 실려 있다. 명판은 이들이 우주를 탐험하는 동안 외부 생명을 만날 경우에 대비해 지구와 인간에 대한 정보를 담고 있다.

보이저 우주선은 지구에서의 소리를 담은 골드 디스크를 싣고 있으며, 언젠가는 외부 생명체가 듣게 될 것이다.(NASA)

보이저 우주선에 실은 금색 디스크는 무엇인가?

이미 해왕성을 지난 두 대의 보이저 우

주선은 인간의 기준에서 간단한 동작 설명 그림을 포함한 금판으로 된 축음기 레코드를 싣고 있다. 각 금판들은 두 시간 분량의 소리를 담고 있으며, 지구에서 들을 수 있는 비, 천둥, 새와 동물, 말하는 사람 그리고 각종 음악을 담고 있다. 만약 지능을 가진 생명체가 보이저 탐사선을 발견한다면, 그들이 지구와 인간에 대해 배울 가능성이 있다. 그것은 외부에 보내는 우리의 호의적인 인사인 셈이다.

외계 생명의 존재의 믿음에 대한 강한 반론은 무엇인가?

이탈리아의 물리학자 엔리코 페르미Enrico Fermi(1901~1954)는 외부 생명의 존재에 대한 질문을 받았을 때, "어디에 있나요?"라는 답변을 남겼다. 이는 페르미의 역설로서, 외부 지능에 대해 간단히 정리될 수 있다. 만약 지구의 기술 진보가 현재와 같은 곡선을 그린다면, 몇 세기 혹은 1000년 안에 성간 우주 여행이 가능한 종족이 될 수도 있다. 그 후의 인간 역사는, 하나의 우주선이 가장 가까운 항성으로 이동하는 데 100년이 걸릴지라도, 인간은 전체 은하를 100만 년 안에 채울 수 있을 것이다. 은하는 약 100억 년 동안 항성을 만들어왔으므로, 은하의 나이와 비교했을 때 인간의 문명은 빠르게 발전한 것이다. 만약 다른 하나의 문명이라도 우리은하에 존재한다면, 그들의 존재는 우리의 천문학 관측에 탐지될 만큼 커야 할 것이다. 하지만 그런 증거는 아직 발견되지 않았으므로, 그런 문명이 존재하지 않는다고 믿는 것은 합리적이기도 하다.

외계 생명의 존재의 믿음에 대한 강한 논증은 무엇인가?

현재 가장 강한 외부 생명은 존재에 대한 주장은 다음과 같다. 1) 우리 우주에는 아주 많은 행성이 존재하므로 지구와 비슷한 환경이 존재할 가능성이 높다. 2) 검사된 지구의 모든 환경에서 생명체는 발견되었다. 3) 자연의 법칙은 만물에 통하므로, 지구와 같은 행성에서는 지구와 같은 생명이 존재할 수 있어야 한다. 이러한 연역법을 통해, 우리 행성뿐만 아니라 우주의 어느 곳에 생명이 존재할 가능성이 있어 보인다.

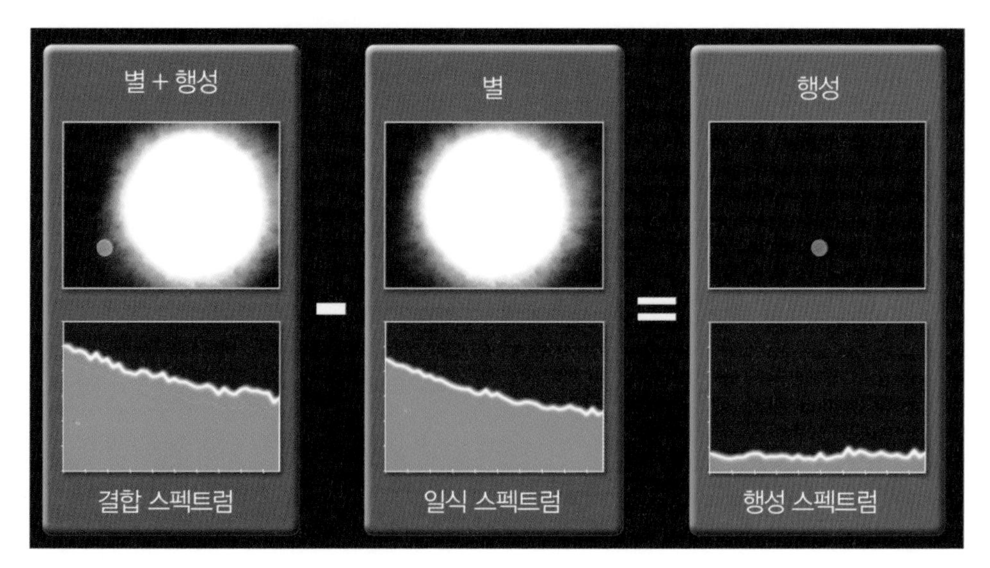

천문학자들은 항성 주위의 스펙트럼 변화를 분석함으로써 목성 크기의 행성이 항성 주변을 공전하는지의 여부를 알 수 있다.(NASA/JPL-Caltech/R. Hurt)

외계 생명이 존재하지만 우리와의 접촉에 실패했다는 주장은 무엇인가?

또한 다른 외계 지적 생명은 존재하지 않는다고 주장하는 자들에 대한 반론도 있다. 우리 인간 문명과 같은 지능을 가진 생명은 이들의 우월한 기술을 적들에게 무기로 사용한다. 따라서 존재하는 모든 외계 생명은 그들의 태양계를 넘어서기 전에 스스로 파괴했을 가능성이 있다. 우리 인간의 핵이나 생물학 무기는 자멸을 초래하는 기술이긴 하지만, 우리의 역사를 통해서는 이 가설의 진위 여부에 대해 대답할 수 없다.

외계 행성

외계 행성이란 무엇인가?

외계 행성Exoplanet은 태양계 바깥 행성이라고도 부르는데, 우리 태양계 밖의 행성을 의미한다. 최초로 확증된 외계 행성은 1990년대 후반에 발견되었다. 그 후 200개 이상의 외계 행성이 발견되었으며, 그 수는 매년 수십 개 이상씩 늘고 있다.

천문학자들은 어떻게 외계 행성을 찾는가?

오늘날 외계 행성을 찾는 가장 흔한 방법은 빛의 도플러 편이를 측정하는 도플러 방법이다. 행성이 자신의 별(모성) 주위를 돌게 되면, 항성계의 중력 중심이 앞뒤로 움직인다. 항성의 스펙트럼 움직임을 측정함으로써 항성 주변을 도는 행성이 있는지 여부를 알 뿐 아니라, 행성의 질량이 얼마이고 궤도 반경이 얼마나 되는지 추론하는 것이 가능하다.

외계 행성을 찾는 또 다른 방법은 행성이 우리의 시야와 항성 사이를 지날 때 생기는 그림자를 찾는 것이다. 이러한 식쌍 외계 행성은 흔하지 않기 때문에 찾기가 매우 어렵지만, 찾아냈을 경우에는 천문학자들이 도플러 효과를 사용한 것보다 외계 행성에 대해 더 많은 것을 알 수 있다.

대부분의 천문학자들이 외계 행성을 찾는 가장 좋은 방법은 이들로부터 직접적인 이미지를 얻는 것이라고 생각한다. 불행하게도 이 방법은 현재의 천문학 장비로는 불가능하다. 왜냐하면 행성 주변에서 빛나는 모성이 훨씬 밝게 빛나기 때문이다. 이것은 마치 탐조등 불빛 속에서 반딧불을 찾는 것보다 더 어려운 일이다. 그러나 과학자들은 이러한 빛의 대비를 극복하기 위한 기술 개발에 전념하고 있다. 아마 몇 년 이내에 먼 항성계에 속한 외계 행성의 사진을 찍는 일이 가능할지도 모른다.

태양계 밖의 행성을 찾는 데 간섭법은 어떻게 이용되는가?

간섭법interferometry을 이용해 천체에 대한 세부 이미지를 얻는 것이 가능한 만큼, 빛의 간섭 패턴은 세부적인 스펙트럼을 분석하는 데 사용될 수 있다. 스펙트럼 안의 도플러 효과(혹은 변이를 생성하는 천체의 움직임)를 측정한 결과는 정확할 수 있다. 예를 들어 현재의 기술을 사용하면, 아주 작은 속도의 변화(예를 들면 사람이 뛰면서 생기는 속도의 변화)를 수백조 킬로미터의 거리에서도 측정하는 일이 가능하다.

결과적으로 이런 변화는 커다란 행성이 궤도를 돌면서 항성에 대해 발하는 속도의 변화라고 할 수 있다. 예를 들어, 만약 가스 행성인 목성이 태양을 수성의 위치에서 돌게 되면 태양 역시 앞뒤로 움직일 것이고, 움직임의 행로는 마치 뛰어가는 사람의 속도만큼 몇 주에 한 번꼴로 바뀔 것이다. 태양과 같은 항성의 주변 스펙트럼을 측정하고 간섭법을 이용해 속도의 작은 변화를 감지하게 되면, 항성 주변을 도는 행성의 존재를 발견하고 확증하는 것이 가능해진다. 수백 개의 외계 행성들은 이러한 방법을 통해 만들어졌으며, 이들 모두는 멀리 떨어진 항성 주변을 돌고 있다.

우리의 태양계 시스템에 대해 외계 행성이 알려준 바는 무엇인가?

외계 행성계의 연구는 일반 행성 시스템에 대한 책들을 다시 쓰게 했다. 외계 행성이 발견되기 전까지, 천문학자들은 우리 태양계밖에는 참조할 수 없었으므로, 태양계에 사용된 이론 모델이 모든 행성에 적용되었다. 현재 수백 개의 외계 행성 시스템이 알려져 있는데 이 중 단 하나도 우리와 같은 것이 없다. 비록 대부분의 과학자들이 언젠가는 우리 태양계와 같은 행성계가 발견될 것이라고 생각하지만, 이미 행성계의 많은 부분이 우리 태양계와 같은 점이 없다는 사실이 분명해졌다. 행성계와 행성 형태에 대한 이론적 모델은 10년 전에 비해 더 많은 다양성을 포함하고 있다. 그로 인해 우리는 태양계가 다른 행성계처럼 자연의 법칙 아래 만들어졌지만, 매우 특이한 곳이라는 것이 밝혀졌다.

목성과 비슷한 외계 행성 HD 14902 6b의 가상도. 이 거대 가스 행성은 항성 주위를 공전하며 평균 온도가 섭씨 200도에 달한다. 이 행성의 대기는 행성 주변의 항성으로부터 대부분의 에너지를 흡수하기 때문에 매우 뜨거울 뿐만 아니라 어둡다.(NASA/JPL-Caltech/T. Pyle)

태양계 밖 행성계는 어떠한가?

외계 행성계는 우리 태양계와는 다르다. 적어도 현재까지 천문학자들이 관측한 바로는 그렇다. 예를 들어 이들 대부분의 행성계는, 커다란 가스 행성이 수성과 태양 사이의 거리보다 더 가까운 거리에서 궤도를 돌고 있다. 이러한 속성 하나만으로도 이들 내부에 속한 지구와 같은 행성들이 파괴되기에 충분하다.

지구와 같은 외계 행성이 발견된 적이 있는가?

유감스럽게도 아직까지는 없다. 현재의 최고 기술을 동원하더라도, 천문학자들은 외계 행성계를 직접 관찰할 수 없다. 지금까지 발견된 외계 행성계는 적어도 토성 정도의 질량이나 그 이상의 질량을 갖는 거대 가스 행성들이 하나 이상 주성의 매우 가까이에서 공전하고 있는 행성계이다. 이들 시스템 일부는 작고, 지구와 같은 행성을 가지고 있을 수도 있지만, 우리는 볼 수도 감지할 수도 없다. 일반적으로 말해서 물리 법칙이 우리 태양에서와 같이 다른 항성에도 적용되기 때문에, 다른 외계 행성계에 지구와 같은 행성이 존재한다고 추측하는 것이 안전하다. 그러나 우리가 직접 관측할 수 없기 때문에 확신할 수는 없다.

지구와 같은 태양계 밖 행성을 찾는 데 어려운 점은 무엇인가?

우리가 현재까지 찾은 외계 행성계는 사용된 기술의 한계에 직면했음을 아는 것이 중요하다. 우리의 기술은 우리 태양계를 벗어나서는 지구와 같은 행성의 움직임에 대해 감지할 수 없으며, 이들보다 훨씬 크기나 질량이 높은 행성의 존재만 확증할 수 있을 뿐이다. 천문학자들이 외계 행성 검색에 대해 많은 시간을 투자하지 못한 것 역시 제약 중 하나다. 목성은 태양을 한 바퀴 도는 데 12년이 걸리고, 과학자들은 목성과 같은 행성을 관측하는 데 그보다 더 많은 시간이 필요하다. 하지만 기술이 발전함으로써 우리 태양계와 같은 행성계를 발견하는 일이 언젠가는 가능해질 것이다.

왜 '생명'이라는 말 대신 '우리가 아는 생명'이라는 말을 종종 사용하는가?

지구 상의 생명을 유지하는 기본적인 화학적 · 환경적 조건은 극히 좁은 범위에 속한다. 이로 인해, 인간들은 생명의 존재 조건에 대해 하나의 좁은 패러다임만 갖추고 있을 뿐이다. 개방적인 사고를 지닌 과학자들은 전혀 다른 생체물리학과 생체화학으로 작동하지만 생명에 관한 일반적인 정의에 충족하는 생명의 존재에 대한 가능성을 배제하지 못한다. 이러한 선입견을 피하기 위해, 과학자들은 외부 생명을 찾는 그들의 노력을 '우리가 아는 생명'을 찾는 것으로 표현한다.

외계 행성의 생명

'우주 안의 생명'이란 무슨 의미인가?

우주 안의 생명이라는 개념은 인류의 상상에 불을 지핀 여러 아이디어들로 대변된다. 이 아이디어들은 지구의 생명체가 우주를 여행하는 것을 포함하며, 인류가 태양계의 다른 행성 혹은 우주의 다른 곳에서 사는 것, 그리고 우리가 찾는 외부 생명의 존재를 의미한다.

비록 사람들이 이런 아이디어들에 대해 선사 시대부터 숙고해왔다 할지라도, 오늘날에 이르러서야 인류는 이런 노력에 대한 첫 걸음마를 뗀 셈이 되었다. 1950년대 이래로 우리는 로켓과 위성을 우주로 보냈다. 1960년대 이래로 우리는 인류를 우주로 보냈으며 지구로 안전하게 돌아오게 했다. 1980년대 이래로 외부 생명에 대한 탐험이 본격적으로 이루어졌다. 1990년대에 이르러, 천문학자들은 태양이 아닌 다른 항성을 기준으로 하는 수백 개의 행성들을 발견했다.

'우리가 알고 있는' 생명이란 무엇인가?

이상하게도, 천문학자들이 지구 밖의 생명을 찾고 있음에도, 지구의 생물학자들은 우리가 아는 생명에 대해 완벽하게 파헤치지 못했다. 생명을 가진 존재에 대한 기본 조건으로는 활동적인 존재에서 시작하여(태어나는 것), 시간에 따라 변하고 성숙하는 것(자라는 것), 체계적인 방법을 통해 자신을 복제하는 것(번식하는 것) 그리고 존재가 사라지는 것(죽음)으로 끝나는 것이어야 한다. 지구에서는 이러한 절차를 거치는 생명체들이 RNA와 DNA 같은 복잡한 입자 구조의 상호작용을 통해 형성된다. 그러나 지구의 일부 생명들 가운데에는 이 네 단계 절차를 어느 정도 선에서 거치지만, 생명 없는 것들도 존재한다. 예를 들어 바이러스의 경우는 분류를 어렵게 한다. 우주적 차원에서 생명과 무생명의 차이는 더욱더 불분명해진다. 항성은 태어나고, 성장하고, 번식하며, 결국

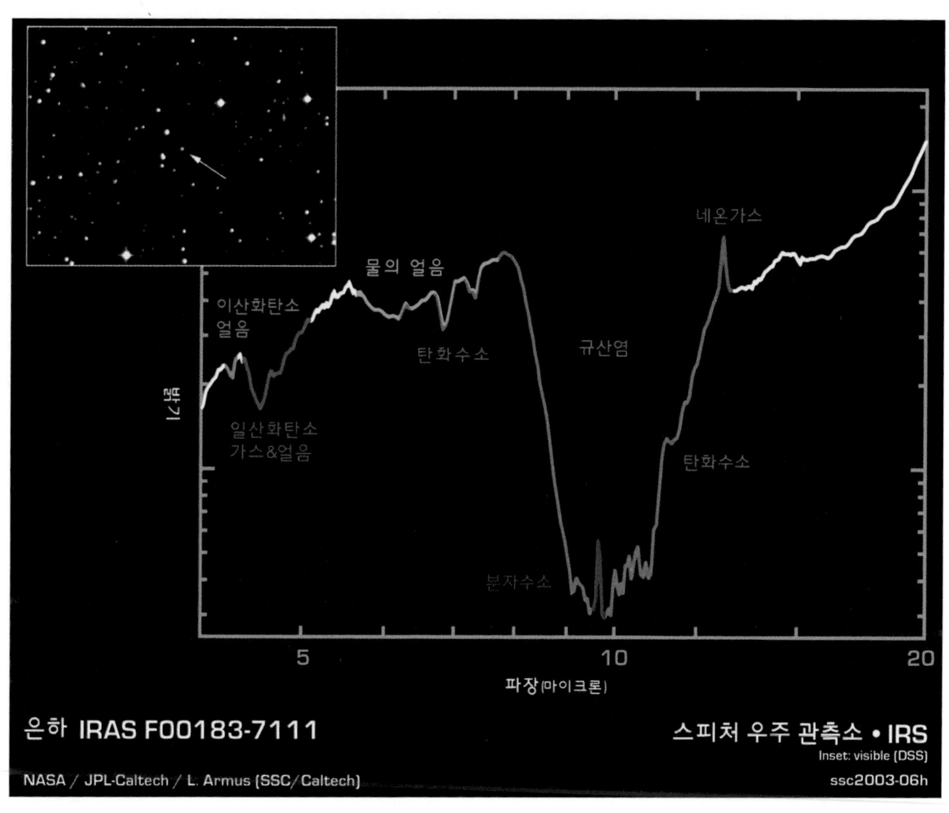

스피처 우주 관측소에선 적외선 분광학을 사용하여 물과 유기 물질이 발견된 먼 거리에 있는 은하 IRAS F00183-7111을 분석하고 있다.(NASA/JPL-Caltech/L. Armus, H. Kline, Digital Sky Survey)

엔 죽는다. 최소한의 구분에서는 이런 절차를 따른다고 볼 수 있다. 그러면 항성을 살아 있는 존재로 간주해야 하는가?

천문학자들이 지구 외부의 생명을 찾을 때 무엇을 기준으로 삼는가?

외부 생명의 각 개체를 찾는 것은 현재의 기술로는 여전히 불가능한 일이다. 따라서 천문학자들이 외부 생명을 찾을 때는 그들의 생태계를 대상으로 한다. 즉 생명을 가질 수 있는 환경을 찾는 것이다. 우리가 현재까지 알고 있는 바로는, 생명은 세 가지 요소를 필요로 한다. 다시 말해 액체 상태의 물, 지속적인 온기 그리고 기본적 화학 요소인 탄소, 질소, 황 그리고 인과 같은 요소의 조합이다(액체 물은 수소와 산소 역시 제공한다). 만약 이 세 가지 조건이 지구가 아닌 다른 곳에서 발견된다면, 생명도 존재한다고 볼 수 있다. 우주를 기반으로 추론하면, 이러한 조건을 갖춘 환경에서는 우리가 아는 생명이 존재할 수도 있다.

우리가 지구와 비슷한 조건의 행성을 찾으면 생명이 존재할 거라고 가정하는 까닭은 무엇인가?

우주의 연구는(특히 우주 안의 생명에 관한 연구는) 종종 코페르니쿠스 원리로 불리는 가정에 기반한다. 이 원리는 지구가 우주의 중심이 아니라고 주장한 폴란드의 천문학자 이름을 따서 만들어졌는데, 같은 자연의 법칙이 우주의 모든 곳에서 사실로 적용된다고 상정하는 것이다. 지구 역시 이 법칙에 위반되지 않는다. 다른 말로 하면 "우리는 특이한 존재가 아니다"라는 것이다. 즉 지구에서 특정한 성질을 통해 생명이 형성되었다면, 이러한 조건을 가진 다른 행성에도 생명이 존재할 확률이 존재하는 것이다. 여기서 핵심은, 어떤 속성이 중요한 것이냐는 것이다. 과학자들은 지구의 생명의 열쇠는 액체 상태의 물, 적절한 화학 요소의 조합 그리고 지속적인 에너지 공급이라고 생각한다. 그러나 이것들이 생명에 대한 올바른 필요조건인지에 대해서는 확신할 수 없으며, 이러한 조건에서 어떤 생명이 존재할지에 대해서도 확신할 수 없다. 만약 지구에서의 생명이 수많은 방법 중 하나에 불과하다면 어떨 것인가? 천문학자들은 이들 다른 생명을 감지하지도 못할 수 있다.

외계 행성에 존재하는 생명을 찾아내기 위해 외계 행성에 대해 알아야 할 것은 무엇인가?

오늘날 천문학의 모든 연구 분야를 통틀어 외계 행성에 대한 연구는 가장 최신의 것이고 가장 흥미로운 분야다. 한편으로는, 오랜 기간 공상 과학 소설의 재료로 격하되었던 외계 생명에 관한 탐색이 최근 들어서야 겨우 과학적 연구 분야로 그 가치를 인정받고 있다. 두 가지 주제의 결합, 다시 말해 외계 행성의 생명 탐색은 논쟁의 여지 없이 초기 단계에 머물러 있다. 우리는 외계 행성의 생명을 알기 위해 필요한 것이 무엇인지에 대해서조차 짐작할 수밖에 없는 단계에 머물러 있다. 그러나 궁극적으로 이 질문은 천문학에 관한 짜릿한 영감을 불어넣을 뿐 아니라, 재미있는 모든 것을 내포하고 있다. 우리가 대답해야 할 질문들은 우리가 아직 묻지도 않은 것이다.

항성 주위를 돌지 않는 행성에 대해 코페르니쿠스의 원리는 어떻게 적용되는가?

특이한 궤도를 가지는 외계 행성의 발견(예를 들어 가스 행성이 태양과 수성의 사이보다 가까운 거리에서 항성의 궤도를 도는 경우)은 행성들이 종종 이들이 형성된 궤도에서 이주할 수도 있음을 보여주었다. 이는 행성들이 이주된 다른 행성의 중력장에 의해 마치 당구공들처럼 종종 이들의 행성계에서 벗어날 수도 있다는 의미다. 비록 이런 일은 우리의 태양계에서 수십억 년 동안 일어나지 않았지만, 코페르니쿠스 원리에 따르면 언젠가 우리 태양계는 커다란 격동을 겪을 수도 있다는 것이다.

만약 이러한 행성 이탈 시나리오가 옳은 것으로 검증되면, 이들이 형성된 항성의 중력으로부터 벗어나 항성 사이를 떠도는 수십억 개의 행성이 존재할 수도 있다는 것이다. 만약 이런 행성의 두꺼운 지각과 지하에 액체로 된 물이 존재한다면, 그리고 이런 행성의 조석 혹은 내부의 열작용을 통해 내부의 생명들이 유지된다면 은하 사이를 표류하는 생명이 존재할 수도 있는 것이다. 이런 행성이 우리 태양계로 언젠가 들어올 수

천문학자들은 위의 가상도에서 나타난 NGC 1333-IRAS 4B라고 불리는 엄청난 양의 수증기에 둘러싸인 어린 항성계를 발견했다. 이 수증기의 양은 지구 전체 바다의 다섯 배 이상의 양이다.(NASA/JPL-Caltech/R. Hurt)

도 있는가? 확률은 거의 0에 가깝지만, 불가능한 일도 아니다.

갈릴레오 우주선이 먼 우주의 생명을 감지하는 데 배운 점은 무엇인가?

1990년 12월 갈릴레오가 지구에 근접했을 때, 천문학자들은 갈릴레오에 실린 장비와 카메라를 우리 행성에 적용했다. 탑재된 센서들은 생명의 표식을 찾을 수 있었다. 대기에는 산소와 메탄이 풍부하게 나타나고 있었다. 식물로부터 나오는 녹색 빛은 표면에서 반사되었으며 대부분의 육지를 덮고 있었다. 마지막으로, 레이더 감지기는 지능을 가진 존재 사이의 통신을 의미하는 짧은 대역을 가지는 전자기장 스펙트럼의 전파 방출을 감지했다(이는 다른 번개, 오로라 혹은 자연 에너지 폭발로부터 생성되기에는 너무 주기적이고 체계적인 신호들이다). 미래의 우주 탐사선들은 이러한 갈릴레오의 탐사 결과를 기준 삼아 외부 생명을 찾는 데 사용할 것이다.

외계 행성의 발견은 지구 외부 생명의 탐색에 어떤 영향을 끼쳤는가?

최초의 외계 행성이 발견된 1990년대 이래로, 수백 개의 외계 행성(혹은 태양계 밖 행성)이 발견되었다. 그중에서 수십 개는 항성을 기준으로 하나 이상의 궤도 행성을 가지는 행성계로 나타났다. 이러한 발견은 외부 생명에 대한 과학자들의 사고를 완전히 바꿔놓았다. 반면에 많은 행성이 존재한다면, 그리고 많은 행성계가 존재한다면, 우리 태양계와 같은 행성계는 반드시 존재할 것이다(그리고 그곳에는 우리가 아는 생명이 존재할 가능성이 있다). 반면에 현재까지 발견된 행성계 사이의 놀라운 다양성은 과학자들이 이전에 생명이 번성할 수 있는 환경에 대해 너무 좁게 생각했다는 것을 암시했다. 현재 천문학자들은 우리와 같은 생명의 존재를 태양계 혹은 태양 주위를 도는 행성들을 기반으로 찾는 대신, 우주에서의 생명을 찾기 위해 보다 넓고 창의적인 방법을 사용한다.

항성 주위의 거주 가능 지역에서 발견된 행성이 있는가?

거주 가능 지역habitable zone(항성으로부터의 열이 행성 표면에 액체를 유지할 정도의 온도를 가진 지역)은 외계 행성들이 발견된 대부분의 항성 주변에서 발견된다. 하지만 거의 0에 가까운 수의 행성들이 항성의 거주 가능 지역에 궤도를 가진다. 그러나 2007년 11월, 항성 게자리 55(55 Cancri) 주변에서 거주 가능 지역을 도는 것처럼 보이는 행성이 발견되었다. 이 행성은 거의 가스 행성이며 지구와 같은 것으로 보이지 않는다(이 행성의 질량은 해왕성의 두 배에 가깝다). 그러나 우리 태양계의 가스 행성과 마찬가지로, 이들 주변을 도는 암석 혹은 금속의 지각과 맨틀을 가지는 위성이 존재할 수 있다. 만약 이러한 위성이 존재한다면, 이들이 액체의 물을 가지고 있을 가능성이 크다. 이로 인해 주변의 항성이 알맞은 열과 빛을 제공한다면, 이러한 위성에서 생명이 존재할 수도 있다.

외계 행성에서 생명을 찾기 위해 외계 행성에 대해 알아야 할 것은 무엇인가?

오늘날 천문학 연구의 모든 분야에서 외계 행성에 대한 연구는 가장 흥미로운 분야다. 지구 밖 생명체 탐색은 그동안 과학 소설의 영역으로 격하되었다가 최근에 들어서야 과학적 연구 분야로서의 가치를 인정받고 있다. 하지만 외계 행성을 탐색하고, 또 그 행성에 살고 있을지도 모를 생명체를 찾는 일은 초기 단계에 머물러 있다. 전례가 없는 만큼 과학자들은 이 과제를 시작하기 위해 꾸준히 새로운 방법을 고안하고 있다. 궁극적으로, 이러한 새로운 모험은 천문학에 대한 모든 것, 다시 말해 흥미진진하고 고무적이고 단순한 즐거움을 포함하고 있다.

끝으로, 우리가 대답해야 할 질문들은 아직 질문조차 하지 못한 부분들이다.

찾 아 보 기

숫자

10차원 86
11차원 86
2001 마르스 오디세이 399

ㄱ

가니메데 214
가상 입자 75
가상 천문대 359
가시광선 39, 48
가우스 237, 243
가이 블루퍼드 주니어 302
가톨릭교회 22
각력암 259
간섭 측정 342
간섭법 41, 332, 449
간섭측성학 15
간조 265
갈렉스 미션 374
갈릴레오 갈릴레이 23
갈릴레오 광학 실험 411
갈릴레오 우주선 409, 456
갈릴레오 위성 212
감마선 39, 48
감마선 복사 168
감마선 분광계 399
감마선 우주 망원경 374
감마선 천문학 376
감마선 폭발 169, 172
강체 33
개기 월식 274
개기 일식 277
거대 가스 행성 200
거문고자리 137
거문고자리 RR 변광성 176, 330
검전기 251
겉보기 등급 142
겉보기 쌍성 173
게오르기 베레고보이 305
게오르크 리만 44
경도 체계 356
고대 동아시아 문명 19
고대 아메리카 문명 17
고대 아프리카 문명 20
고대 중동 문명 16
고더드 우주비행센터 285
고도 측정술 389
고에너지 입자 251
고에너지 천체물리학 미션 375
고요의 바다 313
고전적 초신성 175
고트프리트 빌헬름 라이프니츠 29
공간 43
공중 적외선 천문대 362
공중 천문대 360
관성의 법칙 29
광구 146
광년 327
광도 질량 116, 141
광속 141
광자 39
광전 효과 42
광전자 검출기 337
광점 169
교황 그레고리우스 13세 270
구면 수차 364
구상 성단 179
구스타프 키르히호프 339
국부 은하군 105
국제 감마선 천체물리학 실험실 377
국제 우주 정거장 431
국제 자외선 탐사선 373
국제전기통신위성기구 296
국제천문학연맹 189
굴절 망원경 334
궁수자리 A* 125
궤도 삽입 382
궤도 태양 관측소 373
그랜드 투어 프로그램 406
그레고리력 270
그로트 레버 345
그린뱅크 망원경 344
극성 172, 175
극자외선 탐사선 373
금색 디스크 445
금성 표면 195
금성의 지도 195
금환식 276
기상학 36
기스 그리섬 300
끈 이론 87

ㄴ

나선 은하 94
남극광 246
남극성 139
남십자성 136
남십자자리 136
내부 태양계 192
네레이드 217
노조미 미션 397
뉴턴의 운동 제1법칙 29
뉴턴의 운동 제2법칙 30
뉴턴의 운동 제3법칙 30
뉴허라이즌스 미션 417
능동형 전송 통신위성 296
니콜라우스 코페르니쿠스 22
니어 우주선 420
니어-슈메이커 미션 420
닐 암스트롱 308]

ㄷ

다중성 174
단위 입자 50
단위 파동 50
닫힌 우주 58
달 259, 438
달 탐사 계획 310
달의 분화구 261
달의 위상 주기 270
달의 조석 작용 267
달의 중력 265
대기 240
대기 체렌코프 시스템 352
대니얼 커크우드 224
대류권 241
대마젤란성운 97, 108, 141
대백점 205
대붕괴 89
대수학 29
대암점 211
대양 조석 266, 436
대적반 203
대조 266
대질량 별 157
대통일 이론 86
대형 전파간섭계 346
댄 골딘 395
데이모스 192, 212
데이비드 라비노위츠 222
데이비드 스콧 308
데이비드 윌킨슨 350
데칸 별 20
도마뱀자리 BL 천체 124
도킹 모듈 316
도플러 편이 112
도플러 효과 68
독수리자리 137
동 스펙트럼 69
동지점 272
되돌아보기 시간 113
듀어병 337
드레스덴 고문서 17
드레이크 방정식 444
드루이드 18
디스노미아 223
디스커버리호 300, 324
딥 임팩트 미션 422
떠돌이 행성 191
뜨거운 목성 191
뜨거운 빅뱅 이론 60

ㄹ

라그랑주 점 32, 224
라디오파 39
라디오파 퀘이사 127
라스캄파나스 천문대 109
라이먼 스피처 주니어 368
라이먼 알파 숲 132
랜덤 워크 145
레드스톤 로켓 289, 308
레라토스테네스 21
레온하르트 오일러 33
레이 데이비스 주니어 250
레이저 간섭 중력파 관측소 352
렌즈상 은하 95
로마 제국 몰락 20
로버트 고더드 384
로버트 밀리컨 252
로버트 윌슨 65
로버트 크리픈 324
로베르트 분젠 339
로웰 천문대 69
로저 채피 300
로켓 엔진 286
로켓 추진 장치 323
루나 3호 288
루나 계획 306
루돌프 표 26
루이 드브로이 53
르베리에 208
르장드르 다항식 33
리버터 스코어 199
리버티벨 7 300
리처드 고트 80
리카르도 자코니 369

ㅁ

마그네타 168
마르셀 그로스만 45
마르스 96 미션 396
마르스 글로벌 서베이어 395
마르스 오비터 199
마르스 옵서버 미션 396
마르스 익스프레스 400
마르스 패스파인더 393
마르스 프로그램 390
마리너 10호 385
마리너 미션 391
마리아 261
마셜 우주비행센터 289
마쓰야마 모노토리 245
마야 유적지 17
마이컬슨과 몰리의 실험 41
마이크로파 39, 49
마이크로파 망원경 347
마이클 브라운 222
마이클 콜린스 313
마젤란 궤도선 195
마젤란 미션 388
마젤란 우주선 388
마틴 슈미트 124
막 가설 61
막 이론 88
막대 나선 은하 95
막스 플랑크 51
만조 265
망원경 331
머리털자리 은하단 80
머큐리 계획 307
머큐리 세븐 307
머큐리 캡슐 307
머큐리-레드스톤 3 미션 299
머큐리-레드스톤 4 300
먼지 꼬리 150
메가파섹 327
메소포타미아 문명 16
메시에 목록 35
메신저호 384
메이 캐럴 제미슨 302
메카니카 33
명암 경계선 274
명왕성 188
모든 것의 이론 86
모은하 127
목성 200, 438
뫼스바우어 분광계 402
물리학 35
물질 38
뮤지스 에이 우주 탐사선 316
미니 탐사선 410
미르 321, 430
미르 미션 321
미립자설 51
미마스 215
미행성체 186

ㅂ

바이코누르 우주 기지 289
바이킹 우주선 392
바이킹 프로그램 441
반그림자 148
반사 망원경 334
반사 성운 119
반영 276
반짝임 비교기 221
발광 성운 119
발광성 에테르 41
발레리 폴랴코프 433
발렌티나 테레시코바 298
백색 왜성 90, 165
백조자리 61, 137, 142
밴앨런대 204, 247
뱀주인자리 137
버즈 올드린 313
베가 탐사선 387
베가 프로그램 387
베네라 우주선 385
베네라 프로그램 386
베라 C. 루빈 81
베레나 3호 288
베르나르 브뤼 244
베르너 카를 하이젠베르크 53
베르너 폰 브라운 288
베른하르트 슈미트 333
베셀 함수 141
베스타족 운석 256
베스토 멜빈 슬라이퍼 68
베스토 슬라이퍼 112
베타 붕괴 249
별똥별 254
별빛의 광행차 현상 238
별의 사자 24
별의 진화 152, 156
별자리 136
보스토크 1호 288
보스토크 계획 303
보이저 1호 215, 407
보이저 2호 408
보이저 우주선 445
보이저 프로그램 406
복사 측정술 389
복사원 119
본그림자 148
본영 276
본초자오선 356
볼프·레예 별 154
볼프강 파울리 53, 249
부메랑 실험 349
북극광 246
북극성 139
북두칠성 136
분광 쌍성 173
분광사진기 418
분광학 332, 339
분자운 117
분점 17
분젠 버너 339
분[equinox] 273
불규칙 은하 95
브라운 운동 42
브레인 87
블라디미르 코마로프 298, 305
블라자 124
블랙홀 71
블루문 265
비글 2호 441
비너스 익스프레스 306, 390
비유클리드 타원 기하학 45
빅뱅 이론 59
빅뱅의 초기 순간 62
빅터 프란츠 헤스 251
빌레르로르트 스넬 237
빌렘 드 지터 59
빌헬름 뢴트겐 371
빌헬름 베버 243
빌헬름 베셀 141
빛 39
빛의 속도 204

ㅅ

사건의 지평선 73
사분의 15

산개 성단 178
산란 거울 369
삼각 골 15
삼각법 328
삼중 알파 반응 162
삼중성계 135
상대성이론 72, 414
색-등급 도표 154
샐리 크리스틴 라이드 301
생명체 진화 436
샤를 메시에 35, 231
샬류트 계획 317
섀넌 루시드 433
섀플리-커티스 논쟁 110
성간 물질 116
성간 분자운 347
성군 136
성단 177
성운 118
성운설 185
성층권 241
세레스 226
세르게이 코롤레프 287
세르게이 크리칼래프 433
세이퍼드 은하 124
세차운동 238
세턴 V 로켓 286
세페이드 변광성
69, 111, 176, 326,
소마젤란성운 109
소시게네스 269
소암점 211
소유즈 11호의 비극 304
소유즈 계획 305
소유즈 프로그램 304
소유즈-프레갓 시스템 287
소저너 로버 394
소저너 탐사선 394
소질량 별 156
소행성 224, 419
소행성 433 에로스 421
소행성대 224
수니타 윌리엄스 433
수브라마니안 찬드라세카르
166, 371
수성 192
수학 대편찬 21
슈메이커-레비 9 혜성 233
슈미트 망원경 333
슈바르츠실트의 반지 76
슈진 슈메이커 420
스넬 법칙 237
스미스소니언 천체물리학 관측소
357
스완 레빗 111
스위프트 미션 378
스카이랩 318, 430
스카이랩 프로그램 320
스타더스트 미션 424
스타더스트 우주선 425
스톤헨지 18
스티븐 호킹 75
스펙트럼 339
스푸트니크 1호 287, 293
스푸트니크 2호 294
스피릿 199, 401
스피처 우주 망원경 367
시간 43
시공간 44
시몬 마리우스 106
시차 328
시트나 비계 344
식쌍성 173
식[eclipse] 274
신플라톤주의 16
실시 등급 142
실시 쌍성 173
심우주 통신망 348
싱크로트론 복사 169
쌍둥이 역설 48
쌍성 174

ㅇ

아나사지 폐허 17
아노 펜지어스 65, 347
아라크노이드 195
아르고자리 138
아르망 피조 240
아리스타르코스 21
아리엘 216
아브드 알라만 알수피 106
아삽 홀 212
아서 스탠리 에딩턴 46, 166
아서 제프리 워커 44
아서 클라크 295, 399
아서 홀리 콤프턴 252
아스트롤라베 15
아원자 입자 237
아원자적 준위 75
아이나르 헤르츠스프룽 153
아이작 뉴턴 23, 27
아인슈타인 미션 370
아제나 로켓 308
아틀라스 로켓 308
아틀란티스호 324, 389
아폴로 11호 311, 313
아폴로 17호 311
아폴로 계획 310
아폴로 미션 289, 312
아폴로 우주선 311
아폴로-소유즈 미션 315
안드로메다 성운 69
안드로메다은하 106, 141
안드리안 니콜라예프 299
안시 등급 142
알데바란 406
알렉산더 프리드만 44
알렉세이 레오노프 300
알렉세이 옐리세예프 305
알베르트 아인슈타인 42, 81
알파 센타우리 135
알파 센터우리 항성계 326
알파-입자 엑스선 분광계 402
알파-프로톤 엑스선 분광계 395
암석 연마 장비 402
암흑 물질 80
암흑 성운 118
암흑 에너지 82, 367
앙드리앵 마리 르장드르 33
앙투안 라부아지에 31
앤서니 휴이시 170, 442
앨런 바틀릿 셰퍼드 주니어 299
앨런 셰퍼드 314
앨런 헤일 233
앨버트 에이브러햄 마이컬슨 40
약한 감마 연발기 169
얀 오르트 231
양성자-양성자 연쇄반응 144
양자 거품 61
양자역학 50
양치기 위성 207
어니스트 러더퍼드 52
어안 렌즈 333
얼음 연기 425
에너지 37
에드먼드 핼리
28, 138, 228, 243, 254
에드워드 윌리엄스 몰리 42
에드워드 화이트 300
에드윈 허블
67, 82, 96, 111, 330, 363
에라토스테네스 236
에르빈 슈뢰딩거 53
에리스 222
에어로브레이킹 389
에어로비 로켓 369
에어로젤 425
에이나르 헤르츠스프룽 111
에이엠 헤르쿨리스 별 175
에코 296
엑스선 39, 48
엑스선 망원경 369, 378
엑스선 별 170
엑스선 연성 171
엔데버 우주선 302, 324
엔리코 페르미 249, 446
엔야르 헤르츠스프룽 329
엔켈라두스 215, 439
엔터프라이즈호 324
엘리슨 쇼지 오니즈키 302
엡실론 고리 209
엥케 간극 206
여름철 삼각형 136
여키스 천문대 334
역제곱의 법칙 30
역학 13
연성 173
연성 목록 174
연주 시차 142
열권 241

열린 우주 59
열복사 51
예프게니 크루노프 305
오로라 245
오르트 구름 185, 230
오리온자리 137
오메가 센타우리 성단 181
오베른 216
오스친 망원경 334
오스카 두알데 108
오존층 242, 436
오퍼튜니티 199, 401
오퍼튜니티 로버 403
오필리아 209
온실 효과 194, 435
온실 효과 폭주 194
올라오스 뢰머 40
올림푸스 화산 198
왕립천문대 356
왜소 은하 97
왜소 행성 190
외계 지적 생명체 444
외계 행성 191, 448
외기권 241
외부 전파 443
요하네스 케플러 23, 25
요하네스 헤벨리우스 228, 261
요한 갈레 208
요한 도플러 68
요한 보데 138
요한 엥케 206
우라니보르그 25
우라니아 천문대 208
우리은하 102, 125
우조론 모델 88
우주 56
우주 경쟁 293
우주 끈 79
우주 망 98
우주 먼지 탐사 424
우주 상수 82
우주 안의 생명 452
우주 왕복선 계획 322
우주 잡음 346
우주 적색 편이 112
우주 정거장 샬류트 1호 317
우주 쥠쇠 352
우주 탐사 282
우주 탐사선 382
우주론 14, 29
우주배경복사 65, 349
우주생물학 13
우주선 282, 290
우주선cosmic rays 251, 352
우주의 모양 89
우주의 운명 89
우주의 유형 58
우주인 442
우주화학 13
우후루 370
운동량 보존의 법칙 27
운석 253
움브리엘 216
워프 인자 104
원시 블랙홀 73
원시 행성 187
원시 행성 원반 155, 347
원자력 로켓 엔진 아이디어 293
원자력 전지 292
원자외선 분광 탐사 위성 374
월식 274
웜홀 79
위르뱅 르베리에 148
위성 211
위성 위치 확인 시스템 15, 297
윌리엄 라셀 216
윌리엄 콩그리브 283
윌리엄 허 216
윌리엄 허긴스 336
윌리엄 허셜 174, 209
유럽 남방첨문대 355
유럽 북천문대 357
유로파 213, 441
유리 가가린 288, 298
유성 253
유성 폭풍 254
유성우 254
유체역학 33
유토피아 평원 392
육분의 15
율리시즈 우주선 384
율리우스 카이사르 269
율리우스력 270
은하 92
은하군 98
은하단 99
은하수 101
은하수 안의 뒤틀림 104
이론천체물리학 166
이마누엘 칸트 185
이언 셸턴 108
이오 토러스 214
이온 꼬리 150
이온 추진 시스템 291
이온 추진 엔진 291
익스플로러 1호 248, 289, 294
인공위성 290
인텔샛 리미티드 296
일면 통과 231
일반상대성이론 45
일식 276
입체 전경 카메라 401

ㅈ

자기권 436
자기의 북극 243
자기장 204
자발적 대칭성 깨짐 85
자연 철학의 수학적 원리 29
자외선 39, 48
자외선 우주 망원경 372
자외선-광학 망원경 378
자이로스코프 239
자철석 243
작은 구름 106
작은곰자리 137
장 리셰 327
장 바티스트 비오 255
장 베르나르 레옹 푸코 40, 238
장 은하 99
장동 238
저질량 블랙홀 73
저항 방사열계 347
적도면 272
적색 거성 164
적색 왜성 164
적색 편이 112
적색이동 68
적외선 39, 49
적외선 권운 367
적외선 망원경 359
적외선 우주 관측소 367
적외선 천문 위성 366
전기역학 36
전리층 241
전자 축퇴 159
전자기력 49
전자기복사 38
전자기장 스펙트럼 456
전자기적 현상 42
전자기파 39, 49
전파 49
전파 망원경 344
전파 망원경 접시 344
전파 은하 128
전파천문학 104, 342
전하 결합 소자 336. 372
절대 등급 142
절대 영도 37
점성술 16
점이 지대 436
접근 통과 381
접촉역학 36
정역학 33
제러드 카이퍼 216, 361
제미니 8호 308
제미니 계획 308
제미니 우주선 309
제임스 맥디비트 301
제임스 밴 앨런 248, 295
제임스 브래들리
40, 138, 203, 238
제임스 클러크 맥스웰 35
제임스 프레스콧 줄 36
제Ia형 초신성 330
조금 266
조기 가모프 60
조르주 앙리 르메트르 60
조반니 도메니코 카시니
197, 206, 327

조석 고정 263
조슬린 수전 벨 버넬 170, 442
조제프 니콜라 드릴 231
조제프 루이 라그랑주 32
조지 새뮤얼 도어펠 228
조지 프랜시스 피츠제럴드 42
조화 진동 33
존 글렌 주니어 299
존 바콜 250
존 아치볼드 휠러 76
존 영 300, 324
존 카우치 애덤스 208
존 피어스 296
존아치볼드 휠러 47
종이 클립 289
주계열성 152
주세페 피아치 226
주추 15
준성 전체 115, 126
준성 천체 탐조등 130
준성전파원 122
중간질량 별 157
중간층 242
중력 슬링샷 381
중력의 법칙 30
중성미자 237, 248, 351
중성자 축퇴 168
중성자별 90, 168
중수소핵 144
중양자 144
중양자핵 144
지구 236
지구 근접 천체들 226
지구 센서 모듈 321
지구 자기권 435
지구 중심설 22
지구라트 17
지구의 대기 435
지구의 자기장 243, 436
지구의 자전 주기 266
지구의 조석 작용 267
지구형 행성 지역 192
지리학적 북극 243
지오토 미션 419
지오토 탐사선 232, 388
지자기의 북극 243
지점 17
지solstice 273
질량 분화 440

ㅊ

차등 회전 162
찬드라 미션 370
찬드라 엑스선 관측소 367, 371
찬드라세카르의 한계 159, 167
채드윅 트루히요 222
채층 147
챌린저호 301, 324
천구의 회전에 관하여 22
천문단위 326
천문대 353
천문용 디지털카메라 336
천문학 12
천왕성 209
천왕성의 고리 209
천체물리학 12
천체분광학 340
천체역학 32
천체의 스펙트럼 340
천체의 신비 25
청색 거성 167
청색 편이 112
청색 편이 현상 69
청색이동 68
체렌코프 복사 351
초대질량 별 158
초대질량 블랙홀 73, 106, 126
초대칭 85
초대칭 부피 87
초대칭 입자 86
초소질량 별 156
초신성 159
초신성 잔해 157
초은하단 99
초인플레이션 84
초장기선 간섭계 342
추분점 272
춘분점 272
충돌 크레이터 운석 258
측광 336
측광학 332
측성 쌍성 173
측성 위성 138
측성학 327
측지학 236
치첸이트사 17
카론 217
카를 슈바르츠실트 76
카시니 간극 206
카시니 우주선 216, 412
카시니 탐사선 207
카시니의 측정값 327
카시니-하위헌스 미션 412
카이퍼 공중 천문대 361
카이퍼 대 185, 219, 230
카이퍼 대 천체 219
칼 세이건 기념 기지 394
칼 세이퍼트 126
칼 잰스키 345
칼로리스 분지 192, 386
칼리스토 214
칼릴레오 미션 409
칼파나 촐라 302
캐롤라인 허셜 34
커크우드 간극 224
컬럼비아호 324
케임브리지 목록 123
케플러의 제1법칙 26
케플러의 제2법칙 26
케플러의 제3법칙 26
켈빈 경 37

ㅋ

코델리아 209
코로나 147, 278
코로나 질량 방출 149
코스모스 954, 292
코페르니쿠스의 원리 455
콘드라이트 256
콘스탄틴 치올콥스키 283
콤프턴 감마선 관측소 375
콤프턴 감마선 위성 367
콤프턴 망원경 376
쿠쿨칸 피라미드 17
쿼크-글루온 수프 64
퀘이사 122
퀘이사의 흡수선 130
크리세 평원 392
크리스토퍼 콜럼버스 237
크리스토프 리히텐베르크 255
크리스티안 하위헌스 27, 206
큰곰자리 137
클라우디오스 프톨레마이오스 138
클라이드 코원 주니어 249
클라이드 톰보 221
클레멘타인 탐사선 317
키론 224
키르히호프의 분광 법칙 340
킬로파섹 327

ㅌ

타원 은하 94
타원형 궤도 228
타이탄 205, 215, 416
태양 160
태양 거주 가능 지역 440
태양 단검 17
태양 망원경 350
태양 스펙트럼 341
태양 중성미자 문제 250
태양 플레어 149
태양 흑점 231
태양계 184, 439
태양계 모델 21
태양계 시스템 449
태양권 계면 407
태양년 268
태양의 대류층 146
태양의 복사층 145
태양일 268
태양풍 150
태음주기 17
테이터 천문대 357
텐서의 수학 체계 45
토머스 밥 233
토머스 해리엇 263
토성 205
토성의 고리 206, 415
토성의 대기 205

톰슨 켈빈 경 143
통신위성 295
퉁구스카 258
튀코 브라헤 15, 24, 268
트리톤 216
특수상대성이론 43, 46
특이 은하 95
특이점 73
티 타우리 별 154
티타니아 216

ㅍ

파동설 51
파동-입자의 이중성 50
파르메니데스 263
파벨 벨랴예프 304
파섹 327
파이오니어 10호 405, 445
파이오니어 11호 406, 445
파이오니어 프로그램 403
판테온 기념관 238
팔라사이트 256
팔로마광학하늘탐사 333
패스파인더 미션 전략 395
퍼시벌 로웰 69, 220
펄서 169, 442
펄스 169
페가수스 로켓 374
페르디난드 마젤란 109
페르세우스자리 137
평평한 우주 58
포물선 궤도 228
포보스 192, 212
포보스 프로그램 390
폭발 경고 망원경 378
폭발 변광성 175
폴 디랙 53
표준 주파수대역 337
표준 촉광 329
푸앵카레 42
푸코 240
푸코 진자 239
프란체스코 그리말디 261
프랑수아 아라고 148
프랜시스 스콧 키 283
프랭크 드레이크 444
프레더릭 라이너스 249
프렌드십 7호 300
프로그레스 무인 우주선 318
프로메테우스 293
프록시마 센타우리 135, 175
프리덤 7 비행선 299
프리드리히 가우스 208
프리드리히 클라드니 255
프리드만-로버트슨-워커 메트릭 44
프리즘 340
프리츠 츠비키 80
프린키피아 28
프톨레마이오스 15, 21
플라스마 145
플랑크 시간 62
플레이아데스 20
플레이아데스 성단 179
플루토 익스프레스 417
플루티노 천체 188, 219
피에르 시몽 드 라플라스 31, 184

ㅎ

하워드 퍼시 로버트슨 44
하위헌스 탐사선 415, 440
하인리히 다레스트 208
하인리히 루돌프 헤르츠 36
하인리히 올베르스 141, 229
하지점 272
하쿠다케 232
한스 리페르세이 332
한스 알브레히드 베테 144
할로 새플리 110
항성 계자리 55, 457
항성 블랙홀 73
해석역학 32
해시계 15
해왕성 208
핵융합 143
핸드리크 안톤 로렌츠 42
핼리혜성 141, 229, 232
햄Ham 307
행성 간 입자 425
행성 일지 26
행성 X 220
행성계 184
행성상 성운 158
행성의 고리 191
행융합 이론 250
허블 분류표 94
허블 상수 67
허블 상수 값 111
허블 우주 망원경 363
허블 음차 도표 94
허블의 법칙 111
허블의 초기 팽창율 70
헤론 283
헤르만 민코프스키 44
헤르만 오베르트 285
헤르만 폰 헬름홀츠 143
헤르츠스프룽-러셀 도표 110, 153
헤르쿨레스자리 137
헤일-밥 혜성 233
헤테로다인 수신기 347
헨리 노리스 러셀 110, 153
헨리에터 스완 레빗 329
헬라스 분지 198
헬륨 341
헬리오스 우주 탐사선 382
헬리오스시스 407
헬리오포즈 151
현대 빅뱅 이론 64
현무암 259
혜성 227, 419, 437
혜성 사냥꾼 231
혜성 입자 425
혜성 템펠 1 423
혼천의 15
홍염 149
화성 궤도선 399
화성 기후 탐사선 398
화성 사륜차 393
화성 운석 ALH84001 442
화성 탐사 로버 프로그램 401
화성관측궤도선 400
화성극지착륙선 398
화성의 극관 197
화소 감지기 336
활동 은하 126
활동 은하핵 115, 126
활동 은하핵의 통합 모형 128
황도 12별자리 137
황도면 271
회광기 237
회절격자 340
흑점 148
희미한 빛 75
히파르코스 15, 21, 138, 260
히파티아 16
힐 스톤 18
힘의 법칙 30

영문

ALH84001 199
AMANDA 프로젝트 352
Cd 은하 100
COBE 66
COBE 위성 349
COS-B 위성 375
COSTAR 365
DNA 452
$E=mc^2$ 38
EPOXI 424
HEAO 미션 370
ISO 망원경 367
MAMAs 372
MAREE 399
Mini-TES 402
NASA 322
OAO 코페르니쿠스 373
OSO 373
QSO 115
RAT 402
RNA 452
ROSAT 미션 371
SAAO 356
SETI 443
SETI@home 443
SOFIA 362
THEMIS 399
WMAP 위성 349
XMM-뉴턴 미션 371